PYRÉTOLOGIE

PHYSIOLOGIQUE.

DE L'IMPRIMERIE DE FEUGUERAY,
RUE DU CLOÎTRE-SAINT-BENOÎT, N° 4.

PYRÉTOLOGIE

PHYSIOLOGIQUE,

OU

TRAITÉ DES FIÈVRES

CONSIDÉRÉES

DANS L'ESPRIT DE LA NOUVELLE DOCTRINE MÉDICALE;

Par F.-G. BOISSEAU,

DOCTEUR EN MÉDECINE DE LA FACULTÉ DE PARIS.

Novi veteribus non opponendi, sed quoad fieri potest, perpetuo jungendi fœdere.

BAGLIVI.

A PARIS,

CHEZ J.-B. BAILLIÈRE, LIBRAIRE,
RUE DE L'ÉCOLE-DE-MÉDECINE, Nº 14.

1823.

A MONSIEUR

LE Dr REGNAULT,

Chevalier de l'ordre de saint - michel et de la légion-
d'honneur, médecin consultant du roi, médecin en
chef de l'hôpital de la garde royale, médecin consultant des pages de s. m., membre de plusieurs sociétés
savantes, nationales et étrangères.

Témoignage de reconnaissance.

F.-G. BOISSEAU.

Mon but en publiant ce Livre est de dissiper, autant qu'il est en moi, les préventions qui se sont élevées dernièrement contre l'application de l'anatomie pathologique et de la physiologie, à la recherche du siége et de la nature des fièvres. Je m'estimerais heureux de contribuer à la propagation de vérités dont l'importance ne peut être contestée, puisqu'elles rendront le traitement de ces maladies plus rationnel, et par conséquent plus efficace qu'il ne l'a été jusqu'ici. J'espère démontrer que si la doctrine médicale française est nouvelle dans son ensemble, elle peut néanmoins, sur beaucoup de points, invoquer en sa faveur l'autorité des siècles passés, et même l'expérience de ceux qui la repoussent. Il m'a paru que le moment était arrivé de restreindre dans les limites de l'observation des principes généralisés avec trop de hardiesse.

INTRODUCTION.

PRINCIPES GÉNÉRAUX DE PHYSIOLOGIE ET DE PATHOLOGIE,
APPLICABLES A L'ÉTUDE DES FIÈVRES.

1. La *vie* est la série des actes qui se succèdent dans les corps organisés, depuis le premier instant de leur développement jusqu'au moment où les molécules qui les composent rentrent sous l'empire de l'affinité et de l'attraction.

2. Les corps vivans sont formés de parties dont chacune agit pour la conservation du tout. Plusieurs de ces corps exécutent des mouvemens spontanés ; tous croissent en s'appropriant des substances qu'ils rendent semblables à eux-mêmes. Les plus simples paraissent n'être formés que d'un seul organe, ou plutôt d'une sorte de tissu cellulaire contractile, homogène. A la tête des plus compliqués se trouve l'Homme.

§ Ier. *Structure du Corps humain.*

3. Comme le polype le plus simple , l'homme n'offre à l'action des corps qui l'environnent ou qui pénètrent dans ses cavités, qu'un tissu excitable, qui absorbe et exhale. Ce tissu peut être divisé en deux parties, dont l'une, externe, plus blanche que rouge, reçoit l'impression de l'air ,

de la lumière, des substances gazeuses répandues dans l'atmosphère, des liquides et des solides, ainsi que des tissus vivans qu'on y applique. C'est la peau et ses appendices, la conjonctive, la membrane qui revêt le conduit auditif externe et le tympan, la membrane muqueuse naso - buccale, y compris celle qui revêt la langue, le voile du palais et l'isthme du gosier, et enfin la membrane qui recouvre les parties externes de la généra-tion.

4. L'autre portion de ce tissu est interne, rouge dans la plus grande partie de son étendue, et plus excitable que l'externe ; elle absorbe et exhale davantage. C'est la membrane muqueuse laryngo-bronchique qui reçoit l'impression de l'air et des gaz répandus dans l'atmosphère ; et la membrane muqueuse du pharynx, de l'oesophage et des in-testins, soumise à l'action des alimens, des mé-dicamens, des poisons qui passent sur elle, et qu'elle introduit dans l'organisme en totalité ou en partie. On peut ajouter ici la surface interne des voies urinaires et celle de l'utérus.

5. Ces deux grandes portions du tissu qui forme la surface interne et la surface externe du corps sont continues l'une à l'autre : où l'une finit l'autre commence. Leur structure n'est pas par-tout la même ; mais dans tous les points de l'étendue de chacune, elle ne varie pas assez pour qu'on puisse méconnaître leur frappante analogie.

6. Outre ces membranes, il en est d'autres qui méritent le nom d'*internes* plutôt que les membranes muqueuses ; car, dans l'état de santé, elles ne sont

jamais en contact avec les agens extérieurs qui exercent habituellement leur influence sur celles dont
il vient d'être fait mention. Ce sont les membranes
séreuses, c'est-à-dire, l'arachnoïde, la plèvre, le
péricarde, le péritoine, la tunique vaginale, et
peut-être quelques autres membranes (1). Ces
membranes, diaphanes et fort minces, sont en rapport intime d'action avec la peau et les membranes muqueuses, surtout avec la première, à
l'action de laquelle elles suppléent en partie dans
l'état normal des fonctions. Les usages des membranes séreuses sont peu connus ; on ne peut guère
dire qu'elles servent à faciliter le glissement des
parties qu'elles revêtent : cette explication, toute
mécanique, ne devrait plus se retrouver dans les
écrits des physiologistes.

7. La peau, les membranes muqueuses et les
membranes séreuses communiquent, par le moyen
des nerfs, avec le cerveau, la moelle de l'épine
et les ganglions nerveux ; par les agens de l'exhalation et les artères, par les agens de l'absorption,
les lymphatiques et les veines, avec le cœur.

8. Sur le trajet des vaisseaux d'autres organes se
trouvent placés : ce sont les poumons, les ganglions vasculaires, et les organes sécrétoires, tels
que le foie, les follicules muqueux, le pancréas, la
glande lacrymale, les reins, les testicules, les
ovaires, les mamelles, etc. Ces organes, formés eux-
mêmes de vaisseaux, aboutissent sur l'un des points

---

(1) La membrane de l'humeur aqueuse, celle qui sécrè e le
li uide labyrinthique, etc.

des membranes muqueuses ou de la peau, par des conduits qui y portent des liquides destinés à être modifiés de nouveau, pour servir à l'assimilation, à la génération, ou pour être rejetés hors de l'économie vivante.

9. Le cerveau, les centres nerveux rachidiens et ganglionnaires communiquent avec le cœur au moyen des nerfs et des vaisseaux; des nerfs et des vaisseaux établissent la communication entre le cœur, le cerveau, les autres centres nerveux et tous les organes qui viennent d'être indiqués; et ces organes sont surtout en rapport direct avec les surfaces sur lesquelles s'ouvrent leurs conduits sécréteurs ou excréteurs.

10. De l'intérieur des centres nerveux et du cœur, des organes sécrétoires, de la peau, des membranes muqueuses et séreuses, et des vaisseaux eux-mêmes, partent des nerfs et des vaisseaux qui établissent une communication générale entre tous les points de l'organisme.

11. La masse perméable, molle, vivante, qui résulte du mélange des vaisseaux et des porosités capillaires de toute espèce, placée entre la peau, les membranes séreuses, les autres organes et viscères, et même entre les tissus qui forment ces diverses parties, a reçu le nom de *tissu cellulaire*. Ce tissu forme, avec les vaisseaux proprement dits et les nerfs, tous les autres organes. Bordeu a le premier vu qu'en lui s'accomplissent la plupart des actes les plus importans de la vie.

12. Outre les organes qui viennent d'être indiqués, il en est d'autres que recouvrent la peau,

et ce que nous avons nommé ses *appendices* : ce sont les organes de la vue et de l'ouïe , et ceux de la locomotion , tous liés au cerveau par des nerfs, et au cœur par des vaisseaux, comme toutes les autres parties du corps. On peut rapprocher des premiers de ces organes la peau et les membranes muqueuses, puisqu'elles transmettent également des impressions aux centres nerveux.

13. Des faits très-généraux retracés dans ce tableau, on peut conclure que l'homme est formé de diverses parties appelées *organes*, liées entre elles par les vaisseaux et par les nerfs, et ne communiquant immédiatement avec les corps extérieurs que par l'intermédiaire de deux membranes excitables qui exhalent et absorbent. Cherchons maintenant les lois qui président à l'action de ces diverses parties,

§ II. *De l'Action vitale.*

14. Les anciens, qui comparaient la vie à un cercle, donnaient par là une idée assez juste du mouvement vital, puisqu'il n'a ni point de départ connu, ni interruption complète.

Des organes unis entre eux par des liens au moyen desquels ils agissent les uns sur les autres, pénétrés de liquides soumis à leur action, mais qui servent à leur entretien ; de l'air, de la lumière , des alimens et des boissons, et l'application d'un tissu vivant dans certains cas : telles sont les conditions connues de l'exercice de la vie et de la reproduction dans l'homme.

15. Le corps humain est soumis à l'action des corps qui l'environnent ; les solides qui le composent reçoivent la première influence de cette action ; ils se la transmettent les uns aux autres, et la transmettent aux liquides qu'ils renferment.

16. Les tissus vivans ne sont pas tous également exposés à l'action directe des corps environnans : cette action s'exerce d'abord sur un des points que présentent les surfaces du corps ; elle ne s'exerce qu'indirectement sur le reste de l'organisme.

17. L'air, par les diverses modifications qu'il éprouve dans sa sécheresse, son humidité, sa température, n'agit d'abord que sur la peau, la conjouctive, la membrane qui tapisse extérieurement celle du tympan, la membrane pituitaire, la membrane buccale, les dents, et sur la membrane qui revêt l'intérieur du larynx, de la trachée-artère, des bronches et de leurs ramifications, et des cellules pulmonaires. Il exerce son influence première sur les vaisseaux et les nerfs de ces membranes et subit une altération peu connue dans le poumon. La lumière qui le traverse, modifiée par les corps qui la réfléchissent, agit sur la peau, pénètre dans l'œil, y subit diverses réfractions et va frapper la rétine. Mu en zône par les vibrations des corps sonores, l'air agit au-delà de la membrane du tympan et jusque sur les ramifications du nerf acoustique. Rendu odorant par les molécules dont il se charge, il étend son action sur la membrane pituitaire jusques aux filets olfactifs. Devenu sapide de la même manière, il excite les nerfs déliés de l'organe du goût.

18. Les substances alimentaires agissent non-seulement sur la langue, les lèvres, les gencives, les dents, et sur la membrane de la bouche, mais encore sur celle du pharynx, de l'œsophage; arrivées dans l'estomac, elles y subissent d'importans changemens par suite de l'action qu'elles exercent sur la membrane interne de ce viscère, puis elles passent dans le duodénum et de là dans les autres intestins, perdent à chaque instant quelqu'un de leurs principes, en reçoivent d'autres, et finissent par arriver à l'anus, qui, excité par leur présence, réagit sur elles et achève leur expulsion. Il résulte de cette marche une action successive sur toute l'étendue de la membrane gastro-intestinale, dont les vaisseaux et les nerfs se trouvent mis en jeu les uns après les autres.

19. Le contact réciproque des organes génitaux offre encore un exemple de l'action primitive des agens qui exercent le plus ordinairement leur influence sur le corps vivant.

20. Tous ceux que l'on pourrait ajouter rentrent parmi ceux qui viennent d'être indiqués. Il est donc vrai que tous les modificateurs de l'organisme n'agissent d'abord que sur un point de la surface externe ou interne du corps.

21. Si cette influence se borne au tissu qui la reçoit, elle produit une action purement locale, souvent sans résultat notable, et même sans que nous en ayons conscience.

22. Souvent, au contraire, cette influence s'étend plus ou moins loin, d'organe en organe; et

c'est ainsi que l'action de tous les organes est mise en jeu par l'activité d'un seul.

23. Dé ce concours d'action et de réaction des organes, et de l'introduction des substances alibiles (au nombre desquelles il faut comprendre l'air et peut-être quelques autres substances), résultent les *fonctions*, qui sont, dans l'homme : l'absorption, la chymose, la chylose, la respiration, l'hématose, la circulation, la nutrition, les sécrétions, les sympathies, les sensations, la pensée, la locomotion, la phonation et la génération.

24. Ces fonctions, dont on peut sans inconvénient et sans utilité augmenter ou diminuer le nombre, s'exécutent par des mouvemens manifestes ou par des mouvemens inappréciables qui ont lieu dans les molécules des tissus vivans. Ces derniers mouvemens ont été collectivement désignés sous le nom de *Chimie vivante* par M. Broussais. Cette dénomination est tout-à-fait impropre; le mot *chimie* n'a jamais signifié action moléculaire; mieux vaudrait dire *physiologie minérale*, pour désigner l'action chimique.

25. L'action organique ne ressemble en rien à l'action chimique : si l'une et l'autre s'exercent sur des molécules, c'est en les maintenant chacune dans un état diamétralement opposé à celui que l'autre pourrait leur donner.

26. La cause essentielle de l'action organique est inconnue; ce n'est ni une hypothèse ni une abstraction, comme le voulaient Stahl, Sauvages, Barthèz et autres; ni le fluide électrique : Darwin a prouvé le peu de fondement de cette opinion; ni l'oxi-

gène, comme le prétendent les disciples de Fourcroy; ni le calorique, comme le veut M. Broussais.

Il ne faut étudier dans les organes que ce que nos sens nous y font apercevoir.

§ III. *De l'Excitabilité.*

27. Une propriété commune à tous les corps vivans préside à l'exercice de l'activité organique : c'est l'*excitabilité*, que l'on peut définir : l'aptitude d'un corps organisé à entrer en action, par suite de l'impression que les corps extérieurs exercent sur lui, ou que les parties qui le composent exercent les unes sur les autres (1). Je dis *entrer en action* et non pas *se mouvoir*, parce que l'analogie seule nous porte à penser qu'il n'y a que du mouvement dans l'action vitale.

28. Si la texture des corps vivans était identique dans toutes leurs parties, l'excitabilité y serait partout la même. Et c'est sans doute ce qui a lieu dans les infusoires, qui paraissent n'être formés que d'un seul organe, et se reproduisent par scissions spontanées. Mais tous les autres corps vivans se composent de plusieurs organes, c'est-à-dire de parties à chacune desquelles est assigné un rôle spécial dans l'exercice de la vie. L'action vitale n'est pas la même dans tous les organes; l'excitabilité qui en est la source doit donc différer dans chacun d'eux.

29. Cette propriété inhérente à la matière vivante varie-t-elle en quantité ou en qualité dans les dif-

---

(1) *Journal universel des Sciences médicales,* t. XXI, p. 323.

férens organes ; c'est-à-dire , sont-ils seulement plus ou moins excitables , ou bien chacun d'eux est-il doué d'une excitabilité spécifiquement diffé-rente de celle de tous les autres ? Tout porte à croire que de ces deux propositions la première est la plus rapprochée de la vérité.

30. Il n'y a de science proprement dite que la science des calculs : aussi est-ce à celle-ci qu'on a emprunté les termes de comparaison en tout genre. Le positif évident ou idéal étant connu ou supposé, les mots *plus*, *moins*, désignent les de-grés supérieurs ou inférieurs. Ainsi, en physique, l'attraction ne diffère qu'en plus ou en moins dans les corps qui sont le sujet de cette science. Il en est de même de l'affinité en chimie. L'excitabilité étant aux organes ce que l'affinité est aux molé-cules inorganiques, et l'attraction aux corps agis-sant les uns sur les autres en raison de leur masse, on ne peut en avoir d'autre idée que celle d'une propriété inhérente à chaque corps vivant, mais répartie à divers degrés aux différens organes qui le composent. Jamais les chimistes n'ont pensé qu'il y eût deux affinités, les physiciens deux attrac-tions ; on a même cherché à prouver que ces deux propriétés n'étaient que deux degrés de la même. Les physiologistes ont seuls eu recours à deux ou trois propriétés générales pour coordonner les phé-nomènes qui font l'objet de leurs méditations. Si l'excitabilité différait spécifiquement dans chaque organe, ce ne serait plus une propriété générale présidant à l'exercice de la vie. Il y aurait autant d'espèces d'excitabilité qu'il y a d'organes, et par

conséquent il n'y aurait pas d'excitabilité dans le sens que nous devons attacher à ce mot. Chaque organe serait un être ayant, rigoureusement parlant, une vie propre, un animal en un mot; et l'on mériterait ainsi le reproche injustement dirigé contre Bordeu. Si ce médecin célèbre a vu que l'action vitale n'était pas la même dans tous les organes, personne n'a mieux que lui fait voir jusqu'à quel point ils dépendent les uns des autres.

31. Pour démontrer que l'excitabilité, ou, comme on le disait naguère, les *propriétés vitales*, pouvaient pécher autrement que par excès ou par défaut, qu'elles pouvaient être perverties, on a cherché des argumens dans la manière dont les fonctions s'exécutent. Il nous sera facile de prouver que dans chacune de ces fonctions, il n'y a d'autres variations que l'accélération et le ralentissement.

32. La locomotion générale ou partielle est le résultat de contractions fortes ou faibles, lentes ou rapides, permanentes, passagères ou alternatives. Ce qu'on nomme *perversion du mouvement musculaire* est tantôt une alternative rapide de contractions et de relâchemens (spasme clonique), et tantôt une contraction excessive ou permanente (spasme tonique). La *contractilité*, c'est-à-dire, l'excitabilité musculaire, n'est donc jamais qu'augmentée ou diminuée; elle ne peut être pervertie.

33. Il est impossible d'admettre dans le mouvement circulatoire d'autres modifications que la force et la vitesse, la faiblesse et la lenteur. Les palpitations ne sont que des contractions fortes et pré-

cipitées, qui parfois alternent avec des contractions faibles et lentes.

34. Dans les sensations, il n'y a également qu'exaltation ou affaissement de la *sensibilité*, c'est-à-dire de l'excitabilité nerveuse ; mais il paraît quelquefois y avoir perversion de la sensibilité, les sensations ne paraissant pas être en rapport avec la nature des agens qui les provoquent. Dans ce cas, la partie de l'organe chargée de transmettre le stimulus et de l'approprier à la sensibilité de la partie nerveuse de cet organe, est lésée au point de s'opposer à la transmission de ce stimulus ou de le dénaturer. L'encéphale et le nerf ne communiquent plus ensemble, ou l'une de ces deux parties ne communique plus avec l'expansion nerveuse qui reçoit l'impression ; ou bien enfin la sensibilité de cette expansion ou du cerveau lui-même est augmentée ou diminuée. L'impression est trop faible ou trop forte, trop fortement ou trop faiblement transmise ou perçue. Ainsi la pression du globe de l'œil fait voir les objets doubles ; on voit une tache noire qui n'existe pas, quand la rétine est devenue insensible dans une partie de son étendue. Si, au contraire, la sensibilité de cette expansion nerveuse est exaltée, des rayons lumineux qu'elle ne nous faisait pas discerner dans le faisceau des rayons solaires, apparaissent distinctement, et nous avons alors la sensation du rouge, du violet, tandis que ces couleurs n'existent pas pour les assistans. On n'entend plus lorsque la trompe d'Eustachi est oblitérée, lorsque le nerf auditif a perdu sa sensibilité ou que sa communication avec le cerveau

est interrompue. On continue à entendre des bruits qui n'existent plus lorsque ces bruits ont frappé l'oreille long-temps, violemment, ou dans une circonstance qui a vivement exalté l'excitabilité cérébrale. Si l'on tient une boule entre deux doigts croisés, on croit en sentir deux ; un corps même d'une température assez élevée peut paraître froid lorsqu'on l'applique sur une portion enflammée de la peau. C'est à l'excès de sensibilité dans les nerfs de l'odorat qu'on doit rapporter le plaisir qu'éprouvent les femmes enceintes ou hystériques à respirer des odeurs fétides, et l'éloignement qu'elles témoignent pour les odeurs suaves. C'est l'exaltation de la sensibilité dans les nerfs du goût qui porte les filles chlorotiques et les femmes enceintes à savourer avec délices des substances qui nous paraissent être sans saveur. Enfin, des organes génitaux affaiblis dans leur sensibilité par des jouissances excessives, souvent répétées et longuement sollicitées, procurent des sensations agréables lorsqu'ils sont soumis à l'action de stimulans qui auparavant auraient occasioné de la douleur.

Au premier aperçu, il semble que rien ne soit plus éloigné que la douleur et le plaisir : cependant le plaisir, lorsqu'il est porté trop loin, devient douloureux, et il est des douleurs légères qui ne sont pas exemptes de plaisir : ce ne sont donc que deux nuances de l'exercice de la sensibilité.

35. Sans étudier la nutrition dans toute la série d'actions vitales dont elle est le complément, si nous en examinons les résultats, nous verrons qu'elle pèche par excès ou par défaut, lorsqu'un

organe s'accroît au-delà ou reste en-deçà de son volume ordinaire. Si un tissu devient en totalité ou en partie semblable à un autre, c'est tantôt par une diminution, tantôt et plus souvent par une exaltation de l'activité nutritive. Ainsi on le voit prendre l'aspect d'un tissu connu pour être moins irritable que lui ou pour l'être davantage. Un os fracturé devient mou et cellulaire à ses extrémités par le travail inflammatoire développé dans ses fragmens, qui ne se soudent définitivement qu'après la fin de l'inflammation. Celle-ci s'étend au périoste, aux muscles voisins; elle se prolonge dans ces tissus, elle en épuise l'excitabilité, et c'est par suite de l'atonie qui en est l'effet qu'ils s'ossifient.

Enfin c'est par l'exaltation prolongée ou par le ralentissement de l'action vitale, c'est-à-dire sous l'empire de la douleur et de l'afflux du sang, ou de l'insensibilité et de la lenteur de la circulation, ou plutôt par une alternative de ces deux états opposés de l'excitabilité et de l'action nutritive, que se développent les tissus accidentels sans analogues dans l'organisme.

36. Après avoir prouvé que dans l'action locale de chaque organe il n'y a jamais qu'augmentation ou diminution, il convient de rechercher s'il en est autrement dans l'action sympathique. Cette action résultant de la liaison établie entre les organes par les nerfs et par les vaisseaux, il suffit d'avoir démontré que l'action nerveuse et l'action vasculaire ne sauraient être perverties, pour être dispensé de prouver que les sympathies ne peuvent être que plus ou

moins actives, et que jamais la liaison vitale qui existe entre deux organes ne peut être pervertie, si ce n'est en tant qu'elle serait trop ou trop peu étroite.

Ce que nous avons dit des nerfs des organes des sens et de l'encéphale est applicable aux nerfs viscéraux et aux ganglions, autant qu'on le peut aujourd'hui, c'est-à-dire à une époque où il reste tant à faire sur la physiologie du système nerveux des viscères.

37. Me saura-t-on mauvais gré de n'avoir point recherché, par l'analyse de ses diverses fonctions, si le cerveau jouit d'une seule ou de plusieurs espèces d'excitabilité? Je ne le pense pas. Le cerveau ne paraît pas être un organe simple; c'est plutôt un appareil d'organes, encore très-peu connu, et que long-temps encore il faudra, ainsi qu'on l'a fait jusqu'ici, ne regarder que comme l'aboutissant de toutes les sensations, et le point de départ de toutes les volitions et de plusieurs mouvemens. Par conséquent, ce que j'ai dit des mouvemens et des sensations lui est applicable. D'ailleurs, il est évident qu'on a plus ou moins de mémoire, de jugement, d'imagination : dans les maladies nous voyons ces fonctions être exaltées ou paraître anéanties. Elles paraissent perverties dans les cas où la pensée est fixée sur un seul objet, dans ceux de rémniscence sans cause appréciable, ou dans les *allucinations* (34); mais, dans tous ces cas, il n'y a nullement perversion de l'action cérébrale.

38. Il fut un temps où l'on croyait que les humeurs étaient susceptibles d'altérations spécifiques; on ne croit plus aujourd'hui à ces altérations : seulement

on présume que les liquides contenus dans les so‑
lides vivans peuvent être plus ou moins chargés
des particules qui les constituent, plus ou moins
susceptibles d'exciter les tissus avec lesquels ils se
trouvent en rapport, enfin plus ou moins propres
à leur fournir des matériaux nutritifs. Les virus ne
forment pas exception, car, avant de chercher com‑
ment ils existent, il faudrait démontrer qu'ils exis‑
tent, et c'est ce qu'on n'a pas encore fait.

39. Puisque les fonctions ne diffèrent dans chacun
des organes qu'en raison de la dose d'activité vitale
départie à chacun d'eux ; puisque, dans chaque or‑
gane, l'action vitale ne diffère que du plus au moins,
on doit en conclure que l'excitabilité qui préside à
leur action n'est susceptible que d'augmentation
et de diminution.

40. Considérée en général, l'excitabilité ne pa‑
raît pas être susceptible d'un accroissement absolu,
puisqu'on n'a pas encore trouvé le moyen de pro‑
longer la vie. Lorsque cette propriété est modifiée
dans un point, elle paraît souvent l'être dans tous,
et c'est ainsi que ses variations sont devenues la
source des plus graves erreurs en physiologie et en
pathologie.

Cette propriété décroît à mesure que l'homme,
de l'âge adulte, avance vers la fin de son existence.
C'est sous ce rapport qu'on a pu dire que la vie
est une flamme qui, après avoir long‑temps brillé,
s'évanouit peu à peu.

Dans le cours de la vie, l'action organique su‑
bit des variations continuelles ; mais tant que la
structure des parties demeure intacte, et que l'im‑

pression des stimulans qui agissent sur elles est modérée, l'excitabilité n'est sollicitée qu'au degré nécessaire pour l'exercice normal de la vie : il y a équilibre dans l'action organique, *excitation*, *stimulation*; les fonctions se font complètement, et le sujet éprouve un sentiment de bien-être qui caractérise l'état de *santé*.

41. Si, par l'influence des agens extérieurs, la structure des organes se trouve lésée de manière que l'excitabilité soit vivement sollicitée, et que l'action vitale soit en excès dans la partie qui reçoit l'impression du stimulus, il y a *sur-excitation*; et si cet état dépasse notablement le type normal particulier au sujet on peut lui donner le nom d'*irritation*.

42. Si, au contraire, l'impression venant de l'extérieur est faible au point de ne pas suffire à l'entretien de la vie, l'excitabilité n'est point assez fortement sollicitée, l'action vitale est languissante, il y a *sous-excitation*, *atonie*, *asthénie*.

Cet état est quelquefois l'effet d'agens peu nombreux et peu connus, qui paraissent non-seulement être insuffisans pour entretenir l'action vitale, mais encore susceptibles de la déprimer, et qui peuvent aller jusqu'à tuer subitement, en anéantissant l'excitabilité, c'est-à-dire en produisant dans la structure des organes une modification telle que tout-à-coup ils cessent d'agir.

43. Ce que nous venons de dire des effets produits par les corps extérieurs sur l'action organique, s'applique à l'influence réciproque des organes les uns sur les autres. Ils s'excitent trop ou ils ne s'excitent point assez, ou bien l'un d'eux, en cessant d'a-

gir, arrête le mouvement vital dans tous les autres.

44. L'irritation et l'asthénie constituent l'état de *maladie*, considéré en général.

§ IV. *De l'Excitabilité et de l'Action organique dans l'état de santé.*

45. Brown a subordonné aux stimulans extérieurs l'excitabilité elle-même ; il a prétendu qu'elle n'était que le résultat de l'impression des agens qui nous entourent sur le solide vivant. C'est une erreur palpable, puisque l'on ne peut, avec les excitans les plus énergiques, rétablir l'action organique dans un cadavre. Les stimulans venant de l'extérieur, c'est-à-dire ceux qui agissent sur les membranes muqueuses et sur les organes des sens, entretiennent seulement l'action vitale, ou l'excitabilité mise en jeu par les stimulans internes, c'est-à-dire par l'influence des organes les uns sur les autres.

Cette réaction mutuelle des organes est, à proprement parler, ce qui constitue la vie. Elle varie dans chacun d'eux selon qu'ils importent plus ou moins à la conservation du sujet.

46. On doit supposer que, de tous les organes du corps humain, le cerveau, la moelle épinière et le cœur sont ceux dans lesquels l'activité vitale se déploie avec le plus d'énergie, puisque le retranchement d'un de ces organes entraîne nécessairement et directement la mort. Le poumon vient ensuite dans l'ordre de l'importance, et enfin le canal digestif et toutes ses dépendances.

Qu'on ne s'étonne point de voir placer si bas dans l'échelle organique les viscères de la digestion ; il s'agit de déterminer ceux dont l'homme peut se passer le moins, c'est-à-dire dont la privation ou la mutilation le fait le plus promptement périr.

Si, au contraire, nous recherchons quel est l'organe le plus important sous le rapport de la nutrition, le canal digestif se présente le premier, et tous les autres viscères ne sont plus pour lui que des auxiliaires.

Les membres et certaines parties des organes des sens obéissent tantôt à l'impulsion de la volonté excitée, dans le cerveau, à l'occasion des impressions externes ou internes ou des souvenirs, et transmise aux muscles par les nerfs, tantôt à une impression cérébrale sans conscience, venant de l'extérieur ou de l'intérieur. L'enfant cherche le sein de sa mère avant de le voir. Dans une profonde rêverie on éloigne la main du feu sans s'apercevoir que l'on se brûle. La digestion est longue, incomplète, et elle finit par être douloureuse, lorsque le cerveau est fortement occupé par la réflexion ou par le chagrin, après le repas.

47. Dans l'état de santé, il est rarement possible que deux organes soient excités au même degré, à moins que ce ne soit par l'influence d'un seul stimulant qui agit directement sur l'un et sympathiquement sur l'autre. Lorsque plusieurs organes sont stimulés à la fois par des excitans appropriés à chacun d'eux, ils réagissent fortement les uns sur les autres, et l'excitation est généralisée autant qu'elle peut l'être. C'est ce qui a lieu dans le cas où l'on

est excité simultanément par la bonne chère, par la présence et les caresses d'une femme.

48. Outre le degré d'excitabilité départi à chaque organe en raison du rôle qu'il doit jouer dans l'économie animale, l'action vitale prédomine dans certains organes selon l'âge, le sexe et la constitution.

49. Dans l'enfance, la prédominance organique se fait remarquer dans le canal digestif, ou dans l'encéphale, ou dans l'un et l'autre de ces viscères, ce qui constitue trois classes d'enfans, dont les premiers sont disposés à l'irritation des intestins, de l'estomac ou des bronches; les seconds à l'afflux du sang vers la tête, et les troisièmes à des irritations gastriques ou bronchiques compliquées d'irritations cérébrales.

50. A l'époque de la puberté, le surcroît de vie se fait remarquer principalement dans la poitrine, les organes de la voix et les organes génitaux. Cette suractivité dispose aux irritations aiguës ou chroniques des poumons, du larynx, aux excès dans les plaisirs vénériens, et aux suites dangereuses de ces excès. Chez les femmes pubères, jusqu'à ce qu'elles cessent de l'être, c'est ordinairement l'utérus qui conserve la surabondance d'action vitale dont nous avons parlé. De là les maladies aiguës et l'incubation lente des maladies chroniques de ce viscère, maladies qui, souvent, n'éclatent qu'après qu'il est devenu inapte à la génération. Si leur poitrine s'affecte si souvent, c'est le plus ordinairement sous l'influence des organes génitaux.

51. Chez les hommes qui ont dépassé l'adolescence, la prédominance organique se maintient

vers le poumon, ou bien elle se manifeste dans tout autre organe en raison d'une disposition native ou des nombreux agens à l'influence desquels ils sont soumis.

52. Cette prédominance de l'action vitale dans un organe constitue ce qu'on appelle généralement le *tempérament*.

53. La doctrine des tempéramens, telle qu'elle est encore généralement adoptée, est une suite de la manière vicieuse d'envisager en masse le corps vivant. Au temps où l'on admettait que toutes les maladies étaient dues au sang, à la bile, à la lymphe, et à l'atrabile, Galien a pu supposer que chacune de ces humeurs prédominait chez certains sujets ; il a pu chercher des signes particuliers à la surabondance de chacune de ces humeurs, dans toutes les parties du corps, même jusque dans la couleur des cheveux. Mais cette théorie aurait dû tomber toute entière lorsque Cabanis et Hallé ont assigné, d'après les ébauches ingénieuses de Bordeu, les caractères organiques de la prédominance d'action du poumon, du foie, de l'encéphale, du système lymphatique et des muscles ; lorsqu'ils ont ainsi établi une meilleure théorie des tempéramens sanguin, bilieux, atrabilaire, athlétique, lymphatique des anciens et des modernes. Il fallait partir des principes établis par Cabanis et Hallé pour achever ce qu'ils avaient commencé si heureusement, rechercher s'ils n'avaient pas oublié d'étudier les effets de la prédominance de quelques organes non moins importans que ceux qui ont appelé leur attention ; il fallait rejeter ces *prédominances géné-*

rales que M. Bégin , disciple en cela des anciens,
admet au nombre de trois , sous le nom de *tempérament* , et auxquelles il assigne et les caractères
de la prédominance pulmonaire , encéphalique ou
lymphatique, etc., et ceux d'une sorte d'opportunité à
l'irritation vasculaire, lymphatique ou nerveuse. Ce
n'est pas ici le lieu de chercher jusqu'à quel point
l'irritation peut être ainsi divisée.

54. S'il est en effet des sujets qui paraissent plus
disposés à telle ou telle de ces irritations , cette
prédisposition morbide n'est jamais générale , elle
réside toujours dans tel ou tel organe, et ce n'est
qu'après qu'elle s'est fortifiée dans un seul qu'elle
se montre dans un ou plusieurs autres. Si l'on isole
les névroses des inflammations et des scrophules,
on doit supposer que certaines personnes ont une
disposition *nerveuse* aux premières, une disposition *sanguine* aux deuxièmes, une disposition *lymphatique* aux troisièmes. En admettant ces dispo-
sitions, il faut nécessairement les diviser ainsi.
Mais chez les personnes douées de ce qu'on appelle le *tempérament nerveux,* tous les nerfs ne sont
pas également irritables. Il est des femmes que la
lumière d'un beau jour fatigue , qu'un léger bruit
fait souffrir; d'autres qu'une odeur forte révolte,
que le contact d'une étoffe tant soit peu rude affecte désagréablement; d'autres enfin qui recher-
chent les alimens très-sapides et les boissons stimulantes. L'excès de sensibilité se montre tantôt
dans les sens externes et tantôt dans les sens
internes, tantôt dans l'un, tantôt dans l'autre,
rarement dans tous à la fois; la prédisposition n'est

jamais générale, si ce n'est en tant qu'un organe étant disposé à telle nuance d'irritation, l'expérience a prouvé que l'irritation dont il deviendra le siége pourra s'étendre plus ou moins à tous les autres et y présenter des phénomènes analogues.

55. Il en est de même dans ce qu'on appelle le *tempérament sanguin ;* tous les organes ne sont pas également disposés aux inflammations ; le plus exposé de tous est le poumon. S'il n'en est pas tout-à-fait de même dans ce qu'on appelle le *tempérament lymphatique ;* si la partie la plus exposée aux scrophules varie selon l'âge et même le sexe, et l'idiosyncrasie ou la prédisposition individuelle, ce qui, au reste, existe également dans les deux autres tempéramens, c'est que ce système n'est point, comme le système vasculaire, sous l'influence puissante et spéciale d'un organe central, tel que le poumon ou le cœur. Il est, au contraire, sous l'influence de petits organes, ou plutôt il se compose de petits organes disséminés près des surfaces qui sont en rapport avec les stimulans, et soumis à l'influence spéciale de ces surfaces. Si l'on a cru reconnaître dans le système lymphatique une disposition plus marquée à s'affecter généralement, c'est en raison de la multiplicité et de la liaison de ses ganglions disséminés dans toute l'économie. Si l'on persistait à faire de la prédominance lymphatique un *tempérament ,* c'est-à-dire une *prédominance organique générale* (dans le sens qu'on voudrait donner au mot *tempérament*), il faudrait, pour être conséquent, admettre un tempérament *veineux ,* car les *veines* ne jouent pas dans l'économie

un rôle moins important que celui des vaisseaux lymphatiques. Le système veineux prédomine évidemment, quoique plus rarement, à la vérité, chez plusieurs sujets, et quoique les signes de cette prédominance soient moins tranchés que ceux de la prédominance artérielle, elle n'en mérite pas moins de fixer l'attention, d'être étudiée à part, et de ne point être confondue avec cette dernière, ou plutôt méconnue, ainsi que l'ont fait quelques physiologistes, parmi lesquels il serait toutefois injuste de placer M. Broussais (1), quoiqu'il ne se soit pas encore clairement expliqué à cet égard.

56. Mais, dira-t-on, les personnes dont le système nerveux est très-irritable sont plus disposées aux névroses que celles chez qui la surabondance d'excitabilité réside dans le système vasculaire rouge. Je répondrai à cette difficulté quand on me démontrera le point où finit l'irritation nerveuse et où commence l'irritation vasculaire ; et si, pour exemple de la première, on me cite l'hypersthénie congéniale ou acquise des organes des sens et des mouvemens, je répondrai qu'il m'est impossible d'y voir autre chose que l'effet de la sur-activité cérébrale. Si l'on a recours aux viscères, au poumon, à l'estomac, je demanderai à quels signes on peut reconnaître la prédisposition *nerveuse* de ces organes.

57. Le poumon, par exemple, ne peut prédominer sur les autres organes que par les vaisseaux san-

______

(1) *Histoire des Phlegmasies chroniques*, diathèse variqueuse ; tome 1, page 124, 2ᵉ édition.

guins , les vaisseaux lymphatiques ou par les nerfs qui l'animent : or , l'idiosyncrasie pulmonaire venant à se manifester chez un homme doué d'un tempérament sanguin , faudrait-il chercher si elle est sanguine , lymphatique ou nerveuse ? et si elle est sanguine , y aura-t-il donc chez le sujet une prédominance sanguine générale et une prédominance sanguine partielle ? L'idiosyncrasie peut-elle offrir un autre caractère que le tempérament ? Sera-t elle nerveuse lorsque celui-ci est sanguin , sanguine lorsque celui-ci est lymphatique ? Voilà des questions qui ne pourraient être résolues que par des subtilités , et que pourtant il faudrait résoudre pour être autorisé à nier que le tempérament ne soit autre chose que l'effet d'une prédominance locale dont l'influence s'étend à plusieurs des principaux organes. En isolant ces effets de leur cause on a méconnu le grand principe de l'association des organes , et l'on a oublié que les vaisseaux sanguins et le système nerveux ne peuvent être ainsi étudiés en bloc ; que les affections du système lymphatique lui - même sont toujours primitivement locales comme celles de tous les autres systèmes. Ce qui prouve que les tempéramens ne sont que l'effet de la prédominance d'un des principaux viscères , ainsi que l'ont avancé Cabanis et Hallé , c'est que, pour tracer le tableau du tempérament sanguin, on a pris tous les traits qui caractérisent les *idiosyncrasies* musculaire, encéphalique , cardiaque, gastrique et génitale , c'est-à-dire , la plénitude d'action des muscles, du cœur, de l'encéphale , de l'estomac, des organes génitaux , chez les sujets que la nature a doués d'un poumon bien conformé et qui remplit complètement ses importantes fonctions. Jamais on n'observe le tempérament sanguin ou la prédominance générale sanguine, lorsque le poumon n'offre pas ces conditions.

58. Il résulte de tout ceci qu'il faut étudier les signes et les effets de la prédominance de chaque organe ; que l'on peut réserver le mot *tempérament* pour désigner, non pas les *prédominances générales*, qui sont des chimères, mais les *prédominances locales* qui étendent leur influence *plus* ou *moins* loin dans l'économie. Il nous manque un mot pour désigner les prédominances purement locales, c'est-à-dire celles qui, ayant lieu dans un organe peu important, ne s'étendent point au-delà de cet organe. Ces *prédominances*, tantôt congéniales et tantôt acquises, méritent à peine ce nom, mais ce sont assurément comme les autres, des *surcroîts* locaux d'excitabilité.

59. Il ne convient pas de ranger parmi les prédominances purement locales celles du foie, de l'utérus, du rein. Si leur influence sur l'organisme est moins marquée (dans certains cas) que celle du cerveau, de l'estomac, du cœur, elle n'en est pas moins réelle ; de ce qu'elle est plus obscure ou intermittente, il ne faut pas en conclure qu'elle n'a pas lieu. Elle est palpable dans l'état de maladie. L'hypersthénie de la rétine elle-même, suite de l'action trop forte et permanente de la lumière, porte quelquefois le trouble dans tous les viscères.

60. Il ne convient donc pas de donner le nom d'*idiosyncrasie* à la prédominance du foie, de l'utérus, des organes génitaux, puisqu'on donne celui de *tempérament* à la prédominance du poumon, de l'encéphale. Quoique l'on donne ensuite à la prédominance de ce dernier viscère ce même nom d'*idiosyncrasie*, ce mot doit être réservé pour désigner en général l'état particulier à chaque individu, résultant de son âge, de son sexe, du degré d'excitabilité dont il est doué, des circonstances de toute espèce au milieu desquelles il est placé, et de la prédominance organique *actuelle* que l'on observe en lui.

61. Conclusion : les caractères qu'on assigne aux tempéramens sanguin, nerveux et lymphatique sont des groupes arbitraires de phénomènes physiologiques, comme les maladies générales des fauteurs de la pathologie symptomatique ne sont que des groupes arbitraires de phénomènes pathologiques. On doit donc les rejeter et se borner à étudier, non-seulement la *prédominance*, mais encore l'*insuffisance* d'action de chaque organe, et l'effet qui en résulte pour le reste de l'économie. Je dis l'*insuffisance d'action* parce que cette circonstance a jusqu'ici été fort mal étudiée. Ceux qui s'en sont occupés se sont bornés à dire que *les organes les plus faibles sont les plus exposés aux maladies*, proposition évidemment contraire à l'expérience, et dont j'ai démontré ailleurs l'absurdité (1).

---

(1) Article ASTHÉNIE du *Dictionnaire abrégé des Sciences médicales*.

62. Bien que l'excitabilité varie à chaque instant dans chaque organe, il n'en est pas moins
vrai que certains hommes, comparés les uns aux
autres (organe pour organe, et non dans les systèmes musculaire et osseux seulement, comme on
le fait ordinairement), présentent des différences
notables d'excitabilité, que certains sont plus
ou moins excitables que d'autres. Ces différences
s'observent de peuple à peuple ainsi que d'homme
à homme, de classe à classe (les citadins, les
paysans, les riches, les pauvres). Mais on ne peut
en aucune manière les soumettre à aucun calcul;
elles sont mobiles comme la vie ; elles dépendent
des circonstances qui agissent sur chaque individu,
et de celles qui agissent sur un grand nombre
d'hommes réunis en corps de nation. Il y a donc
en quelque sorte des *idiosyncrasies nationales* : c'est
ce qu'on a appelé le caractère physique et moral
de chaque peuple.

§ V. *De l'Excitabilité et de l'Action vitale dans l'état de maladie.*

63. Dès qu'un organe est lésé, il y a maladie. Toute
maladie n'est que la lésion d'un ou de plusieurs organes.

64. C'est dans les lésions de l'action moléculaire
des organes que consiste l'essence des maladies. Cette
action ne nous étant pas connue, nous ne pouvons juger de ses altérations que par celles qui se
manifestent dans la structure ou dans les fonctions
des organes.

65. Les altérations de structure ont lieu dans toutes les maladies, mais elles ne sont pas visibles lorsque l'organe est profondément situé, ou recouvert par un autre, lorsqu'elles ont lieu au centre de l'organe ou dans ses parties les plus déliées. Il en est quelquefois de même des altérations de fonctions.

66. Les altérations de fonctions dépendent constamment des altérations de structure. Lorsque ces dernières ne sont point connues, on présume ce qu'elles peuvent être d'après ce que sont les premières. Il y a par conséquent dans l'état de maladie des modifications organiques cachées, et d'autres qui sont manifestes (*symptômes*), et c'est d'après celles-ci qu'on juge de celles-là.

67. Le plus ordinairement, malgré un examen approfondi, on ne trouve pour symptômes que des lésions de fonctions, dont les divers groupes naturels ou artificiels ont aussi reçu le nom de *maladie*.

68. Puisqu'il est impossible de remonter jusqu'à la lésion de l'action moléculaire des organes malades, il faut du moins remonter, autant que possible, jusqu'à l'altération sensible de leur structure. Puisque les symptômes dépendent des altérations de la structure des organes, on ne peut les faire cesser qu'en faisant cesser l'altération organique d'où ils dérivent. Il faut donc ne point s'arrêter à la contemplation des symptômes, mais bien s'élever jusqu'à la nature et au siége de la maladie proprement dite, c'est-à-dire, de l'altération organique.

69. Connaître le *siége* d'une maladie, c'est connaî-

tre les organes dont la lésion donne lieu aux symptômes qui la caractérisent ; connaître sa *nature*, c'est savoir en quoi consiste l'altération organique qui la constitue.

70. La nature et le siége de cette altération sont souvent fort différens de ce que semblent annoncer les symptômes examinés superficiellement. Il n'est pas toujours facile de la reconnaître pendant la vie; on en retrouve souvent des traces non équivoques après la mort ; mais souvent aussi elle disparaît en même temps que l'action vitale cesse.

71. Toutes les erreurs en pathologie sont venues de ce que, 1° on s'est trop long-temps borné à l'étude des symptômes seulement ; 2° on a cru qu'ils étaient toujours la représentation fidèle de l'état des parties soustraites à l'action de nos sens ; 3° on a négligé de rechercher les organes sur lesquels chacun des agens morbifiques ou thérapeutiques exerce d'abord son influence , et les lois qui président à la propagation de cette influence d'un organe à un ou plusieurs autres ; 4° on a cru que ces agens devaient agir sur tout l'organisme, comme on les voyait agir sur un seul organe ; 5° enfin , on a pensé que plusieurs d'entre eux agissaient sur tout l'organisme à la fois , parce qu'à la suite de leur action tout l'organisme paraissait être affecté. **La** fusion de l'anatomie, de la physiologie, de l'anatomie pathologique et de la pathologie, trop long-temps isolées, fera, on doit l'espérer, justice de ces erreurs.

72. Avant de prescrire un traitement curatif, il faut, autant que le cas et l'état actuel de la science

de l'homme le permettent, 1° rapporter chacun des symptômes à l'organe dans lequel il se manifeste; 2° reconnaître ainsi tous les organes plus ou moins affectés; 5° ne rien négliger pour savoir quel était l'organe habituellement prédominant chez le sujet, les agens morbifiques auxquels celui-ci a été soumis, et l'organe sur lequel ils ont d'abord agi; 4° suivre, par la pensée et à l'aide des renseignemens donnés par le malade et par les assistans, la propagation de l'influence morbifique aux différens organes; 5° mettre ces données en parallèle avec les symptômes qui se manifestent dans les organes que l'on sait être le plus ordinairement prédominans chez tous les hommes en général, et chez le malade en particulier, et sans se laisser induire en erreur par l'intensité de quelques symptômes plus saillans que les autres, distinguer ceux qui proviennent directement de l'organe primitivement ou le plus profondément lésé, de ceux qu'offrent les organes secondairement affectés; 6° de l'examen comparatif de la cause morbifique, de la prédisposition individuelle, du siége principal des symptômes et de la nature de ceux-ci, déduire la nature et le siége de la maladie, c'est-à-dire, de l'altération organique qui est la source principale des symptômes.

73. La nature et le siége de cette altération étant connus ou présumés, il est aisé de choisir, parmi les agens thérapeutiques, ceux que l'expérience indique être les plus propres à la faire cesser, ou du moins à en diminuer l'intensité.

74. On applique ces agens tantôt uniquement et

directement à l'organe malade, tantôt et plus souvent à un autre organe qui est en rapport d'action avec lui. Dans ce dernier cas, c'est presque toujours avec une des parties de la surface interne ou de la surface externe du corps qu'on les met en contact, quelquefois avec le tissu cellulaire; très-rarement on les introduit directement dans les vaisseaux.

75. Tous ces agens augmentent l'action vitale ou la dépriment dans un organe d'abord, puis dans un ou plusieurs autres. Il n'en est aucun qui agisse sur la totalité du corps à la fois. C'est en provoquant des modifications avantageuses dans la structure d'un seul organe d'abord, puis de plusieurs, qu'ils ramènent les fonctions à leur rhythme normal.

76. Abandonnées à leur cours naturel, les maladies guérissent lorsqu'elles sont peu intenses, lorsqu'elles résident dans un petit nombre d'organes; la mort leur succède quand elles sont très-intenses, quand elles envahissent un grand nombre d'organes, ou même un seul organe dont l'intégrité importe au maintien de la vie.

77. Quand la maladie se termine par la guérison, les symptômes diminuent graduellement ou presque subitement : dans ce dernier cas, il survient ordinairement des évacuations auxquelles on a long-temps attaché beaucoup trop d'importance; désignées collectivement sous le nom de *crise*, on leur attribuait l'heureuse terminaison de la maladie, tandis qu'elles ne sont que les effets, les signes de cette terminaison. On a prétendu que les crises se manifestaient à certains jours, pendant lesquels il

fallait rester dans l'inaction , afin de ne point troubler le travail salutaire de la nature ; mais on n'a pu parvenir à fixer irrévocablement ces jours, parce qu'il est impossible de soumettre au calcul les jeux de l'imagination.

78. Il serait oiseux de parler encore des crises, si la théorie des anciens sur ce point n'avait conduit plusieurs médecins à penser qu'il faut attendre ces mouvemens réputés salutaires , ne rien faire dans la crainte de les empêcher de se manifester, ne point chercher à les provoquer, et moins encore à les imiter. Il est évident aujourd'hui que le meilleur moyen pour que les crises aient lieu est de ne rien négliger de tout ce qui peut diminuer l'intensité du travail morbide, en restreindre l'étendue, ou le diriger , s'il est permis de s'exprimer ainsi , vers les organes peu importans.

79. L'expectation n'est indiquée que dans les cas où l'on ignore la nature et le siége du mal, ou quand la maladie est si légère que le malade refuse de se soumettre au traitement qui pourrait en abréger le cours.

§ VI. *De la Sur-excitation ou Irritation.*

80. L'irritation , c'est-à-dire , l'état d'un organe dans lequel l'action vitale est accrue au-delà du degré nécessaire pour l'exercice harmonique de la vie , est le plus fréquent et le plus remarquable des deux états morbides primitifs.

81. L'irritation n'est jamais générale ni uniforme dans tout l'organisme , parce que les causes qui la

produisent agissent toujours localement; parce qu'en raison de la prédominance organique individuelle, tel ou tel organe, selon les sujets, se trouve seul affecté, ou plus affecté que tous les autres, par la propagation de l'influence irritante.

82. En effet, l'irritation est due, 1° à un surcroît d'action de la part des puissances extérieures sur une partie quelconque de la surface externe ou de la surface interne du corps; 2° à la propagation de cette action jusque sur un viscère en rapport de fonctions avec l'une ou l'autre de ces deux surfaces; 3° à la soustraction momentanée des stimulans d'un organe doué d'une excitabilité très-prononcée; 4° ou enfin à la débilitation d'un organe important qui a pour résultat l'irritation, la sur-activité d'un autre organe. Ainsi, directement ou indirectement, l'irritation se développe d'abord dans un seul organe.

83. L'irritation établie dans un organe, par l'effet d'une cause quelconque, directe ou indirecte, peut avoir lieu sans qu'aucun symptôme en révèle l'existence, lors même qu'elle est très-intense et située dans un organe principal.

Quand elle occasione des altérations profondes de structure, on les reconnaît, pendant la vie, lorsque les fonctions sont troublées par les progrès de ces altérations, ou seulement après la mort.

L'irritation d'un viscère important peut encore faire périr les sujets sans donner lieu à aucun symptôme caractéristique, et sans laisser de trace dans les cadavres.

84. Lorsque l'irritation se manifeste à nos sens,

si elle est peu intense, et que l'organe soit sous nos yeux, une rougeur à peine visible, un peu de chaleur ou seulement un léger surcroît de sensibilité, une énergie insolite dans les fonctions (*névrose sthénique*) : tels sont les phénomènes que l'on observe. Si l'organe est situé dans l'intérieur du corps, quelque prononcée que soit la rougeur, on ne peut la voir ; la chaleur est souvent nulle ; il n'existe par conséquent d'autre signe que la douleur ; souvent même celle-ci ne se fait point sentir : il ne reste alors d'autre indice d'irritation que la sur-activité de la fonction.

Il ne faut pas confondre cette sur-activité avec celle qui est l'effet d'un surcroît natif ou habituel d'énergie dans un organe primitivement très-développé, ou développé à un degré extraordinaire sous l'empire d'une stimulation qui n'arrive pourtant que très-tard à provoquer un véritable état morbide (*hypertrophie*).

85. Le second degré de l'irritation s'annonce par une douleur, une chaleur et une rougeur moins équivoques, souvent par une exaltation, quelquefois par une diminution dans l'exercice de la fonction de l'organe lésé. Ce degré est fort souvent méconnu, ou si on en observe les effets, on méconnaît la nature et le siége de la lésion qui en est la source (*plusieurs fièvres*).

Une rougeur manifeste, une chaleur plus vive, une douleur plus intense, la tuméfaction de la partie, la suspension des sécrétions, des excrétions, et l'augmentation de l'absorption dont elle était le siége, puis la diminution de l'absorption, le rétablissement des sécrétions et des excrétions (*évacuations critiques*), caractérisent le troisième degré de l'irritation.

Un quatrième degré est celui où, par l'effet de l'intensité ou de la prolongation de l'irritation, une sécrétion morbide s'établit (*hémorrhagies, flux morbides, suppuration*), où le tissu malade s'entame (*ulcère*), tombe en putréfaction par l'extinction de l'action vitale (*gangrène*), ou subit une altération de texture plus ou moins profonde qui lui fait revêtir l'aspect d'un autre tissu organique, ou qui le convertit en une substance toujours animale, mais différente des divers tissus qui entrent dans la composition normale du corps humain (*dégénérations, transformations, tissus accidentels*).

86. Tels sont les effets des principales nuances de l'irritation, c'est-à-dire, les phénomènes que l'on observe dans un organe soumis à l'action légère, très-forte ou prolongée des causes morbifiques qui ont pour résultat l'exaltation de l'activité vitale. S'il fallait signaler toutes les nuances de l'irritation, il y en aurait autant que d'organes et de malades.

Celles que nous venons d'indiquer peuvent servir de termes de comparaison ; mais ce ne sont, comme toutes les autres, que des degrés d'intensité ou de durée d'un même état morbide. Les signes du degré le plus élevé et ceux du degré le moins prononcé sont les mêmes : ils ne diffèrent que par l'intensité ou par divers phénomènes dépendant de la structure de l'organe.

87. On a été jusqu'ici dans l'usage de donner le nom d'*inflammation* à l'irritation qui se manifeste

par la réunion des phénomènes les plus susceptibles de la caractériser ; on peut continuer à se servir de cette expression, pourvu qu'on ne perde pas
de vue qu'elle désigne seulement le plus haut degré
de l'irritation, et non un état morbide *sui generis*.
La limite que l'on a voulu établir entre l'inflammation et l'irritation est de pure convention.

88. Il ne faut pas non plus appeler irritation *nerveuse* celle des filets nerveux que l'on suppose accompagner les dernières ramifications vasculaires,
ni donner les noms d'*inflammation* à l'irritation des
vaisseaux sanguins, de *sub-inflammation* ou d'*ab-
irritation* à l'irritation des vaisseaux lymphatiques,
exhalans et absorbans ; ni enfin celui de *lésion organique* aux altérations profondes de structure des
organes. Car, placer le siége des maladies dans des
parties inaccessibles à nos sens, c'est retomber dans
des hypothèses insoutenables en théorie et nuisibles
en pratique ; c'est établir des distinctions subtiles
que l'anatomie, la physiologie et la logique réprou-
vent, et qui, fussent-elles fondées, seraient inutiles
en thérapeutique. En effet, il n'est pas de signes,
dans l'état actuel de la science, auxquels on puisse
reconnaître que l'irritation n'a point dépassé les filets nerveux, qu'elle est bornée aux capillaires sanguins ou bien aux capillaires lymphatiques : puisque personne n'a vu ce qu'on appelle les capillaires absorbans et exhalans, personne ne peut
savoir en quoi consiste leur irritation. Enfin toute
maladie étant une *lésion organique*, cette dénomination ne doit pas être réservée pour désigner
les altérations de texture. *Névrose sthénique, in-*

flammation, *sub-inflammation*, *hémorrhagie* ne sont que des mots qui représentent, non pas des maladies, mais des groupes de symptômes, effets de l'irritation. Ces symptômes varient à l'infini dans leur nombre, leur intensité, leur succession ; de telle sorte que le même organe présente souvent, d'abord des signes de prétendue névrose, puis ceux de l'inflammation, ensuite ceux de l'hémorrhagie, puis de nouveau ceux de l'inflammation, jusqu'à ce que tous les phénomènes morbides cessent, quoique souvent l'irritation n'en continue pas moins.

Les seules irritations nerveuses sont celles des nerfs distincts, de la moelle épinière et du cerveau; les seules irritations vasculaires sont celles des artères, des veines, et des vaisseaux lymphatiques visibles.

89. Une distinction bien plus importante est celle de l'irritation en *continue*, *rémittente* et *intermittente*. Cette distinction est fondée sur l'observation la plus authentique. A la peau et sur les parties des membranes muqueuses qui l'avoisinent, nous voyons l'irritation affecter ces différens types, ainsi que le prouvent les faits rassemblés par Casimir Médicus, d'après les observateurs les plus attentifs de tous les temps. Or, puisque les phénomènes de l'irritation extérieure cessent quand cette irritation cesse elle-même, et puisqu'ils reparaissent avec elle ou redoublent d'intensité quand elle s'accroît ; lorsque nous voyons des phénomènes analogues, ayant évidemment leur source dans une irritation des viscères, cesser, reparaître, ou s'exaspérer, nous sommes rigoureusement fondés à en conclure que

l'irritation qui les produit a cessé, reparu, ou qu'elle s'est accrue. Quelqu'explication que l'on exige ou que l'on donne de l'intermittence de l'irritation, c'est un fait incontestable auquel il faut croire, lors même qu'on ne pourrait pas l'expliquer, et qui d'ailleurs n'est pas plus remarquable que la continuité de l'irritation. Peut-être même l'intermittence est-elle le type le plus fréquent des phénomènes de la nature considérée en général. Et, s'il en est ainsi, c'est la continuité qu'il faut expliquer.

Quoi qu'il en soit, le professeur Pinel a très-bien vu qu'une maladie ne change pas de nature en changeant de type : en cela, il a fait faire un grand pas à la science.

90. Remarquons que les fonctions d'un organe irrité sont tantôt exaltées et tantôt diminuées, et concluons de là qu'à la vue d'un malade chez lequel les fonctions languissent, il ne faut point se hâter d'en conclure que c'est par l'effet d'une faiblesse, d'une asthénie organique primitive.

91. La durée de l'irritation varie depuis un instant indivisible, depuis un ou plusieurs jours jusqu'à plusieurs années. Il n'est pas rare qu'elle se prolonge durant toute la vie du sujet. Cependant on a remarqué que souvent elle cesse au bout d'un certain temps, qui est toujours à-peu-près le même, selon l'espèce de tissu ou d'organe dans lequel on l'observe, tandis que d'autres fois elle se prolonge indéfiniment, quel que soit son siége. Dans le premier cas, après s'être graduellement élevée au plus haut degré d'intensité, elle dimi-

nue peu à peu ; l'organe reprend le libre exercice de ses fonctions ; l'écoulement dont il était devenu le siége diminue et tarit, ou redevient ce qu'il était dans l'état de santé, lorsqu'il existait avant la maladie. Si le tissu enflammé s'est ouvert, ou l'a été par l'instrument, le rapprochement et la cicatrisation des parties divisées s'opèrent : on dit alors que l'irritation a été aiguë.

92. Lorsque l'irritation devient chronique, l'écoulement, la solution de continuité continuent, ou bien les altérations de texture dont nous avons parlé se développent lentement ; la partie n'offre souvent ni rougeur, ni chaleur, ni même de douleur ; la tuméfaction seule persiste ordinairement, ou bien il ne reste que le trouble de la fonction pour tout symptôme de l'irritation permanente.

93. Telle est la marche de l'irritation bornée à un seul organe. Mais lorsqu'elle est très-intense, lorsqu'elle occupe un organe qui est lié intimement avec le cœur, avec le cerveau ou les membranes muqueuses, ou seulement lorsque l'irritation, quoique légère, se développe dans un sujet chez qui ces viscères sont habituellement ou accidentellement très-excitables, le mal s'étend au loin dans l'organisme. Plusieurs organes *souffrent avec* (*sympathie*) l'organe qui a supporté l'influence de la cause morbifique. Aux phénomènes locaux d'irritation dont il vient d'être fait mention se joignent en plus ou moins grand nombre ceux qui indiquent ordinairement l'irritation, quelquefois l'asthénie du cœur, du cerveau, des muscles, ou des membranes muqueuses, etc. Ces derniers phé-

nomènes se réduisent quelquefois à une simple augmentation ou diminution de l'exercice des fonctions ; s'ils prédominent sur les phénomènes locaux provenant de l'organe primitivement lésé , on coure le risque de méconnaître la nature et le siége du mal , si on ne parvient à percer l'obscurité qu'offre ce mélange de symptômes de force et de faiblesse. La maladie est-elle aiguë , la circulation troublée , la chaleur de la peau augmentée ou diminuée , ne distingue-t-on aucune trace de lésion locale , et ne sait-on à quelle classe , à quelle espèce de *névrose*, d'*inflammation*, d'*hémorrhagie*, de *lésion organique* la rapporter , on dit que c'est une *fièvre essentielle* : telle était du moins la marche encore suivie il y a peu d'années. Depuis les travaux de M. Broussais on a reconnu la nécessité de ne plus se borner à étudier la nature des maladies dans les symptômes les plus saillans , et de chercher dans toute irritation générale l'irritation locale qui en est la source.

94. Mais il est une vérité fondamentale sur laquelle M. Broussais n'a point appelé l'attention , c'est qu'à l'irritation aiguë ou chronique d'un tissu, d'un organe quelconque , peut succéder l'asthénie de ce tissu , de cet organe , soit que les effets locaux ou sympathiques de l'irritation persistent, soit qu'ils cessent avec elle ; et que les phénomènes sympathiques peuvent continuer lors même que celle-ci n'existe plus. Ainsi , lorsqu'on observe le mélange de phénomènes morbides de force et de faiblesse indiqué plus haut , il faut non-seulement remonter à l'irritation primitive qui les

a produits, mais encore déterminer si l'irritation persiste avec eux; si elle a cessé, ou enfin si elle est remplacée par l'asthénie de l'organe qui en était le siége.

C'est ainsi que je conçois le principe fondamental qui doit guider le pathologiste dans l'étude des irritations, et le praticien dans le traitement de ces maladies.

§ VII. *De la Sous-excitation ou de l'Asthénie.*

95. L'asthénie est l'état d'un organe dans lequel l'action vitale se trouve au-dessous du degré nécessaire à l'exercice harmonique de la vie. Quoique moins fréquemment primitif que l'irritation, et moins susceptible d'entraîner la désorganisation, cet état morbide ne doit pas être étudié avec moins de soin.

96. L'asthénie générale est aussi rare que l'asthénie locale est commune. La première a pourtant lieu lors de la dernière période de toutes les maladies qui se terminent par la mort; mais alors, primitive ou secondaire, elle est incurable. Dans presque toutes les maladies on observe l'asthénie locale secondaire. Tout homme qui souffre est pour l'ordinaire peu disposé à se mouvoir, et lors même qu'il le désire, ses muscles obéissent lentement et incomplètement à sa volonté; ou bien, s'ils entrent en action, ils déterminent des mouvemens irréguliers qui proviennent de ce que certains se contractent plus énergiquement que les autres. Mais cette asthénie et ce spasme musculaire sont l'effet

d'une irritation dont l'influence se propage au cerveau. Les muscles ne sont pas les seuls organes où l'on observe cette asthénie secondaire. La même diminution dans les fonctions a lieu par l'effet de l'irritation de presque tous les organes irrités. On peut par conséquent admettre, pour plus de clarté, une asthénie de *fonction* et une asthénie de *nutrition*, ou si l'on veut d'action moléculaire. La première est le plus souvent le symptôme d'une irritation, et plus rarement l'effet de la seconde.

La distinction qui vient d'être établie n'est pas toujours facile à faire dans la pratique; mais comme l'asthénie a jusqu'ici été plus souvent supposée qu'étudiée, cette distinction ne sera peut-être pas inutile.

97. L'asthénie d'un organe est l'effet : 1° de la diminution ou de la soustraction complète des stimulans qui agissent habituellement sur lui; 2° de la diminution de l'influence stimulante que les organes exercent les uns sur les autres; 3° de la stimulation excessive d'un organe important, dont l'intégrité est nécessaire pour que l'action vitale continue au même degré dans tous les autres : cet organe agit alors uniquement dans l'intérêt de sa propre conservation, s'il est permis de s'exprimer ainsi; l'action nutritive y est exaltée, quoique ses fonctions languissent.

98. Une légère asthénie ne donne lieu à aucun phénomène morbide, quel que soit son siége; elle est toujours de courte durée. Si elle est souvent répétée, il peut en résulter l'irritation du viscère qui est en rapport sympathique avec celui où elle

a lieu. L'asthénie intense est caractérisée par la décoloration, la flaccidité, le défaut de chaleur du tissu où on l'observe, et une espèce d'insensibilité; les fonctions de ce tissu diminuent d'activité, ou cessent complètement. Si l'asthénie est très-prononcée et long-temps prolongée, on voit souvent une irritation passagère la remplacer subitement, cesser aussitôt, et déterminer l'extinction complète de l'action vitale dans la partie (*gangrène*).

99. L'asthénie primitive ne peut déterminer la désorganisation chronique que chez les sujets très-irritables et dans lesquels l'action circulatoire est languissante, soit que de légères irritations souvent inappréciables viennent de temps à autre favoriser la désorganisation, soit que la lenteur de la circulation la favorise seule.

Mais l'asthénie consécutive à l'irritation est une cause puissante de désorganisation; c'est à elle qu'on doit rapporter la production de tous les tissus accidentels doués d'un degré d'activité vitale inférieur à celle des parties au milieu desquelles ils se développent. C'est en alternant avec l'irritation qu'elle détermine la formation des tissus accidentels sans analogues dans l'organisme, tissus dans lesquels l'irritation finit par dominer et devenir permanente lorsqu'ils s'ulcèrent.

100. L'estomac lui-même peut tomber dans l'asthénie, état qu'il ne faut pas confondre avec la paralysie de ce viscère, laquelle n'a guère lieu que dans l'apoplexie. L'asthénie stomacale aurait dû être étudiée avec soin, ne fût-ce que parce qu'elle peut déterminer la gastrite. En effet, dans ce viscère

comme dans les organes des sens, l'asthénie, effet d'un défaut de stimulant, est promptement suivie de l'exaltation de l'action vitale, peut-être même de l'excitabilité. Mais si l'absence de tout stimulant continue, l'excitabilité finit par s'épuiser ; l'organe devient insensible si c'est un de ceux qui transmettent les impressions extérieures au cerveau; la mort survient si c'est l'estomac, soit par défaut de matériaux , soit plutôt parce que la membrane muqueuse gastrique ne communique plus au cerveau les impressions sans lesquelles ce viscère ne peut agir. Ces impressions sont plus promptement nécessaires que les matériaux nutritifs , car l'administration d'une boisson stimulante excite , dans ce cas, l'action cérébrale plus que ne pourraient le faire des alimens très-nourrissans mais fades.

101. L'asthénie de l'estomac, celle du cœur, du cerveau et de la partie supérieure de la moelle épinière et celle du poumon, sont les seules qui puissent entraîner directement la mort.

102. Si l'asthénie d'un organe peut y provoquer l'irritation, elle cesse dès que celle-ci s'établit ; il n'y a point d'*irritation asthénique*, non plus que d'*asthénie irritative ;* car , encore une fois, il ne faut pas confondre l'asthénie de nutrition avec l'asthénie de fonction.

103. Il n'est pas plus facile de distinguer l'asthénie des filets nerveux confondus avec les vaisseaux que leur irritation ; celle des capillaires lymphatiques n'est pas plus distincte, car si la pâleur et un embonpoint mollasse paraissent l'annoncer, ces symptômes n'auraient point lieu si l'action du

système capillaire et celle du cœur n'étaient également languissantes , et cet état paraît plutôt provenir d'une des nuances de l'asthénie du poumon que de toute autre cause.

104. L'asthénie du système artériel est un mot vide de sens, si l'on considère que ce système n'est qu'un instrument à-peu-près passif de la circulation. Dans le système veineux, l'asthénie est plus marquée; on la reconnaît aux varices , aux taches bleuâtres qui se forment sous l'épiderme, à la teinte bleuâtre des lèvres ; mais ce qui a lieu à la peau n'a pas toujours lieu sur les membranes muqueuses, qui souvent sont dans un état diamétralement opposé.

105. On a cru long-temps que les hémorrhagies sans signes bien manifestes d'irritation étaient un effet de l'asthénie des vaisseaux capillaires : il n'en est ainsi que dans les cas d'asthénie profonde des veines, quand le cœur conserve encore une certaine force qui se trouve supérieure à la résistance des capillaires. Souvent même , dans ce cas, l'hémorrhagie ne s'établit qu'à la suite d'une irritation légère qui , après y avoir déterminé la présence d'une plus grande quantité de sang , laisse la partie dans un état d'asthénie plus profonde.

106. Les flux morbides, en général, ne sont jamais dus seulement à l'asthénie des vaisseaux capillaires, si ce n'est à l'instant de l'agonie : encore voit-on souvent la sueur cesser de se manifester aux approches de la mort, quoique la faiblesse soit plus prononcée qu'elle ne pouvait l'être auparavant.

107. On est porté à croire que l'asthénie peut être

intermittente comme l'irritation ; mais il reste beaucoup de recherches à faire sur ce point important
de doctrine , que la théorie épurée des fièvres intermittentes ne peut manquer d'éclairer.

108. En général, l'asthénie dure peu parce que
l'homme recoure de suite à l'usage des stimulans
de toute espèce quand il en ressent les premières
atteintes, jusqu'à ce qu'enfin il épuise subitement
ou lentement son excitabilité par une stimulation
trop forte ou trop souvent répétée.

109. L'asthénie d'un organe le rend plus acces-
sible aux causes d'irritation, ainsi que tous les autres organes, lors même qu'ils ne participent point
à sa faiblesse. Ce fait digne de remarque est un de
ceux que personne ne conteste ; mais il ne faut
pas en conclure que les irritations qui surviennent
dans un organe ou chez un sujet affaibli soient des
asthénies. Telle a été l'erreur des Browniens ; elle
a exercé sur la thérapeutique une influence pernicieuse à laquelle M. Broussais a heureusement
mis un terme.

110. Frappé de la fréquence incontestable des irritations, ce professeur se montre trop exclusif en
ne voyant dans l'asthénie qu'une conséquence de
la sur-excitation d'un organe important. S'il ne nie
plus la possibilité de l'asthénie primitive , s'il accorde aujourd'hui qu'elle peut contribuer à la désorganisation , il nie qu'elle puisse avoir lieu dans
les fièvres, ce qui conduit à négliger la recherche
des cas où les stimulans peuvent être employés avec
succès dans le traitement de ces maladies.

§ VIII. *De l'Excitabilité, et de l'Action vitale considérées sous le rapport thérapeutique.*

111. Puisque les maladies ne sont que des irritations ou des asthénies organiques, toujours primitivement locales, jamais uniformément répandues dans tout l'órganisme, et souvent coexistantes, il faut pour les guérir, après avoir distingué les organes irrités et les organes affaiblis, stimuler ceux-ci, débiliter ceux-là, de manière toutefois à ne pas exaspérer l'état morbide des uns en voulant calmer celui des autres. Il faut surtout ne point se livrer au chimérique espoir d'accroître l'excitabilité d'une manière absolue, ou, comme on le dit, de *redonner des forces :* on ne peut que régulariser l'action vitale, exaltée dans une partie, diminuée dans une autre. Lorsque l'excitabilité diminue, rien ne peut la ramener à son état primitif. Sous ce rapport, les Browniens ont partagé jusqu'à un certain point l'erreur des alchimistes : encore ceux-ci cherchaient-ils le divin arcane qui devait prolonger la vie, tandis que ceux-là croyaient avoir trouvé, dans le vin, l'opium et le quinquina, des *spécifiques* pour l'empêcher de s'éteindre avant le terme le plus reculé marqué par la nature.

112. Lorsqu'une maladie se manifeste par des phénomènes qui s'étendent à plusieurs organes, il faut s'attacher à reconnaître l'organe dont la lésion entraîne celle de tous les autres, afin de savoir s'il convient de le débiliter ou de le fortifier, d'ac-

croître ou de ralentir chez lui l'activité vitale, pour faire cesser les phénomènes sympathiques quels qu'ils soient, c'est-à-dire, soit qu'ils offrent l'apparence de la force, soit qu'ils paraissent annoncer de la faiblesse dans les organes où ils se manifestent.

113. La première règle en thérapeutique est d'écarter toute cause morbifique encore agissante, quelle qu'elle soit, et d'empêcher qu'il ne s'en présente d'autres.

114. L'IRRITATION peut être combattue par divers moyens qui tous sont efficaces, lorsqu'on sait les appliquer avec justesse, et dont aucun ne doit être prescrit indifféremment dans tous les cas d'irritation.

115. Pour ralentir le mouvement vital dans un organe irrité, il faut d'abord réduire, autant que possible, le nombre et l'activité des stimulans qui agissent habituellement sur lui, et diminuer la somme des matériaux qui entrent dans la composition de l'organisme : par la diète, souvent par la phlébotomie, quelquefois par l'artériotomie. Les indications sont ensuite, 1° de diminuer la quantité de sang qui traverse cet organe, par la saignée des vaisseaux capillaires de la partie irritée ou de celle qui l'avoisine davantage; 2°. de le mettre en contact avec les substances dites réfrigérantes, émollientes et narcotiques.

116. Si l'organe est tellement situé qu'on ne puisse espérer de lui enlever directement du sang par la saignée des vaisseaux capillaires, il ne faut pas négliger cette opération pratiquée sur l'organe

le plus rapproché de lui ; on insistera sur la diète, et quelquefois l'on mettra en usage la saignée générale. Les réfrigérans, les émolliens, les narcotiques, seront mis en contact avec la peau ou les membranes muqueuses.

117. A ces moyens, qui constituent la méthode anti-irritative proprement dite, autrement nommée *anti-phlogistique*, on peut et souvent on doit joindre l'emploi des irritans mis en rapport avec un tissu plus ou moins éloigné de l'organe irrité. Ces irritans sont, 1° les rubéfians de la peau, les vésicans et les escarotiques ; 2° les vomitifs et les purgatifs, les stimulans diffusibles, les stimulans fixes, et les toniques des membranes muqueuses. Ces moyens appartiennent à la méthode *dérivative*.

118. Il est des cas où l'application directe des irritans, des stimulans, des toniques, des rubéfians, des vésicans et même des escarotiques, sur l'organe irrité, fait cesser l'irritation ou du moins en prévient les suites : c'est la méthode dite *perturbatrice*.

119. Lorsque l'irritation est intense, la méthode anti-irritative convient seule.

120. Dès que, par cette méthode, on est parvenu à diminuer l'intensité de l'irritation, ou lorsque celle-ci est légère, la méthode dérivative est souvent très-avantageuse. Mais si on s'est mépris sur le degré de l'irritation ; si la plupart des organes sont très-excitables, et notamment le cerveau, le cœur ou les membranes muqueuses ; si on agit trop fortement ou trop près de l'organe malade, l'irrita-

tion de celui-ci augmente au lieu de diminuer ; ou bien, au lieu d'une seule irritation, il en résulte souvent une seconde, plus grave quelquefois que la première.

121. Si l'on considère à quel degré les membranes muqueuses jouissent de l'excitabilité, la facilité, la promptitude avec laquelle leur irritation porte le trouble dans l'organisme et entraîne la désorganisation de leur tissu, on sentira la nécessité d'être très-réservé sur l'emploi de la méthode perturbatrice dans le traitement des irritations de ces membranes, et même des viscères qu'elles avoisinent. On ne mettra ces moyens en usage qu'avec une réserve qui ne saurait être trop timide. Depuis que Hecquet, Chirac, Baglivi, Rega, Van-Swiéten, Pomme, et tant d'autres observateurs, ont signalé les funestes effets de l'abus de ces moyens dans le traitement des irritations internes; depuis que les travaux anatomiques de M. Prost ont ajouté au témoignage de ces autorités respectables; enfin depuis que M. Broussais a démontré ce que ces auteurs avaient entrevu, il n'est plus permis d'administrer empiriquement ces redoutables agens dans tous les cas où la faiblesse du système musculaire semble en indiquer l'usage.

122. Cependant la méthode perturbatrice a été employée avec un succès incontestable à l'extérieur, ce qui porte à présumer qu'on peut en user quelquefois avec avantage à l'intérieur (excepté les rubéfians, les vésicans et les escarotiques, que plusieurs médecins de nos jours ne craignent pas de

prescrire de cette manière), et cette présomption est convertie en certitude par un petit nombre de faits jusqu'ici mal jugés.

123. L'irritation intermittente doit être traitée d'après les mêmes principes que l'irritation continue ; mais pendant l'intermission on peut porter directement sur l'organe des agens stimulans qui préviennent le retour de l'irritation ; quelquefois même on la fait cesser en appliquant des stimulans sur l'organe à l'instant même où il est irrité. Il en est de ce cas comme de ceux où le même moyen guérit une irritation continue : seulement l'expérience paraît avoir prouvé que dans certaines irritations intermittentes internes, il faut recourir à cette méthode, de préférence à toute autre, pour sauver la vie du malade. Cette particularité ne fait point exception aux principes qui viennent d'être posés.

124. Les règles qui doivent présider au traitement de l'irritation sont celles que l'on doit suivre dans le traitement de l'ASTHÉNIE qui dépend directement de l'irritation ; mais lorsqu'elle est primitive, lorsqu'elle persiste après l'irritation , ou lorsqu'elle met la vie du malade en danger en raison du siége qu'elle occupe, elle réclame l'attention du praticien, et présente des indications spéciales.

125. Après avoir écarté ou atténué tout ce qui pourrait accroître ou entretenir l'asthénie, il faut ajouter à la somme des matériaux qui entrent dans la composition de l'organisme, ou les renouveler, par l'usage de bons alimens donnés avec précau-

tion, si le sujet a été soumis à un régime trop ténu ou insalubre; rappeler les stimulans dont l'organe a été privé, puis appliquer sur lui des substances médicamenteuses stimulantes et toniques, d'abord à petites doses, puis à doses plus élevées. Lorsque l'organe ne peut être mis en contact avec ces moyens thérapeutiques, on les applique sur la peau ou sur les membranes muqueuses, afin que l'impression qu'ils produisent se propage jusqu'à lui; et lorsqu'on agit sur la peau on a souvent recours aux rubéfians, aux vésicans non permanens, et aux escarotiques. De hardis praticiens ne craignent pas d'employer à l'intérieur des substances non moins actives dont l'effet est souvent funeste.

126. On peut agir sur plusieurs organes à la fois, lors même que l'organe affaibli est tellement situé que rien n'empêche d'agir directement sur lui. On doit même recourir à la stimulation de plusieurs organes lorsque l'asthénie paraît s'étendre à tout l'organisme: seulement il faut alors éviter les parties qui seraient susceptibles de s'irriter sous l'influence des stimulans.

127. En effet, dans l'administration directe de ces stimulans, de ces toniques, il ne faut pas oublier qu'un organe affaibli est très-accessible à l'influence des causes d'irritation, et que ce qu'on emploie à titre de médicament peut devenir un agent délétère, au moins quand il s'agit des membranes muqueuses ou des organes des sens, car à la peau on risque peu de stimuler énergiquement.

128. Quand on se propose de stimuler un organe

affaibli, il importe encore de s'assurer s'il n'y a dans le reste de l'organisme aucun point d'irritation qui puisse augmenter sympathiquement ; il faut éviter surtout d'appliquer les stimulans sur une partie déjà irritée.

129. Enfin il ne faut pas oublier que des stimulations trop souvent répétées et trop vives épuisent souvent l'excitabilité sans ranimer l'action vitale.

130. Ce qui précède est relatif à la méthode anti - asthénique directe, locale ou générale. Le traitement direct de l'irritation, dans l'asthénie consécutive, forme la méthode anti-asthénique indirecte, opposée à la méthode dérivative de l'irritation.

131. Si quelqu'un était tenté de dire que le succès de cette dernière méthode prouve que l'irritation d'un organe dépend quelquefois de l'asthénie d'un autre, il aurait raison. Dans certains cas, en effet, on n'a guéri que parce qu'on a fortifié un organe affaibli : c'est ce qui a lieu lorsqu'au début d'un accès de *fièvre*, occasioné par l'impression du froid, on fait cesser cet accès en réchauffant la peau. Mais il n'en est pas de même lorsque, dans un cas d'irritation, on stimule un organe dont l'action n'est nullement affaiblie : ici il y a véritablement *dérivation*.

132. L'asthénie, admise dans la plupart des maladies par Brown, n'a pas été étudiée jusqu'ici dans chaque organe. Il est à désirer que les praticiens s'occupent de cet important sujet de recherches : alors on saura jusqu'à quel point l'asthénie in-

termittente d'un organe peut contribuer à la production des maladies du même type, ce qui ne peut manquer de jeter une vive lumière sur la thérapeutique de ces maladies, encore abandonnées à l'empirisme.

133. Si l'accélération et la lenteur du mouvement vital; si l'irritation et l'asthénie n'avaient toujours d'autres résultats que le trouble des fonctions, les principes qui viennent d'être posés suffiraient pour tous les cas de maladies qui peuvent s'offrir. Mais à l'afflux qui est l'effet de l'irritation, à la congestion qui suit l'asthénie, succèdent souvent *des altérations plus profondes dans la texture des organes*. Ces altérations peuvent persister après que l'irritation ou l'asthénie a cessé; l'un ou l'autre de ces deux états morbides se renouvelle souvent à diverses reprises et alternativement dans les organes qui en sont le siége. Il est donc nécessaire de dire quelle marche le praticien doit tenir.

134. Quelquefois des signes non équivoques d'irritation accompagnent les altérations de texture; souvent l'action vitale ne paraît être nullement dérangée dans l'organe qui en est le siége; plus souvent les fonctions de celui-ci sont languissantes, quels qu'aient été d'abord les dérangemens de l'action vitale dans cet organe. Souvent aussi, après un temps plus ou moins long, on voit se manifester les signes d'une vive irritation au sein du tissu altéré, et la mort du sujet en être l'effet.

135. La plupart des altérations de texture se développant sous l'empire de causes stimulantes directes ou sympathiques, il convient, dans la plu-

part des cas, de leur opposer les moyens appropriés au traitement de l'irritation, et cela lors
même que tout semble annoncer l'asthénie de l'organe. Il faut se rappeler encore ici la distinction
établie entre l'asthénie de fonction, si souvent
consécutive à l'irritation, et l'asthénie de nutrition
si peu fréquente en général, quoiqu'elle le soit
plus dans les maladies chroniques que dans les
maladies aiguës. Mais ce n'est pas sur la méthode
anti-irritative locale qu'il faut insister ; le régime,
les dérivatifs, et quelquefois même la stimulation
d'organes très-rapprochés de celui dont on veut
modifier la texture altérée : tels sont les moyens
auxquels il faut avoir recours, avec la précaution
de s'arrêter aussitôt que les signes de l'irritation reparaissent ou s'accroissent. Il est remarquable que,
dans un petit nombre de cas, on renouvelle avec
avantage cette irritation, pourvu que ce soit pour
un temps très-court, et que l'on y remédie promptement par la méthode anti-irritative.

136. Dans le traitement de toute altération de
tissu, le traitement local suffit rarement : pour agir
efficacement sur l'organe malade, pour renouveler
sa composition, il faut, en quelque sorte, renouveler la composition de tout l'organisme. Il ne faut
pas conclure de là que la lésion locale manifeste
tient à une lésion générale latente, mais seulement que, pour agir profondément sur l'action nutritive d'un organe, on ne peut le faire qu'en agissant sur celle de tous les autres, puisqu'il faut pour
cela modifier la chylose, l'hématose, et exciter dans
divers organes une sur-excitation qui entraîne la

diminution de l'irritation locale à laquelle est presque toujours due l'altération de tissu que l'on veut guérir.

137. Il n'y a donc pas plus de *lésions organiques* générales que de *lésions vitales* générales : seulement, dans celles-ci, il suffit souvent d'agir sur l'organe malade; tandis que, dans celles-là, il faut presque toujours agir en même temps sur plusieurs points de l'organisme.

138. De ces généralités n'est-on pas en droit de conclure, 1° que toute maladie est locale ; 2° que toute maladie est une irritation ou une asthénie ; 3° que ces deux états morbides peuvent coexister chez le même sujet, l'un dans un organe, l'autre dans un autre; 4° qu'ils peuvent succéder l'un à l'autre dans le même organe; 5° que, pour traiter avec succès les maladies, il faut remonter jusqu'à l'organe irrité ou affaibli, qui influe davantage sur l'organisme, ordinairement l'affaiblir, quelquefois le stimuler, directement ou sympathiquement; 6° enfin, que les maladies intermittentes et les altérations de texture doivent être traitées d'après les mêmes principes que les maladies aiguës continues, sauf les modifications qui résultent de la marche plus rapide ou plus lente, et du danger plus ou moins pressant, de l'intermission qui permet d'agir en l'absence de la maladie (1), ou de l'atteinte profonde et permanente qu'a subie la texture de l'organe? A quoi il faut ajouter ces inspirations heureuses et indescriptibles qui sont l'apa-

______

(1) *Journal universel des Sciences médicales,* t. VII, p. 248.

nage d'une expérience consommée et d'une habi-
leté rare ; inspirations dont les résultats ne doivent jamais être érigés en règle ni opposés à ceux
de la pratique générale.

PYRÉTOLOGIE

PHYSIOLOGIQUE.

CHAPITRE PREMIER.

Des Fièvres en général.

L'ANATOMIE pathologique a révélé le siége et la nature d'un grand nombre de maladies; plusieurs de ses arrêts ont été sans appel. On ne dispute pas aujourd'hui pour décider si la pneumonie est une inflammation du poumon. Il n'en est pas de même pour toutes les maladies.

L'ouverture des cadavres ne découvrant pas toujours des lésions organiques appréciables, on est parti de là pour diviser les maladies en deux classes, dont l'une comprend toutes les affections qui dépendent d'une modification organique encore manifeste après la mort, et l'autre toutes celles qui ne laissent aucune trace sensible après elles. Les maladies nerveuses et les fièvres ont été comprises parmi ces dernières.

Si l'on demande par quel moyen on peut arriver à connaître la nature et le siége d'une maladie qui se termine heureusement ou qui ne laisse aucun vestige dans les organes lorsqu'elle a une issue funeste, il faut répondre que, dans l'un et l'autre cas, il reste au médecin l'analyse physiologique des symptômes et des causes de l'affection lorsqu'elles sont connues. C'est ainsi que l'on a toujours procédé et que l'on procédera toujours relativement à la paralysie, par exemple, et personne jusqu'ici n'a pensé que cette marche fût irrégulière.

Considérées dans leurs symptômes seulement, il est des maladies dont les phénomènes sont tellement caractéristiques qu'on ne peut hésiter à leur reconnaître une nature et un siége déterminés : tels sont, par exemple, la pneumonie, le coryza, le catarrhe pulmonaire, etc. Ces maladies sont peu nombreuses : dans quelques-unes de leurs nuances, il n'est pas toujours facile d'en discerner le siége. Enfin il est d'autres maladies dont les symptômes n'ont pu jusqu'ici faire reconnaître le siége et la nature, ou plutôt dont les symptômes, mal interprétés, les ont trop souvent fait méconnaître. A celles - ci se rapportent les fièvres, dont je vais m'occuper exclusivement.

On ne trouve dans les écrits qui portent le nom d'Hippocrate rien qui ressemble à la manière dont on considère aujourd'hui ce qu'on appelle les *fièvres*. Lorsque les Hippocratides se sont servi des mots πυρ, πυρετος, ils n'ont jamais entendu désigner une classe, un genre, une espèce de maladie en général, mais seulement un symptôme : la *chaleur de la peau*; et, lorsqu'ils employaient l'une ou l'autre de ces deux expressions, sans y joindre l'indication des autres symptômes, c'est parce que, en rappelant celui qu'elles désignent, ils rappelaient la plupart de ceux qui l'accompagnent ordinairement. Ce n'est que dans les écrits de Galien que le mot πυρετος est employé dans le sens que les Latins donnaient au mot *febris*, et que nous donnons aujourd'hui au mot *fièvre*. Remarquons toutefois que les malades, et même les médecins, se servent encore aujourd'hui de ce dernier comme Hippocrate se servait de ceux dont je viens de parler. Ainsi lorsque le malade éprouve de la chaleur à la peau, lorsque le médecin reconnaît ce symptôme, l'un et l'autre prononcent souvent le mot *fièvre*, sans y attacher d'autre idée que celle de cette chaleur. On ne peut donc accuser Hippocrate d'avoir fait un *être* de la fièvre.

Le docteur Laennec dit avec raison qu'Hippocrate ne paraît pas avoir songé à diviser les fièvres d'après leurs symptômes ; que, par les expressions de *phricodes*, *lingodes*, *lipyriennes*, *ardentes* et *épiales*, qui reviennent si souvent dans ses écrits, il n'entendait pas autant d'espèces distinctes de fièvres ; et que les nosologistes ont fait de vains efforts pour rapporter ces prétendues espèces de fièvres à celles qui leur étaient connues (1).

Depuis Galien jusqu'à nos jours, la plupart des médecins se sont adonnés à l'étude du diagnostic, du pronostic et de la thérapeutique des fièvres ; quelques-uns se sont plus spécialement occupés à en former des ordres, des genres et des espèces ; dans ces dernières années, on a reconnu qu'il importait avant tout d'en déterminer la nature et le siége. On pourrait donc diviser en trois parties l'histoire de la pyrétologie : la première comprendrait la *pyrétologie sym-*

---

(1) *Propositions sur la Doctrine d'Hippocrate, relativement à la médecine pratique*, par R.-T.-H. Laennec. *Paris*, 1804; *in-4°*, page 19.

ptomatique, la seconde la *pyrétologie méthodique*, et la troisième la *pyrétologie physiologique*. Ainsi, parmi les médecins, les uns ont jeté les fondemens de la science en rassemblant des faits; les autres ont cru édifier la science en les rapprochant d'après leurs apparences; d'autres enfin ont reconnu que la seule méthode qui puisse faire arriver à la connaissance approfondie des fièvres et du traitement le plus efficace de ces maladies, est de comparer le fébricitant avec l'homme en santé, les symptômes fébriles avec les traces que l'on trouve dans les organes après la mort; de chercher l'organe dans lequel réside le foyer des phénomènes morbides, et les moyens les plus propres à faire cesser la lésion de cet organe. De tout temps on a senti qu'il était utile de rechercher la nature et le siége des fièvres; mais la physiologie et l'anatomie pathologique étaient trop imparfaites pour qu'on pût voir jusqu'à quel point est importante cette recherche, qui fait le caractère distinctif de la doctrine médicale française moderne.

Les fièvres sont si nombreuses et si différentes en apparence, qu'il serait impossible d'en donner une description générale. Il n'est pas un seul trouble de fonction, un seul dérangement de tissu qui ne puissent se retrouver dans quelqu'une de ces maladies. Elles n'ont donc aucun symptôme spécifique, aucun signe pathognomonique; l'accélération du pouls ne peut être donnée pour telle, parce qu'on l'observe dans des maladies qui ne sont pas des fièvres, et parce qu'il est des fièvres dans lesquelles on ne l'observe pas.

On peut toutefois ranger sous différens chefs les

phénomènes fébriles, en raison de leur analogie, de leur fréquente coexistence, de leur dépendance réelle ou apparente, et de l'ordre de leur succession habituelle.

Ainsi, tantôt on observe la chaleur de la peau, la force et la fréquence du pouls, l'exaltation extrême de la sensibilité, l'irritabilité excessive de certaines parties, et même l'inflammation d'une partie quelconque ; tous les signes enfin qui annoncent une réaction bien caractérisée. Tantôt, au contraire, la peau est froide, le pouls languissant, les sens sont tombés dans l'hébétude, la sensibilité est comme anéantie, certains tissus paraissent ne plus réagir sous l'influence des stimulans ; en un mot, tout semble annoncer une prostration marquée. D'autres fois on observe une alternative embarrassante des phénomènes qui dénotent la réaction, et de ceux qui caractérisent la faiblesse de l'action vitale.

C'est d'après ce classement abstrait des symptômes fébriles qu'on a établi :

La fièvre *inflammatoire, sthénique, irritative : synocha ;*
La fièvre *putride, asthénique, adynamique : synochus ;*
La fièvre *maligne, ataxique, nerveuse : febris atacta.*

Mais ces noms rappellent des idées exclusives : la sur-excitation, la prostration et l'ataxie ne se manifestent pas toujours d'une manière aussi prononcée qu'ils semblent l'indiquer. La sur-excitation se trouve au début de la plupart des fièvres, l'ataxie à la fin d'un grand nombre, la prostration à la terminaison de toutes celles qui finissent par la mort : rarement ces deux dernières formes fébriles se montrent-elles sans réaction préalable plus ou moins prolongée.

Les progrès de l'esprit d'observation ont fait voir que, dans les fièvres caractérisées par une excitation intense, cet état morbide était plus manifeste, tantôt dans l'appareil circulatoire, tantôt dans l'estomac, et tantôt dans l'appareil sécrétoire que forme la membrane muqueuse gastro-intestinale ; ce qui a conduit à distinguer les fièvres d'irritation en :

Fièvre *inflammatoire*, *angioténique* : *synocha* ;
Fièvre *bilieuse*, *gastrique* : *febris biliosa* ;
Fièvre *muqueuse*, *méningo-gastrique* : *morbus mucosus*.

Des différences notables dans les symptômes, la marche et le cours du *typhus*, l'ont fait considérer comme une variété remarquable des fièvres adynamiques.

Aux fièvres ataxiques on a rallié la *fièvre lente nerveuse* d'Huxham, la *fièvre jaune* et la *peste*.

Par la combinaison de ces diverses dénominations, on a cru pouvoir indiquer toutes les nuances des maladies fébriles, ou, comme on le dit, toutes les fièvres compliquées : de là les noms de *fièvre inflammatoire gastrique* ou *causus* des anciens, de *fièvre gastro-adynamique*, de *fièvre muqueuse ataxique*, etc.

Lorsque les symptômes de ces fièvres se succèdent et marchent sans interruption complète, on leur donne le nom de *fièvres continues*. La plupart d'entre elles, à certaines heures, à certains jours, augmentent d'intensité, et l'état de souffrance du malade s'accroît. Cette exaltation passagère des symptômes a reçu le nom d'*exacerbation* ou d'*accès*, selon qu'il n'est pas ou qu'il est précédé d'un frisson, et suivi d'une chaleur et d'une sueur générales ou partielles. Les symptômes de réaction subissent seuls ordinairement ces accroissemens d'intensité. On donne aussi le nom d'*exacerbation*, d'*accès*, à l'apparition de ces symptômes, lorsqu'à certaines heures, à certains jours fixes ou indéterminés, ils prennent momentanément la place des signes de prostration qu'on avait observés jusque là, ou viennent se mêler, pour ainsi dire, à ceux-ci.

Dans tous ces cas, lorsque les accès reviennent à des époques fixes, la maladie prend le nom de *fièvre rémittente*.

Ces fièvres, abandonnées à elles-mêmes ou soumises à un traitement quelconque, durent quelques jours, souvent une ou plusieurs semaines, rarement plus d'un mois et demi : si elles se prolongent au-delà, elles perdent leur nom de *fièvres*, et sont ralliées à diverses maladies chroniques.

Il est encore d'autres fièvres qui durent seulement une ou plusieurs heures, cessent pendant une nuit, un ou deux jours, reviennent, cessent de nouveau, pour reparaître ensuite à des époques fixes, et continuent ainsi à se montrer par accès que séparent des intervalles de santé : ce sont les fièvres *intermittentes*.

Ces fièvres se terminent naturellement, ou par le secours de l'art, en quelques jours, ou du moins en quelques semaines, passent au type continu, ou deviennent mortelles en très-peu de jours, ou enfin passent à l'état chronique et se prolongent indéfiniment : c'est pourquoi on les a divisées en *bénignes*, *pernicieuses*, et *chroniques*.

A toutes ces fièvres, il faut ajouter la fièvre *hecti-que*, ordinairement intermittente, quelquefois continue, compagne inséparable d'un grand nombre d'affections chroniques.

Tels ont été les résultats les plus généraux de l'étude exclusive des symptômes ; rien de ce qui s'y rapporte n'a été négligé ; leur analogie, leurs différences ont été soumises à une analyse plus ou moins heureuse. On a noté avec un soin digne d'éloges tout ce qui a trait à l'invasion, au type, à la marche, à la durée, à la terminaison des fièvres ; mais on ne s'est occupé de la cause prochaine de ces maladies que pour la chercher dans les humeurs, ou dans ce qu'on appelait le *principe de la vie*, les *forces* ou *propriétés vitales*. Le *siége* et la *nature* des fièvres sont demeurés à-peu-près inconnus.

Les anciens avaient rallié les causes morbifiques, aux symptômes par des hypothèses. On a fini par négliger, dédaigner, et même proscrire la recherche de cette liaison que la physiologie révèle et que l'anatomie pathologique confirme. Les causes de chacune des fièvres ont été confusément accumulées en tête de leur description générale, sans qu'on pensât à étudier sur quels organes elles portent d'abord leur influence, et comment cette influence, toujours locale d'abord, se propage plus ou moins au reste de l'organisme, en raison de l'âge, du sexe, et de l'idiosyncrasie des sujets.

Par cette méthode vicieuse, on est arrivé à ne voir dans les fièvres que des irritations, des adynamies, des ataxies qui, dès le premier moment de leur apparition, envahissent tout l'organisme. On n'a tenu aucun compte de cette remarque si importante, savoir : que, dans la plupart des fièvres, le plus souvent une partie de l'organisme est dans un état prononcé d'excitation, tandis que le reste de l'économie est languissant ou livré à une sorte de mélange, difficile à débrouiller sans le secours de la physiologie, d'excitation et de faiblesse.

Dès que l'on voyait paraître des signes de prostration, on semblait fermer les yeux sur les signes d'excitation qui les avaient précédés ou qui même persistaient encore.

Enfin on a été plus loin : toute irritation locale externe bien manifeste, incontestable, avec quelques symptômes, ou même sans aucun signe de réaction de l'appareil circulatoire, a été considérée comme une maladie fébrile générale, déguisée sous les apparences d'une affection purement locale, toutes les fois qu'elle paraissait, cessait et reparaissait à des époques fixes et à la manière des accès qui constituent les fièvres intermittentes ; et par suite de cet étrange théorie, on a établi le genre des fièvres intermittentes *larvées*.

Voilà sans doute l'exemple le plus frappant de l'abus de l'analogie, et du rapprochement le plus forcé échappé à l'esprit humain.

Tout ceci doit être attribué à l'étude exclusive et superficielle, à la fois, des symptômes auxquels, par une contradiction frappante, on accordait trop d'importance ; à l'abus des abstractions, à une généralisation d'idées portée trop loin, au rejet absolu de

toute explication physiologique, au défaut d'une étiologie fondée sur l'observation comparative et raison-
née des phénomènes de la santé et de la maladie,
à des idées préconçues sur la nature et le siége
des fièvres, à la négligence que l'on mettait dans
l'ouverture des cadavres, et à l'indifférence qu'inspirait ce genre de recherches toutes les fois qu'il s'a-
gissait d'une fièvre ; enfin, pour finir en peu de
mots, à l'isolement de la physiologie et de la pathologie, et à l'imperfection de l'anatomie pathologique.

Les progrès que la science a faits depuis quelques
années ont obligé plusieurs médecins à convenir
qu'au milieu du trouble *général* qui, suivant eux,
caractérise les fièvres, il est évident que tous les
points de l'organisme ne sont pas également affectés ;
mais ils ont prétendu que l'espèce d'affection locale
qui paraît dominer, et qui, le plus souvent, laisse des
traces non équivoques de son existence après la mort,
n'est qu'une dépendance, une suite, un effet de l'affection générale toujours primitive : comme si l'on
pouvait attribuer l'hépatisation du poumon, observée
dans un cadavre, à la chaleur de la peau, à la force,
à la fréquence du pouls, à la toux, observées pendant la vie du sujet.

M. Pinel a rendu un service signalé à la science
en dépouillant la pyrétologie des théories surannées
dans lesquelles on avait noyé les faits, et en rappelant
sans cesse par ses conseils et par son exemple, dans
ses écrits, dans ses cours, et au lit des malades, à
l'observation attentive des symptômes. Par la réunion,
en six groupes distincts, des symptômes fébriles qui
se manifestent pour l'ordinaire ensemble ou dans un

ordre successif peu sujet à varier, il a établi six ordres de fièvres dont les caractères sont plus nettement tracés que ceux des diverses fièvres que l'on reconnaissait dans les anciennes écoles. Il a donc porté au plus haut degré de perfectionnement ce que lui-même appelle la *pyrétologie nosographique* (1), et ce que l'on pourrait appeler la *pyrétologie symptomatique.*

Il a fait plus : il a essayé de rapporter quelques-uns de ces ordres de fièvres à la partie du corps qui lui paraissait plus spécialement affectée dans chacune d'elles.

Mais il aurait été plus loin, il ne se serait pas arrêté si tôt dans le chemin de la vérité, que lui-même avait ouvert, pour ainsi dire à son insu, si, non content d'avoir donné aux fièvres des dénominations fondées sur certaines apparences extérieures, et sur des signes de quelques lésions de fonctions, qui, dit-il, ne sont nullement destinées à exprimer la nature de ces maladies (1), il avait connu toute l'importance de la recherche de leur siége ; s'il s'était livré avec ardeur à cette recherche ; s'il ne l'avait pas présentée comme un objet de curiosité purement spéculative, comme une récréation de l'esprit, et comme parfaitement indifférente pour le traitement. Toutefois, il a fait assez pour qu'on ne puisse guère lui reprocher de n'avoir pas fait davantage.

Depuis vingt-trois ans, sa pyrétologie est entre les mains de tous les médecins français ; elle a été na-

---

(1) *Nosogr. phil.*, t. 1, p. 14, 5e édit.
(2) *Ibid.*, p 10.

luralisée en Espagne ; les médecins hippocratiques de l'Allemagne lui ont donné des éloges mérités ; ces suffrages sont fondés sur les services incontestables que ce savant professeur a rendus aux sciences médicales, en perfectionnant l'art de décrire les maladies, et de les classer d'après les symptômes, plutôt que sur le mérite actuel de cette production, qui a considérablement vieilli depuis quelques années.

Toutefois, elle sert encore de base fondamentale à l'enseignement dans l'Ecole de médecine de Paris; un grand nombre de médecins qui feignent de ne pas l'adopter aveuglément, n'ont pas d'autres vues sur les fièvres que celles qui y sont consignées. On peut regarder ce livre comme l'expression la plus récente des idées le plus généralement adoptées relativement aux fièvres, non — seulement en France, mais encore dans les contrées des deux mondes où la médecine est méthodiquement cultivée. Ce livre présente en effet le résultat sommaire de la plupart des travaux entrepris sur la doctrine des fièvres depuis Hippocrate jusqu'en 1814. Mais depuis cette dernière époque, la pathologie a fait un pas immense par son union plus intime avec la physiologie, et par les progrès de plusieurs branches de l'anatomie pathologique.

Il est donc temps de rallier au corps de la science les recherches qu'on a faites depuis quelques années sur le siége et la nature des fièvres. Un médecin qui voudrait exposer l'état actuel de la pyrétologie devrait donc prendre pour point de départ l'ouvrage de M. Pinel.

Toute autre marche, au lieu de répandre de la clarté

sur les opinions des médecins praticiens, et d'offrir un guide fidèle aux étudians, qui se trouvent aujourd'hui placés entre deux tendances différentes , ne pourrait que troubler les idées des uns , et placer les autres dans une incertitude pénible , ou les faire tomber dans un mépris injuste et irréfléchi de l'une ou de l'autre des deux doctrines ; ou même enfin , ce qui serait plus dangereux , leur faire penser que la médecine n'a point de principes fixes , et qu'elle n'est qu'un produit changeant de l'imagination.

Je viens d'indiquer le but et le plan de cet ouvrage.

Je ne me bornerai point au rôle d'historien ; je chercherai la vérité entre les deux partis qui divisent les médecins. Il s'agit moins aujourd'hui de prouver que tel ou tel professeur a raison , que d'emprunter à l'un sa méthode d'observation , et à l'autre ses belles idées sur la recherche des organes affectés dans les maladies , et des altérations qu'ils subissent. On ne conteste plus guère aujourd'hui la vérité de ce grand principe, que personne n'a mis dans tout son jour , et que personne n'a fécondé autant que M. Broussais : aussi je ne m'arrêterai pas davantage à démontrer qu'il ne faut plus se borner à étudier dans les fièvres leur invasion, leurs symptômes, leur cours , leur type et leurs terminaisons.

Une philosophie médicale plus sévère , et la doctrine des sympathies pressentie par Hippocrate, déguisée sous les formes les plus bizarres par Vanhelmont , savamment calculée par Barthèz, signalée avec toute la chaleur du génie par Bordeu, approfondie , développée , agrandie par le beau talent de Bichat , appliquée à l'étude de l'action des causes morbifiques sur les organes, et de la génération des symptômes, et coordonnée avec l'anatomie pathologique , ont amené M. Broussais à poser en principe que :

Toute maladie est primitivement locale;

Toutes les fièvres ne sont, ainsi que les phlegmasies, que des maladies locales ;

Toutes les fièvres sont dues a la gastro-entérite (1).

La première de ces propositions, et par conséquent la seconde, sont incontestables, parce que :

1°. Il n'y a pas de cause morbifique qui agisse primitivement sur tout l'organisme à la fois ;

2°. Dans aucune maladie il n'y a primitivement du trouble dans l'action de tous les organes ;

3°. L'analyse physiologique des symptômes prouve que, dans toutes les maladies, ils ne commencent jamais à se manifester que dans un seul point de l'organisme, excepté les cas où la mort a lieu dans un moment indivisible, et que leur rapidité soustrait à l'observation analytique. Mais très-souvent encore l'ouverture du corps montre alors le point que la cause mortifère a frappé le premier.

4°. Il n'est aucune maladie, quelque générale qu'elle ait pu paraître, qui laisse des traces spécifiques dans tous les organes.

On doit donc admettre que toutes les maladies auxquelles on donne le nom de *fièvres* sont primitivement locales, et par analogie, celles même qui tuent instantanément, à la manière de l'apoplexie, que

---

(1) *Journal universel des Sciences médicales,* t. VIII, p. 143.

personne n'a osé placer parmi les maladies générales.

Mais toutes les fièvres ne sont pas dues à la gastro-entérite, parce que :

1°. Les causes des fièvres n'agissent pas uniquement sur la membrane muqueuse gastro-intestinale.

2°. Quoique cette membrane en reçoive souvent l'impression directe ou par sympathie, dans le premier cas, elle ne la reçoit pas toujours seule, et dans le second, elle ne la reçoit souvent qu'à un faible degré qui mérite peu d'attention.

3°. Tout organe pouvant, comme cette membrane, agir sympathiquement sur les vaisseaux, le cœur, le poumon et les organes des sécrétions ; sur les nerfs, les ganglions, le cerveau, les muscles, etc., peut également donner lieu au développement des symptômes que l'on nomme *fébriles*.

4°. Souvent ces symptômes démontrent que la membrane gastro-intestinale est intacte ou trop faiblement lésée pour en provoquer le développement.

5°. Parfois, non-seulement on ne trouve rien après la mort sur cette membrane, mais encore on trouve des lésions très-remarquables dans d'autres parties du corps.

Si ne voir dans les fièvres que des affections d'une nature *sui generis* envahissant toute l'économie, est une erreur que repousse l'état actuel de l'anatomie et de la physiologie pathologiques, je ne crois pas moins contraire à l'une et à l'autre de ces sciences de poser en principe qu'il n'y a point de fièvre sans inflammation de l'estomac et des intestins. Ces deux opinions, si diamétralement opposées, sont très-répandues, parce qu'elles sont exclusives, et par conséquent susceptibles de plaire beaucoup aux esprits superficiels, aux enthousiastes, qui sont par-tout en grand nombre. Entre ces extrêmes, il est plusieurs opinions que je passerai avec soin en revue, que je confronterai avec les faits, et j'indiquerai celles qui me paraîtront les plus vraisemblables.

Tels sont les principes d'après lesquels je vais étudier les fièvres, en rechercher la nature et le siége, c'est-à-dire, chercher quels organes sont affectés dans ces maladies, et quelle lésion éprouvent ces organes, par l'analyse physiologique des symptômes, des causes des fièvres, et des traces qu'elles laissent dans les cadavres.

Cet ouvrage n'est point consacré à la polémique; c'est une exposition de ce que la symptomatologie, l'étiologie, la physiologie et l'anatomie pathologiques nous apprennent sur le siége et la nature des fièvres; c'est, en un mot, une *pyrétologie physiologique*, telle que je la conçois. Je la livre au public avec le désir que les praticiens y trouvent le moyen de coordonner les résultats de leurs travaux cliniques avec l'état actuel de la pathologie; de se livrer à une nouvelle série d'observations propres à confirmer ou à combattre les nouveaux principes; et les élèves un guide utile dans l'étude théorique et pratique des fièvres.

Une nouvelle époque commence pour la médecine. Il ne s'agit point de reconstruire l'édifice de la science, mais d'y ajouter, et surtout de remplacer plusieurs parties que leur vétusté fait tomber en ruines. Il est à désirer que chaque médecin jaloux de contribuer au perfectionnement de la science des maladies s'empare d'une portion de l'ancienne pathologie, des observations de ses prédécesseurs et de ses contemporains, y joigne le résultat des siennes, y coordonne les précieuses lumières que fournissent les progrès les plus récens de l'anatomie et de la physiologie pathologiques, et présente les faits que nous possédons sous le jour qui convient à l'état actuel des sciences médicales.

Beaucoup d'essais n'atteindront pas ce but, mais aucun ne sera sans quelque avantage pour la science : dans ce mouvement général vers le bien, les vaincus eux-mêmes ne se retireront pas sans avoir contribué au triomphe de la vérité. Cette pensée, que je crois juste, a pu seule me déterminer à publier cet ouvrage.

CHAPITRE II.

De la Fièvre inflammatoire ou synoque.

Les mots πυρετὸς ξυνεχὴς, si souvent répétés dans les ouvrages qui portent le nom d'Hippocrate, n'indiquent pas une *fièvre inflammatoire*, mais seulement une *chaleur continue*, ou les maladies qui offrent ce symptôme. Ce n'est que par la suite des temps que le nom de *synoque* a désigné l'espèce de fièvre dans laquelle les phénomènes inflammatoires prédominent sur tous les autres, et semblent s'étendre à tout l'organisme. Fernel, d'après Galien, appelait *synochus simplex* toutes les fièvres continues qui durent au-delà de trois ou quatre jours, et ne sont point accompagnées de symptômes *bilieux* ou *putrides*. Il isolait de la fièvre synoque simple, l'*éphémère*, dont les symptômes sont les mêmes, mais dont la durée est plus limitée. Cullen a compris, sous le nom de *febris synocha*, l'éphémère et la synoque de Galien, que Huxham, Stoll et Selle avaient déjà réunies sous celui de *fièvre inflammatoire*, et que M. Pinel a nommée collectivement *fièvre angioténique*. J'emploierai indifféremment les mots *fièvre inflammatoire* et *synoque* (1).

----

(1) Cette maladie a été appelée *febris inflata* par Heurnius, *synocha sanguinea* par Sennert, *febris septenaria* par Plater, *continens non putrida* par Lommius, *continens catexochen* par Juncker, *continua non putris* par Boerhaave, *angiopyrie* par le professeur Alibert.

Si l'on réunit tout ce que les principaux pyréto-graphes ont écrit sur les symptômes et les causes éloignées de cette maladie , on obtiendra le tableau suivant, tiré de l'étude comparative des ouvrages de Sauvages , de Stoll , de Selle , de Cullen , de Grimaud, de J. P. Frank et de M. Pinel.

L'invasion de la fièvre inflammatoire est souvent annoncée par un ou plusieurs de ces phénomènes : malaise général, pesanteur de tête, bouffées de chaleur à la face, hémorrhagies nasales, éblouissemens, vertiges, tintemens d'oreilles ; oppressions , chaleur dans la poitrine, dyspnée, palpitation ; accroissement de l'appétit, puis inappétence ; pesanteur dans l'abdomen , constipation, interruption des menstrues, du flux hémorrhoïdal ; sécheresse de la peau et sentiment de plénitude ; ardeur d'urine, tiraillement douloureux dans les lombes , turgescence des membres abdominaux, tension et gonflement douloureux qui cessent lorsqu'on est couché. Cet état dure pendant un ou plusieurs jours, quelquefois même pendant une semaine ou davantage.

L'invasion est presque toujours subite, lors même qu'elle a été annoncée par des signes précurseurs. Une personne qui jusque là s'était bien portée éprouve tout-à-coup, ordinairement le matin , ou plutôt de deux à six heures après minuit, un frisson quelquefois léger ou presque nul , toujours promptement suivi de chaleur à la peau. Cette chaleur, halitueuse et douce au toucher, semble diminuer sous la main. La face est rouge , vultueuse , et cette turgescence s'étend fréquemment à tout le corps, dont la surface offre parfois une teinte rosée ; les yeux sont brillans et larmoyans, les conjonctives injectées. Le malade a des éblouissemens, des vertiges; il croit voir des objets colorés en rouge et brillans; une vive lumière blesse ses yeux, un bruit un peu fort fatigue son oreille; les paupières sont tendues et douloureuses; l'odorat est émoussé; les narines sont sèches; la langue est blanche, ou rouge, surtout à sa pointe et à ses bords, toujours humectée dans les premiers temps et lorsque la maladie n'est pas très-intense. La bouche est fade, les lèvres sont sèches; tantôt il y a de la soif, de légères nausées et de la sensibilité à l'épigastre; tantôt le malade ne se plaint d'aucun de ces symptômes. Il y a tantôt inappétence, tantôt dégoût marqué pour les alimens, deux états qu'il ne faut pas confondre. Une pesanteur douloureuse se fait sentir à la tête, surtout à la partie antérieure du crâne et le long du rachis. Le malade est abattu; il ne dort point, ou son sommeil est entrecoupé par des réveils en sursaut et troublé par des rêves; d'autres fois il est dans un état de somnolence continuelle. Quelquefois on observe de légers soubresauts dans les tendons, ou même de faibles mouvemens convulsifs dans les membres, qui sont toujours pesans et comme engourdis, et du trouble dans les facultés intellectuelles. Le pouls est le plus souvent grand, plein, fort, accéléré, rebondissant; quelquefois mou et concentré, quand le malade éprouve une douleur intense dans une partie quelconque. Souvent les artères carotides et temporales battent avec force; les veines sont gonflées; la respiration est fréquente, chaude et vite sans être pénible. Ordinairement il y a constipation. Les urines sont rares et d'un rouge foncé au commencement de la maladie, ensuite elles sont plus abondantes, troubles et briquetées. Tous ces symptômes, qui ne sont jamais ainsi rassemblés, sont plus intenses le soir et pendant la nuit que le matin. Après avoir duré vingt-quatre heures, deux, trois, quatre, souvent sept, quelquefois quatorze, très-rarement vingt ou vingt-un jours, ils diminuent graduellement sans qu'il se fasse aucune évacuation; ou bien il survient le plus souvent des sueurs générales, chaudes et abondantes; des hémorrhagies par le nez chez les jeunes-gens, par la vulve chez les femmes, ou par l'anus chez les hémorrhoïdaires; un flux abondant d'urine avec ou sans un sédiment blanc, quelquefois des crachats muqueux, plus rarement des déjections copieuses de matières liées et semblables à de la purée; et la guérison a lieu en peu de jours, quelquefois même presque subitement après une hémorrhagie. La convalescence est courte et les rechutes sont rares.

On voit fréquemment, vers les deuxième, troisième ou quatrième jours, plusieurs de ces symptômes s'accroître au point d'appeler toute l'attention du médecin, et la maladie se prolonger au-delà d'une semaine et même de deux. On dit alors que la fièvre inflammatoire s'est compliquée d'une inflammation locale, s'il se manifeste des signes non équivoques d'afflux ou de phlegmasie dans un viscère de la tête, de la poitrine ou de l'abdomen, à la peau, ou dans le tissu cellulaire des membres, tels que l'apoplexie, l'encéphalite, l'angine, la pleurésie, la péripneumonie, l'hépatite, la gastrite, l'entérite, la néphrite, la cystite, des éruptions ou des abcès. Lorsque le surcroît d'intensité et les symptômes qui surviennent ne paraissent pas an-

noncer une de ces inflammations, on dit que la fièvre
inflammatoire s'est convertie en fièvre *gastrique*, *adynamique*, *cérébrale*, *ataxique*, *ataxo-adynamique*,
jaune, *typhode*, *pestilentielle*, selon le caractère des
symptômes prédominans.

La fièvre inflammatoire se termine donc par la
guérison, ou bien elle change de nom, et c'est ainsi
qu'on a pu dire qu'elle n'occasione jamais la mort qu'en
déterminant l'inflammation d'un viscère important,
ou quand elle se convertit en une autre maladie.

Les auteurs reconnaissent trois variétés de la fièvre
inflammatoire : 1°. L'*éphémère*, dont les symptômes
sont peu intenses, et qui se termine souvent sans évacuation, d'autres fois par une sueur peu marquée,
une simple moiteur de la peau, ou une légère hémorrhagie, après avoir duré vingt-quatre heures,
un, deux, trois ou quatre jours au plus ; 2°. la *synoque* ou *inflammatoire proprement dite*, dont les symptômes sont bien prononcés, qui ne se termine guère
sans évacuation naturelle ou provoquée, et qui dure
une ou deux semaines ; 3°. la *synoque* ou *inflammatoire grave*, dans laquelle le pouls est déprimé mais
résistant ; les membres sont tellement engourdis que
le malade ne peut les mouvoir ; la langue est sèche,
brune, l'abattement extrême. Ces variétés ne sont évidemment que des nuances, des degrés de la même
maladie ; il n'est pas inutile de les noter ; mais il serait
peu rationnel de borner là l'analyse des symptômes de
la fièvre inflammatoire.

Les causes prédisposantes de cette fièvre sont, suivant tous les pyrétologistes : 1°. la jeunesse, le tempérament sanguin, le sexe masculin, les approches de

la puberté , l'époque de la première menstruation et celle de la cessation des menstrues ; la gestation , la suppression de quelque évacuation habituelle ou périodique , et surtout d'une hémorrhagie ou de la sueur ; 2°. la constitution sèche , froide ou chaude de l'atmosphère , que l'on voit régner au commencement du printemps , dans l'hiver , dans les lieux élevés où soufflent fréquemment les vents du nord. Les causes occasionelles sont : 1°. l'abus des alimens très-substantiels et des boissons stimulantes , le passage subit de la sobriété à des excès de table, d'une vie très-active à une vie sédentaire, du froid au chaud ; l'insolation , l'usage des bains très-chauds, des boissons à la glace au moment où l'on est en sueur ; un excès d'études , des veilles prolongées ; une vive affection cérébrale , telle que la colère, la tristesse ; une passion forte , telle que l'amour, l'ambition : ces diverses causes peuvent n'agir que lentement ; dans ce cas , elles sont d'abord prédisposantes et finissent par devenir occasionelles ou efficientes ; 2°. l'accouchement , une plaie accidentelle , celle qui résulte d'une opération , toute vive douleur , toute inflammation intense.

La fièvre inflammatoire est le plus souvent sporadique ; mais elle peut aussi s'étendre à un grand nombre de personnes , dans les saisons et dans les contrées qui en favorisent le développement, et devenir ainsi épidémique ou endémique.

Si l'on adopte l'opinion du professeur Pinel sur la terminaison de cette maladie , il faut dire que l'anatomie pathologique n'a rien appris sur les traces qu'elle peut laisser dans les cadavres, puisque, selon ce professeur, elle n'est jamais mortelle que par le moyen d'une phlegmasie ou d'une autre fièvre qui vient la compliquer ou qui lui succède. Sous le rapport du pronostic, il faut répéter, après ce nosographe célèbre, qu'il doit être toujours rassurant, sauf les cas où les symptômes s'exaspèrent sur un point quelconque de l'organisme, de manière à faire craindre une phlegmasie ou une fièvre susceptible de se terminer par la mort.

Après avoir ainsi retracé les symptômes, la marche, les divers modes de terminaison et les causes éloignées de la fièvre inflammatoire, il convient d'indiquer en peu de mots les opinions des anciens et des modernes sur la nature et sur le siége, ou, comme on le disait autrefois, sur les causes prochaines de cette maladie.

On a long-temps attribué la manifestation des symptômes de la fièvre inflammatoire à la surabondance du sang, ou seulement de sa partie rouge, au frottement de ce liquide contre les parois des vaisseaux, au spasme des petits vaisseaux de la peau, à la tension des fibres vasculaires. Aujourd'hui, il n'y a plus qu'une voix sur la nature de cette fièvre. On convient que les phénomènes qui la caractérisent dépendent d'une *sthénie*, d'une *excitation*, d'une *irritation*, d'une *angioténie*, d'une *inflammation*, termes synonymes qui tous désignent un excès d'activité vitale dans la partie ou les parties malades; d'où, exaltation de la sensibilité, douleur, accélération de la circulation, suspension momentanée de quelques sécrétions, augmentation de quelques autres, faiblesse ou oppression des forces musculaires. Je n'examinerai point ici jusqu'à quel point sont fondés les argumens des médecins qui admettent encore une différence *essentielle* entre l'*irritation* qui détermine une fièvre *essentielle*, et l'*inflammation* qui occasione une fièvre *symptomatique* : ce que j'ai à dire à ce sujet trouvera mieux sa place dans le chapitre consacré à l'étude comparative des fièvres essentielles et symptomatiques, qui terminera cet ouvrage. Je ne pourrais suivre une autre marche sans m'exposer à des répétitions qui se reproduiraient à l'occasion de chaque fièvre.

Si l'on est généralement d'accord sur la nature de la lésion qui donne lieu aux symptômes de la fièvre inflammatoire, on est loin de l'être lorsqu'il s'agit de déterminer le siége de cette lésion. Les uns, se fondant sur l'aspect du malade superficiellement examiné, pensent qu'elle occupe la totalité du corps, quoiqu'il n'y ait pas augmentation d'action par-tout ni toujours, puisque la sécrétion des urines est d'abord suspendue ; que les muscles se livrent difficilement aux contractions nécessaires à la locomotion ; que le pouls est quelquefois mou, concentré et petit, et les fonctions cérébrales inactives.

Plusieurs médecins, tout en admettant une irritation universelle, reconnaissent qu'elle est plus manifeste dans le système sanguin considéré en général ; d'autres la limitent aux artères, certains au cœur, d'autres aux gros vaisseaux, plusieurs à la totalité du système sanguin capillaire, ou même de l'organisme ; mais l'irritation générale et uniforme de tous les organes n'est pas moins chimérique que le *temperamentum temperatum*. D'autres enfin prétendent qu'elle occupe primitivement et spécialement les membranes muqueuses, et surtout la membrane muqueuse des voies de la digestion. M. Alard la place dans la peau et le tissu cellulaire sous-cutané (1).

Cette divergence d'opinions vient de ce qu'on n'a pas assez creusé le sujet. Il est des fièvres inflammatoires dans lesquelles une de ces parties seulement est affectée, au moins spécialement. Dans d'autres, et surtout dans celles qui arrivent au plus haut degré d'intensité, l'irritation s'étend quelquefois non-seulement à plusieurs organes, mais encore à tout le système sanguin. C'est ce qu'il est facile de prouver, comme je vais le faire par l'analyse physiologique du tableau confus que je viens de tracer.

La pléthore sanguine générale, c'est-à-dire l'abondance du sang, la grande proportion de fibrine qu'il renferme, est une des circonstances les plus propres à favoriser le développement de l'irritation qui détermine les divers états morbides désignés collectivement sous le nom de *fièvre inflammatoire*. Elle est due à un excès d'alimentation, ou à la prédominance du poumon, qu'on reconnaît à la coloration vermeille des joues et à la teinte rosée de la peau, à l'ampleur de la poitrine, à la force, à la plénitude et à la vitesse du pouls, à la vivacité des mouvemens, à l'impétuosité du caractère, à l'inconstance des goûts, au peu de profondeur des idées.

La pléthore sanguine locale, c'est-à-dire la plénitude notable des vaisseaux capillaires d'un organe est encore une circonstance plus favorable au déve-

____

(1) *Du Siége et de la Nature des maladies, ou Nouvelles Considérations touchant la véritable action du système absorbant dans les phénomènes de l'économie.* Paris, 1821, in-8°, t. II, p. 28.

loppement de cette irritation que, pour éviter les périphrases, j'appellerai quelquefois *irritation synoque*.

La pléthore locale primitive existe le plus souvent chez des sujets que l'on dit faibles et languissans parce qu'ils sont maigres et pâles. C'est chez ces sujets que l'on trouve la pléthore cérébrale, lorsqu'ils se livrent à des travaux assidus de cabinet, ou qu'ils éprouvent des chagrins ; la pléthore pulmonaire, quand la structure de leur poitrine et la conformation native de leur poumon les y prédisposent, surtout s'ils se livrent à des excès de coït. La pléthore abdominale a lieu chez les personnes et surtout chez les enfans qui mangent trop et qui font usage d'alimens trop substantiels ; la pléthore utérine chez les jeunes filles qui ne sont point encore réglées. On observe la pléthore locale secondaire chez les sujets qui sont dans un état habituel de pléthore générale, lorsqu'ils stimulent accidentellement un de leurs organes.

La jeunesse, l'adolescence, époques de la vie auxquelles le sang est plus rouge, plus chaud, plus fibrineux, les tissus plus excitables, plus sensibles à l'impression des stimulans ; l'époque de la puberté chez les jeunes garçons, et surtout de la première menstruation chez les jeunes filles ; la suspension des hémorrhagies habituelles, naturelles ou artificielles, qui donnent lieu à une pléthore accidentelle ou qui l'empêchent de se dissiper ; les veilles prolongées, l'excès d'étude, les inquiétudes qui portent leur action sur le cerveau et y font continuellement affluer le sang ; les courses rapides long-temps continuées, les chants et les cris, qui excitent fortement les organes de la respiration ; l'impression de substances qui stimulent fortement les voies digestives ou toute autre partie des membranes muqueuses, telle que la conjonctive, la membrane qui revêt la caisse du tympan, le voile du palais, le pharynx, le larynx, et surtout les intestins, les reins, la vessie, etc.; le refroidissement subit de la peau lorsqu'elle est chaude et moite, ce qui oblige ces mêmes organes à une activité supplémentaire plus énergique; l'insolation et tout ce qui peut irriter la peau; la disparition subite des affections de ce tissu, qui, suivant l'expérience de tous les siècles, porte son influence sur les organes intérieurs; enfin les plaies, les contusions et toutes les lésions mécaniques qui divisent, tiraillent et irritent, en un mot, la peau, le tissu cellulaire, les muscles, les os, les parenchymes et les membranes. Telles sont les diverses circonstances qui préparent, favorisent ou déterminent le développement de l'irritation d'où provient la synoque.

Aucune de ces causes morbifiques, prédisposantes ou occasionelles, n'est le résultat d'une action exercée sur la totalité du corps. Les prédisposantes résident dans le système sanguin; elles résultent d'une nutrition active opérée par des organes digestifs, respiratoires et circulatoires, vigoureux. Si la pléthore générale s'établit dans ce cas, on ne peut dire que ce soit par suite d'une gastrite, car l'estomac n'est pas irrité au-delà du type physiologique, aussi long-temps qu'il fait ses fonctions sans gêne, ni douleur, ni lenteur. D'ailleurs, la pléthore générale seule ne suffit jamais pour déterminer une synoque; il faut qu'il s'établisse un afflux vers un organe quelconque; il faut que l'équilibre d'où résulte la santé soit rompu pour que les symptômes se manifestent. Or, pour peu qu'on réfléchisse, on verra que les causes occasionelles qui viennent d'être exposées agissent toutes sur un organe particulier. La physiologie nous apprenant la liaison intime qui unit directement tous ces organes entre eux ou avec le cœur, au moyen des vaisseaux et des nerfs des ganglions, et indirectement par le cerveau, au moyen des nerfs qui se rendent à ce grand centre, on est obligé de convenir que la première impression morbifique agit d'abord sur un organe qui la communique, tantôt, comme il vient d'être dit, au centre de la circulation, tantôt à un autre organe qui en transmet l'influence au cœur. Dans l'un et l'autre cas, l'organe primitivement affecté cesse souvent de l'être après avoir transmis l'influence morbifique ; il en est de même quelquefois de l'organe qui a reçu secondairement cette influence ; de telle sorte que le système circulatoire paraît alors être seul affecté, et c'est là ce qui a fait placer dans ce système le siége des affections confondues sous le nom de *fièvre inflammatoire*.

Quelquefois l'action morbifique semble se porter plus spécialement sur la tunique interne des gros vaisseaux : c'est un des cas où le système sanguin est uniquement affecté ; mais on a eu tort de n'avoir en vu que ces cas, qui ne sont pas communs, qui sont peu connus, et qui n'excluent pas toujours l'état morbide d'un autre tissu de l'économie.

Lorsque l'estomac a reçu primitivement ou secondairement l'impression, et pour l'ordinaire il la reçoit en même temps que le cœur, à cause de sa liaison intime avec tous les autres organes, il la garde en partie, alors même qu'il influence le cœur et le met en mouvement.

Il est donc très-souvent affecté dans la fievre synoque, mais le plus souvent il l'est très-légèrement, et
l'on aurait grand tort de ne porter l'attention que sur
lui, parce qu'on risquerait de méconnaître l'état souvent plus redoutable des autres organes.

L'examen du malade prouve, selon M. Broussais,
que les capillaires de la peau, ceux du tissu cellulaire,
ceux des articulations ne sont pas dans un état de
phlegmasie. S'ils y étaient, dit-il, on aurait ou les
symptômes de l'érysipèle, ou ceux des autres phlegmasies cutanées, ou du phlegmon général, ou les
signes du rhumatisme et de la goutte. Ici M. Broussais
commet, ce me semble, la faute dans laquelle tombent les nosologistes qui nient l'inflammation lorsque les symptômes n'en sont pas tellement évidens
qu'il y aurait de la folie à en contester l'existence. On
peut accorder à M. Broussais que, dans la fièvre inflammatoire, il n'y ait ni érysipèle, ni phlegmon, ni
rhumatisme, ni goutte, ni aucune autre *inflammation*,
en un mot. Mais il est évident que, selon les cas, il y a
dans cette fièvre au moins *irritation* de la peau,
du tissu cellulaire sous-cutané, ou inter-musculaire,
des articulations. Il y a irritation de la peau dans
certaines fièvres inflammatoires qui proviennent de
l'insolation ; du tissu cellulaire sous-cutané ou inter-
musculaire dans la fièvre inflammatoire qui est l'effet
d'une marche forcée et très-rapide ; de ce même tissu
et de ceux qui concourent à la formation des articulations, dans celle qui est due à une marche long-
temps prolongée.

M. Broussais, oubliant que le pathologiste doit s'attacher à saisir les nuances les plus fugitives des irrita-

tions, et les heureuses applications qu'il a faites de ce principe fécond, prétend que dans la fièvre inflammatoire il n'y a aucun signe d'inflammation du cerveau, de la poitrine, du péritoine, du foie, de la rate, du rein, de l'utérus : il a raison s'il entend parler des signes *connus des auteurs* ; mais l'irritation des membranes muqueuses digestives aurait-elle donc seule le privilége de borner son développement au degré obscur qui suffit pour déterminer les phénomènes de la fièvre inflammatoire? N'est-il pas possible que ces mêmes auteurs qui ont méconnu les nuances peu prononcées de la gastrite, de l'entérite, aient également méconnu celles des phlegmasies ou mieux des irritations des autres viscères? M. Broussais lui-même me paraît être dans ce cas.

Le tableau de la fièvre inflammatoire, tel que nous l'avons tracé d'après les nosographes, est peu favorable à l'opinion de ce professeur, car on y voit peu de symptômes qui se rapportent à la gastrite, à l'entérite, tandis qu'on en trouve de très-frappans qui sont évidemment dus à l'irritation de l'encéphale, de l'utérus, des muscles, des articulations. En vain M. Broussais dirait que cette irritation, quelque manifeste qu'elle soit, n'est que le résultat *patent* de l'irritation gastrique *latente* : ce serait subordonner ce qui est évident à ce que rien ne démontre. Je dis que rien ne démontre que la *fièvre inflammatoire des auteurs*, et notamment de M. Pinel, soit toujours une gastro-entérite : 1°. parce que M. Broussais s'est borné à l'affirmer ; 2°. parce que, dans toutes les fièvres inflammatoires, il n'y a point la soif, la rougeur de la pointe et du pourtour de la langue, qui sont les si-

gnes non équivoques de la gastrite; 3°. parce que
l'anorexie n'est pas constante dans cette fièvre, et eût-
elle toujours lieu, elle ne prouverait rien isolément,
car l'inappétence n'est point un signe irrécusable de
gastrite; il faut qu'il y ait *dégoût* pour les alimens;
4°. parce que la céphalalgie n'est point un signe irrécusable de cette dernière inflammation., et que, dans
la synoque, elle offre souvent des caractères tout autres
que ceux de la céphalalgie produite par l'inflammation de l'estomac; 5°. parce que les douleurs contusives et l'inaptitude à l'exercice dans les muscles lo-
comoteurs peuvent dépendre de l'encéphalite comme
de la gastrite.

Lorsque la rougeur des bords et de la pointe de la
langue et la soif ont lieu, sans doute il y a gastrite;
mais il reste à décider si l'irritation de l'estomac est
primitive ou secondaire. M. Broussais affirme que
l'irritation encéphalique détermine *toujours* celle des
viscères digestifs. Lorsqu'on trouve réunis les signes de
la première à ceux de la seconde, il n'est donc pas
oiseux de chercher à distinguer laquelle des deux a
produit l'autre, car il est évident pour tous les praticiens que très-fréquemment l'irritation gastrique entraîne avec elle l'irritation encéphalique.

Par quel moyen pourra-t-on sortir d'incertitude,
lorsque plusieurs viscères paraîtront irrités dans la
fièvre inflammatoire? Par l'étude attentive de la prédisposition organique du sujet, de son idiosyncrasie,
et du mode d'action des causes morbifiques auxquelles
il aura été soumis, ainsi que de la prédisposition morbide dans laquelle il a pu se trouver au moment où il
leur a été soumis. De cette manière on arrivera facile-

ment à connaître quel organe a reçu la première impression morbifique, à quel organe elle a été transmise, et enfin quel organe l'a reçue et conservée. On saura de cette manière quel est, pour parler le langage énergique de M. Broussais, le *douloureux mobile* qui, par son influence sur l'organisme, produit tous les symptômes qu'on a sous les yeux. Les circonstances commémoratives relatives au malade, et les circonstances aux milieu desquelles il a été placé, indiqueront en quelque sorte la marche de l'action morbifique; les symptômes indiqueront le lieu où cette action s'est fixée.

On vient de voir que, parmi les causes de la fièvre inflammatoire, les unes agissent spécialement sur le cerveau, que les autres stimulent le système musculaire et les articulations, d'autres accélèrent l'action du poumon, et qu'il en est qui irritent vivement la peau.

Nous savons que ces causes ne bornent pas toujours leur influence aux organes sur lesquels elles agissent spécialement; que, par exemple, un violent chagrin peut ne pas exciter le cerveau au point de le jeter dans un état de maladie, mais l'affecter assez pour qu'une gastrite en soit sympathiquement l'effet. Dans ce cas, la prédominance organique, la prédisposition morbide particulière, ou enfin la nature et le siége des symptômes les plus intenses suffiront pour qu'on puisse reconnaître l'organe sur lequel l'influence morbifique a définitivement fixé son action.

Il convient d'indiquer actuellement comment on peut reconnaître l'organe principalement irrité dans les diverses fièvres inflammatoires.

Dans la plupart de ces fièvres, on retrouve la force, la fréquence, la plénitude et la vitesse du pouls, la chaleur halitueuse de la peau. Ces symptômes, qui dénotent que l'action irritante s'est propagée à l'ensemble du système circulatoire, sont pour l'ordinaire très-faciles à reconnaître, avant ceux qui indiquent l'organe ou les organes principalement affectés; ils sont l'expression de ce qu'on a nommé *réaction générale*, et le résultat de l'association qui lie tous les organes au système artériel. Ce sont eux qui ont fait croire tantôt que ce système seul est affecté dans la synoque, tantôt que toute l'économie est lésée dans cette maladie. Mais le système artériel ne constitue pas la totalité de l'économie, et de ce qu'il est le premier à manifester son état morbide, on aurait tort d'en conclure qu'il est toujours le premier affecté, ou bien il faudrait admettre que les péripneumonies, qui s'annoncent de même par des symptômes de la lésion du système artériel, ne sont que des fièvres synoques. Lorsque les symptômes qui dénotent l'irritation du cœur et des artères paraissent exister seuls, c'est que le point lésé de l'économie n'est point assez affecté pour donner lieu à des symptômes locaux très-marqués, quoiqu'il le soit assez pour donner l'impulsion au système artériel. Lorsque ces symptômes cessent promptement, avant qu'on ait pu découvrir de quel organe partait l'irritation, comme il arrive quelquefois dans la fièvre éphémère, on doit en avoir peu de regrets, puisque la maladie a duré peu de temps, et qu'elle s'est montrée bénigne.

Mais lorsque l'irritation locale arrive à un certain degré, il importe d'en reconnaître le siége, et il est facile de le faire.

Si l'encéphale a retenu en grande partie l'action

morbifique irritante, c'est alors que les yeux deviennent rouges, larmoyans, étincelans; le malade supporte difficilement la lumière; il y a douleur tensive dans toute l'étendue du crâne ou seulement le long des sinus, en avant, en arrière, et surtout à la tempe; les artères temporales battent avec assez de force pour que le malade entende leur battement; la face est rouge, ou elle rougit et devient chaude comme par bouffées; les oreilles tintent quelquefois, on y éprouve une sorte de plénitude; le nez est sec et sa membrane interne plus rouge qu'à l'ordinaire. Le pouls est vif, plein, peu fréquent, la langue blanche et l'appétit nul; mais il y a peu de soif, et point de dégoût prononcé pour les alimens. Après cinq ou six jours, ces symptômes diminuent; une hémorrhagie nasale s'établit assez souvent. Si l'irritation persiste, tous les symptômes s'exaspèrent; les facultés intellectuelles se troublent; mais alors, dans la langue médicale actuelle, ce n'est plus une synoque, c'est une fièvre ataxique, cérébrale; ou si les symptômes d'irritation de l'encéphale existent presque seuls et sont tellement manifestes qu'on ne puisse les méconnaître, c'est une céphalite ou une méningite.

On présume déjà que l'augmentation d'intensité des symptômes ne peut annoncer qu'un surcroît d'intensité de l'état morbide intérieur, et non le développement d'un état morbide différent. Cette réflexion s'applique aux autres nuances de la fièvre synoque que je vais décrire.

La pléthore, jointe à l'action stimulante de la chaleur atmosphérique excessive dont l'un des principaux effets paraît être l'accélération des battemens du cœur; la vive stimulation exercée sur ce viscère par un repas copieux, sans qu'il en résulte une irritation de l'estomac ; une émotion vive dont l'effet, ne s'arrêtant pas au cerveau, se fait spécialement sentir au cœur; enfin, l'excitation trop énergique que lui fait éprouver la pléthore par cause mécanique qui résulte de la ligature d'un tronc artériel ; toutes ces circonstances portent plus particulièrement leur influence sur la membrane interne du cœur. Ce viscère bat avec plus de force et de fréquence qu'à l'ordinaire ; le pouls est vif, fréquent, grand et fort ; des bouffées de chaleur se font sentir à la tête, à la poitrine et dans l'abdomen ; le malade éprouve un sentiment de plénitude générale et d'engourdissement. La chaleur de la peau augmente, mais elle n'est point âcre ni halitueuse, sans que pour cela ce tissu soit sec et râpeux ; la langue n'offre aucun changement ; il n'y a point de soif, point de dégoût pour les alimens, mais seulement défaut d'appétit. Cet état dure un, deux ou trois jours au plus, à moins qu'un autre organe que le cœur ne s'irrite au point d'ajouter à la stimulation de ce viscère. Une sueur légère annonce ordinairement la fin de la maladie, qui offre le tableau de la fièvre la plus simple qui ait jamais été décrite. Les auteurs ont désigné cet état sous le nom d'*effets du refoulement du sang*, quand il avait lieu à la suite de la ligature des artères principales. Lorsque cette cardite légère n'est point due au rétrécissement du système artériel, on cherche en vain l'organe dont l'irritation provoque le développement de ces symptômes, parce qu'on n'a pas l'idée, cependant toute naturelle, d'examiner avec soin l'état du cœur. Galien avait entrevu le rôle important que ce viscère joue dans la manifestation des symptômes fébriles, car il définissait la fièvre : *immodicè, acutus calor accensus in corde, et procedens ab eo in totum corpus.*

Lorsque les causes irritantes ont porté leur influence première sur l'estomac et les intestins, ou lorsqu'en dernière analyse elles ont étendu leur action jusqu'à ces viscères, sans irriter d'autres organes ; en un mot, lorsque l'estomac et les intestins sont primitivement ou secondairement irrités, on observe d'abord un frisson marqué, puis la soif intense, la rougeur des bords de la langue, le dégoût pour les boissons chaudes, pour les alimens et surtout pour les alimens gras, un sentiment de pesanteur et même de douleur à l'épigastre, au moins quand on comprime cette région. A ces symptômes locaux se joignent les symptômes sympathiques suivans : pouls dur, vif et fréquent, douleur pongitive au - dessus des orbites, vers les sinus frontaux ; douleurs contusives dans les articulations, dans les membres ; chaleur âcre et sécheresse de la peau. Cet état dure de deux à quatre jours, ou se prolonge jusque vers le septième, si on ne lui oppose aucun moyen curatif ; une terminaison favorable est annoncée par la diminution des symptômes, par un flux d'urine, une diarrhée, une sueur, et quelquefois une hémorrhagie nasale, ou l'apparition des hémorrhoïdes chez les personnes qui y sont sujettes. Mais le plus ordinairement, dès le troisième ou le quatrième jour, on voit se manifester les signes de la fièvre gastrique, de la fièvre adynamique ou ataxique dont il sera question dans les chapitres suivans, ou ceux d'une gastrite bien caractérisée.

Lorsqu'une irritation bronchique légére, une inflammation du poumon ou de la plèvre, donnent lieu aux symptômes communs à toutes les fièvres synoques, on reconnaît l'organe principalement lésé à la gêne de la respiration, à la brièveté des inspirations, à la chaleur que le malade ressent dans la poitrine, à des douleurs instantanées dans les côtés de cette cavité, douleurs auxquelles le malade donne peu d'attention, si on ne lui en parle point; enfin, à une toux légère qui revient de temps en temps. Le pouls est large, plein, souvent mou; la peau est sèche, mais non âcre. Une légère expectoration ou une sueur copieuse annonce la fin de la maladie, qui se prolonge rarement au-delà de six à sept jours, sans se manifester par des symptômes moins équivoques de bronchite, de péripneumonite ou de pleurésie.

Sous le nom de *fièvre de lait* on a désigné la synoque éphémère qui est l'effet de l'irritation, de l'afflux du sang vers les mamelles, après l'accouchement, lorsque ces organes, stimulés par l'utérus, commencent à sécréter le lait. Le gonflement des mamelles, qui deviennent dures et sensibles au toucher, la chaleur, la gêne et même la douleur que l'accouchée y ressent, indiquent assez l'organe dont l'irritation excite les contractions du cœur, et détermine la manifestation des symptômes de la synoque. L'irritation gastrique précède souvent celle des mamelles ou la complique; mais elle est ordinairement peu intense.

La fièvre synoque due à l'irritation de l'utérus est caractérisée par un sentiment de pesanteur à la région lombaire, d'où partent des douleurs qui se propagent dans l'hypogastre et au fond du vagin ; par un poids incommode vers la région qu'occupe l'utérus, du pru-

rit en urinant, des frissons qui reviennent par intervalle, et sont suivis d'un sentiment de chaleur incommode, qui, de l'abdomen, s'étend à tout le corps, surtout à la tête ; de la stupeur aux cuisses, de l'engourdissement dans les membres inférieurs, qui sont quelquefois
douloureux ; et enfin par la tendance au repos. A ces
symptômes se joint un pouls plein, rebondissant ; la langue n'offre souvent aucun changement ; il n'y a point
d'appétit, mais point de dégoût, peu ou point de soif ; la
peau est chaude et moite. L'écoulement des règles, une
métrorrhagie plus ou moins abondante, souvent une
sueur copieuse ou un flux d'urine sédimenteuse, quelquefois une hémorrhagie nasale, annoncent la fin de
cet état, qui ne dure guère plus de cinq à sept jours, et
se termine fréquemment avant le quatrième. Les symptômes acquièrent quelquefois une intensité qui ne permet plus de méconnaître la métrite.

L'irritation des reins et celle de la membrane interne de la vessie peuvent donner lieu à une fièvre
inflammatoire. On reconnaît la première aux vives
douleurs dans la région lombaire, aux frissons répétés, à la suppression ou à l'extrême rareté de l'u-
rine, qui coule en petite quantité, irrite les parties avec
lesquelles elle se trouve en contact, et sort ensuite
abondamment, entraînant quelquefois avec elle des
graviers. Les signes de la seconde sont des douleurs à
l'hypogastre, des envies continuelles d'uriner, l'émission douloureuse et répétée de l'urine, qui ne sort
qu'en petite quantité. Cette dernière espèce de synoque
se termine quelquefois par l'émission de mucosités
abondantes par l'urètre, et plus souvent par une
sueur abondante.

7

Quand la peau est plus irritée que tous les autres organes, elle est d'une couleur rosée et très-chaude ; elle paraît gonflée ou soulevée par le tissu cellulaire soujacent. La pression y détermine de la gêne, et même de la douleur ; elle est d'abord sèche, puis elle se couvre d'une sueur très-abondante et très-chaude ; le malade éprouve une tension incommode à la périphérie du corps, ainsi qu'à la tête. Le pouls est très-vif et fréquent ; l'urine est rare dans le commencement, puis abondante, quand la peau revient à son état normal, sans qu'il y ait de sueur abondante ; mais c'est ordinairement par cette évacuation que la fin de la maladie est annoncée. L'inflammation et les douleurs dans les articulations, dans les muscles, dans les parties divisées par un agent vulnérant quelconque, ou par un instrument de chirurgie, indiquent assez le siége de l'irritation qui occasione l'accélération, la fréquence, la vitesse du pouls dans les synoques qui accompagnent les contusions, les plaies, et dans celles qui sont dues à une marche forcée, au séjour prolongé dans un lieu humide et froid, dont l'influence s'étend principalement aux membranes synoviales, aux tissus fibreux et musculaire. Les synoques produites par ces causes durent aussi long-temps que celles-ci continuent d'agir ; elles cessent avec elles, et peuvent se prolonger pendant plusieurs semaines. L'irritation peut aussi, en se propageant à plusieurs organes, donner lieu aux phénomènes de la fièvre gastrique, et de plusieurs autres fièvres, ainsi que je le dirai au chapitre des fièvres traumatiques.

Je pense qu'il serait superflu d'indiquer les signes

qui annoncent qu'une fièvre inflammatoire est due à une ophthalmie, à la laryngite, à la pharyngite, à une otite, à l'hépatite, à la splénite, à la péricardite, etc. Indépendamment de ce qu'il faudrait passer en revue toutes les inflammations légères qui peuvent donner lieu aux phénomènes communs à toutes les fièvres synôques, il est telle de ces inflammations qu'il est impossible de méconnaître au premier aperçu. Les autres sont trop obscures pour qu'on puisse les reconnaître avant qu'elles soient arrivées à un tel degré d'intensité que la maladie perde son nom de *fièvre inflammatoire* ; ou bien elles ne se développent ordinairement que de concert avec une irritation plus importante. Si l'on est bien convaincu de la nécessité de découvrir l'organe dont l'irritation est la source principale des symptômes, afin d'empêcher que la fièvre inflammatoire ne se convertisse, comme on le dit, en une fièvre plus grave ou en une inflammation dangereuse, c'est-à-dire, afin d'empêcher que l'irritation primitive ne s'aggrave ou ne s'étende à plusieurs organes importans, on ne négligera rien pour réussir dans cette recherche. Elle est surtout difficile chez les enfans qui ne peuvent rendre compte exactement de ce qu'ils éprouvent (1).

---

(1) J'ai vu deux cas de fièvre inflammatoire chez des enfans à la mamelle dont l'un avait une otite et l'autre une cystite. Je ne reconnus la première de ces inflammations qu'après la sortie de la matière purulente venant de la caisse par le conduit auditif externe. L'émission répétée et douloureuse de l'urine me fit présumer la seconde, sur laquelle je n'eus plus aucun doute lorsque je vis le petit malade, auquel je donnais des soins de concert avec M. Regnault, rendre par l'urètre une fausse mem-

Je ne pense pas que M. Broussais dise que je viens de décrire les premiers effets d'une irritation encéphalique, gastrique, bronchique, etc., et non des fièvres inflammatoires, parce que 1°. aucun pyrétographe ne se refuserait à reconnaître les phénomènes de la fièvre inflammatoire dans ces tableaux que la nature nous offre chaque jour : il me serait facile de le démontrer, en citant les observations recueillies par P. Foreest (1), M. Pinel (2) et M. Récamier (3); 2°. je n'ai jamais observé une seule fièvre inflammatoire sans irritation prédominante dans un organe, ou du moins dans une des grandes cavités; 3°. la collection de symptômes que les auteurs désignent sous le nom de *fièvre inflammatoire* n'est, selon M. Broussais lui - même, qu'un groupe artificiel de symptômes d'une irritation locale.

Les diverses irritations peu intenses dont je viens d'indiquer les phénomènes ne sont pas toujours isolées, comme je viens de les présenter. L'irritation du cœur a

---

brane et une urine blanchâtre. Le premier de ces deux enfans, affecté de l'otite, frottait sans cesse sa tête sur l'oreiller, et cherchait continuellement à se coucher sur le côté de l'organe malade; mais ce symptôme ne me frappa qu'après la sortie de la matière provenant de la caisse du tympan. J'avais fait appliquer des sangsues aux tempes de cet enfant, attribuant son état à une irritation cérébrale. L'autre avait eu des sangsues à l'abdomen, et on l'avait plongé plusieurs fois dans un bain émollient. Ils guérirent tous deux.

(1) *Observ. et Curat. med.* Paris, 1650 ; *in-8°.*

(2) *Médecine clinique.* Paris, 1804 ; *in-8°.*

(3) F. Aygalenq, *Dissertation sur la Fièvre angioténique.* Paris, an 8; *in-8°.*

lieu dans toutes les fièvres inflammatoires, quel que soit l'organe primitivement irrité; souvent l'irritation gastrique s'y joint; dans plusieurs cas, une véritable irritation de l'encéphale se manifeste en même temps. Alors la fièvre offre le plus grand nombre des symptômes qui lui ont été assignés comme signes pathognomoniques. L'irritation cardiaque est peu à craindre, si ce n'est en tant qu'elle provoque, entretient ou accroît l'irritation cérébrale. Il faut s'attacher à combattre de préférence celle-ci, ou l'irritation gastrique, selon l'intensité plus grande de l'une ou de l'autre, et leur dépendance. Ici encore il est un organe vers lequel le médecin doit plus particulièrement porter son attention : il serait aussi imprudent que peu rationnel de ne voir et de ne combattre qu'une irritation générale, c'est-à-dire, de diriger au hasard les moyens anti-phlogistiques.

Je crois en avoir dit assez pour qu'il soit facile de reconnaître le siége de l'irritation, au moins dans le plus grand nombre des fièvres inflammatoires; et de reconnaître la nature du mal par la recherche de la cause qui l'a produit, et des signes qui le caractérisent. Il me reste à indiquer la fréquence relative des principales irritations qui peuvent donner lieu au développement des phénomènes de ces fièvres. Ce problème n'est pas facile à résoudre. Le système gastrique participant souvent à l'irritation primitive, on est porté à croire que la gastrite est plus souvent primitive que l'irritation de tout autre organe. Il est certain que l'appareil digestif étant le plus exposé aux causes morbifiques, parce que, de toutes les causes des maladies, les plus fréquentes sont celles qui dépendent des alimens et des boissons, et parce que la plupart des causes qui agissent sur la peau agissent sympathiquement de préférence sur les membranes muqueuses digestives, la gastro-entérite est le plus ordinairement la cause prochaine de la fièvre inflammatoire dans les adultes. Il n'en est pas tout-à-fait de même chez les enfans, et moins encore chez les femmes. Chez les premiers, l'encéphale n'est guère moins souvent affecté que l'estomac, peut-être même l'est-il plus fréquemment. Chez les femmes, et surtout chez les jeunes filles, c'est l'utérus. A l'époque de l'adolescence, c'est la poitrine. Chez les jeunes-gens sobres adonnés à l'étude des sciences qui exigent un exercice soutenu de l'encéphale, lorsqu'ils ne sont point exposés à l'action des miasmes putrides des amphithéâtres, c'est de l'encéphale que part l'irritation. Dans l'hiver, dans les pays froids, l'encéphale est plus souvent affecté; dans l'été, dans les pays secs et chauds, chauds et humides, ou froids et humides, c'est l'appareil digestif.

Les fièvres inflammatoires sont endémiques dans les contrées sèches et élevées, sur le revers des montagnes exposées aux vents froids. Elles sont rarement épidémiques, parce que toutes les irritations épidémiques conservent rarement ce degré de bénignité, je dirais presque d'obscurité qui les fait méconnaître, et qui porte à n'accorder d'attention qu'aux symptômes sympathiques peu intenses communs à toutes les fièvres inflammatoires. Lorsque ces fièvres sont épidémiques, elles sont le plus souvent dues à la gastro-entérite : aussi les voit-on souvent passer à l'état de fièvre adynamique, et je dirai pourquoi lorsque je parlerai de cette fièvre.

J'ai beaucoup insisté sur la recherche du siége de l'irritation dans la fièvre inflammatoire, parce que c'est le point le plus important de la théorie médicale et de la médecine pratique. En effet, cette fièvre, telle que les auteurs l'ont décrite, n'est que la première scène (s'il est permis de s'exprimer ainsi) de toutes les irritations avec symptômes d'irritation du cœur, et c'est surtout dès le premier instant de leur apparition qu'il importe de connaître le siége et la nature des maladies, afin d'en arrêter les progrès et d'en prévenir les résultats.

Que faut-il penser de ce qu'ont dit les auteurs sur cette espèce d'incertitude de l'état morbide général, qui, après avoir menacé divers points, finit, selon eux, par se porter sur un seul ? Il est évident qu'ils ont confondu l'état pléthorique, la sur-activité de la circulation qui prédispose si souvent à la fièvre inflammatoire, avec l'état positivement morbide, ordinairement déterminé par une cause locale d'irritation dont l'action est favorisée par la disposition générale. Cette prédisposition n'est d'ailleurs pas aussi générale qu'on le prétend ; le plus souvent elle est le résultat d'une agitation locale modérée, mais pourtant assez forte pour exciter le mouvement organique dans la plupart des organes, ainsi qu'il a été dit au commencement de ce chapitre.

Il n'est point de mon objet d'étudier le passage de la fièvre inflammatoire à l'état d'inflammation locale, c'est-à-dire, l'exaltation de l'irritation locale qui se manifeste enfin par des symptômes tellement intenses qu'on ne peut plus la méconnaître. Je me borne à dire que ce passage est un argument puissant en faveur de

mon opinion et de celle de M. Tommasini (1), sur la
naturé de la fièvre inflammatoire, contre celle qué
professe M. Broussais, et plus encore contre celle de
M. Pinel. Mais, parmi les diverses terminaisons que
peut avoir la fièvre inflammatoire, et l'on sait maintenant quel sens j'attache à cette expression, il en est
plusieurs que j'étudierai, parce qu'on en a fait des
fièvres : c'est la terminaison par les *fièvres gastrique,
adynamique*, etc.

Traitement de la Fièvre inflammatoire.

De tout ce qui précède, il résulte :

1°. Que la fièvre inflammatoire n'est qu'une irritation
légère d'un des points de la membrane muqueuse digestive ou respiratoire, de l'encéphale, du poumon,
de l'utérus, de la peau, d'une articulation, ou d'un
des points du système musculaire, enfin d'une ou de
plusieurs parties du corps ;

2°. Que cette irritation étant peu intense, il faut
étudier avec beaucoup d'attention, à l'aide de la physiologie, ses causes, l'idiosyncrasie du sujet et les symptômes, pour la discerner au milieu des phénomènes
sympathiques qu'elle occasione ;

3°. Que plusieurs organes peuvent être irrités assez
fortement pour attirer presqu'également l'attention du
médecin ;

4°. Qu'il importe de reconnaître le siége de l'irritation qui donne lieu à la fièvre inflammatoire, afin d'en

____

(1) « Qu'est-ce que la synoque, sinon un léger degré de fré-
nésie ou d'angine, ou de rhumatisme, etc. ? » *Recherches sur la
fièvre jaune*, page 90.

empêcher le développement, de prévenir par là ce qu'on appelle la *terminaison de cette fièvre par une inflammation, par une autre fièvre, ou ses complications;*

5°. Que dans le traitement de cette maladie il faut avoir égard à l'état antérieur et à l'état actuel du malade, et que le traitement doit être, par conséquent, dirigé d'après deux séries de considérations, c'est-à-dire, que pour faire cesser l'irritation locale qui constitue la fièvre inflammatoire, il faut s'attacher spécialement à la combattre, après avoir combattu la prédisposition qui l'a précédée.

Quel que soit le siége de cette irritation, le traitement se compose du repos, de la diète, des émissions sanguines, des émolliens à l'intérieur et à l'extérieur, et des dérivatifs les moins irritans.

Si la fièvre inflammatoire était une irritation générale des vaisseaux, comme le pense M. Pinel, ma tâche finirait là; tout au plus faudrait-il entrer dans quelques détails sur l'activité plus ou moins grande du traitement, selon que les symptômes sont plus ou moins intenses, que le sujet est plus ou moins fort, plus ou moins âgé. Mais puisque le siége de l'irritation varie; puisque chaque organe irrité affecte l'organisme à sa manière; puisqu'il n'est pas indifférent de connaître le siége de l'encéphalite, de l'angine, de la pneumonie ou de la gastrite, et que la fièvre inflammatoire peut être tout cela, je dois entrer dans des détails qui jadis auraient paru superflus.

Or, dans la maladie qui nous occupe, tantôt il y a eu primitivement pléthore, c'est-à-dire, alimentation copieuse et sur-activité du poumon et du cœur, ou bien ces conditions n'ont pas eu lieu. Dans le premier cas, quel que soit le siége de l'irritation, la diète absolue et la saignée sont indiquées. Dans le second, la diète sera moins sévère; on pourra se dispenser de saigner. Lorsque la saignée est indiquée, il n'est pas indifférent de la pratiquer à la tête, au bras ou au pied: c'est le siége de l'irritation, si elle est très-intense, qui décide. Quoiqu'il n'y ait pas de pléthore, il faut saigner au bras si le poumon, la plèvre, le péritoine ou le foie ou l'utérus sont menacés; il faut saigner quelquefois à la jugulaire ou à la temporale, plus souvent au pied, quand c'est l'encéphale. On peut en général se dispenser de saigner lorsque la membrane muqueuse digestive est le siége de l'irritation.

Après qu'on a pratiqué la saignée, ou lorsqu'on n'a pas cru nécessaire de la pratiquer, si l'irritation est intense ou si elle se prolonge, l'application des sangsues *loco dolenti,* ou du moins le plus près possible du mal, est indiquée. On pourrait dire qu'elle l'est toujours, si l'expérience ne prouvait journellement qu'on peut souvent s'en abstenir impunément, et qu'on doit le faire dans la synoque due à l'irritation des mamelles lorsque ces organes se préparent à sécréter le lait : le repos et la diète suffisent. Mais c'est pour avoir négligé les émissions sanguines que l'on voit la fièvre inflammatoire dégénérer si souvent en inflammation, en fièvre gastrique, muqueuse, adynamique, ataxique, etc. L'emploi méthodique des sangsues n'est jamais nuisible; on peut même souvent en abuser sans inconvénient dans la fièvre inflammatoire.

Les émissions sanguines sont assez généralement conseillées dans les synoques ; mais on a plutôt recommandé la saignée que les sangsues. La phlébotomie n'est pas aussi généralement redoutée dans ces fièvres que dans les autres ; M. Pinel lui-même recommande d'y avoir recours.

Il n'y a guère de règles fixes pour le nombre des saignées et des sangsues, ni pour la quantité de sang que l'on doit tirer chaque fois. Tout cela dépend de l'idiosyncrasie du sujet, de l'intensité de l'irritation, et de la nature de l'organe malade.

En général, une saignée suffit ; il est rare que l'on soit obligé d'aller au-delà de deux, excepté chez les hommes qui ont de vastes poumons, un cœur énergique, des muscles très-développés, et par conséquent un sang abondant et très-stimulant ; chez les sujets qui ont une suppression d'hémorrhagie habituelle ; et chez les femmes dont les règles ont été supprimées, qui sont à l'époque du retour, ou qui offrent les signes de la pléthore qui succède souvent à la cessation des menstrues. Toutes ces circonstances peuvent obliger à saigner plus de deux fois.

On ne doit pas tirer moins de huit onces de sang à chaque saignée ; rarement cette quantité suffit ; il faut ordinairement en tirer douze onces : on peut aller jusqu'à seize chez les sujets dont je viens de parler, mais jamais on ne doit dépasser cette quantité. Il vaut mieux répéter la saignée. En général, il est plus avantageux de produire une déplétion subite par une saignée un peu abondante, et de tirer ensuite moins de sang à chacune des saignées subséquentes, à moins qu'il ne se manifeste, comme il arrive si souvent, une récrudescence subite qui tende à devenir permanente.

On doit surtout répéter la saignée si le poumon est affecté, ou, comme on le dit, menacé, ce qu'on reconnaît à la gêne de la respiration, à l'oppression qui bientôt est accompagnée de douleur. L'irritation de la plèvre, et même celle du péritoine, peuvent exiger plus d'une saignée ; mais il est ordinairement préférable de recourir aux sangsues, et, comme je l'ai dit, on doit les préférer, dans la pluralité des cas, à la saignée toutes les fois que l'estomac est irrité.

Ce viscère et les intestins grêles étant très-souvent affectés, soit primitivement, soit en même temps que l'encéphale, l'utérus ou le poumon, l'application des sangsues à l'abdomen, et surtout à la région épigastrique, est un des moyens auxquels on doit avoir le plus souvent recours dans la fièvre inflammatoire, et c'est un de ceux qui contribuent le plus à empêcher que cette fièvre ne dégénère en une inflammation dangereuse, ou en une *fièvre de mauvais caractère.*

Mais l'application des sangsues à l'abdomen ne suffit pas toujours pour empêcher le développement de ce qu'on appelle *fièvre cérébrale.* Pour obtenir cet effet, il faut, lors même que l'état des organes digestifs exige qu'on appose des sangsues à l'abdomen, en appliquer aux tempes, derrière les oreilles ou aux pieds, afin de prévenir ou de combattre les progrès de l'irritation encéphalique.

L'application des sangsues doit être faite à la gorge s'il y a angine ; sur le sternum, au-dessus de cet os ou sur la trachée, quand il y a bronchite ; au côté de la poitrine, s'il y a pleurésie ; à l'hypochondre droit, dans le cas d'hépatite ; à l'anus, lorsque les intestins, et surtout le gros intestin, sont spécialement irrités ; au périnée, à l'hypogastre, si la vessie ou les reins sont plus particulièrement irrités ; à la vulve , aux cuisses ou aux jambes, si l'irritation réside dans l'utérus ; aux articulations, quand elles sont très-douloureuses, à la suite d'un refroidissement éprouvé dans une longue marche et lorsque l'irritation gastrique est légère ; dans le cas où, même à la suite de ces causes, l'irritation gastrique prédomine , c'est à l'épigastre qu'il faut de préférence appliquer les sangsues.

Chez les adultes , il ne faut jamais appliquer **moins** de huit à dix sangsues, et ce nombre est rarement suffisant ; on est fréquemment obligé de renouveler l'application. Il est souvent utile de débuter par un nombre plus élevé, tel que quinze ou vingt. Jamais il ne faut arrêter subitement le sang aussitôt après que les sangsues ont quitté la partie. Leurs piqûres déterminent un afflux qui peut devenir d'autant plus dangereux qu'il est plus près de la partie irritée. Le sang doit couler une ou deux heures au moins après la chute des sangsues , souvent beaucoup plus longtemps, à moins que le sujet ne tombe en syncope, ce qui est presque toujours d'un bon augure. Il résulte de cet écoulement que l'afflux diminue de proche en proche, que la partie irritée perd une certaine quantité de sang , que la masse de ce liquide est *lentement* diminuée; et c'est ce qui fait qu'on peut sans danger tirer par les sangsues une quantité plus grande de sang que par la saignée, qui produit une déplétion subite.

Si cet ouvrage n'était destiné aux élèves , je n'insisterais pas sur tous ces détails ; mais je les crois trop importans pour les passer sous silence. J'aurai si souvent occasion de parler de l'application des sangsues; qu'avant d'aller plus loin je dois combattre en peu de mots quelques préjugés encore trop généralement répandus sur les effets de ce moyen.

La saignée par les sangsues affaiblit, dit-on, et elle nuit à l'organe de la vue; elle attire et fixe le sang vers la partie enflammée, lorsqu'on les applique très-près du siége du mal; en affaiblissant l'action vitale dans la partie, elle peut déterminer la gangrène; elle n'est pas plus directement déplétive que la saignée par la phlébotomie, et n'a aucun avantage sur celle-ci, parce qu'elle n'agit pas autrement, si ce n'est qu'elle a l'inconvénient d'agir plus lentement; elle provoque les hémorrhoïdes lorsqu'on applique les sangsues à l'anus, et détermine souvent autant de petits phlegmons qu'il y a de piqûres, d'où résulte quelquefois la formation d'un pus abondant sous une portion étendue de la peau. Enfin, il est souvent très-difficile, quelquefois impossible d'arrêter le cours du sang fourni par les piqûres, et cette hémorrhagie peut causer la mort. Si toutes ces remarques étaient fondées, il faudrait certainement renoncer à l'emploi d'un moyen qui multiplierait à ce point les chances d'insuccès. Mais il n'en est pas ainsi; la saignée par les sangsues est assurément, de tous les moyens thérapeutiques très-actifs, le moins susceptible de nuire aux malades, lors même qu'on en abuse. Je ne répondrai point aux reproches qui lui sont communs avec la saignée par la lancette. La question se réduit à savoir s'il faut recourir aux émissions sanguines lorsqu'elles sont indiquées, et ce que j'ai dit suffit pour faire connaître les cas où les sangsues doivent, en général, être préférées à la lancette. La crainte d'occasioner un affaiblissement de la vue est une erreur populaire, que je ne combattrais pas, si elle n'était accréditée par quelques praticiens recommandables. Ce qui a donné lieu à ce préjugé, c'est qu'on a remarqué que la vue s'affaiblissait ou même s'éteignait quelquefois peu de temps après l'application des sangsues aux environs de l'orbite, à l'anus ou aux jambes, dans les cas d'irritation douloureuse, d'ophthalmie intense, opiniâtre ou répétée, qui précèdent si souvent l'altération de structure des parties les plus importantes de l'œil ; et l'on a mis sur le compte du remède l'accroissement ou l'apparition d'un mal qu'il n'avait pu guérir ou prévenir. L'afflux du sang augmente souvent vers la partie irritée, et la douleur s'accroît après l'application des sangsues : c'est lorsque, dans une inflammation intense située non loin de la peau, on applique un petit nombre de sangsues, et surtout lorsqu'on ne laisse point couler le sang après la chute de ces animaux : on voit qu'il est très-facile d'éviter cet inconvénient, puisqu'il suffit de ne pas être trop réservé sur le nombre des sangsues, et de laisser couler le sang après leur chute, ainsi qu'il vient d'être dit.

On n'a point encore constaté que le passage de l'inflammation à la gangrène puisse être l'effet de l'application des sangsues ; c'est une de ces craintes que fait naître une théorie expirante, et que l'expérience dément. Sans doute, il ne faut dans aucun cas tirer *trop* de sang ; mais le plus souvent il y a plus de danger à n'en point tirer *assez*. La lenteur avec laquelle la saignée par les sangsues agit est un de ses avantages les plus précieux, car elle permet de recourir à ce moyen lorsque la saignée par la lancette pourrait déterminer dans

l'action de l'appareil circulatoire une faiblesse dangereuse , dont la suite serait une congestion locale
mortelle , ou l'extinction rapide de l'action vitale. Les
petits phlegmons que développent les piqûres de sangsues ont rarement lieu quand ces animaux sont sains
et bien choisis ; ces petites tumeurs inflammatoires
sont d'ailleurs un excellent dérivatif de l'irritation que
l'on veut faire cesser. L'inflammation du tissu cellulaire sous-cutané, et la collection de pus qui en résulte, sont des effets très-rares de l'application des
sangsues, qui n'ont lieu qu'à l'abdomen , et qui guérissent toujours à l'aide de pansemens méthodiques.
Cet accident , qui m'a paru contribuer à la guérison
par la puissante révulsion qu'il occasione, ne se manifeste guère qu'au moment où le malade entre en convalescence. Il est absurde de redouter l'hémorrhagie
qui peut succéder à l'application des sangsues , lorsqu'on est à portée d'y remédier au moyen des stypti-
ques , de la cautérisation avec les acides concentrés ,
le nitrate d'argent fondu taillé en pointe aiguë , ou le
stylet d'acier chauffé jusqu'au blanc. Lorsqu'on redoute
cet accident , et que l'on n'est point à la proximité de
la demeure du malade, dans la campagne, par exemple, on peut confier à une personne intelligente, s'il
s'en trouve parmi celles qui l'entourent , une petite
quantité d'acide sulfurique, en lui enseignant la manière de l'appliquer à l'aide d'une paille , d'une allu-
mette , dans les cas où la syncope surviendrait avant
que le sang cessât de couler.

Les ventouses scarifiées remplacent jusqu'à un point
les sangsues, lorsqu'on ne peut se procurer ces
animaux ; mais alors il faut faire usage de la ventouse

à pompe et à lancette, décrite par MM. Sarlandières et Demours, ou faire de profondes scarifications, et réappliquer plusieurs fois la ventouse sur le même lieu, afin d'obtenir autant de sang qu'il est nécessaire, de provoquer un afflux plus considérable, et une ecchymose analogue à celle que déterminent les piqûres de sangsues.

Lorsque, dans la fièvre inflammatoire, l'idiosyncrasie du sujet, la nature de la cause et surtout les symptômes, annoncent que l'appareil fébrile est dû à la gastro-entérite, la diète, formellement indiquée dans cette fièvre comme dans toute irritation aiguë, doit être absolue, même chez les enfans et chez les vieillards. Dans tout autre cas, elle sera moins sévère ; on pourra même permettre quelques bouillons de poulet, de grenouille ou de veau, que l'on supprimera d'ailleurs dès que la rougeur des bords de la langue annoncera que l'appareil digestif participe à l'irritation primitive. C'est encore à la diète absolue qu'il faudra avoir recours quand il y aura, dès le début de la maladie, complication de la gastro-entérite avec l'encéphal..., par exemple. L'expérience seule peut indiquer jusqu'à quel point il est utile de se relâcher de ces principes sévères, selon les circonstances ; il ne faut pas oublier que si, fréquemment, l'irritation locale qui produit l'appareil fébrile inflammatoire se termine favorablement, il arrive aussi souvent de la voir s'accroître, s'étendre, se compliquer de la manière la plus redoutable. Alors on regrette d'avoir usé de complaisance en cédant aux vives instances du malade, à l'importunité des assistans, et quelquefois aux préjugés d'une première éducation médicale. Je ne crains pas d'avouer que je signale ici un écueil sur lequel j'ai échoué assez souvent pour que je me croie obligé d'en faire l'aveu dans l'intérêt de la vérité.

Ce n'est que depuis que les signes de l'irritation gastrique ont été indiqués par M. Broussais, qu'il a été possible d'expliquer l'importance attribuée par Hippocrate à la diète, d'après les résultats de l'expérience. Les admirateurs du père de la médecine, qui trop souvent ont peu respecté ses décisions, auraient dû suivre les préceptes qu'il a tracés sur le régime dans les maladies aiguës, et ne point s'en écarter sous le vain prétexte que les modernes vivent moins frugalement que les anciens.

Lorsque le malade n'éprouve point de soif, si sa langue est dans l'état ordinaire, et tout au plus un peu blanchâtre, il suffira de lui prescrire pour boisson l'eau pure ou chargée d'une petite quantité de mucilage, de gomme arabique ou de fécule, légèrement sucrée ou miellée, prise à petites doses plus ou moins répétées. S'il se plaint d'éprouver de la soif, on lui recommandera de boire de l'eau acidulée avec du suc de citron, de groseilles, de cerise ou du vinaigre, de l'orangeade, de l'orgeat, ou du petit-lait clarifié. Toutes ces boissons, prises à la température de l'appartement, contribuent à calmer ou à prévenir l'irritation des voies digestives; elles suppléent sans inconvénient aux alimens, qui exciteraient ou aggraveraient cette irritation, et remédient à la constipation. Ce symptôme, qui a lieu souvent sans qu'il existe d'irritation intestinale, réclame l'emploi des boissons telles que l'eau de veau, le

ouillon d'oseille point trop acide, la décoction de
pruneaux, ou celle de tamarin, des lavemens à l'eau
pure, mucilagineuse, ou rendue laxative par l'addition
du miel et du vinaigre, ou d'un sel neutre quelconque à petite dose. Lorsque l'encéphale est le siége de
l'irritation principale, il n'est pas inutile de provoquer la sortie des matières fécales qui peuvent être
accumulées dans les intestins ; on observe presque
toujours une amélioration remarquable dans les symptômes après cette évacuation, qu'on doit néanmoins
se garder de provoquer à l'aide de potions ou de tisanes
purgatives, susceptibles d'occasioner une vive irritation de l'estomac ou des intestins.

Il est souvent avantageux de solliciter doucement
la sécrétion de l'urine, au moyen de l'eau, à laquelle
on ajoute une petite quantité de nitrate ou d'acétate
de potasse. Mais cette boisson ne produit pas l'augmentation désirée dans l'émission des urines, et peut
ajouter aux phénomènes sympathiques de l'irritation
principale, quand celle-ci a lieu sur la membrane
gastro-intestinale. L'usage en est au contraire éminemment indiqué quand l'irritation siége à la peau ou
dans le foie. Ces sels diurétiques peuvent être administrés dans des émulsions auxquelles on ne doit point
incorporer le camphre, ainsi qu'on le fait souvent sans
trop savoir pourquoi. Les potions avec l'huile d'amande
douce sont au moins inutiles ; elles sont nuisibles
lorsqu'il existe la plus légère irritation de l'estomac.

Que les praticiens habitués à laisser les maladies
parcourir leurs périodes sourient de la rigidité de
ces principes. Ne perdons pas de vue qu'en empê-
chant les progrès de ce qu'on appelle la *fièvre inflam-*

matoire, on prévient très-souvent le développement de maladies toujours redoutables, et trop fréquemment mortelles. Les principes ne sauraient d'ailleurs être trop sévères ; il est si rare qu'on n'en fasse point négligemment l'application !

L'emploi des topiques dans la fièvre synoque a été fort mal dirigé jusqu'ici : on se borne à recommander vaguement les bains, les demi-bains, les fomentations émollientes, les applications réfrigérantes. On parle à peine des rubéfians et des autres dérivatifs.

Lorsque l'invasion de la maladie a été précédée des signes de la pléthore générale, il ne faut point recourir aux topiques, de quelque nature qu'ils soient, car ces moyens peuvent devenir dangereux. Il faut d'abord remédier à cette pléthore par la saignée générale. Si l'irritation locale demeure très-intense, les sangsues seront ensuite appliquées avant d'en venir aux dérivatifs ; puis, si l'irritation est à la tête, des bains de pieds dans l'eau chaude, rendue légèrement irritante par l'addition du sel marin, d'une petite quantité de potasse, ou de la cendre, seront prescrits le matin, et surtout aux approches de la nuit, pour prévenir les redoublemens.

L'irritation persiste-t-elle, les pieds seront plongés dans l'eau très-chaude pendant quelques minutes ; on appliquera de suite des sangsues au-dessus des malléoles, et lorsque ces animaux seront tombés, les pieds seront remis dans une eau moins chaude que la première, et ils y resteront pendant dix minutes, un quart d'heure ou une demi-heure selon le cas. On pourra ensuite retirer les pieds de l'eau, les envelopper dans des linges chauds, et laisser couler le sang autant qu'il sera nécessaire. Il est peu de cas où ce moyen énergique ne fasse cesser promptement l'afflux du sang vers la tête ; des applications d'eau froide ou d'un linge trempé dans du vinaigre froid, sur le front, en secondent puissamment l'action.

L'irritation du pharynx est avantageusement traitée par les pédiluves irritans , après les émissions sanguines. Les cataplasmes chauds sous la mâchoire inférieure sont souvent utiles.

Lorsque l'irritation est à la trachée, à la poitrine, ces topiques ne sont point indiqués ; il suffit de tirer du sang des parois du thorax ou du cou, de préserver le malade du froid , et de lui prescrire des boissons de même nature que celles qui viennent d'être indiquées , mais chaudes. L'eau sucrée très-chaude est alors préférable à toute autre tisane : c'est, dans ce cas, le meilleur des sudorifiques et des expectorans.

Je ne puis entrer ici dans le détail du traitement qu'exige la laryngite, connue sous le nom de *croup* (1), non plus que de plusieurs autres inflammations du cou ou de la tête ; mais je dois répéter que le meilleur moyen de les prévenir ou de les guérir , est de recourir sans délai aux anti–phlogistiques dès l'apparition des premiers phénomènes de la fièvre inflammatoire.

Le bain de pied ne convient point dans la synoque produite par l'irritation d'un des viscères de l'abdomen, à moins que ce ne soit l'utérus. Mais il en est de celui-ci comme de l'encéphale : pour que les pédiluves

---

(1) *Voyez* mes articles *Bronchite* et *Croup,* dans le *Dictionnaire abrégé des Sciences médicales.*

soient avantageux, il faut au préalable combattre la pléthore générale et la pléthore locale.

Dans toute irritation qui donne lieu à une accélération notable de l'action du cœur, les rubéfians énergiques, et plus encore les vésicans, doivent être rejetés. Les sinapismes les plus légers, en enflammant la peau, ajoutent à l'irritation du cœur. Les vésicatoires accroissent celle des reins et de la vessie. Tous ces moyens sont surtout dangereux quand la rougeur et le gonflement de la peau annoncent que ce tissu est plus irrité que tous ceux qui participent avec lui à l'état morbide. Les bains de pieds eux-mêmes sont alors contre-indiqués ; il faut insister sur les émolliens et les réfrigérans à l'intérieur, préserver également le malade et d'un refroidissement subit de la peau, et d'une température trop élevée.

Il est presqu'inutile de dire que les vomitifs, les purgatifs, les éméto-cathartiques bien plus encore, et les stimulans ainsi que les toniques sont directement opposés à la nature de la fièvre inflammatoire, quel que soit le siége de l'irritation qui la constitue, et qu'ils seraient surtout dangereux dans les cas où elle occupe les voies digestives ou ses annexes. Se proposerait-on d'opérer une révulsion sur la membrane muqueuse gastrique, cette tentative serait téméraire, lors même que l'irritation occuperait l'encéphale, car on courrait le risque d'ajouter une gastro-entérite à l'encéphalite, d'accroître celle-ci, ou d'augmenter l'intensité de celle-là si déjà elle existait. Ce n'est guère que dans le cas où l'irritation occupe l'œil ou la membrane pharyngienne, que l'on peut se permettre de prescrire le vomitif ou le purgatif, jamais les toniques. Et dans ce cas même on combat une affection légère, occupant un organe qui n'exerce qu'une faible influence sur l'organisme, par un moyen susceptible de provoquer l'inflammation du viscère le plus irritable de tous ceux de l'économie. Il est des cas où les vomitifs, les purgatifs, et même le vésicatoire peuvent être prescrits dans le traitement de l'angine ; mais ce n'est pas lorsqu'elle s'annonce par les symptômes de la synoque.

Au-delà des Alpes et en Angleterre (1), les vomitifs et les cathartiques sont mis au nombre des moyens anti-phlogistiques et recommandés dans le traitement des fièvres inflammatoires, parce que les évacuations qu'ils provoquent ont pour résultat la chute des forces musculaires. Ces moyens débilitent en effet, car ils enlèvent des matériaux à l'économie ; mais ce n'est qu'en irritant la membrane muqueuse intestinale. Or, l'irritation de cette membrane accroît l'intensité de l'irritation primitive, beaucoup plus que la soustraction de matériaux nutritifs ne peut la diminuer. Lorsque la fièvre inflammatoire est due à la gastro-entérite, quel doit être le résultat d'une pratique si peu rationnelle ? Quelquefois la cessation des symptômes sympathiques ; il faut bien le croire, puisque des praticiens distingués l'affirment ; mais infailliblement aussi une inflammation profonde de la membrane muqueuse intestinale, qui, pour ne point s'annoncer d'abord par des signes faciles à reconnaître, n'en produit pas moins de fâcheux effets tôt ou tard. Puisque chaque peuple paie un tribut à l'erreur, félicitons-

____

(1) Robert-Thomas, *Médecine pratique*, traduite de l'anglais. *Paris*, 1818. Tom. 1er, pag. 72.

nous du moins de n'avoir point à nous reprocher celle-là : il en est peu d'aussi dangereuses.

Le traitement de la fièvre inflammatoire épidémique ne diffère pas de celui qu'on doit lui opposer quand elle se manifeste isolément ; car la nature et le siége du mal ne diffèrent en aucune manière de ce qu'ils sont dans la fièvre inflammatoire sporadique : seulement, lorsqu'on a traité quelques malades on est à même de mieux reconnaître, dès le début, quel est l'organe irrité primitivement ; mais il ne faut pas perdre de vue que cette particularité dépend le plus souvent de l'idiosyncrasie non moins que de la cause morbifique. On doit s'attacher à empêcher la dégénération de la fièvre inflammatoire, c'est-à-dire, à empêcher que l'irritation locale qui la produit ne s'exaspère ou ne s'étende à plusieurs organes importans. C'est surtout alors qu'il ne faut point se laisser intimider par la crainte de voir survenir une asthénie, ou, comme on le dit, une adynamie mortelle. Souvent la saignée, les sangsues, font cesser l'abattement profond dans lequel le malade se trouve plongé par l'effet de l'excessive irritation du cœur, qui, devenu douloureux, ne bat plus qu'avec difficulté. En diminuant la quantité, et par là en modérant l'action stimulante du sang, on agit sur le cœur, précisément comme on agit sur l'estomac par la diète.

Au reste, cette violente irritation du cœur, plus commune dans les épidémies de fièvres inflammatoires que dans la synoque sporadique, n'a jamais lieu lorsqu'on n'abandonne point les malades à la nature. Est-il donc des cas où il soit convenable de faire un pareil abandon ? Après avoir indiqué ce que la théorie conseille, ce que l'expérience démontre sur le traitement de la fièvre synoque, la solution de ce problême devient plus facile. D'abord, qu'entend-on par abandonner une maladie à la nature? Cela signifie-t-il que le malade doit continuer de se livrer à ses occupations, marcher, travailler, manger et boire, agir en un mot comme dans l'état de santé? Une telle absurdité n'a été émise par personne. Les partisans les plus prononcés de l'expectation ont recommandé le repos, la diète, l'usage des mucilagineux ou des acidules à l'intérieur. Il est évident qu'on veut dire seulement qu'il ne faut point tirer de sang, si ce n'est dans des cas très-peu communs. Il est certain que plusieurs fièvres inflammatoires guérissent, ainsi que je l'ai déjà dit, sans qu'on pratique aucune espèce de saignée; mais les ouvrages des bons observateurs sont remplis d'exemples d'inflammation développée à la suite de la fièvre inflammatoire; tous les auteurs conviennent que celle-ci précède très-souvent l'apparition des autres fièvres, surtout dans les épidémies. Or, à moins de supposer, contre toute espèce de probabilité, que la maladie qui succède à la fièvre inflammatoire, ou qui vient, comme on le dit, la compliquer, n'a aucune connexion avec elle, supposition qu'on a faite, que rien ne justifie, que tout dément au contraire, on sera forcé d'admettre qu'en arrêtant les fièvres inflammatoires dès leur début par les émissions sanguines, on préviendra dans le plus grand nombre de cas, sinon dans tous, le développement de la fièvre ou de l'inflammation secondaire. Cette proposition est évidente relativement au passage de la fièvre synoque à l'état d'inflammation manifeste; la suite de cet ouvrage prouvera, je l'espère, qu'elle ne l'est pas moins à l'égard des fièvres qui succèdent à la fièvre inflammatoire ou qui la compliquent.

La convalescence est toujours rapide à la suite des fièvres inflammatoires, quel que soit l'organe qui ait été principalement irrité. Lorsque le pouls est revenu à son état normal, que la tête est libre, la peau sans chaleur morbide, si l'estomac n'est plus irrité, ou surtout s'il ne l'a point été, le sujet peut revenir promptement, quoique par degrés, à son régime habituel. On lui recommandera seulement de manger modérément, même après son entier rétablissement, afin de ne point renouveler la pléthore générale, quand celle-ci a précédé la fièvre. Il évitera autant que possible de s'exposer de nouveau aux causes qui ont déterminé chez lui l'invasion de cette maladie. Un exercice modéré en plein air, l'usage d'alimens légers, peu stimulans, tels que des fruits et des légumes verts, non susceptibles de provoquer des flatuosités, la continence, et le repos de l'encéphale, achèveront la guérison.

Si, après la disparition des symptômes qui dénotent l'accélération du mouvement circulatoire, il reste de la douleur à la tête, une toux légère, une gêne dans la poitrine, un peu d'oppression, de la rougeur à la langue et de la pesanteur à l'épigastre, ou bien de la douleur à la région lombaire, à l'hypogastre ou vers l'ombilic, il faut, malgré le retour du pouls à son état primitif, ne point permettre au convalescent de satisfaire son appétit, surtout si les signes de l'irritation de l'estomac persistent, avant que ces traces de l'état morbide n'aient complètement cessé. La con-

tinuation des moyens employés dans le cours de la
maladie contre l'irritation principale hâtera les progrès de la convalescence : ces moyens seront seulement rendus moins actifs.

Il est aisé de déduire de ce qui précède les règles auxquelles on doit se conformer pour se préserver des fièvres inflammatoires, et pour éviter les rechutes, qui sont d'ailleurs assez rares.

S'il faut rappeler qu'on a conseillé de donner des toniques pendant la convalescence, à la suite des fièvres inflammatoires, il suffit d'indiquer cette pratique pour en démontrer l'absurdité.

J'aurais à parler ici du traitement des fièvres inflammatoires compliquées d'une inflammation ou d'une autre fièvre ; mais, à l'occasion de chacune des fièvres dont il sera question dans les chapitres suivans, je parlerai de ses relations avec la fièvre inflammatoire, sous le triple point de vue du siége, de la nature et du traitement. Je crois en avoir dit assez pour faire voir que lorsqu'une inflammation paraît se joindre à une fièvre inflammatoire, il y a augmentation d'intensité de la maladie, et non pas changement de nature ni complication, à moins que l'irritation, bornée d'abord à un seul organe, ne s'étende à un ou à plusieurs autres avec une intensité telle qu'il se développe dans ceux-ci une inflammation manifeste. Dans l'un et dans l'autre cas, il suffit d'employer avec énergie la méthode anti-phlogistique sur un seul ou sur plusieurs points de l'organisme, pour arrêter les progrès, l'extension ou la répétition de la phlegmasie. Il ne faut pas, sous le vain prétexte d'éviter une convalescence longue, hésiter à pratiquer toutes les émissions san-

guines nécessaires ; car, avant de s'enquérir de ce que
sera la convalescence , il faut ne rien négliger de ce
qui peut amener le malade jusqu'à cet heureux état.
La longueur de la convalescence , et la faiblesse prolongée du sujet , sont plus souvent dues à la persistance d'une irritation combattue par un praticien timide , qu'à la diète et à la perte du sang tiré pendant
la maladie.

CHAPITRE III.

De la Fièvre bilieuse ou gastrique.

Lorsqu'on veut mettre en parallèle ce que les anciens ont dit avec ce que les modernes pensent sur une maladie, on tarde peu à s'apercevoir que si ces derniers emploient des mots correspondans, au moins en apparence, à ceux qu'ont employés les premiers, les idées des uns et des autres diffèrent plus encore que les mots de leur langue respective. Hippocrate n'a point désigné nominativement les fièvres bilieuses; il a seulement décrit des maladies *aiguës* avec *chaleur* et évacuation de matières *bilieuses*. Galien est le premier qui ait divisé les fièvres continues en sanguine et bilieuse. Je ne pense pas qu'on me reproche de n'avoir pas eu égard à sa distinction de la fièvre d'une semaine et de celle de quinze jours à trois semaines; mais je dois faire remarquer que le médecin de Pergame ne considérait la fièvre bilieuse que comme une variété de la fièvre *ardente*. Il avait donc vu, à travers sa théorie humorale, l'analogie des affections bilieuses avec les affections inflammatoires. Cette analogie n'aurait pas été méconnue, et quelques médecins ne la méconnaîtraient pas aujourd'hui, si Galien s'était borné à décrire des symptômes comme le faisait Hippocrate, au lieu de chercher des notions sur la nature des maladies dans les déjections des malades.

Baillou a le premier donné le nom de fièvre *gastrique* à la maladie que Hoffmann a nommée fièvre *cholérique*, Baglivi *fièvre mésentérique*, et le professeur Pinel *fièvre méningo-gastrique*. Cullen, sans s'arrêter aux symptômes *bilieux*, n'a point isolé la fièvre gastrique de la fièvre inflammatoire ; il les confondait sous le nom de *synocha*. Si cette réunion offrait de l'avantage, elle n'était pas exempte d'inconvéniens. Pour trouver le tableau de ce qu'on pourrait appeler la *fièvre bilieuse pure*, il faut lire les écrits de Stoll et de Tissot. Finke a décrit, sous le nom de *fièvre bilieuse anomale*, divers états morbides qu'il attribuait à la cause prochaine des fièvres bilieuses. Dans le dernier siècle, Dehaen est le seul qui ait connu la nature de ces fièvres, quoiqu'il n'ait pas été aussi heureux dans la recherche du traitement. J. P. Frank s'est traîné sur les traces de ses devanciers. M. Pinel n'a fait que reproduire en d'autres termes les théories humorales des Galénistes, en appelant *embarras bilieux* ce qu'ils nommaient *turgescence de la bile* ou *saburre bilieuse*.

Rappelons ici le sommaire des descriptions données par tous ces auteurs.

Les fièvres bilieuses ou gastriques sont annoncées par la perte du goût, de l'appétit, la répugnance pour les alimens, surtout pour la viande et le bouillon gras ; par l'amertume et l'empâtement de la bouche, un enduit blanc ou jaune sur la langue, la fétidité de l'haleine, une lassitude générale, un sentiment douloureux de pesanteur à la tête, au dos, aux lombes et dans les membres ; la pâleur ou la couleur *bachique* du visage ; la coloration en jaune-verdâtre de la conjonctive, du pourtour des lèvres et des ailes du nez. Cet état peut durer depuis trois à quatre jours jusqu'à un mois et plus. Dans cet espace de temps, il s'y joint ordinairement d'autres symptômes. Ainsi on observe :

1°. Un sentiment de pesanteur, de pulsation et même de douleur à l'épigastre, des rapports fréquens et nidoreux, des nausées, des vomissemens de matières bilieuses (*embarras gastrique*).

2°. Des coliques, des borborygmes, la tension et le gonflement de l'abdomen, la constipation ou la diarrhée de matières d'un jaune verdâtre; des douleurs aux membres inférieurs, principalement aux genoux (*embarras intestinal*).

3°. Ces deux séries de symptômes se manifestent fréquemment à la fois chez le même sujet (*embarras gastro-intestinal*).

4°. Souvent après que ces phénomènes morbides ont duré trois ou quatre jours, une semaine ou même un mois, un frisson se fait sentir, le pouls est petit et serré, puis la peau se sèche et devient le siége d'une chaleur brûlante, âcre au toucher : alors le pouls est fréquent, plein et dur; la soif, le dégoût, l'anorexie, l'amertume de la bouche augmentent; le malade désire des boissons froides et acidulées; il éprouve une vive douleur à la région frontale, un sentiment de lassitude et des douleurs contusives dans le dos et dans les membres; ceux-ci ne peuvent plus le soutenir. Tout entier à ces sensations, il perçoit à peine la douleur qu'il ressentait auparavant à l'épigastre; mais si on appuie tant soit peu sur cette région, il annonce par ses plaintes qu'elle n'a point cessé d'être douloureuse. La langue se sèche et devient manifestement rouge sur ses bords et à sa pointe, et l'enduit qui la couvre plus épais; toute la surface du corps prend quelquefois une teinte jaunâtre plus ou moins foncée. Le malade, plus irascible que de coutume, ne dort point, ou son sommeil est interrompu et n'est suivi d'aucun soulagement (*fièvre bilieuse*).

Le lendemain du jour où le frisson s'est fait sentir, il se renouvelle le matin. Ordinairement il débute vers le dos ; il est accompagné de tremblement ; le pouls redevient petit et concentré ; la sécheresse, la chaleur âcre de la peau et la soif augmentent ; la face devient rouge, animée ; le pouls reprend de la force et de la dureté, et après une demi-heure, une ou plusieurs heures, la peau s'humecte sans que la chaleur perde le caractère d'âcreté qui la distingue, et le malade se trouve à-peu-près dans l'état où il était avant l'*accès*. Celui-ci se renouvelle sous le type quotidien, tierce, double-tierce, quarte ou irrégulier, et avec plus ou moins d'intensité. Souvent il n'y a que de simples *paroxysmes*, c'est-à-dire des exacerbations de symptômes sans retour du frisson, et de la petitesse du pouls. Alors la fièvre est seulement continue : elle est *rémittente* quand les accès sont bien caractérisés. Dans le premier cas, elle dure ordinairement, si on adopte le traitement généralement conseillé par les auteurs, de sept à vingt-un jours ; dans le second, sa durée s'étend de quatorze à quarante jours.

Lorsque cette fièvre se termine favorablement, la diminution des symptômes est annoncée par une sueur générale, chaude et douce au toucher ; une urine à sédiment rose ou briqueté, une diarrhée ou un vomissement bilieux. Le plus souvent les symptômes s'amendent graduellement sans qu'on observe ces dernières évacuations ; mais toujours la peau devient moite, douce au toucher; les urines coulent plus librement qu'auparavant, et laissent déposer un sédiment plus ou moins analogue à celui dont il vient d'être fait mention.

Il s'en faut de beaucoup qu'on obtienne toujours la guérison de la fièvre bilieuse; souvent (et non *quelquefois*, comme le dit M. Pinel) elle passe, vers le troisième, le cinquième ou le septième jour, à l'état de fièvre adynamique, de fièvre ataxique, de fièvre jaune, etc.; ou elle se complique d'une inflammation manifeste du poumon, et se termine très-souvent par la mort si l'on se borne à la pratique généralement suivie. D'autres fois elle passe au type intermittent. Je parlerai de toutes ces terminaisons dans les chapitres suivans.

M. Pinel a dit de la fièvre bilieuse, comme de la fièvre inflammatoire, qu'elle ne se terminait jamais par la mort, à moins d'une complication, et que le pronostic n'en était nullement fâcheux. Ses prédécesseurs ne parlaient point ainsi, parce qu'aucun d'eux n'a autant que lui isolé les fièvres de leurs prodrômes et de leurs suites; mais il est certain que la mort n'a point lieu, aussi long-temps qu'on n'observe que les symptômes assignés par ce professeur à la fièvre bilieuse simple.

Cette fièvre ne se développe pas toujours à la suite de l'embarras gastrique ou intestinal; elle n'est souvent précédée d'aucun signe précurseur. D'autres fois elle survient dans le cours d'une fièvre inflammatoire : alors il y a surcroît d'intensité dans les symptômes communs à ces deux fièvres, et coexistence des symptômes particuliers à chacune d'elles, ce qui constitue le *causus* des anciens , et la fièvre *inflammatoire bilieuse* ou *gastrique* des modernes. Cette fièvre peut, comme la fièvre bilieuse simple , dégénérer en une fièvre adynamique ou ataxique, ou se compliquer d'une inflammation non équivoque ; très-rarement elle passe au type intermittent.

Puisque l'on ne meurt pas directement d'une fièvre bilieuse, je n'ai rien à dire de l'état des organes après la mort, dans ce chapitre, non plus que dans le précédent.

5°. Après que les symptômes de l'embarras gastro-intestinal ont duré un ou plusieurs jours, quelquefois la sensibilité de l'épigastre devient tout-à-coup une douleur vive, déchirante, insupportable, atroce ; le malade vomit, et rend en même temps par l'anus des débris d'alimens incomplètement digérés, des matières bilieuses, verdâtres , grisâtres, noirâtres ou de couleur de lie de vin ; il a du hoquet ; il éprouve du ténesme ; une soif ardente le dévore ; il ressent une chaleur brûlante dans l'abdomen ; ses mains et plus encore ses pieds sont froids ; sa peau est sèche et couverte d'une sueur visqueuse et froide bornée à la tête et à la poitrine ; la région épigastrique est chaude , tendue et douloureuse, ainsi que toute la paroi antérieure de l'abdomen. La face est grippée ; les traits , profondément altérés, expriment la souffrance ; des crampes douloureuses se font sentir dans les mollets ; le malade se couche indistinctement en travers de son lit, sur le ventre, ou reste immobile dans l'accablement le plus complet ; souvent il est en délire, et ses membres sont agités de mouvemens convulsifs (*cholera*).

Le cholera n'est pas toujours précédé des symptômes

de l'embarras gastro-intestinal ; il s'annonce alors subitement par un frisson violent, le refroidissement de la peau et la petitesse du pouls , qui continuent pendant le développement des accidens. Après une ou plusieurs heures, un à six ou sept jours au plus, le calme renaît en peu de temps , ou bien les symptômes augmentent d'intensité ; les vomissemens deviennent de plus en plus fréquens, ainsi que le hoquet et la syncope ; le délire survient ou augmente, les mouvemens convulsifs redoublent. Si le malade conserve le sentiment de son existence, il dit éprouver une soif ardente ; il se plaint de l'excès de ses douleurs, tombe enfin dans la stupeur et succombe.

A l'ouverture des cadavres, on trouve la membrane muqueuse du colon , du duodénum et de l'estomac épaissie, d'un rouge vif dans plusieurs points, d'un rouge brun et sphacelée dans d'autres ; souvent le canal digestif est notablement rétréci ; ce qui, d'après la remarque de M. Geoffroy, ne permet pas de douter de la nature inflammatoire du cholera.

Les causes de ces diverses affections sont : l'âge adulte, la vieillesse, le tempérament bilieux , la débilité , une excessive sensibilité ; l'habitation dans les climats chauds , dans les contrées marécageuses ; le séjour dans les hôpitaux , les prisons , les vaisseaux et les camps ; l'été, surtout le déclin de cette saison et le commencement de l'automne ; les excès dans le régime, l'usage de certains alimens indigestes ou irritans, tels que les viandes noires, les graisses, les huiles, les œufs de brochet ou de barbeau, les fèves , les oignons, les fruits d'ananas, les champignons vénéneux ; l'usage des boissons froides pendant qu'on est en sueur,

des boissons alcooliques , des vins doux , des médicamens très-irritans, des vomitifs et des purgatifs violens ou intempestivement administrés, des acides, des
antimoniaux , des arséniaux ; la présence des vers dans
les intestins ou l'estomac ; la vie sédentaire ou un
exercice immodéré ; un emportement de colère, les
affections morales tristes, les études prolongées, l'insolation , la suppression de la transpiration , de la
goutte , de la gale , des dartres; enfin , le travail de
la dentition. Qu'on ne m'accuse pas d'avoir à plaisir
tracé un tableau incohérent ; je cite presque textuellement (1).

Depuis Galien jusqu'à la fin du siècle dernier, la
production des maladies dont je viens d'énumérer les
symptômes et les causes éloignées , prédisposantes ou
occasionelles, a été attribuée à la surabondance ou à
l'âcreté de la bile dans le foie d'abord , puis dans l'estomac et les intestins. Cullen lui-même ne fit point
justice de cette erreur, qui fut partagée, sinon en totalité, au moins en grande partie, par Tissot, Finke, Stoll
et Selle. J. P. Frank flottait entre une théorie surannée
et la vérité que lui montrait la nature, quand M. Pinel
s'éleva contre Brown , qui attribuait la fièvre bilieuse
à la faiblesse , et contre les auteurs que je viens de
nommer. D'accord avec Fordyce, il dit : « Tout semble
indiquer que le siége principal de ces fièvres est dans
le conduit alimentaire , *surtout* l'estomac et le duodénum, non moins que dans les organes sécréteurs de
la bile et du suc pancréatique. » Mais il n'y vit qu'une
augmentation d'irritabilité fébrile, et il admit encore

---

(1) *Nosogr. phil.*, 5ᵉ édit., t. 1ᵉʳ, p. 74 et suiv.

une sorte de cause occulte qui, disait-il, nous est et
nous sera sans doute long-temps inconnue. M. Tommasini s'attacha ensuite à prouver que les fièvres bilieuses, et autres affections analogues, ne sont que des
phlegmasies du foie qui s'étendent plus ou moins à
l'estomac et aux intestins (1). C'était une heureuse rec-
tification de l'opinion de Galien, qui, ainsi que je
viens de le dire, avait reconnu l'irritation des premières voies. M. Broussais a été plus loin, il a prouvé
que l'estomac est le véritable siége, le siége principal
des fièvres bilieuses (2).

Lorsqu'on étudie avec soin les causes de ces fièvres,
on trouve en effet que si les unes agissent d'abord sur
le cerveau : les plaies de tête, les emportemens de
colère, les affections tristes, les méditations trop prolongées, les veilles ; et les autres sur la peau : l'insolation, le refroidissement de ce tissu, la disparition
des phlegmasies dont il est le siége ; ou sur les articulations : la cessation subite des douleurs ressenties dans
ces parties à la suite d'un refroidissement, toutes dirigent enfin leur action vers le canal digestif et notamment vers l'estomac, qui en est la partie la plus irritable.
A plus forte raison ces parties s'irritent-elles lorsqu'on
met en contact avec leur surface interne des alimens
trop excitans, des boissons trop stimulantes, des poisons irritans, des gaz connus sous les noms de *miasmes,
émanations*, etc.

____

(1) *Recherches pathologiques sur la Fièvre jaune,* traduites
de l'italien. *Paris,* 1812, *in-8°*, page 82.
(2) *Examen.* Paris, 1806, *in-8°*, pages 41, 188, 199, 370,
425.

L'impression directe ou sympathique de ces diverses causes est d'autant plus forte, que le sujet est arrivé à cette époque de la vie où l'on observe les signes de la prédominance gastro-hépatique, c'est-à-dire le désir des boissons et des alimens stimulans, l'énergie de la faculté digestive, la constipation, et la teinte jaune de la peau, qui caractérisent les habitans des pays chauds, et surtout des pays chauds et humides. Cette prédominance de l'estomac et du foie, que Bordeu a bien connue, s'accroît en été, et surtout au déclin de cette saison, lorsque la chaleur commence à se joindre à l'humidité sans cesser d'être excessive. Elle fait alors sentir son influence jusque dans l'automne, pour peu que la chaleur persévère, ou lorsqu'elle a été extrêmement forte pendant l'été. Alors, aux signes habituels de la prédominance gastro-hépatique se joignent un abattement, une fatigue, un sentiment de brisement dans les membres et principalement dans les articulations, signes avant-coureurs de l'irritation qui va succéder à la vive stimulation de l'estomac. Si l'irritation n'arrive point à un degré très-élevé, et qu'elle se borne à l'estomac, on observe les symptômes qui ont été collectivement désignés sous le nom d'*embarras gastrique*. Si l'irritation n'a lieu que dans les intestins, on observe ceux de l'*embarras intestinal*. L'irritation s'étend-elle à ces deux parties du canal digestif, ou vient-elle à s'accroître, il en résulte les phénomènes de la *fièvre bilieuse*. Enfin, lorsque l'irritation s'établit tout-à-coup, ou s'exaspère subitement dans l'estomac, le duodénum et le colon, la bile est abondamment versée par haut et par bas, des douleurs violentes se font sentir dans l'abdomen : c'est le *cholera*.

. Il est une variété de l'embarras gastrique qu'il importe de connaître. La langue, couverte d'un enduit limoneux et épais, n'est point rouge sur ses bords; la bouche est amère et pâteuse; l'appétit est à-peu-près le même, ou seulement il est diminué; mais il n'y a point de dégoût pour les alimens quels qu'ils soient; les excrémens sont d'un gris sale ou d'un gris foncé, et non colorés par la bile. Cet état est compatible avec l'intégrité à-peu-près complète de l'estomac et des intestins; l'irritation n'a lieu ordinairement que dans le foie; l'estomac n'est point ou n'est plus irrité. Cependant, chez les vieillards et chez quelques sujets qu'il est difficile de caractériser, l'irritation de l'estomac a lieu quoique les bords de la langue ne soient point rouges, et qu'il n'y ait ni soif ni dégoût; mais si on presse un peu fortement l'épigastre, on y développe de la douleur.

Lorsque l'irritation est assez étendue et assez intense pour donner lieu à la réaction du cœur et constituer la fièvre gastrique ou bilieuse, il en résulte trois séries de symptômes dont les uns appartiennent à l'appareil digestif et à ses dépendances, les autres au cœur, et les autres enfin à l'encéphale. Ces divers symptômes se présentent sous trois nuances bien différentes, que je crois devoir indiquer avec soin parce qu'elles offrent des indications spéciales.

La première nuance est caractérisée par la douleur à l'épigastre, douleur qui augmente à la pression; la rougeur de la pointe et des bords de la langue, la sécheresse de cet organe, qui est blanc dans sa partie moyenne ou couvert d'un enduit léger à peine jaunâtre; par la diminution de l'appétit, la soif, le désir des boissons fraîches , acides , qui pourtant augmentent quelquefois les douleurs de l'estomac, lors même qu'on les donne à petites doses ; des nausées , des vomissemens de mucosités sans bile ; la fréquence du pouls, qui est fort sans être manifestement dur ; la chaleur brûlante de la peau , qui n'offre aucune coloration particulière, si ce n'est que la face est quelquefois d'un rouge foncé ; un sentiment de pesanteur douloureuse dans les sinus frontaux ; enfin par la constipation, et la rareté de l'urine , qui est citrine ou aqueuse. Cette nuance est sans doute celle qui avait décidé M. Pinel à rejeter le nom de fièvre *bilieuse* pour y substituer celui de fièvre *méningo-gastrique* ; elle n'offre en effet aucun des symptômes qu'on appelle *bilieux :* c'est le plus haut degré de la fièvre inflammatoire, principalement due à l'irritation gastrique ; probablement aussi ce qu'on entendait autrefois par *fièvre ardente* , et ce que les anciens appelaient καυσος. L'irritation est bornée à l'estomac et à l'intestin grêle dans cette nuance. Il y a gastro-entérite.

La seconde nuance a pour symptômes une douleur à l'épigastre et à l'hypochondre droit , un enduit épais et jaune couvrant la partie centrale de la langue , qui est sèche, et dont les bords et la pointe sont d'un rouge vif ; l'amertume de la bouche , la répugnance souvent invincible pour les alimens , surtout pour les viandes ou les bouillons gras ; la soif et un vif désir de prendre des boissons acides toujours prises avec plaisir et gardées par l'estomac , quand elles sont données à petites doses ; des vomissemens de matières bilieuses, jaunâtres , verdâtres , etc. ; la fréquence et la dureté extrême du pouls , la chaleur âcre et brû-

lante de la peau colorée en jaune dans quelques points ou
dans la totalité de son étendue, ainsi que la conjonctive ; de vives douleurs au front et à la base du crâne ; la constipation, l'urine rare, épaisse et d'un jaune
foncé. A ces traits on reconnaît la synoque bilieuse
des humoristes, la fièvre inflammatoire bilieuse des
pyrétographes ; c'est véritablement une irritation intense de l'estomac qui s'étend jusqu'au foie, une des
variétés de la gastro-hépatite.

La troisième nuance diffère de la précédente, en ce
qu'à l'enduit et à la rougeur souvent peu prononcée
des bords de la langue, à l'amertume légère de la
bouche, se joignent des douleurs autour du nombril,
une sorte de barre douloureuse qui s'étend d'un flanc
à l'autre, une diarrhée de matières bilieuses jaunes,
vertes, souvent très-abondantes et fétides. L'appétit
est diminué : cependant le malade éprouve un désir
vague de prendre des alimens, sans trop pouvoir dire
ceux qu'il préfère ; son goût est moins lésé que dans la
nuance précédente ; l'épigastre est moins douloureux, la
soif plus considérable ; il n'y a point de vomissemens ;
la peau n'est point jaune, l'urine est limpide, le pouls
plus fréquent que dur. L'irritation occupe spécialement les intestins, surtout le colon ; le foie est vivement sollicité à sécréter de la bile, qui est versée abondamment dans le duodénum, et passe de là dans le
reste du tube intestinal : c'est une des variétés de l'entéro-hépatite.

Une quatrième nuance est celle qui s'annonce par
les signes réunis de la troisième et de la seconde ; et si
elle se manifeste subitement à un haut degré de violence, elle constitue le cholera, dont j'ai retracé les

symptômes. Si les phénomènes morbides marchent moins rapidement, la maladie présente le tableau le plus complet de tous les symptômes bilieux ; dans l'un et l'autre cas elle se rapporte à la gastro-entéro-hépatite.

Toutes ces nuances des affections bilieuses ne sont pas également fréquentes, Celle qui dérive d'une irritation gastrique ou d'une gastro-entérite simple est ordinairement sporadique. Les nuances où l'irritation du foie est manifeste sont épidémiques pendant les années où l'été est très-chaud , et plus encore à la fois chaud et humide. Elles sont endémiques dans les contrées où ces deux conditions atmosphériques se trouvent réunies à un haut degré, surtout lorsqu'il s'y joint l'influence des émanations marécageuses ou de toute autre espèce de matières gazeuses délétères, ou d'une réunion quelconque d'hommes. Le genre de nourriture des peuples peut rendre très-fréquentes les épidémies de fièvres bilieuses dans le pays ou le lieu qu'ils occupent, pour peu que les saisons en favorisent le développement ; telle fut l'origine de l'épidémie de Lausanne décrite par Tissot, de celle du Teklembourg décrite par Finke, et de celle de Bicêtre décrite par M. Pinel.

Dans la plupart des nuances des affections gastriques ou bilieuses, on observe des symptômes qui annoncent la souffrance sympathique de l'encéphale ; la douleur n'est pas toujours bornée aux sinus frontaux , lorsqu'elle occupe la région antérieure du crâne ; son siége précis est peu connu ; mais il est certain que le cerveau ou ses membranes sont sympathiquement irrités : de là la céphalalgie quelquefois excessive, insupportable, l'irritabilité des organes de la vue et de l'ouïe, et un délire sinon bien marqué, au moins assez intense pour qu'on ne puisse le méconnaître. Ces symptômes annoncent une redoutable complication, l'extension de l'irritation à l'encéphale. Il est absurde de ne point y faire attention sous prétexte que ce sont des phénomènes sympathiques; ils exigent des médications spéciales, si l'on veut prévenir le passage de la fièvre bilieuse à l'état de fièvre bilieuse adynamique ou ataxique, etc.

La toux, des crachats jaunâtres viennent aussi se joindre quelquefois aux symptômes de la fièvre bilieuse, surtout lorsque l'irritation hépatique prédomine. Il faut alors examiner avec soin l'état de la poitrine, s'assurer que la respiration n'est point gênée, qu'elle a également lieu des deux côtés du thorax, que la percussion produit un son clair, que l'inspiration n'est point douloureuse, et se tenir en garde contre l'inflammation de la plèvre ou du poumon.

On a dit que les affections bilieuses pouvaient se terminer par un vomissement ou une diarrhée bilieuse : c'est comme si l'on disait que ces maladies cessent quand leurs symptômes ont cessé. Dans la première nuance de la fièvre gastrique, lorsque l'irritation gastrique diminue, la sécrétion de la bile se fait quelquefois subitement : refluant alors dans un organe encore irrité, elle est rejetée au dehors. Si sa présence n'a point exaspéré l'irritation de l'estomac, celle-ci continue à décroître, et l'on croit que la sortie de la bile a déterminé la guérison. Il en est de même quand la bile est versée dans l'intestin : si elle n'empêche pas que l'irritation intestinale diminue, elle passe pour avoir contribué à la guérison. On ne sait comment les anciens conciliaient cette prétendue utilité des évacuations de bile par haut et par bas avec l'acrimonie qu'ils attribuaient à cette humeur. Tous les observateurs de bonne foi, et Finke lui-même, ont avoué que les fièvres bilieuses pouvaient se terminer sans évacuations.

Les urines changent souvent d'aspect au déclin de ces maladies ; c'est un fait incontestable, mais dont on a exagéré l'importance. On remarque un sédiment briqueté, surtout quand le foie a été irrité. Quand l'estomac a été irrité seul ou à-peu-près seul, une sueur générale et chaude annonce souvent son retour à l'état normal. En général la diminution de l'âcreté, de la chaleur brûlante de la peau, des vomissemens et de la diarrhée, et le retour de l'appétit, sont des signes d'heureux augure. Le plus assuré de tous dans les nuances où l'estomac seul, ou l'estomac et le foie sont affectés, est le retour de la langue à son état ordinaire. Dans la nuance que j'ai rapportée à l'entéro-hépatite, la langue redevient quelquefois nette et humide sans que la maladie cesse.

Excepté dans le cholera, le pronostic des maladies bilieuses n'est jamais fâcheux, aussi long-temps qu'il ne se manifeste pas d'autres symptômes que ceux qui viennent d'être décrits, du moins on ne peut dire que la fièvre bilieuse se termine par la mort, puisque dès que les symptômes s'exaspèrent et que la prostration ou le délire et les autres symptômes cérébraux se manifestent, elle perd son nom pour prendre ceux de fièvre *bilieuse grave, adynamique, bilieuse ataxique,* fièvre *jaune, peste,* etc. L'anatomie pathologique n'apprend donc rien directement sur la nature et le siége des embarras gastrique et intestinal et des fièvres bilieuses : aussi, dans tout ce que je viens de dire à cet égard, n'ai-je considéré que ce que nous apprennent les causes et les symptômes. Cependant le siége et la nature bien connus et non contestés, si ce n'est par un petit nombre de Browniens, du cholera, et l'analogie des symptômes très-intenses de cette maladie avec les symptômes moins intenses des autres maladies bilieuses, sont déjà des preuves assez fortes en faveur de l'opinion de MM. Tommasini et Broussais sur l'identité de l'état morbide dans les maladies bilieuses et la gastrite, l'hépatite et l'entérite admises par les nosographes. Cette vérité, désormais incontestable, fut certainement connue de Dehaen, à qui on n'aurait dû reprocher que l'abus des saignées. On peut dire, à la louange de ce médecin célèbre, qu'en reconnaissant le caractère inflammatoire des maladies qu'il eut à traiter, il s'est montré supérieur à Stoll, qui ne fut frappé que des prétendus désordres de la bile, et qui donna trop de temps à l'examen de la couleur de la peau, de la langue, des matières des vomissemens et des matières fécales.

Traitement de la Fièvre gastrique ou bilieuse.

On ne trouve rien sur l'*indigestion* dans les traités généraux de médecine, publiés depuis le rétablissement de l'enseignement médical en France, et presque rien sur la *dyspepsie*, que l'on se borne à placer au nombre des névroses de l'estomac. L'étude approfondie de ces deux états morbides jette cependant la plus vive lumière sur la nature de la fièvre gastrique.

A-t-on trouvé le mot *indigestion* trop trivial pour figurer dans les ouvrages scientifiques? ceux d'*embarras gastrique* sont-ils donc plus nobles? Et serait-il indigne d'un médecin de se servir des mots de sa langue maternelle?

L'indigestion a lieu lorsque l'on introduit dans l'estomac une trop grande quantité d'alimens, ou des alimens très-stimulans, ou bien lorsque l'estomac, déjà irrité, se trouve encore surexcité par des alimens même sains et pris en petite quantité. Dans le premier cas, la présence d'une trop grande quantité d'alimens détermine l'irritation de l'estomac, dont l'action digestive s'exalte en vain afin d'altérer les substances qui lui sont soumises ; dans le second, cette irritation est l'effet de la qualité irritante des alimens ; dans le troisième, l'irritation de l'estomac augmente sous l'influence d'alimens qui n'auraient auparavant nullement lésé ce viscère. Dans ces trois cas, il y a donc irritation de l'estomac, et altération incomplète des alimens, ce que désigne très-bien le mot *indigestion*. On observe tous les symptômes de l'embarras gastrique le mieux caractérisé, avec enduit sur la langue, bouche amère et pâteuse, rapports nidoreux, surtout lorsque les alimens non altérés prolongent leur séjour dans l'estomac. Ces alimens incomplètement altérés sont une cause puissante d'irritation qui cesse enfin d'agir sur ce viscère, soit parce qu'ils sont expulsés par le vomissement naturel ou provoqué, soit parce qu'ils finissent par être poussés dans les intestins, qu'ils irritent ordinairement au point de causer des coliques très-vives, et tous les phénomènes de l'embarras intestinal. Après la sortie par haut ou par bas de ces alimens, on s'assure aisément qu'en effet ils n'ont été qu'incomplètement digérés ; il s'y joint souvent des flots de bile, lors même que le sujet se portait parfaitement bien avant l'indigestion. Alors il ne reste plus que les signes de l'irritation gastrique ou gastro-intestinale simple, c'est-à-dire, que la langue se nettoie, quoique ses bords restent encore rouges ; la bouche cesse d'être pâteuse et amère ; les rapports nidoreux, les vents fétides, ainsi que le dégoût, n'ont plus lieu ; mais la gêne, la douleur, la chaleur à l'épigastre et autour du nombril continuent, ainsi que le vomissement ou les nausées, la diarrhée ou le ténesme, jusqu'à ce qu'enfin tous ces symptômes disparaissent peu à peu.

Il n'en est pas toujours ainsi. Lorsque le cœur et le cerveau ressentent fortement l'influence de l'irritation gastrique, surtout quand les alimens non digérés ne sont pas évacués, et que l'on a recours à des toniques, à de prétendus stomachiques, le pouls devient ordinairement fréquent et dur, petit et concentré, et reste quelquefois tel pendant toute la durée des accidens ; il y a quelquefois des syncopes, de la stupeur, des mouvemens convulsifs ; les extrémités des membres se refroidissent, une sueur froide couvre tout le corps, et la région épigastrique offre une chaleur plus élevée qu'à l'ordinaire.

Chez quelques sujets peu irritables, l'indigestion ne produit que du dégoût pour les alimens, une pesanteur à l'estomac, une sorte de rumination, et peu ou point d'autres symptômes d'irritation gastrique. Les selles sont tardives, grises ou blanchâtres, et sans coliques.

En général, les boissons chaudes, sucrées ou très-légèrement aromatiques, sont le meilleur remède contre l'indigestion ; l'eau chaude pure, en provoquant le vomissement, et les lavemens de même nature, suffisent souvent.

Ces faits jettent un grand jour sur le traitement des maladies gastriques ou bilieuses; ils démontrent que tous les symptômes de ces maladies proviennent de l'irritation de l'estomac et des intestins; que la présence de certaines substances dans ces organes peut y provoquer de l'irritation ou les entretenir dans cet état; que l'évacuation de ces matières est indiquée, mais qu'elle ne suffit pas pour guérir la maladie, qui consiste essentiellement dans une irritation gastrique, intestinale ou gastro-intestinale, plus ou moins partagée par le foie ; que les stimulans peuvent ajouter à cette irritation, la propager au cerveau, la rendre dangereuse; que dans certains cas, il n'y a presque d'autre indication à remplir que d'évacuer pour faire cesser l'indigestion. Ajoutons à ceci que dans des cas nombreux, l'administration des vomitifs trop énergiques est suivie du développement de tous les symptômes de la fièvre gastrique la plus intense, avec ou sans symptômes bilieux.

Depuis Hippocrate jusqu'à ces derniers temps, le traitement des affections gastriques s'est réduit à expulser la matière irritante que l'on supposait existante dans les voies digestives, tantôt par des vomitifs, tantôt par des purgatifs. Cependant, d'habiles observateurs s'aperçurent de temps en temps que ces évacuations ne produisaient pas toujours les bons effets qu'on en attendait; ils en conclurent que, pour en tirer tout l'avantage possible, il fallait ne point les administrer trop tôt, et ne les employer qu'après avoir eu recours à certains moyens susceptibles d'en assurer l'efficacité. Hippocrate lui-même recommande de ne point évacuer la *matière morbifique* avant qu'elle ne soit *cuite*. Ce principe est en opposition avec sa théorie; car si la fièvre est l'effet de la *crudité* de cette matière, pourquoi attendre qu'elle soit *cuite* pour l'expulser ? Tissot a insisté sur les avantages des délayans; Stoll s'est attaché à signaler les inconvéniens des purgatifs. M. Pinel a suivi ces auteurs dans ces deux points de doctrine; mais, à l'exemple de Stoll, il recommande de débuter par un vomitif ou par un éméto-cathartique, pour peu qu'il y ait quelques signes, ou même un seul signe d'embarras gastrique ou intestinal. Or, comme il n'y a point, dans sa théorie, de fièvres gastriques sans symptômes d'embarras des voies digestives, puisqu'il met les signes de ces embarras au nombre de ceux de ces fièvres, il en résulte qu'il faut toujours commencer le traitement par l'administration d'un évacuant; et comme les signes d'embarras gastrique sont plus communs que ceux de l'embarras intestinal, et qu'ils accompagnent ces derniers dans la plupart des cas, il en résulte que le vomitif est presque constamment indiqué au début des fièvres gastriques. Lorsqu'il y a embarras gastro-intestinal, c'est encore un vomitif, puisqu'il recommande un éméto-cathartique. Cet auteur a, il est vrai, parlé de la fièvre inflammatoire bilieuse ou fièvre ardente; mais il a laissé au nombre des fièvres inflammatoires la fièvre purement gastrique, c'est-à-dire celle qui n'offre aucun symptôme bilieux ou saburral. Afin qu'on ne m'accuse pas de prêter à M. Pinel un langage qui lui serait étranger, je cite textuellement un passage qui malheureusement a été regardé comme un axiôme inattaquable de médecine pratique : « Si cet état des premières voies (l'embarras gastrique) se manifeste, soit dans sa simplicité, soit dans une de ses diverses complications, je fais usage d'un vomitif, soit dans une dose de liquide rapprochée, soit en lavage ; il me suffit qu'il existe *un* ou *deux* de ces signes bien caractérisés pour me décider. » Cet aphorisme a produit des maux-incalculables courageusement signalés par M. Broussais, qui, mieux que qui que ce soit, a démontré les dangers de l'abus des vomitifs. Si Gui Patin, au lieu de se borner à lancer des épigrammes contre les partisans de l'antimoine, avait rassemblé avec soin des faits concluans, la cause qu'il défendait aurait triomphé, et l'humanité n'aurait pas eu à gémir.

Avoir principalement égard à l'irritation de l'estomac, des intestins ou du foie, et distinguer les cas peu nombreux où il faut recourir aux évacuans : tel est le principe fondamental qui doit aujourd'hui guider le praticien dans le traitement des affections gastriques.

Lorsque chez un malade on observe seulement la rougeur des bords et de la pointe de la langue, la blancheur du centre de cet organe, l'inappétence, des aigreurs, une répugnance marquée pour le vin, de la pesanteur et même de la douleur à l'épigastre, et point d'autres symptômes, si ce n'est un peu de faiblesse dans les jambes, il est aisé de reconnaître l'irritation la plus légère de l'estomac ; ce degré peu intense de la gastrite exige la diète absolue, l'usage des boissons mucilagineuses ou acidules sucrées, ou même seulement de l'eau pure et fraîche, selon le goût du malade , et un exercice modéré pris en plein air. On peut ordinairement se dispenser de recourir aux émissions sanguines.

Si ces symptômes deviennent plus intenses,, la langue se sèche, la rougeur de ses bords est plus vive; des points rouges se manifestent sur sa partie moyenne, et se font remarquer au milieu de la blancheur de cette partie; l'inappétence devient un véritable dégoût, puis une espèce d'aversion pour les alimens ; l'épigastre devient très-douloureux , la peau chaude et le pouls dur et fréquent. Les moyens qui viennent d'être indiqués ne suffisent plus; il faut y joindre l'application des sangsues à l'épigastre et de flanelles ou de linges imbibés d'une décoction de plantes mucilagineuses. Il faut prescrire une à trois sangsues chez les enfans à la mamelle , trois à huit chez les enfans qui se rapprochent de l'âge de sept ans , huit à quinze ou vingt chez les adultes. Chez tous il faut laisser couler le sang après la chute des sangsues , ainsi qu'il a été dit, et pour les motifs déjà indiqués (1). Jusqu'ici on pourrait défier le nosographe de décider si la fièvre est inflammatoire proprement dite, ou s'il s'agit d'une fièvre gastrique. Pour le médecin physiologiste le problême est tout résolu : il s'agit d'une gastrite , et il faut ne rien négliger pour empêcher qu'elle ne s'aggrave.

Lorsque ces moyens n'ont pas été mis en usage , lorsqu'ils n'ont pas suffi pour arrêter les progrès du mal, ou enfin lorsqu'on est appelé quand il a déjà fait de grands progrès, aux symptômes dont on vient de

______

(1) Pages 109 et 111.

lire l'énumération se joignent le vomissement et tous les phénomènes que j'ai assignés, comme caractérisant la fièvre gastrique sans symptômes bilieux, et dont le plus haut degré est la véritable fièvre ardente des anciens. Alors, sans hésiter un seul instant, il faut appliquer les sangsues en grand nombre, par douze, quinze, vingt; laisser couler le sang jusqu'à ce que l'on obtienne une amélioration suffisante pour faire espérer la guérison, et réitérer l'application aussi souvent que l'exige l'intensité du mal et la force du système vasculaire du sujet. En général, il vaux mieux établir un écoulement presque continuel de sang par un nombre peu considérable de piqûres, douze à quinze, par exemple, que de réitérer les applications de sangsues; mais on ne doit pas hésiter à les répéter quand les symptômes persistent dans toute leur violence. C'est ici qu'il faut apprécier à sa juste valeur le pronostic des fièvres gastriques, qui, dit-on, est toujours favorable, pourvu que la maladie ne se convertisse pas en une autre plus dangereuse : ce qui signifie que la maladie n'est point grave aussi long-temps qu'elle demeure peu intense.

Les boissons acidules sont quelquefois trop stimulantes, à moins que l'acide n'y entre en très-petite proportion; mais alors même souvent on est obligé d'y renoncer, les malades se plaignant d'éprouver des *pincemens* dans l'estomac après les avoir prises, quelque légères qu'elles soient. L'eau vinaigrée est toujours nuisible; la limonade préparée avec le suc de citron jeté dans l'eau sucrée est généralement avantageuse; l'orangeade vaut encore mieux dans la plupart des cas; l'eau de groseille peut la remplacer, quoiqu'elle soit moins appropriée à la susceptibilité de la plupart des estomacs. La décoction de pomme de reinette, de cerises et autres fruits acidules n'est point à rejeter; le petit-lait est souvent très-convenable.

Les boissons mucilagineuses sont quelquefois désagréables à l'estomac, non qu'elles l'irritent beaucoup, mais elles y occasionent un sentiment de pesanteur, et rendent la bouche pâteuse. On doit souvent préférer à la solution de gomme arabique une décoction légère de guimauve, de chiendent, et même la décoction d'orge, quoique celle-ci ne convienne point lorsqu'elle est trop chargée de fécule. On peut en dire autant de la décoction de mie de pain.

L'eau pure, que si peu de malades boivent volontiers à cause de leurs préjugés, est, dans un grand nombre de cas, la meilleure de toutes les boissons. Mais il est fréquemment nécessaire d'y ajouter un peu de sucre ou de suc de réglisse. Hecquet a justement vanté les effets avantageux de l'eau dans les affections gastriques (1); et en cela, il s'est montré d'accord avec des médecins célèbres de l'antiquité, au nombre desquels on doit mettre Hippocrate, Galien et Celse.

La quantité et la température des boissons ne sont pas indifférentes. Si le malade éprouve peu de soif, il ne faut pas l'obliger à boire beaucoup, mais il ne faut pas qu'il reste sans boire. S'il éprouve beaucoup de soif, on peut lui prescrire jusqu'à deux et même trois pintes de liquide; mais il faut lui recommander de boire peu à la fois. Cette précaution est de rigueur dans le cas de vomissement. Souvent même il faut alors ne donner qu'une cuillerée de liquide à la fois,

____

(1) *De la Digestion.* Paris, 1747; *in-12,* t. 1, p. 315.

et seulement de loin en loin. Dans tous les cas , il ne faut rien négliger pour trouver la boisson qui irrite le moins l'estomac, et toujours avoir égard à l'idiosyncrasie.

Les boissons seront données froides ordinairement ; chaudes , s'il y a des frissons ; en général on consultera sur ce point le goût du malade , qui est assez souvent le meilleur juge en cela. Dans le cas de vomissement opiniâtre, si l'on veut le calmer , il faut prescrire les boissons froides , et si l'on veut le favoriser , les boissons tièdes. Il est certaines nuances de l'irritation gastrique qui exigent l'administration de boissons très-chaudes : peut-être l'idiosyncrasie du sujet entre-t-elle pour beaucoup dans ces variétés.

Si j'ai dit qu'il fallait prescrire la diète absolue lors même que la gastrite est légère , c'est qu'en effet la diète est le moyen le plus puissant contre cette maladie dans tous ses degrés , le moyen qui, seul dans beaucoup de cas, suffit pour la faire cesser, et dont l'omission rend souvent inutiles tous les autres. Non-seulement il faut éloigner du malade les viandes et les alimens gras , comme tous les auteurs l'ont recommandé dans le traitement des affections gastriques , précepte à-peu-près oiseux , puisque le premier symptôme est la répugnance des malades pour les alimens ; mais encore il faut défendre le bouillon qu'on leur fait souvent prendre malgré eux, ou qu'ils demandent malgré le dégoût qu'il leur inspire, dans l'espérance qu'il leur *donnera* des forces. M. Broussais n'a pas été trop loin lorsqu'il a dit que le bouillon le plus léger pouvait procurer des rechutes mortelles : c'est une de ces vérités pratiques qu'on ne saurait trop populariser , mais qui sera repoussée pendant long-temps, à cause de l'aversion des malades pour la diète absolue, et des préjugés plus condamnables des médecins.

Les bouillons d'oseille sont avantageux lorsque les boissons acidules dont j'ai parlé sont supportées par l'estomac ; ils peuvent les remplacer dans la plupart des cas ; mais il ne faut y joindre ni sel ni beurre.

Les émulsions simples récemment préparées et l'orgeat, quand il y a beaucoup de chaleur à la peau, l'eau chargée d'une petite quantité d'acide carbonique, quand il y a des nausées, peuvent être prescrits, pourvu que l'irritabilité de l'estomac ne soit pas très-prononcée.

Les détails minutieux dans lesquels je viens d'entrer étaient nécessaires ; on en trouvera beaucoup d'autres dans cet ouvrage, parce qu'il faut les connaître pour empêcher que les maladies ne s'aggravent et ne deviennent mortelles. Il en est que tous les praticiens connaissent ; mais il en est aussi auxquels ils n'attachent malheureusement point assez d'importance. Quelques-uns de ces préceptes sont inconnus à plusieurs médecins ; il est important que les élèves n'en ignorent aucun, parce que ce sont de précieux élémens de succès.

Je sais, et il faut le dire aux gens de l'art aussi-bien qu'aux malades, je sais qu'on peut parfois s'écarter impunément des sentiers étroits que je viens de tracer, d'après les leçons cliniques de M. Broussais et mes propres observations ; mais alors le mal se prolonge ordinairement au-delà du terme qu'il n'aurait pas dépassé si on avait observé un régime plus sévère. Il est bien plus fréquent de le voir s'aggraver, se propager à plusieurs organes , arriver à un haut degré d'intensité , et souvent entraîner la mort du sujet qui n'a point été docile aux instructions de son médecin , ou qu'un médecin inattentif n'a point préservé de l'influence des causes susceptibles d'aggraver son mal. C'était ici le lieu d'insister sur la nécessité de la diète absolue, parce qu'elle est surtout indiquée dans les fièvres gastriques ; ce que je viens d'en dire n'aurait pu être placé dans le chapitre précédent sans anticipation , et sera en tout applicable au traitement des diverses nuances de la gastrite dont il sera parlé dans les chapitres suivans.

Les fomentations émollientes sont fort utiles ; on doit y recourir toutes les fois qu'il y a beaucoup de chaleur à l'épigastre ; elles ont encore l'avantage d'entretenir l'écoulement du sang après la chute des sangsues. Mais pour qu'elles produisent de bons effets , il faut qu'elles soient maintenues , sinon précisément à une température très-élevée, au moins à une température telle que le malade n'éprouve point de refroidissement lorsqu'on renouvelle les linges ou pendant qu'ils sont en contact avec la peau. La fomentation remplace les bains , auxquels on ne peut guère avoir recours quand le mouvement circulatoire est accéléré et la tête douloureuse.

La constipation qui accompagne l'irritation gastrique n'est point un accident redoutable : seulement, comme il est irrécusablement démontré par des milliers de faits que le séjour prolongé des matières fécales dans les intestins cause de la céphalalgie, et de la chaleur à la peau, il est bon de prescrire des lavemens d'eau pure, mucilagineuse, acidulé, huileuse ou miellée.

La douleur de tête, qui accompagne si fréquemment les irritations gastriques, disparaît avec celles-ci quand les moyens que l'on dirige contre cette phlegmasie sont efficaces. Mais si la céphalalgie est intense et se fait sentir avec plus de force que tous les autres symptômes, les bains de pieds, les applications froides sur le front, et les sangsues aux tempes sont indiqués comme s'il n'y avait pas d'irritation gastrique. Je reviendrai sur ce point quand je traiterai des fièvres ataxiques.

Tels sont les seuls moyens thérapeutiques auxquels on doive avoir recours dans les irritations gastriques avec ou sans phénomènes de réaction du cœur et sans symptômes bilieux. Ils ne conviennent pas moins dans les cas d'irritation intestinale légère ou fébrile, et dans ceux où l'irritation s'étend à l'estomac et aux intestins.

Lorsqu'aux signes de l'irritation gastrique avec ou sans symptômes fébriles se joignent ceux qui annoncent que l'irritation est partagée par l'appareil sécréteur de la bile, il faut d'abord avoir recours aux mêmes moyens : alors tous les symptômes diminuent graduellement d'intensité, ou bien ceux de l'irritation gastrique diminuent, tandis que les symptômes bilieux persistent ; ou bien enfin ceux-ci cessent, et les premiers persistent. Dans ce dernier cas, il faut insister sur les moyens qui viennent d'être indiqués. Dans le premier, il faut continuer à les mettre en usage comme si l'irritation était bornée à l'estomac. Dans le second cas, il faut recourir aux sangsues appliquées sur l'hypochondre droit, ou à l'anus, persévérer dans l'emploi des boissons acidulées et prescrire des bains.

Lorsqu'aucune douleur ne se fait sentir à l'hypochondre lors même qu'on presse fortement sur cette région, qu'un engourdissement douloureux ne se propage pas à l'épaule droite, que la peau ne change point de couleur, que les urines ne sont point teintes en jaune foncé et les excrémens d'un gris blanchâtre ; si la la langue est uniformément couverte d'un enduit plus ou moins épais et limoneux ; s'il n'y a point de soif, point de douleur à l'épigastre lors même qu'on le presse fortement, point de chaleur à la peau, et point d'accélération ni de dureté du pouls, on peut prescrire un vomitif dans le cas où le dégoût, l'amertume de la bouche, et les autres symptômes ne cessent point sous l'influence des moyens dont il a été fait mention.

Toutes les fois qu'il y a chaleur à la peau, accélération et dureté du pouls, soif, et rougeur de la langue, le vomitif est formellement contre-indiqué ; il n'est pas nécessaire pour cela que la langue soit sèche et fendillée. Par conséquent dans toute fièvre gastrique proprement dite, soit ardente, soit celle qui est ordinaire à nos contrées, soit même dans la fièvre bilieuse des pays chauds, le vomitif ne doit jamais être administré. Il ne peut être prescrit *impunément* qu'après la cessation, non-seulement des symptômes fébriles, mais encore des signes propres à l'irritation gastrique. Lorsqu'il n'exaspère pas celle-ci, il peut exaspérer, et il exaspère souvent celle de l'appareil biliaire ; la *fièvre* augmente et peut devenir redoutable.

Il ne serait pas rationnel de prescrire le vomitif dans les cas d'embarras gastrique sans signe d'irritation de l'estomac dont j'ai parlé (1). Il n'est aucun praticien

---

(1) Page 135.

de bonne foi qui ne convienne qu'à son grand étonnement il a vu souvent cet état empirer après que le
vomitif a produit l'effet désiré, c'est-à-dire, d'abondantes évacuations de bile. Ce qui réussit le mieux
dans ce cas, de concert avec les boissons acidules lar-
gement administrées, ce sont les laxatifs, tels que la
solution de tartrate acidule de potasse, et les lavemens dans lesquels on fait entrer une faible dose de
sulfate de soude ou de magnésie. Ces évacuans n'ont
aucun des inconvéniens des vomitifs, lorsque toutefois les intestins ne sont point irrités; car, dans ce
dernier cas, ils augmentent la chaleur et l'aridité de
la peau, le malaise et la soif.

Lorsqu'on recourt au vomitif, l'émétique est en général préférable, parce que l'action de ce médicament est sûre, aisément calculable, et que ses effets
sympathiques sont bien connus. Mais il faut toujours
l'administrer avec réserve, ne jamais en prescrire trois
grains au premier abord, comme le font quelques
praticiens, et moins encore en réitérer l'administration jusqu'à trois fois. Il est inutile de le com-
biner avec l'ipécacuanha, sauf, peut-être, dans quelques cas dont je parlerai à l'occasion des fièvres muqueuses.

C'est surtout au début des fièvres gastriques, et
durant le cours de ce qu'on appelle les *embarras gastriques*, que l'on a recommandé le vomitif. On a dit
qu'il mettait fin à ces embarras dont la durée est quelquefois si longue; qu'il les faisait disparaître, et laissait, pour ainsi dire à nu la fièvre gastrique qui leur
succède; qu'administré dans le cours de ces fièvres,
il les simplifiait, et qu'en général il produisait une *se-*

cousse salutaire. Examinons si on doit en attendre tous ces avantages.

Le vomitif ne met point fin à tous les embarras gastriques, puisqu'il arrive si souvent que la fièvre se déclare après qu'on l'a prescrit. Il n'est réellement avantageux que chez les personnes sujettes à des diarrhées bilieuses passagères ; chez celles qui ont contracté l'habitude de prendre un vomitif à certaine époque de l'année ; chez celles enfin qui se gorgent d'alimens plus grossiers que stimulans ; chez les personnes grasses, blanches et molles et peu excitables, dans les contrées froides et humides, et dans les pays du Nord (1). C'est ainsi qu'on peut expliquer les succès obtenus par Stoll, Finke, et tant d'autres médecins qui ont pratiqué dans des contrées dont les habitans, doués de peu d'excitabilité, font usage d'une nourriture indigeste et trop abondante.

Lorsque la fièvre gastrique se développe à la suite de l'embarras gastrique, après qu'on a donné un vomitif, c'est-à-dire, quand la peau se sèche, devient chaude et âcre au toucher, le pouls fréquent, vif et dur, la soif plus incommode, la bouche sèche, et la langue rouge à sa circonférence, n'est-il pas évident que, bien loin d'avoir *démasqué* la fièvre, le vomitif l'a fait naître en exaspérant l'irritation gastrique, alors même qu'il a fait disparaître les symptômes bilieux ? Or, l'avantage que le malade peut retirer de la disparition de ces symptômes, ordinairement secondai-

---

(1) L. C. Roche, *Réfutation des objections faites à la Nouvelle Doctrine des Fièvres.* Paris, 1821 ; *in-8°*, pag. 108 et suivantes.

res, est plus que compensé par l'augmentation de l'irritation principale. Il s'en faut d'ailleurs de beaucoup que les symptômes bilieux cèdent toujours au vomitif, surtout quand les phénomènes que je viens d'énumérer se développent ou augmentent d'intensité. Le plus souvent, ainsi que je l'ai déjà dit, tous les symptômes gastriques, hépatiques et sympathiques s'exaspèrent. Le comble de l'aveuglement serait de voir dans cette exaspération du mal un résultat avantageux du médicament prescrit pour le guérir.

Stoll a fortement recommandé les vomitifs dans le cours des fièvres bilieuses; mais du moins il veut que l'on y prépare le malade par la saignée, par le traitement anti-phlogistique, et les *délayans,* quand le malade est jeune, dans l'âge viril, lorsqu'il a la *fibre roide,* dans le cas de pléthore, quand il règne des inflammations, enfin lorsqu'un régime et des médicamens *échauffans* ont été mis en usage (1). Sans doute il aurait rejeté fort loin l'idée de simplifier ces fièvres par l'administration prématurée des évacuans. Si ce célèbre partisan du vomitif a jugé nécessaire de recourir d'abord à ces moyens, n'a-t-on pas lieu d'être étonné qu'un auteur les regarde comme étant au moins inutiles, et prétende que « cette préparation a l'inconvénient majeur de faire perdre un temps précieux et de retarder d'autant la guérison (2)? » Ce n'est pourtant qu'après l'administration des boissons acidules, mucilagineuses, et rafraîchissantes,

(1) *Aphorismes sur la connaissance et la curation des Fièvres.* Paris, 1809, *in-8°,* pag. 96.
(2) *Dictionnaire des Sciences médicales,* t. xv, p. 264.

que le vomitif peut être placé quelquefois avec avantage; alors seulement il simplifie la maladie en provoquant l'action sécrétoire qui doit succéder à l'irritation *sèche* de la membrane gastrique. Pour qu'on
puisse *impunément* recourir à ce moyen dans les premiers temps de cette irritation, il faut qu'elle soit légère. Rien ne justifie l'administration du vomitif lorsque, dès le début de la maladie, la peau est chaude
et âcre, le pouls fréquent et dur, la langue sèche et
la soif intense. Sans se laisser arrêter par l'idée d'une
prétendue simplification, lorsqu'on est appelé près
d'un malade auquel on a prescrit un vomitif au début ou à toute autre époque de la fièvre, il ne faut
pas hésiter à recourir de suite aux moyens anti-phlogistiques locaux, soit que les symptômes bilieux aient
disparu, soit qu'ils persistent avec les symptômes gastriques, pour peu que ceux-ci aient augmenté d'intensité, et qu'on ait lieu de craindre qu'ils ne s'accroissent davantage.

Qu'entend-on par la *secousse* favorable que provoque le vomitif? Veut-on indiquer par là l'a-
bondante transpiration qu'il détermine, et l'afflux si
souvent dangereux qu'il occasione vers la tête? Ou
bien désigne-t-on par ce mot une action spéciale
inconnue? Cette dernière hypothèse ne mérite pas
qu'on s'y arrête. Quant à la surexcitation plus ou
moins durable de la peau déterminée par l'action de
ce moyen, il est une distinction importante qu'on
n'a point encore faite avec assez de soin. La surexcitation de la peau et la sueur ont toujours lieu
pendant le vomissement; mais l'amélioration de l'irritation de l'estomac, de l'intestin, du foie, ne lui

succède que dans un petit nombre de cas. Ce n'est donc point à ces phénomènes sympathiques, purement secondaires, qu'il faut attribuer la diminution de l'irritation des voies digestives quand on est assez heureux pour l'obtenir. Cette opinion ne serait pas moins erronée que celle des auteurs qui attribuent la guérison de la *fièvre* à la sueur abondante que l'on observe au déclin de plusieurs maladies fébriles.

Il n'est pas inutile de dire que les vomitifs procurent quelquefois une amélioration marquée pendant quelques heures, un ou même plusieurs jours; mais passé ce temps, on voit le plus souvent reparaître tous les symptômes. Quelle n'est point l'imprudence des médecins qui reviennent à l'emploi de ce médicament malgré le retour des accidens? En vain ils citent quelques cas dans lesquels ils ont enfin triomphé de la maladie à l'aide d'un second ou même d'un troisième vomitif. Ainsi que la plupart des cas rares en thérapeutique, ceux-ci ont été funestes à l'humanité, parce qu'ils ont porté les praticiens à prescrire le vomitif dans une foule de circonstances où il est évidemment nuisible. Pour n'avoir point comparé exactement le petit nombre de leurs succès au grand nombre de leurs non-réussites, ils nuisaient chaque jour dans l'espoir d'être utiles quelquefois.

Les purgatifs sont peut-être moins nuisibles que les vomitifs, parce que ceux-ci étendent souvent leur action non-seulement à l'estomac, mais encore aux intestins, tandis que les premiers n'irritent guère que la membrane muqueuse intestinale. Mais, comme les vomitifs, ils augmentent l'intensité des symptômes, en exaspérant l'irritation gastro-intestinale toutes les fois qu'on les administre au début ou dans le cours de la fièvre gastrique. On ne peut les donner impunément qu'au déclin des irritations gastro-intestinales, et seulement dans un très-petit nombre de cas analogues à ceux qui permettent l'emploi des vomitifs. On doit les préférer à ces derniers chez les vieillards, et chez les personnes qui ont contracté l'habitude de se purger chaque année à certaines époques. Il serait oiseux de démontrer aujourd'hui l'absurdité du conseil donné par les humoristes, de purger de deux jours l'un. Mais je ne puis passer sous silence les dangers de la réunion du vomitif au purgatif. Si, pris isolément, chacun de ces deux moyens est rarement utile, ordinairement dangereux, souvent funeste, que sera-ce si on les administre en même temps? Peut-être même le danger du vomitif n'est-il si grand que parce que trop souvent il étend, comme je viens de le dire, son action irritante non-seulement jusqu'au duodénum, mais encore au reste de l'intestin grêle.

Par l'emploi méthodique de la diète la plus sévère, des boissons acidules ou seulement édulcorées, des émissions sanguines locales, des fomentations et des lavemens émolliens, on obtient la guérison des affections gastriques quelquefois en un seul jour, ordinairement en quelques jours, et le plus souvent avant le septième On ne la voit point se prolonger pendant deux, trois semaines, et bien moins encore pendant un mois ou six semaines, comme lorsqu'on insiste sur le vomitif.

Lorsqu'on obtient la disparition prompte des symptômes gastriques, les symptômes bilieux persistent quelquefois pendant quelques jours sans chaleur à la peau et sans accélération du pouls, ce qui annonce que l'irritation persiste dans l'appareil sécréteur de la bile ; alors un purgatif salin peut quelquefois être prescrit avec avantage ; mais il suffit ordinairement de continuer la diète, avec moins de sévérité toutefois, et l'usage des boissons acidules, pour voir disparaître ces derniers symptômes.

Quelques personnes me reprocheront d'avoir autant insisté sur les inconvéniens des évacuans dans le traitement des fièvres gastriques ; d'autres me blâmeront de ne point en avoir formellement proscrit l'usage. Je ne me flatte point d'avoir déterminé avec exactitude les cas où ces moyens sont indiqués ; mais j'ai dû essayer d'y parvenir, bien persuadé qu'il n'est point d'agent thérapeutique dont on ne puisse se servir avec avantage dans certains cas, et qu'il ne faut point traiter légèrement les assertions d'hommes dont les travaux font époque dans l'histoire de la médecine.

A quel traitement faut-il recourir dans le *cholera ?* Les faits ne sont point assez nombreux pour qu'on puisse répondre positivement à cette question. Sydenham a prouvé que les évacuans les plus légers sont constamment dangereux en pareil cas, et que les liquides mucilagineux, acidules, édulcorés, donnés abondamment en boisson et même en lavemens, ralentissent la marche de cette terrible affection, et suffisent souvent pour en procurer la guérison. Il a reconnu que les narcotiques, prescrits au début, diminuent la douleur et jettent le malade dans la stupeur sans améliorer son état, et qu'on ne doit les prescrire qu'après la cessation des accidens ou lorsque le malade est accablé par la violence du mal. Il n'est personne qui ne pense aujourd'hui comme cet homme célèbre sur le danger des vomitifs et des purgatifs dans le choléra, et sur les avantages des boissons dites *délayantes*. Mais est-il vraiment des cas où l'on doive recourir aux narcotiques? N'en est-il pas où les émissions sanguines locales sont indiquées? L'expérience seule peut résoudre ces questions. Il est à désirer que les médecins qui pratiquent dans le midi de l'Europe, aux Indes orientales et dans les contrées chaudes de l'Amérique, fassent des recherches à cet égard. L'insuccès, et même, si l'on veut, le danger de la saignée dans le choléra, ne me paraît pas devoir empêcher de recourir aux émissions sanguines locales. Je les ai vu souvent faire cesser presque subitement des coliques atroces qui, traitées par d'autres moyens, ou abandonnées à la nature, auraient duré avec la même violence pendant plusieurs jours. La nature des symptômes du choléra, les traces non équivoques d'inflammation qu'il laisse dans les cadavres, donnent lieu de penser que les saignées locales pourraient diminuer les ravages causés dans les pays chauds, et notamment dans l'Inde, par cette maladie plus souvent mortelle dans ce pays que dans le nord et même dans le midi de l'Europe. L'état de la peau ne doit pas être négligé; la chaleur excessive y développe une sur-excitation dont la cessation brusque, par l'impression d'un courant d'air frais, est peut-être la cause occasionelle la plus fréquente des maladies gastriques et bilieuses des pays chauds.

Lorsque, dans le cours de la fièvre gastrique, on voit se manifester des signes d'irritation des bronches, du parenchyme pulmonaire, de la plèvre, des reins ou de la vessie, il devient souvent nécessaire de recourir à l'application des sangsues à la région sternale ou sur les côtés de la poitrine, au périnée, ou même à la saignée et aux autres moyens que réclame l'inflammation de chacun de ces organes. Il serait souvent dangereux de s'attendre à voir disparaître ces phlegmasies secondaires avec celle qu'elles compliquent, et de leur laisser faire des progrès que rien ne pourrait ensuite arrêter.

Les affections morbides que Finke a décrites sous le nom de *maladies bilieuses anomales* n'étaient que des irritations de l'encéphale, de la peau, de la membrane muqueuse de l'arrière-bouche, des bronches, des articulations, des reins, de l'extrémité anale du rectum, sympathiquement produites par l'irritation gástro-intestinale, avec ou sans hépatite, régnante, ou qu'il guérissait en provoquant celle-ci par l'usage des vomitifs et des purgatifs, lorsqu'elle n'avait point lieu (1). En effet, lorsqu'une épidémie de gastrite, d'entérite, avec ou sans hépatite, règne dans une contrée, tous les habitans n'en sont point affectés, parce que, bien qu'ils soient tous soumis aux causes qui, en irritant les organes digestifs, déterminent cette épidémie, ils n'ont pas tous la même idiosyncrasie. Chez les uns, ces organes seuls sont affectés; chez les autres, l'irritation s'étend au poumon, à l'encéphale, aux reins, non pas seulement au faible degré qui a lieu dans toute espèce de gastro-entérite avec phénomènes sympathiques, mais

(1) *De Morb. bil. anomal.*

à un haut degré d'intensité. Chez ces derniers, lorsque les phénomènes d'irritation des voies digestives, et
ceux de l'irritation de l'un ou de l'autre des organes
que je viens de nommer, ne prédominent point les uns
sur les autres, il y a, dit-on, *complication* de la fièvre
avec une autre fièvre ou une phlegmasie. Si, au contraire, les signes d'irritation de l'encéphale, du poumon ou de tout autre organe, sont manifestes, et ceux
de l'irritation des voies digestives très-peu apparens ou
nuls, les médecins, préoccupés de la maladie qu'ils
observent chez le plus grand nombre des personnes
confiées à leurs soins, croient la voir par-tout, la
voient où elle n'est pas, et n'admettent plus que deux
variétés de la maladie épidémique : l'une, *vraie, franche, légitime*, et l'autre, *fausse, anomale, bâtarde*;
ils traitent l'une et l'autre par les mêmes moyens.
Alors voici ce qui arrive : les voies digestives sont-
elles sans irritation, les vomitifs et les purgatifs
font quelquefois cesser la maladie anomale avec une
promptitude étonnante, parce que les organes de
la digestion sont prédisposés à l'irritation par les causes
morbifiques régnantes. L'irritation révulsive que les
évacuans établissent, provenant d'une cause passagère,
cesse ordinairement avec elle, et le malade guérit.
Mais si la prédisposition à l'irritation gastrique est très-
marquée, les évacuans déterminent une gastro-entérite. La maladie que l'on voulait guérir cesse encore
quelquefois, plus souvent elle persiste, et au lieu
d'une irritation bornée à un seul organe, on a une
fievre gastrique, c'est-à-dire une irritation de l'estomac, compliquée de l'irritation intense d'un organe
plus ou moins rapproché de l'appareil digestif.

Il résulte de cette exposition des faits que l'on doit être très-réservé sur l'usage des évacuans dans le traitement des irritations qui se manifestent au milieu d'une épidémie gastrique, lors même que les organes digestifs ne sont point irrités ; qu'il vaut mieux traiter ces irritations comme si elles se manifestaient dans toute autre circonstance ; enfin, que lorsque l'irritation gastrique ou hépatique s'y joint, il faut diriger les anti-phlogistiques locaux vers tous les organes qui partagent l'irritation, et ne point recourir aux évacuans sous le vain prétexte de *restituer* à la maladie *son véritable caractère.*

Les maladies gastriques épidémiques n'exigent point d'autre traitement que celles qui sont sporadiques ; les principes sont les mêmes ; l'application n'en doit varier qu'en raison de l'idiosyncrasie du sujet, de l'intensité et du siége plus ou moins étendu de l'irritation.

A quelle époque de la fièvre gastrique et des affections de même nature doit-on permettre l'usage du bouillon d'abord, puis de la soupe, et ensuite des alimens solides ? Le bouillon ne doit être accordé que lorsque la chaleur de la peau n'est plus âcre, quand elle est très-peu élevée au-dessus du degré normal ; souvent même il faut attendre que ce tissu ne présente plus aucune trace de chaleur morbide ; enfin, lorsque le pouls a cessé d'être dur, fréquent, et la langue rouge à sa circonférence. Il est bon de couper les bouillons avec une décoction d'oseille, de laitue, de poirée, afin de le rendre moins irritant ; ensuite on y ajoute une décoction légère de riz, d'orge, de pain ou de semoule ; puis on permet la soupe, et peu à peu on revient au régime habituel. Le convalescent doit toujours rester long-temps sans boire du vin pur, et il faut même ne point se hâter de lui donner de l'eau vineuse. Avant de le faire passer à l'usage des viandes, il est bon de lui donner des fruits acides cuits, sucrés, des légumes frais cuits dans l'eau et peu assaisonnés. Si la constipation a lieu, on permettra peu d'alimens, des lavemens seront prescrits, le convalescent boira du bouillon de veau, du bouillon aux herbes, de l'eau de pruneaux, de l'eau miellée ou du petit-lait. On ne purgera que dans deux cas : 1°. lorsqu'après avoir repris son régime ordinaire, l'appétit diminue et disparaît, et la langue se salit sans que la peau se sèche et que le pouls s'accélère; 2°. lorsque le sujet a contracté l'usage des *médecines de précaution*, à époques fixes. Il ne faut pas oublier qu'un purgatif peut rappeler tous les accidens : si on ne perd point de vue ce principe, on n'abusera point des évacuans, comme on le fait encore chaque jour.

Un régime sévère, l'usage des végétaux, la continuation des boissons délayantes, un exercice modéré, et les bains froids, pris avant ou après le coucher du soleil, selon les contrées, chez les jeunes-gens, sont les moyens les plus propres à prévenir les rechutes si fréquentes après les fièvres gastriques. Ces rechutes ont lieu, dit-on, presque toujours par une *indigestion*. On en conçoit aisément la raison, puisque la maladie n'est qu'une irritation du centre de l'appareil digestif. Pour les prévenir, je ne pense pas qu'aucun médecin expérimenté s'avise aujourd'hui de prescrire des amers, du quinquina aux convalescens, dans l'espoir de rendre à l'estomac le *ton* nécessaire pour que la digestion s'accomplisse.

Cette pratique brownienne est probablement rejetée aujourd'hui par la plupart de ceux qui l'ont recommandée, et dont pour cela je passe les noms sous silence. L'administration des toniques au déclin des fièvres bilieuses, loin de prévenir une convalescence *longue*, suffit pour la rendre *interminable* (1).

_____

(1) *Nos. phil.*, t. 1, p. 88.

CHAPITRE IV.

De la Fièvre muqueuse.

Les classifications ont été utiles en ce qu'elles ont fait étudier avec soin les symptômes de quelques variétés mises au rang des espèces de maladies. Pour exemple on peut citer la fièvre que Charles le Pois, Baillou et Baglivi ont nommée *mésentérique, pituiteuse* ou *séreuse*; Huxham, *lente nerveuse*; Sarcone, *glutineuse*; Rœderer et Wagler, *muqueuse* (1). Cette fièvre n'a commencé à être distinguée avec soin des fièvres gastriques ou bilieuses qu'après avoir pris rang dans les cadres pyrétologiques ; mais il reste à en déterminer le siége et la nature, et pour cela, il faut recourir de nouveau aux écrits des monographes.

Un sentiment de malaise général, de pesanteur dans les membres, un sommeil agité, la perte de l'appétit, des rapports acides annoncent souvent l'invasion de la fièvre muqueuse, qui débute ordinairement le soir ou pendant la nuit, par un sentiment de froid sans tremblement, ressenti d'abord aux pieds, puis dans tout le reste du corps.

Les symptômes de cette fièvre sont : un enduit blanchâtre et humide de la langue, la viscosité de la salive, et quelquefois une salivation abondante, un goût aigre ou fade et pâteux, l'haleine fétide, des

---

(1) *Adénoméningée* de M. Pinel, *blénopyrie* de M. Alibert, *catarrhale* d'un grand nombre de praticiens.

aphthes à la gorge, aux parois de la bouche et aux lèvres; une soif ordinairement peu intense, l'inappétence et quelquefois une répugnance prononcée pour les alimens, des rapports acides ou nidoreux; un sentiment de pesanteur à l'épigastre et la tuméfaction de cette partie, des nausées, des vomissemens de matières blanches, visqueuses, transparentes, fades ou acides; la sensibilité de l'abdomen lorsqu'on appuie sur cette région; des coliques, des flatuosités; tantôt la constipation et tantôt une diarrhée de matières analogues à celles du vomissement, mais quelquefois sanguinolentes, et dont la sortie est précédée et accompagnée de ténesme; souvent le rejet de vers intestinaux par la bouche ou par l'anus; urine nulle ou très-abondante, citrine au début, épaisse, trouble, blanche ou rougeâtre, avec un sédiment grisâtre vers le milieu de la maladie, avec un sédiment briqueté au déclin; ce liquide est souvent rendu avec difficulté et même avec douleur. La température de la peau n'est guère plus élevée que dans l'état de santé; quand la peau est chaude c'est par intervalle, et cette chaleur ne paraît âcre qu'à la suite d'un toucher prolongé. La transpiration cutanée est plutôt diminuée qu'augmentée, sans que la peau soit très-sèche; il y a souvent une sueur aigre partielle, qui revient surtout dans la nuit, le matin et durant le sommeil, principalement vers le déclin de la maladie. Diverses éruptions se manifestent sur la peau pendant la nuit, disparaissent, puis se manifestent de nouveau. Le pouls, quelquefois peu différent de l'état naturel, est ordinairement faible et petit, souvent plus lent qu'en santé; mais le soir et pendant la nuit il s'élève et devient fréquent. Le malade éprouve un sentiment de pesanteur, une douleur au synciput ou à l'occiput, de la somnolence, des vertiges, quand il se met sur son séant, quelquefois de la confusion dans les idées; ses sens sont comme engourdis; il ne peut dormir; il est toujours abattu, inquiet, triste; il se plaint continuellement, et ressent des douleurs contusives souvent insupportables dans les hypochondres, le long des membres et dans les articulations.

A ces symptômes il s'en joint souvent d'autres, tels que l'intermittence du pouls, une toux sèche, la dilatation des pupilles, le larmoiement, l'enfoncement et le brillant des yeux, le prurit des narines, les douleurs à la racine du nez, le bourdonnement d'oreilles, la surdité, les grincemens de dents, le trismus, le rire sardonique, les palpitations, la dyspnée, l'anxiété précordiale, les picotemens à l'épigastre, et les mouvemens convulsifs partiels ou généraux. Ces symptômes dénotent, selon Vandenbosch, Rahn et Bruning, la présence des vers dans les voies digestives; mais Dehaen a prouvé, et l'expérience démontre chaque jour que tous ces phénomènes peuvent se manifester sans qu'elles contiennent aucun de ces animaux.

La fièvre muqueuse n'affecte pas toujours une marche uniforme; elle offre des paroxysmes et même des accès qui reviennent quelquefois à des époques ou à des heures indéterminées, mais qui ont lieu le plus souvent le soir ou pendant la nuit. Ils reviennent le plus ordinairement tous les jours, souvent avec le type quarte, quelquefois avec le type double-tierce, plus rarement avec le type tierce. La lenteur du pouls est remarquable au déclin de ce redoublement ; la chaleur et la sueur sont peu prononcées. Les accès sont souvent fort longs et entrecoupés de frissons ir-réguliers.

La durée de cette fièvre varie depuis quinze jusqu'à quarante et quelques jours ; rarement elle cesse dans l'espace d'une semaine, et elle se prolonge d'autant plus que les redoublemens sont plus marqués. Elle se termine, 1°. par le retour à la santé, après des vo-missemens, une diarrhée, des aphthes, des pustules ou une éruption miliaire, des sueurs générales, un flux d'urine à sédiment léger, blanc, briqueté ou jaune, ou enfin après une abondante salivation : tous ces sym-ptômes peuvent se succéder à divers jours que vaine-ment on a voulu fixer ; 2°. par le passage au type in-termittent ; 3°. par la mort, après une diarrhée opi-niâtre, ou une péripneumonie obscure, des sueurs excessives partielles, l'accroissement des symptômes de faiblesse ou un désordre profond du système ner-veux ; 4°. par une affection chronique des bronches, du poumon, d'un des viscères du bas – ventre ; par l'anasarque ou l'hydropisie ascite.

La complication de la fièvre muqueuse avec la fiè-vre inflammatoire, admise par Rœderer et Wagler, est contestée par M. Pinel. Celle avec la fièvre bilieuse a été observée, selon ce professeur, par ces auteurs et par Plenciz. Aux principaux phénomènes de la fièvre muqueuse se joignent alors quelques-uns de ceux de la fièvre bilieuse, tels que la force et la dureté du pouls, au moins par intervalle, une soif plus vive, la présence de la bile dans les matières du vomissement et dans les déjections. La fièvre muqueuse peut,

selon M. Pinel, être compliquée d'une forte inflammation du conduit alimentaire, tendante à la gangrène, d'un état soporeux, d'une affection intense
du poumon ou de toute autre inflammation : complications qui rendent défavorable le pronostic ordinairement avantageux de cette maladie. Les rechutes
sont fréquentes dans la convalescence de la fièvre muqueuse.

A l'ouverture des cadavres, Rœderer et Wagler
ont trouvé, 1°. l'abdomen balloné par un gaz fétide,
de la sérosité dans la cavité du péritoine ; 2°. la membrane séreuse des intestins couverte de taches bleuâtres, noirâtres, gangréneuses, plus ou moins étendues et nombreuses ; 3°. la membrane muqueuse
gastro-intestinale toujours *épaissie, enflammée, rouge* (1), *bleuâtre, cendrée, noirâtre, gangrenée*, parsemée de *points rouges*, d'aphthes, de végétations ou
de petites pustules formées par les follicules très-développés, très-apparens, et couverte d'un mucus épais,
souvent tenace ; les intestins souvent remplis de vers
lombrics. Les altérations de cette membrane s'éten-
daient ordinairement à l'estomac et à l'intestin grêle,
surtout au duodénum, qui parfois était seul affecté.
L'estomac était rarement sans rougeur ; mais ses follicules étaient moins développés, excepté près du pylore ; la membrane du gros intestin participait assez

---

(1) *Semper in canali alimentari tam externæ quam in-
ternæ inflammationis notæ observantur.* ROEDERER et WAGLER,
De Morbo mucoso. Gœttingue, 1743 ; pag. 242 et 249. Cette
citation n'est pas inutile, car on a étrangement travesti l'ouvrage de ces habiles observateurs en le citant.

souvent aux altérations de celle de l'intestin grêle, et était plus souvent que celle-ci chargée de végétations et parsemée d'ulcères; 4°. le mésentère *enflammé, gangrené*, principalement dans les parties de cette membrane correspondantes aux portions *enflammées, gangrenées* des intestins; 5°. les ganglions mésentériques fréquemment volumineux, durs, *enflammés*, rouges, bruns, surtout ceux qui correspondaient à ces mêmes parties; 6°. le foie ordinairement granuleux, souvent très-développé, dur, parfois rouge ou noirâtre à sa surface; 7°. la rate d'un bleu foncé, volumineuse et molle, ou petite et dure; 8°. le poumon souvent adhérent, enflammé, hépatisé, gorgé de mucosité, quelquefois purulent, souvent tuberculeux; les bronches souvent rouges; 9°. les ganglions bronchiques souvent volumineux, noirs et durs; 10°. le péricarde plus ou moins rempli de sérosité quelquefois sanguinolente.

On assigne pour causes à ces fièvres : 1°. l'enfance, la vieillesse, le sexe féminin, le tempérament lymphatique, un état de langueur et de pâleur, la chlorose, une constitution affaiblie par le scorbut ou les fièvres intermittentes chroniques; 2°. l'habitation dans les lieux bas et humides, marécageux, privés des rayons du soleil; l'automne, le froid joint à l'humidité, la malpropreté, l'usage des bains après le repas, la suppression des maladies cutanées habituelles, de l'arthrite, du rhumatisme; 3°. la privation des alimens ou du moins des végétaux frais, l'usage d'alimens indigestes tels que les substances amilacées non fermentées, des fruits doux ou acides non encore mûrs, des viandes corrompues, des eaux bourbeuses, saumâtres, la privation du vin chez un sujet qui a contracté l'habitude d'en boire journellement, l'abus des vomitifs et des purgatifs, les vers intestinaux et les lésions organiques de l'abdomen, telles que le carreau; les évacuations excessives, les catarrhes chroniques; 4°. l'abus du coït, les veilles prolongées, l'excès d'étude, l'oisiveté ou une vie trop active, des affections morales tristes habituelles, etc.

Dans les chapitres précédens j'ai cru pouvoir me dispenser d'insister sur la nature des fièvres inflammatoires et gastriques, parce que ce point sera traité d'une manière générale vers la fin de cet ouvrage, afin d'éviter les répétitions, et parce que peu de médecins nient aujourd'hui que ces fièvres soient dues à l'irritation. Comme plusieurs n'ont pas la même opinion sur la nature de la fièvre muqueuse, je dois entrer dans quelques détails pour prouver que cette fièvre n'est que le produit d'une irritation qui n'est point d'une nature particulière, et qui n'est point générale.

Il n'est plus nécessaire de réfuter les divagations de Galien, de Charles le Pois, de Selle, de Stoll et de Frank, sur le rôle que la pituite joue dans la production de la fièvre muqueuse. Malgré son antipathie ostensible contre l'humorisme, M. Pinel ne paraît pas éloigné d'admettre que les mucosités surabondantes ou *viciées* contenues dans le canal alimentaire peuvent produire la fièvre (1). Cependant, « on ne peut guère méconnaître, dit-il, une affection primitive, c'est-à-dire une irritation *particulière* de la

____

(1) *Nos. phil.*, t. 1, p. 132.

membrane muqueuse qui revêt les premières voies, et qui, par une *sorte* de correspondance sympathique avec les autres systèmes de l'économie animale, produit l'ordre des fièvres muqueuses (1). » Mais avant de reconnaître ainsi vaguement la lésion sthénique de l'estomac et des intestins, qui constitue ces fièvres, il insiste sur la nécessité de remédier à l'*atonie* des viscères, au *relâchement atonique qui paraît inséparable* de l'affection des membranes muqueuses, de prévenir un long séjour de matières *irritables* sur les intestins, et l'*effet trop débilitant* des évacuans (2). L'incohérence de cette théorie et de ces préceptes est tellement frappante qu'il est inutile de s'attacher à la démontrer.

On suppose que les causes de la fièvre muqueuse agissent en débilitant; mais parmi ces causes il n'en est pas une seule qu'on ne retrouve au nombre de celles qui occasionent les inflammations les mieux caractérisées; par conséquent on ne peut juger de leur manière d'agir d'après la nature des maladies qu'elles occasionent, ni de la nature de celles-ci par le rôle que ces causes jouent dans leur production. L'activité vitale, bien loin d'être languissante chez les enfans, est au contraire plus énergique que chez les adultes, au moins dans les organes circulatoires et digestifs et même dans le cerveau. Chacun de ces organes prédomine chez quelques-uns d'eux; mais, en général, l'appareil digestif l'emporte sur les autres organes. Ainsi, il n'est pas étonnant que dans le jeune âge la fièvre

---

(1) *Nos. phil.*, t. 1, p. 133.
(2) *Ibid.*, p. 123.

muqueuse soit assez commune. Chez les vieillards, c'est dans les organes de la digestion que persiste le plus long-temps l'action vitale : on dit que leur estomac est presque toujours dérangé, et cela est vrai; mais ce dérangement n'est ordinairement qu'une surexcitation qui se manifeste seulement par le trouble de la fonction, en raison de la faiblesse des sympathies à cet âge. Les femmes ne sont pas plus faibles que les hommes; elles sont même en général plus irritables; chez elles, l'appareil digestif est plus sujet à l'irritation que chez ceux-ci. On ne doit donc pas s'étonner que, dans une épidémie de fièvres muqueuses, elles en soient plus tôt affectées. La pâleur, la lenteur des mouvemens, la faiblesse des muscles, habituelles ou dépendantes de la convalescence d'une maladie quelconque, ne démontrent point que les voies digestives soient frappées d'atonie : c'est plus souvent le contraire. Il y a certainement atonie de la circulation dans la chlorose et le scorbut, mais cette atonie ne constitue qu'une condition favorable au développement d'une irritation quelconque; si dans cet état aucune cause ne sur-excite les voies gastriques, on ne verra point se manifester les phénomènes de la fièvre muqueuse.

Il est certain que le froid et l'humidité débilitent la peau, au moins au premier abord; mais il n'est pas moins assuré que ces deux conditions atmosphériques déterminent en même temps un surcroît sympathique d'activité vitale dans une ou plusieurs parties intérieures, ainsi que le prouvent le larmoiement, le coryza, la leucorrhée, l'odontalgie, l'angine, la bronchite, la pleurésie, la pneumonie, les douleurs au front, aux tempes, dans les mamelles, à la région précordiale, à l'épigastre, dans les lombes, à l'hypogastre, dans les testicules, dans les articulations et le long des membres, que fait éprouver ou que détermine le froid humide, selon la prédisposition de chaque sujet, et les autres circonstances auxquelles on est soumis. J'ai eu trop souvent l'occasion de vérifier sur moi-même, et sur un grand nombre de personnes, l'influence stimulante que l'humidité froide exerce jusque dans les parties internes, pour supposer qu'on puisse la contester un seul instant de bonne foi. Elle a lieu le plus souvent sur les organes gastriques, surtout quand il s'y joint un mauvais régime, parce que ces organes sont les plus excitables de tous ceux qui forment le corps humain. On ne doit donc pas s'étonner que le froid humide détermine des fièvres muqueuses, puisque le siége de ces fièvres est dans l'appareil digestif.

La privation des rayons solaires est sans doute une cause de débilité, d'abord pour la peau, puis pour le cerveau, et successivement pour le reste du corps ; mais suffirait-elle pour produire la fièvre muqueuse ? La malpropreté, en diminuant plus ou moins l'action perspiratoire de la peau ; la suppression des irritations de ce tissu, ou de celles des articulations, des nerfs et des muscles, ne prédispose à cette fièvre qu'en déterminant une sur-activité supplémentaire dans les voies digestives. Si le bain après le repas a jamais occasioné une fièvre muqueuse, on doit peu s'en étonner, car il a dû, pour cela, produire une indigestion, et l'on sait ce qu'on doit entendre par là (1).

____

(1) Page 141.

La privation des végétaux frais, l'abus des fruits non mûrs, l'usage des alimens féculens pris en trop grande quantité, des viandes gâtées, des eaux chargées de particules hétérogènes, et des évacuans, sont des causes si évidentes de gastro-entérite qu'il est inutile de s'attacher à le démontrer, après ce qu'en a dit M. Broussais. La privation des alimens peut déterminer, sinon une fièvre muqueuse proprement dite, au moins les principaux phénomènes qui la caractérisent : quatre jours d'abstinence absolue, en santé, m'ont mis à portée de m'en assurer sur moi-même ; mais il est faux que ces phénomènes soient dus à la faiblesse de l'estomac. Les médecins qui ont imaginé cette bizarre étiologie n'avaient aucune idée des tiraillemens douloureux, du sentiment de morsure à l'épigastre et des sueurs instantanées qu'on éprouve en pareil cas. La langue est rouge sur ses bords et à sa pointe, couverte d'un enduit épais et blanche à sa partie moyenne ; la soif est excessive, la peau brûlante, et l'estomac est si peu affaibli, qu'une cuillerée de vin prise dans cet état occasione aussitôt des aigreurs, comme dans celui où l'on ressent les effets d'une gastrite commençante, mais déjà caractérisée.

Mettre les lésions organiques de l'abdomen, et notamment le carreau, au nombre des causes de la fièvre muqueuse, c'est jeter le lecteur dans le vague. De quelles lésions organiques veut-on parler ? Le carreau n'est-il pas reconnu aujourd'hui pour une mésentérite, quelquefois primitive, bien plus souvent due à une entérite chronique ?

Il ne suffit pas de dire que la présence des vers dans les voies digestives est une des causes de cette fièvre, il faudrait le prouver : or, c'est ce qu'on n'a point fait, et ce qu'on ne pouvait faire. Tout ce qu'on peut dire à cet égard, c'est que l'irritation qui constitue la fièvre muqueuse est souvent accompagnée de la présence de ces animaux dans le canal alimentaire; mais on ignore complètement le rôle qu'ils jouent dans la production de cette fièvre. Au reste ils méritent bien moins d'importance qu'on ne leur en accorde, car aucun phénomène morbide n'annonce positivement leur existence, et dans les cas où leur expulsion la démontre, les accidens attribués à leur présence sur la membrane gastro-intestinale persévèrent très-souvent, sans que pour cela on en trouve un seul dans le canal digestif après la mort, lorsqu'elle a lieu. M. Georget attribue avec raison à une lésion (j'ajouterai souvent sympathique) de l'encéphale, la plupart des symptômes prétendus vermineux (1). M. Bréra a remarqué judicieusement que les évacuans à l'aide desquels on expulse les vers n'agissent souvent avec efficacité que lorsqu'on a, au préalable, mis en usage les émolliens. On ne saurait trop louer M. Pinel d'avoir fait disparaître l'ordre des fièvres vermineuses admis par Selle et beaucoup d'autres médecins; mais il aurait dû ne point ranger les vers parmi les causes de la fièvre muqueuse, puisqu'ils ne paraissent être qu'un effet de la cause qui produit celle-ci.

On dit d'une manière trop générale que les évacuations excessives affaiblissent : si elles diminuent l'action musculaire, elles exaltent la sensibilité, à moins qu'elles ne soient accompagnées d'une sensa-

____

(1) *Physiologie du Système nerveux*. tom. 1, pag. 420. Paris, 1821 ; in-8°, chez J.-B. Baillière.

tion très-vive, comme dans le coït ; mais à la suite de cet acte il n'y a point affaiblissement général ; le cerveau est dans un état apoplectique plutôt que dans l'asthénie ; la tête est lourde et douloureuse ; il y a propension au sommeil, ou bien des tiraillemens douloureux à l'estomac et un besoin irrésistible des alimens, qui dénotent une excitation des voies gastriques analogue à celle que produit l'abstinence prolongée. On peut en dire autant des veilles répétées, des méditations profondes et de la tristesse, qui ne font cesser l'appétit que lorsque le cerveau, devenu douloureux, produit une irritation sympathique de l'estomac.

Il n'est pas exact de dire en général qu'une vie trop active et l'oisiveté affaiblissent. L'oisiveté n'affaiblit que les organes plongés dans l'inaction, encore cette assertion n'est-elle pas rigoureusement vraie, car le repos exalte les organes du sentiment ; un exercice immodéré détermine de la douleur dans les muscles et une surexcitation cérébrale, qui rendent le repos nécessaire, plutôt que l'affaiblissement de ces parties.

Je crois pouvoir conclure de cet examen des causes de la fièvre muqueuse, que si quelques-unes de celles qui prédisposent à la contracter sont en effet débilitantes, aucune n'affaiblit tout l'organisme ; qu'aucune ne débilite les organes de la digestion, et qu'au contraire toutes les causes occasionelles de cette fièvre agissent en stimulant la membrane muqueuse gastro-intestinale. L'étude physiologique de ces deux ordres de causes conduit par conséquent à n'admettre pour cause prochaine de cette fièvre que l'irritation gastro-intestinale. C'est aussi ce que démontrent les symptômes non équivoques (quoique souvent moins apparens que dans la fièvre gastrique) de gastro-entérite qu'on observe dans toute fièvre muqueuse. Enfin, à l'ouverture des cadavres on trouve presque constamment des traces d'inflammation du canal gastro-intestinal : par conséquent, les principaux phénomènes de la fièvre muqueuse sont dus à la gastro-entérite.

Il reste à rendre raison des symptômes *muqueux* qui caractérisent spécialement cette fièvre ou plutôt cette gastro-entérite. Or, ces symptômes sont l'enduit blanc et épais qui couvre la langue, le goût fade, les vomissemens et les déjections de matières muqueuses ou glaireuses : qu'indiquent-ils? un surcroît de sécrétion dans la membrane muqueuse gastro-intestinale. Ce surcroît de sécrétion n'annonce point une irritation *sui generis*, une irritation spécifiquement différente de l'irritation, sans sécrétion surabondante (au moins au début et au plus haut degré de la maladie), qui constitue la fièvre gastrique. Ce surcroît de sécrétion qui paraît dès le début de l'irritation gastro-intestinale dans la fièvre muqueuse, qui augmente et diminue avec elle, ne peut pas être la cause de cette irritation. Cette irritation a lieu incontestablement : l'irritation ne peut co-exister dans le même organe avec l'atonie; cette sécrétion n'est donc pas l'effet de l'*atonie*, du *relâchement* de la membrane muqueuse gastro-intestinale, mais bien de l'irritation de cette membrane. Maintenant, si on demande pourquoi la gastro-entérite qui constitue la fièvre muqueuse est accompagnée des symptômes *muqueux* qu'on n'observe point dans la fièvre gastrique, la réponse est facile. Il ne faut jamais demander *pourquoi*, mais *quand* et *comment* ; or, l'observation de tous les temps et de tous les lieux a prouvé que le surcroît de sécrétion se manifeste toutes les fois que la gastro-entérite est le résultat de l'humidité froide, de l'usage d'alimens grossiers plutôt que stimulans, chez certains sujets dont la peau est pâle et les tissus moux. A cela se réduit la distinction si peu fondée de l'inflammation proprement dite et de l'inflammation catarrhale ou catarrhe. M. Pinel ayant formellement admis l'identité de ces deux nuances d'un même état morbide, s'est montré peu conséquent en attribuant la fièvre muqueuse à une irritation *sui generis.* On peut admettre que les follicules de la membrane gastro-intestinale ressentent plus fortement l'influence de l'humidité froide, parce que le froid humide supprimant principalement l'action sécrétoire de la peau, les membranes muqueuses ont surtout à remplacer une sécrétion supprimée. Les recherches anatomiques de Rœderer et Wagler tendent à démontrer cette proposition. Peut-être n'isole-t-on pas assez les follicules de la membrane a laquelle ils sont incorporés. Quelque réserve qu'on doive apporter dans la distinction des tissus, celle – ci paraît admissible, quoique d'ailleurs il soit certain que la membrane muqueuse elle-même est enflammée dans la fièvre muqueuse.

Le froid et l'humidité ne portent pas seulement leur action sur la membrane muqueuse gastro-intestinale ; il n'est pas rare de voir le coryza et la bronchite précéder la gastro-entérite qui constitue la fièvre muqueuse. La bronchite se prolonge souvent pendant tout le cours de celle-ci ; souvent l'irritation se propage au parenchyme pulmonaire ou se répète sur la plèvre : une péripneumonie ou une pleurésie souvent méconnue complique alors la gastro-entérite, ajoute au danger que court le malade, et passe fréquemment à l'état chronique après la guérison de l'irritation gastro-intestinale. Celle-ci devient aussi fort souvent chronique, et lorsqu'elle étend son influence jusqu'au péritoine, elle détermine l'ascite. Rien n'est plus commun que de voir les diverses irritations qui donnent lieu aux symptômes de la fièvre muqueuse diminuer, cesser de provoquer la réaction du cœur, et se prolonger indéfiniment. Ce résultat a lieu d'autant plus fréquemment que ces irritations sont pour l'ordinaire traitées par des moyens peu appropriés à la nature du mal.

Il n'y a pas seulement gastro-entérite dans la fièvre muqueuse, lorsqu'elle est accompagnée de délire taciturne, de rêvasseries, de vertiges, d'assoupissement ou d'insomnie opiniâtre, lorsqu'elle se prolonge pendant plusieurs semaines, et qu'on observe des retours périodiques de ces fâcheux symptômes, sans exacerbation des symptômes gastriques et muqueux. L'encéphale est alors affecté à un certain degré, soit qu'il l'ait été dès l'invasion de la maladie, ou même avant, par l'influence de certaines causes prédisposantes ; soit qu'il s'affecte dans le cours de la maladie sous l'influence de la gastro-entérite. C'est alors qu'on observe ce qu'on appelle la *complication de la fièvre muqueuse avec les fièvres adynamique* et *ataxique,* ou la conversion de la première dans l'une ou l'autre de ces deux dernières, ou enfin son passage à l'état de *typhus.*

D'après ce que j'ai dit de l'action si puissante du froid et de l'humidité réunis, de l'abstinence, et de l'usage d'alimens indigestes, on conçoit que la fièvre muqueuse se montre épidémique en automne, au commencement de l'hiver, et même à la fin de l'été, quand celui-ci a été peu chaud, et que les pluies commencent de bonne heure. On conçoit que la constitution atmosphérique froide et humide agisse avec plus de force dans les lieux bas, humides, brumeux, couverts de forêts : aussi voit-on cette fièvre y régner endémiquement, non-seulement dans les saisons où le froid et l'humidité dominent, mais encore dans celles où ces deux conditions de l'atmosphère sont peu prononcées.

Lorsqu'à un été très - chaud succède un automne très-humide et prématurément froide, l'influence de la chaleur se faisant encore sentir sur l'appareil sécréteur de la bile, en même temps que l'humidité froide agit sur l'appareil digestif, on observe chez plusieurs malades la réunion des symptômes de l'irritation gastro-intestinale avec ceux de l'augmentation des sécrétions bilieuse et muqueuse. Lorsqu'au milieu des causes qui prédisposent à la fièvre muqueuse, une personne se livre à des excès de table et fait un usage immodéré des alimens succulens, des vins généreux, des liqueurs alcooliques, on voit souvent se développer chez elle cette même réunion de symptômes. Telle est la double source d'où dépend la fièvre biliosomuqueuse ou la complication de la fièvre gastrique ou bilieuse avec la fièvre muqueuse : il est impossible de concevoir autrement la complication de deux maladies de même nature et affectant presque le même siége.

La complication de la fièvre inflammatoire et de la fièvre muqueuse n'est pas aussi chimérique qu'on l'a prétendu ; on l'observe lorsque les causes épidémiques de cette dernière deviennent tellement intenses que l'homme chez qui l'appareil circulatoire a le plus d'empire s'en trouve affecté. Alors, aux symptômes gastriques et muqueux se joignent les signes d'une excitation prononcée du cœur ; le pouls est plein, dur et fort, et la peau très-chaude.

Traitement de la Fièvre muqueuse.

La conséquence de ce qui précède est que les maladies auxquelles on a donné le nom de *fièvre muqueuse* sont toujours des gastro-entérites primitives, développées sous l'influence de l'humidité et du froid, et d'un mauvais régime, ordinairement chez des sujets dont les membranes muqueuses sont disposées à sécréter facilement des mucosités abondantes ; que l'irritation s'étend souvent à la presque totalité des membranes muqueuses des voies aériennes et digestives ; que cette gastro-entérite peut être accompagnée d'une pleurésie, d'une péripneumonie manifeste ou latente, d'une irritation de l'encéphale, d'une vive réaction du cœur, ou enfin de l'irritation sympathique de l'appareil sécréteur de la bile ; ce qui constitue autant de nuances de fièvres muqueuses dont il importe de faire la distinction au lit du malade, parce que le traitement que chacune d'elle exige n'est pas absolument le même que celui à l'aide duquel on doit combattre les autres.

La gastro-entérite qui constitue à proprement parler la fièvre muqueuse, lors même qu'elle est simple, offre également des nuances d'intensité auxquelles il n'importe pas moins d'avoir égard. Ainsi, les signes de l'irritation gastro-intestinale sont bien marqués, non équivoques, avec ou sans diarrhée, et la maladie marche rapidement ; ou bien les phénomènes de la gastro-entérite sont obscurs, peu intenses, en quelque sorte effacés par ceux qui annoncent une abondante sécrétion de mucosité ou la turgescence des membranes muqueuses. Cette nuance nécessite des modifications dans le traitement.

Voilà, si je ne me trompe, au moins huit variétés de la fièvre muqueuse que le désir de simplifier la nosographie a fait méconnaître, et que pourtant il serait absurde de traiter absolument de la même manière, ainsi que le conseillent les pyrétologistes. Rappelons en peu de mots leurs opinions sur le traitement de cette fièvre.

Imitateurs serviles de leurs prédécesseurs, Selle, Stoll et J.-P. Frank, n'ont eu en vue que d'expulser la matière glutineuse, muqueuse, pituiteuse, à laquelle ils attribuaient la production de cette maladie. La première indication, dit Selle, d'après Sarcone, est l'évacuation de la pituite qui recouvre la surface interne des intestins. Il faut, dit Stoll, résoudre les obstructions, fondre les humeurs épaissies, évacuer celles qui sont fondues, raffermir les parties relâchées, par les remèdes salins, incisifs, résolutifs, par un émétique doux donné de temps en temps en lavage, par un demi-vomitif altérant, par un purgatif analogue, ensuite par les amers légers et les toniques. Qu'importe qu'ensuite il recommande de ne point trop échauffer, d'être réservé sur les stimulans trop âcres, dans le commencement surtout, et qu'il dise que c'est le cas de se hâter lentement? Il est évident que ces médecins n'ont agi que d'après une théorie mensongère, et non d'après l'expérience, comme on veut bien le répéter. Baglivi lui-même, tout en conseillant les adoucissans et même la saignée du bras, avait admis avant eux la nécessité de recourir, dans certains cas, aux purgatifs doux, dès le début, quand il y avait des matières en fermentation dans les voies digestives, et ensuite il recommandait les stomachiques. J.-P. Frank n'a fait que copier Stoll et Selle. M. Pinel, tout en rejetant la théorie de ces auteurs, en a respecté les conséquences. Quoiqu'il ait reconnu l'irritation de la membrane muqueuse gastro-intestinale dans la fièvre muqueuse, il veut que l'on recoure à l'émétique dès le début, pour remédier à l'atonie de l'estomac, aux nausées et au vomissement, puis il préfère l'ipécacuanha, soit, dit-il, à titre d'évacuant, soit pour communiquer une légère astriction aux voies alimentaires, et remédier au relâchement *atonique* qui paraît inséparable de l'affection (c'est-à-dire de l'*irritation* même, suivant ce professeur) des membranes muqueuses (1). Il veut que l'on répète l'emploi de ce dernier médicament, et qu'on le donne dans une infusion légèrement aromatique; que l'on donne souvent, à petites doses, un mélange de rhubarbe avec le tartrate acidule de potasse ou l'hydro-chlorate d'ammoniaque, ou bien, à l'exemple de Rœderer et Wagler, trois à quatre grains de résine de jalap dans une émulsion; enfin, il conseille, pour « écarter tout obstacle à la marche de la nature, *c'est-à-dire* un long séjour de matières *irritantes*, et prévenir l'effet trop *débilitant* des évacuans, de commencer par l'émétique en lavage, et d'interposer ensuite les doux laxatifs, les mucilagineux et les toniques ». Il est évident que

---

(1) *Nos. phil.*, t. 1, p. 121.

M. Pinel s'est borné à puiser dans l'ouvrage de Rœderer et Wagler des documens qu'il aurait dû soumettre au creuset de l'expérience : n'y a-t-il pas lieu de s'étonner que, dans le traitement de la fièvre muqueuse, il n'ait point parlé des avantages de l'expectation ?

S'il est vrai que tout surcroît de sécrétion soit l'indice d'un accroissement dans le mouvement vital de la partie qui en est le siége, et si en effet l'augmentation de l'action sécrétoire de la membrane muqueuse gastro-intestinale est le principal caractère de la fièvre muqueuse, n'y a-t-il pas de l'inconséquence à solliciter cette sécrétion, à l'exciter par des évacuans ? Quelque *doux* que soient les émétiques et les purgatifs, pour produire l'évacuation désirée, il faut qu'ils irritent une membrane déjà irritée : ainsi le remède vient ajouter à l'action de la cause morbifique. En admettant que les évacuans soient avantageux, n'est-il pas conforme aux notions les plus communes que les vomitifs et les purgatifs laissent après eux non pas de la débilité, mais un certain degré d'irritation ? A quoi bon, par conséquent, les faire alterner avec les toniques ? ou plutôt n'est-il pas inconséquent et même dangereux d'*ouvrir* et de *fermer* alternativement les *couloirs* des mucosités gastro-intestinales ? Plus on y réfléchit, et plus on a eu occasion d'observer la marche de la fièvre muqueuse, traitée par les évacuans et les toniques combinés, et plus on est convaincu que si cette maladie se prolonge ordinairement pendant plusieurs semaines, si elle est accompagnée de redoublemens très-intenses dans la plupart des cas; enfin que si elle se termine aussi fréquemment par la mort,

c'est parce que ce mode de traitement accroît l'irritation qui la constitue.

Si les évacuans sont susceptibles de hâter quelquefois la fin de l'irritation qui constitue la fièvre gastrique ; si, dans un petit nombre de cas, il peut être
nécessaire d'expulser la bile dont le séjour peut irriter
les intestins, les évacuans n'ont d'autre effet que de
reproduire l'irritation sécrétoire qui constitue la fièvre
muqueuse, surtout quand elle s'élève au degré qui
constitue une inflammation non équivoque.

Rien n'autorise à penser que les mucosités gastro-
intestinales irritent jamais la membrane qui les sécrète.
On peut admettre que, versée par le foie irrité sur les
intestins, la bile les irrite quelquefois ; mais le mucus,
produit de la membrane gastrique, ne doit pas plus
irriter cette membrane que le mucus nasal n'irrite la
membrane pituitaire, dans le coryza.

Diminuer l'irritation gastro - intestinale, solliciter
l'action de la peau, recourir aux dérivatifs qui agissent sur ce tissu, quand l'encéphale ou le poumon
s'affecte à un degré alarmant, et même employer
la saignée générale dans un petit nombre de cas,
telles sont les indications que présente la fièvre muqueuse.

Lorsque les signes d'irritation gastro - intestinale
sont prononcés, il faut avoir recours aux mêmes
moyens que ceux qui ont été indiqués précédem-
ment (page 144) contre la fièvre gastrique, sauf de
très-légères modifications. Quelle que soit l'intensité
des symptômes muqueux, il faut prescrire la diète,
les boissons chaudes acidulées, édulcorées, plutôt que
les boissons mucilagineuses ; les lavemens avec une

petite quantité de vinaigre, les fomentations émollientes très-chaudes sur l'abdomen. Toutes les fois
que l'irritation est intense, on doit recourir aux sangsues; mais, en général, on doit en appliquer un moins
grand nombre, 1°. parce que le sujet est souvent peu
pléthorique; 2°. parce qu'on est souvent obligé de
réitérer les émissions sanguines en raison des récru-
descences fréquentes de l'irritation; 3°. parce qu'en
général, la gastro-entérite avec turgescence muqueuse
ou sécrétion abondante de mucosités, est moins intense que celle qui se manifeste par les signes de la
fièvre gastrique sans symptômes muqueux; 4°. parce
qu'on obtient rarement la terminaison subite de l'irritation, au moyen d'une perte de sang considérable,
dans ce qu'on nomme fièvre muqueuse.

Lorsque l'irritation des voies gastriques ne donne
lieu qu'à des phénomènes très-peu saillans et ne détermine point une accélération notable du mouvement circulatoire, il ne faut pas en conclure qu'elle
n'existe point, mais seulement qu'elle est faible, que
l'irritation de l'encéphale s'y joint quelquefois, ou que
les sympathies sont difficilement mises en jeu chez le
sujet qu'on a sous les yeux. Sous l'influence de la
diète, et des boissons que je viens d'indiquer, ou même
des boissons aqueuses très-chaudes, rendues légèrement aromatiques par l'addition d'une petite quantité de fleur de sureau ou de feuilles d'oranger,
on voit diminuer l'irritation gastrique, cesser la
sécrétion dont elle était le siége, et se manifester une
sur-excitation de bon augure à la peau; mais il faut
soutenir cette dérivation par l'application des rubéfians de ce dernier tissu. Les sinapismes maintenus,

quelquefois jusqu'à produire des phlyctènes, sont préférables à tous les autres irritans. Mais on doit en surveiller l'action, car ils accroissent l'irritation gastrique lorsqu'ils ne la font pas cesser; et il faut alors couvrir de cataplasmes émolliens les parties avec lesquelles ils ont été en contact. Souvent on parvient à guérir la maladie par ces moyens fort simples, et sans recourir aux émissions sanguines.

Jusqu'ici on a voulu et on a cru pouvoir obtenir une dérivation salutaire au moyen du vomitif, qui, à la vérité, produit quelquefois d'heureux effets. Mais puisqu'on peut réussir par des moyens moins dangereux, pourquoi ne point préférer ceux-ci? Il est vrai que, pendant l'action du vomitif, la peau devient chaude et rouge et se couvre de sueur, et c'est seulement par là qu'il peut être avantageux. Mais il irrite vivement l'estomac; s'il fait cesser parfois les symptômes muqueux, il accroît l'intensité des symptômes propres à l'irritation, qui ensuite marche plus rapidement, et avec plus de danger pour le malade, ou se prolonge plus qu'elle ne l'aurait fait si on n'avait pas recouru au traitement perturbateur. Je ne conteste pas le petit nombre de cas dans lesquels la guérison a été presque subite à la suite du vomitif; mais, de bonne foi, s'agissait-il alors d'une de ces fièvres muqueuses amenées par une prédisposition constitutionnelle et des causes occasionelles long-temps agissantes?

Lorsque ces fièvres sont le résultat de l'idiosyncrasie fortifiée par des causes épidémiques ou endémiques puissantes, il arrive souvent que le traitement le mieux approprié n'en abrège que fort peu le cours, mais du moins il en écarte le danger. Quand ces maladies se prolongent ainsi, il est difficile et même quelquefois nuisible de maintenir le malade à une diète absolue; on peut assez souvent lui permettre la crême de pain, d'orge ou de riz, et les fruits acidules cuits et sucrés.

Dans le cas de diarrhée et plus encore de dysenterie, quelle que soit la durée de la maladie, il faut insister sur la diète la plus sévère, prescrire les boissons mucilagineuses très-chaudes, élever continuellement la température de la peau par l'application de linges fortement chauffés, les fomentations émollientes très-chaudes, les cataplasmes presque brûlans appliqués sur l'abdomen; faire poser de huit à dix sangsues sur cette région ou à l'anus, et répéter ce moyen autant que l'intensité des symptômes l'exige et que le permettent les forces du malade.

L'irritation de la membrane muqueuse est avantageusement combattue, ainsi que celle des bronches, par l'inspiration de l'eau réduite en vapeur. Quelques sangsues, appliquées sur le sternum ou au cou, sont quelquefois indiquées; et lorsque la plèvre et surtout le poumon sont menacés, il ne faut pas hésiter à pratiquer une saignée du bras : seulement il suffit de tirer de huit à dix onces de sang au plus, dans la plupart des cas; sans perdre de vue l'irritation gastro-intestinale, on combattra la phlegmasie thoracique comme si elle était simple, en ayant égard à l'idiosyncrasie du sujet et aux causes qui ont agi sur lui. Lorsque les rêvasseries, le délire, les mouvemens convulsifs, alternant avec la faiblesse, annoncent que l'encéphale participe à l'irritation, il faut appliquer les réfrigérans sur la tête, rubéfier la peau des membres inférieurs ou de la nuque, au point même d'obtenir des phlyctènes, quand les symptômes de gastro-entérite sont moins intenses que ces phénomènes, et recourir en un mot aux moyens dont il sera amplement parlé dans le chapitre des fièvres ataxiques. J'examinerai dans celui des fièvres adynamiques jusqu'à quel point l'usage des toniques peut être avantageux, quand la prostration se joint ou succède aux symptômes de la fièvre muqueuse.

CHAPITRE V.

De la Fièvre adynamique.

La fièvre adynamique est de création moderne ; elle ne représente pas exactement, comme on l'a prétendu, la fièvre putride des anciens ; ceux-ci ont, il est vrai, attribué beaucoup de maladies, et notamment un grand nombre de fièvres, à la putridité du sang et des humeurs, mais du moins jamais ils ne pensèrent à mettre à part, pour ainsi dire, les signes de la putridité, afin d'en faire une fièvre particulière, sans doute parce que jamais ils n'eurent la pensée d'isoler ces signes de tous ceux qui les accompagnent ou les précèdent constamment. Ce que les anciens n'ont point fait pour la putridité, quelques modernes n'ont pas craint de le faire pour l'adynamie ; et leur opinion, à cet égard, domine encore dans l'esprit de plusieurs médecins. Avant l'époque où cette opinion fut si vigoureusement attaquée par M. Broussais, de bons observateurs avaient reconnu la non-existence des fièvres adynamiques simples ; mais ils négligeaient de tirer parti de ce trait de lumière, ou plutôt ils ne pouvaient en tirer parti, parce qu'ils ne connaissaient ni le siége ni la nature des fièvres inflammatoire, gastrique, bilieuse et muqueuse : aujourd'hui il est facile de décider cette grande question.

Selle, plus érudit qu'observateur, admettait des fièvres putrides simples (1) contre l'opinion de ses

---

(1) *Loc. cit.,* p. 134.

prédécesseurs : sa classification seule le conduisit à cette erreur. Si nous ouvrons Stoll, nous n'y trouvons nullement le tableau de la fièvre adynamique ; il décrit seulement, sous le nom de *fièvre putride*, tous les symptômes de mauvais augure qui surviennent au plus haut degré des autres fièvres. Cullen crut devoir ne point établir une espèce sous le nom de *fièvre putride*, quoiqu'il crût que la putridité pouvait compliquer les fièvres (1). J. P. Frank réunissait, sous le nom de *fièvre nerveuse*, toutes les fièvres accompagnées de symptômes de prostration ou de désordre dans l'action du système nerveux. M. Pinel établit le premier une fièvre caractérisée par des signes d'une débilité extrême et d'une atonie générale des muscles (2). Ayant de nombreuses remarques critiques à faire sur cette partie de sa Pyrétologie, je crois devoir citer textuellement ce qu'il dit des symptômes de la fièvre adynamique, afin qu'on ne m'accuse point de lui prêter des opinions pour avoir le plaisir de les combattre :

« Couleur livide et affaiblissement général ; langue recouverte d'un enduit jaune-verdâtre, brunâtre, noirâtre et même noir, d'abord humide, puis sec et même aride ; état fuligineux des gencives et des dents, haleine fétide, soif variée, déglutition souvent impossible ou comme paralytique ; parfois vomissemens de matières variées, plus ou moins foncées en couleur ; constipation ou diarrhée, déjections souvent involontaires, noires et fétides ; dans quelques cas, météorisme ; pouls petit, mou, lent ou fréquent, souvent

____

(1) *Loc. cit.*, p. 43.
(2) *Nos. phil.*, p. 11.

dur, et, en apparence, développé les premiers jours; mais passant subitement à un état opposé; parfois, dès le début, apparence momentanée d'une congestion vers la tête ou la poitrine; dans quelques cas, hémorrhagies passives par le nez, les bronches, l'estomac, l'intestin et les organes génitaux; pétéchies, vibices et ecchymoses; respiration naturelle, accélérée ou ralentie; chaleur âcre au toucher, augmentée ou diminuée; sécheresse de la peau, ou sueur partielle froide, visqueuse et même fétide; urine retenue, rejetée avec difficulté, ou rendue involontairement, citrine ou de couleur foncée dans les premières périodes, et trouble, avec un sédiment grisâtre vers la fin; yeux rougeâtres ou jaunes-verdâtres, chassieux, larmoyans et contournés; regard hébété; affaiblissement de l'ouïe, de la vue, du goût et de l'odorat; dépravation fréquente de ces deux derniers sens; céphalalgie obtuse, état de stupeur, somnolence, vertiges, rêvasseries ou délire taciturne, réponses lentes, tardives; indifférence sur son propre état; prostration, affaissement des traits de la face et des saillies musculaires en général; coucher en supination; quelquefois éruption de parotides avec ou sans diminution subséquente des symptômes, ictère, impossibilité de rubéfier la peau et d'exciter l'organisme; gangrène des plaies, et en général des parties sur lesquelles le décubitus a lieu (1). »

Après avoir admis provisoirement la vérité de ce tableau, supposé que chacun de ces symptômes est à la place qu'il doit occuper, et qu'on les observe en

____

(1) *Nos. phil.*, t. 1, p. 173.

effet tels qu'ils viennent d'être énumérés, il convient de les soumettre à l'analyse physiologique, afin de reconnaître si l'on ne s'est point trompé sur la valeur qu'on leur attribue, en un mot s'ils doivent être en effet attribués à l'adynamie.

La *couleur livide* et l'*affaissement général* ne sont point des symptômes qui tiennent essentiellement à la faiblesse : dans toutes les maladies aiguës, il y a plus ou moins d'affaissement, et souvent la *couleur* de la peau est *livide* même dans les inflammations les plus intenses, par exemple, dans la péritonite. Quelle raison y a-t-il de supposer qu'un *enduit jaune-verdâtre, brunâtre, noirâtre ou même noir*, soit plutôt un signe de faiblesse qu'un enduit blanchâtre ou jaune ? Lorsque cet enduit, de jaune qu'il était, devient verdâtre, un changement si léger peut-il autoriser à supposer que la maladie a passé de l'excès de force à l'excès de faiblesse ? La *sécheresse*, l'*aridité* de cet enduit, l'*état fuligineux des gencives et des dents*, annoncent évidemment que la membrane des voies digestives est dans un état analogue d'aridité, suite de la suspension de son action sécrétoire. Si cette suspension était l'effet de la faiblesse, il faudrait attribuer à la même cause la sécheresse, l'aridité de la bouche et de la langue qu'on observe à la suite d'une course précipitée, dans l'angine très-intense, dans la gastrite occasionée par l'ingestion d'un poison irritant. Quant à la *soif variée*, une pareille indication est si vague, si insignifiante, qu'il est inutile de s'y arrêter. L'*impossibilité de la déglutition* annonce certainement l'affaiblissement des muscles qui concourent à cette fonction; mais cet affaiblissement a lieu dans l'apoplexie, que l'on n'a

n'a pas encore placée au nombre des maladies générales par faiblesse. Cet affaiblissement de quelques
muscles ne démontre pas que tout l'organisme soit
dans la faiblesse ; il prouve seulement que le système
nerveux ne prend plus part à l'accomplissement des
fonctions de ces muscles. On doit dire des *vomissemens de matières variées* ce qui vient d'être dit de la
soif *variée*, et des matières *plus ou moins foncées en
couleur*, ce que j'ai dit de la couleur de l'enduit de la
langue et des dents. La *constipation* ne peut jamais
être mise au nombre des signes de faiblesse que dans
les cas de paralysie de la partie inférieure de la moelle
épinière : or, on n'a pas prouvé, on n'a pas même
essayé de prouver que cette paralysie eût lieu dans la
fièvre adynamique. La constipation annonce ordinairement l'irritation légère du canal intestinal, quelquefois une violente inflammation qui s'étend à toutes les
tuniques des intestins, souvent l'inflammation de la
membrane séreuse qui les recouvre, dans plusieurs
cas l'absence des matières fécales et l'intégrité de la
membrane muqueuse des intestins, jamais l'asthénie
de ces organes, sauf le cas que je viens d'indiquer. Il
est assez extraordinaire qu'après avoir mis la constipation au nombre des symptômes adynamiques, on y
ait également rangé la *diarrhée*; ce qu'il y a de certain,
c'est que cette dernière n'est jamais due à la faiblesse ;
elle est constamment l'effet ou d'une affection cérébrale, telle que la peur, qui précipite les contractions
de la tunique musculaire des intestins, ou d'une irritation de la membrane muqueuse intestinale causée
1°. directement par la présence d'alimens incomplètement digérés, ou de toute autre substance irritante

sur cette membrane , 2°. sympathiquement par la gastrite, par la suppression subite de l'action sécrétoire
de la peau, ou la cessation brusque de la surexcitation de toute autre partie du corps. Si la sortie *involontaire* des *déjections* annonce la faiblesse des sphincters, elle prouve l'énergie des contractions de la
membrane musculaire intestinale, excepté le cas où,
le malade étant à l'agonie, les matières fécales sortent
par suite du développement des gaz intestinaux et des
mouvemens précipités du diaphragme. La *fétidité* des
matières fécales n'est point un signe de faiblesse, puisque rien, peut-être, n'est plus fétide que les excrémens des personnes qui sont habituellement livrées à
des excès de table ; puisqu'à la suite d'une indigestion
survenue après un repas copieux, il y a souvent une
diarrhée de matières horriblement fétides, quoique la
personne se portât très-bien à l'instant du repas, et
qu'elle eût pris des stimulans de toute espèce. Il est
inutile de s'arrêter à disserter sur la couleur *noire* des
matières fécales ; mais il est à remarquer que cette
couleur a beaucoup frappé M. Pinel, sans que l'on
puisse dire pourquoi. Les hommes même les plus
éclairés auraient-ils donc aussi de la tendance à mettre en
première ligne dans leurs observations les particularités qui frappent davantage leurs sens ? Le *météorisme*
de l'abdomen, placé parmi les symptômes qui annoncent la faiblesse, a de quoi surprendre. N'est-ce pas le
symptôme de la péritonite , d'un étranglement , d'un
resserrement quelconque du canal intestinal, du développement excessif des gaz dans les intestins ou dans
la cavité du péritoine ? Or, quel rôle joue la faiblesse,
je ne dis pas dans la dilatation de l'abdomen, effet

mécanique de la présence des gaz, mais dans la production plus abondante de ces mêmes gaz et dans leur expansion ? C'est ce qu'il aurait fallu déterminer. Il n'est peut-être point de coliques ni de cardialgie sans gonflement de l'estomac ou des intestins, sans flatuosités. Je sais que les flatuosités ont été presque constamment attribuées à la faiblesse des tissus dans la cavité desquels elles se forment ; mais ce n'est qu'une pure hypothèse : aussi prodigue-t-on le plus souvent en vain les stimulans de toute espèce pour faire disparaître ces symptômes ; ils cessent avec l'irritation qu'ils accompagnent, et durent naturellement fort peu lorsqu'ils lui succèdent.

La *petitesse*, la *concentration* du pouls et sa *lenteur* n'annoncent point une faiblesse générale, parce que les variations du pouls ne dénotent que les variations de l'action du cœur, qui peut être languissante lorsque d'autres organes sont violemment excités : c'est ainsi que le pouls est petit dans l'inflammation du péritoine, lent dans celle de l'encéphale, sans que personne se soit avisé d'attribuer ces phlegmasies à la faiblesse. Toute irritation intense accélère les battemens du pouls et les rend plus forts et plus fréquens ; toute irritation violente les rend obscurs, faibles et concentrés. La *mollesse* du pouls ne peut être donnée comme signe de faiblesse essentielle, puisqu'on l'observe fréquemment dans la péripneumonie, et qu'elle cesse alors après la saignée, pour faire place à la force et à la plénitude. M. Pinel avoue que dans la fièvre adynamique le pouls est aussi, *fréquent, souvent dur, et en apparence développé les premiers jours.* D'abord le pouls ne peut être développé en *apparence* ; il est tel ou il est autre : s'il est en effet *développé*, ce qui a lieu ordinairement, il annonce la suractivité et nullement la faiblesse générale , bien plus encore quand il est *fréquent et dur*, car ces trois qualités du pouls réunies forment le signe le plus irrécusable de l'existence d'une irritation dans un point quelconque de l'organisme. Par conséquent, il n'y a pas toujours faiblesse, adynamie, dans tout le cours de la fièvre adynamique : à moins de supposer que cette maladie puisse être d'abord d'une nature puis d'une autre, ce que d'ailleurs il aurait fallu dire , on est forcé d'admettre au moins que dans les *premiers jours* plusieurs fièvres adynamiques ne sont pas dues à l'adynamie ; d'où je conclus qu'il aurait fallu indiquer avec précision le moment où ce passage a lieu , ne point accumuler en bloc les deux ordres de symptômes qui caractérisent les deux époques de cette maladie ; c'est ce qu'on n'a point fait.

Ne faut-il pas attribuer la lenteur et la mollesse du pouls à la *congestion vers la tête ou la poitrine* que *parfois* on observe *dès le début ?* Que peut-on entendre par l'*apparence momentanée d'une congestion ?* par quelle fatalité a-t-on ainsi atténué la valeur des symptômes évidens d'irritation , pour rehausser ceux qui paraissaient annoncer d'une manière moins équivoque la faiblesse ? Il est aisé de dire que les *hémorrhagies* qui surviennent dans le cours d'une fièvre adynamique sont passives : il aurait fallu le prouver ; mais en vain on l'aurait tenté. Ces hémorrhagies ne sont pas plus passives que toutes les autres. Il faut d'abord distinguer celles qui se manifestent au commencement et dans le cours des fièvres adynamiques , de celles qui ont lieu vers la fin de ces fièvres , peu d'instans avant la mort. Parmi les premières, celles du début sont constamment et évidemment actives. Pour réfuter quiconque nierait cette proposition, je me contenterais de lui dire : vous n'avez point vu, ou vous avez mal vu. Les hémorrhagies qui ont lieu dans le cours des fièvres adynamiques sont également accompagnées des signes locaux qui caractérisent les hémorrhagies actives, c'est-à-dire que le tissu d'où coule le sang est chaud, tendu, gonflé, turgescent en un mot, quoique le pouls soit petit, et même la peau froide, dans toute autre partie. Ceci est encore une vérité qui ne peut être contestée. Reste donc à déterminer de quelle nature sont les hémorrhagies sans signes locaux d'excitation que l'on dit avoir observées dans les fièvres adynamiques : ce ne peut d'abord être que celles de la fin de ces maladies, puisque les autres sont évidemment actives pour tout observateur attentif et de bonne foi. Eh bien ! celles de la fin des fièvres adynamiques sont rarement sans signes d'excitation dans la partie qui fournit le sang ; je dirais que ces signes ont toujours lieu, même à l'instant de l'agonie, s'il était permis à qui que ce soit d'établir des règles sans exceptions. Les voies par lesquelles coule le sang dans ces hémorrhagies sont principalement le nez, la bouche et l'anus : or, si les médecins qui ont prétendu qu'elles sont passives avaient été quelquefois appelés à faire cesser ces hémorrhagies, s'ils avaient pris la peine d'explorer ces diverses parties autrement qu'en y jetant un coup-d'œil superficiel, enfin s'ils y avaient porté le doigt, en un mot, ils auraient pu se convaincre que les membranes muqueuses, nasale, buccale, anale sont alors rouges et chaudes, non-seulement quelques instans avant la mort, durant l'agonie, mais même encore après la mort. S'ils avaient vu, comme je l'ai vu, le sang des piqûres faites à l'épigastre par des sangsues couler quelques minutes après la mort, chez un sujet dont la région abdominale avait seule conservé de la chaleur, pendant le cours d'une fièvre adynamique avec refroidissement opiniâtre des membres, ils auraient jugé que rien n'est plus rare qu'une hémorrhagie passive, c'est-à-dire, qu'un écoulement de sang qui n'est déterminé par aucun agent d'impulsion, et qui résulte seulement de la faiblesse des parois vasculaires, ou si l'on veut des pores des tissus. J'ai observé tous les symptômes de la fièvre adynamique au plus haut degré chez des scorbutiques : pendant les derniers jours de leur vie, ils rendirent presque continuellement du sang noir par l'anus ; ce sang était tout aussi chaud que celui d'un homme en santé, mais peut-être se refroidissait-il plus vite. Je m'assurai que la membrane muqueuse du rectum était chaude et douloureuse peu d'instans avant la mort, et je la trouvai d'un rouge vif dans plusieurs endroits, gangrenée dans quelques autres, à l'ouverture des cadavres.

Les *ecchymoses* et les *pétéchies* bleuâtres doivent être attribuées à la faiblesse des vaisseaux de la peau, parce que ce tissu est véritablement dans l'asthénie lorsque la fièvre adynamique est à sa dernière période. Il n'en est pas de même des petits points rouges qui se forment à la peau au début ou dans le cours de la maladie, lorsque ce tissu, *chaud et âcre au toucher*, participe à l'irritation interne. Il serait absurde d'attribuer à la faiblesse cette chaleur et cette âcreté, aussi-bien que l'*accélération* de la respiration. Le *refroidisse-*

ment de la peau annonce positivement qu'elle est dans l'asthénie ; mais ce n'est nullement un signe de faiblesse générale , essentielle , puisque tout démontre au contraire que lorsque la périphérie du corps se refroidit, l'action des organes intérieurs augmente, jusqu'à ce que l'impression de la cause sédative qui agit sur la peau se communique par le système nerveux aux viscères dans lesquels s'exercent les principales actions vitales. Il n'y a d'ailleurs de refroidissement qu'aux extrémités, dans les fièvres adynamiques, même au déclin. L'abdomen est constamment plus chaud que dans l'état de santé.

La *sueur froide , partielle , visqueuse et même fétide* , n'indique point la faiblesse lorsqu'elle se fait remarquer sur une peau chaude et âcre ; elle n'indique qu'une faiblesse locale quand elle a lieu sur une peau froide et décolorée : encore annonce - t - elle dans ce cas de faibles efforts de réaction de la part de ce tissu. La *rétention de l'urine* a lieu dans les fièvres adynamiques comme dans le sommeil profond de quelques personnes en santé ; ce n'est point un signe de faiblesse générale , ni même de la faiblesse de la tunique musculaire de la vessie , mais bien de la suspension de l'action cérébrale ; elle est d'ailleurs plus rare qu'on ne pense ; il ne faut pas la confondre avec la suppression de l'urine effet de l'irritation du rein , qui est plus fréquente dans la fièvre adynamique. La *sortie involontaire de l'urine* n'annonce que le défaut de résistance de la part du sphincter. Le *sédiment grisâtre* qu'on dit avoir observé dans ce liquide n'est pas un signe d'une grande valeur : s'il est vrai qu'on l'observe quelquefois dans la fièvre adynamique, on l'observe aussi dans d'autres maladies aiguës évidemment inflammatoires. Le *larmoiement* et la *rougeur* de la conjonctive annoncent l'irritation plutôt que l'asthénie ; quant à la couleur jaune - verdâtre de cette membrane , ce n'est point une particularité inhérente à la fièvre adynamique. Le *regard hébété*, *l'affaiblissement* des sens, la *stupeur*, la *somnolence* , les *rêvasseries*, les *réponses tardives* et l'*indifférence* sont l'effet de la diminution des fonctions cérébrales ; mais cette diminution ne prouve point nécessairement que ce viscère soit radicalement affaibli , puisqu'ils peuvent également dépendre, d'une congestion cérébrale, d'un état apoplectique ; distinction importante à faire, puisqu'elle seule peut donner des bases assurées au traitement. D'ailleurs, quand ces symptômes seraient l'effet de l'asthénie réelle du cerveau, ils ne prouveraient point que tout l'organisme serait plongé dans la faiblesse. Il peut y avoir , et trop souvent il y a en effet irritation dans un autre organe qui ne mérite pas moins d'attention que l'encéphale ; irritation dont le plus souvent l'asthénie cérébrale apparente est l'effet. La *contorsion* des yeux, le *délire*, les *vertiges* ne sont pas seulement des symptômes adynamiques, puisqu'ils sont mis au nombre de ceux de la fièvre ataxique : c'est pourquoi je n'en parlerai qu'à l'occasion de cette fièvre. L'*ictère* ne peut être attribué à la faiblesse , non plus que l'*éruption des parotides* , dont d'ailleurs j'aurai à parler quand je traiterai de la *peste*.

Nous voici enfin arrivés à l'examen des symptômes qui ont véritablement conduit M. Pinel à établir un genre de fièvres adynamiques : ces symptômes sont la *prostration* , le *coucher en supination* , l'*impossibilité de rubéfier la peau*, la *gangrène* des plaies et des parties sur lesquelles porte le corps du malade.

L'affaiblissement du système musculaire, la faiblesse et la lenteur des contractions des muscles sont les symptômes les plus communs ; on les observe dans la presque totalité des maladies, dans les maladies aiguës comme dans les maladies chroniques, dans les maladies inflammatoires comme dans celles qui ne sont pas réputées telles. Pour peu qu'une douleur intense se fasse sentir, on observe ces symptômes ; ils accompagnent le coryza comme la péripneumonie et la péritonite. En un mot, dès que l'action vitale est menacée dans une partie quelconque de l'organisme, l'action musculaire diminue : comme elle n'est point nécessaire à la conservation de la vie, on doit peu s'en étonner. D'ailleurs, la nature, dont on a trop exalté le pouvoir et les bonnes intentions, ne prend pas toujours les meilleurs moyens pour veiller à la conservation des individus ; la peur qu'inspire le danger ôte souvent la faculté de le fuir. Si la crainte d'un péril, si une sensation tant soit peu forte ou désagréable, et surtout l'inflammation d'un organe quelconque, suffisent pour suspendre l'action musculaire, est-il rationnel d'attribuer la prostration à une faiblesse générale, ou même toujours à une faiblesse du cerveau ? Dans le cours d'une opération douloureuse, plus d'un sujet tombe évanoui : dira-t-on que c'est par diminution de l'exercice de la sensibilité ? D'ailleurs, en admettant que la prostration soit toujours l'effet de l'asthénie cérébrale, il faudrait prouver que dans la fièvre adynamique cette asthénie est primitive, qu'elle n'est qu'une partie de l'asthénie générale dans laquelle consiste, dit-on, cette fièvre. Or, comment affirmer que l'asthénie du cerveau est primitive, quand on la voit précédée des signes d'excitation de ce même viscère ou de tout autre, et accompagnée de symptômes d'irritation locale dans un organe quelconque ? Si l'état de l'appareil musculaire fournit, comme on le prétend, des documens si positifs sur la nature des maladies, on aurait dû les classer principalement d'après les modifications que présente cet appareil dans chacune d'elles, et ne point en faire le caractère distinctif d'un seul genre de fièvres. Qu'on ne dise pas que cet état est l'expression fidèle de la force vitale, car il faudrait en conclure que cette force était plus puissante chez Milon de Crotone que chez Cabanis et Voltaire. Les observateurs de tous les temps ont même remarqué que les hommes si robustes quand il s'agit de soulever des fardeaux, succombent plus vite que beaucoup d'autres, en apparence plus faibles, dans les maladies aiguës. S'il suffisait de mettre en première ligne quelques symptômes d'une maladie pour en faire connaître la nature et le siége, rien n'empêcherait chaque médecin de choisir parmi les symptômes d'une maladie ceux qui se rapportent à un organe, à un certain état morbide, et de bâtir là-dessus un système ; d'attribuer tous les phénomènes des maladies à un seul organe, ou à tout l'organisme en masse. Il faut au contraire tâcher de déterminer la part que prend chaque organe dans toute espèce de maladie, et de découvrir la modification morbide qu'il subit.

Le coucher en supination étant une suite de la prostration, et s'observant, comme celle-ci, dans les inflammations manifestes des deux plèvres et du péritoine, et même dans une foule d'autres maladies, ce que nous avons dit de la prostration s'y applique parfaitement.

L'impossibilité de rubéfier la peau est encore un des symptômes de la dernière scène des maladies graves qui annoncent une concentration profonde ou irrémédiable sur les viscères intérieurs plus encore que l'asthénie du cerveau ; car il n'est pas absolument besoin du concours de ce viscère pour que la peau rougisse sous l'empire des stimulans, puisque, pour la stimulation de ce tissu, il ne faut que l'afflux du sang des vaisseaux capillaires voisins du point sur lequel on agit. Ainsi, quand on ne parvient plus à faire rougir la peau, c'est que l'action circulatoire est à-peu-près complètement éteinte ou au moins suspendue à la périphérie, ce qui ne prouve pas toujours qu'elle n'est point augmentée à l'intérieur. N'est-il pas assez commun de voir l'action vitale se ranimer momentanément à la périphérie par l'administration du plus léger tonique, lors même que les vésicatoires n'ont produit aucun effet ?

La gangrène des plaies est certainement un effet du ralentissement de l'action circulatoire mais il reste à déterminer si ce ralentissement est dû à l'asthénie primitive du système circulatoire dans la fièvre adynamique, ou si cette asthénie est l'effet d'une inflammation qui détruit l'activité vitale. Quant à la gangrène des parties du corps sur lesquelles le malade repose, elle ne s'établit jamais qu'après l'inflammation préalable de ces mêmes parties : ceci est un fait que l'ignorance ou la mauvaise foi seules pourraient nier.

De cet examen rapide des symptômes de la fièvre adynamique on doit conclure :

1°. Que la plupart des symptômes de la fièvre adynamique annoncent un surcroît de force et non la faiblesse ; 2°. que la couleur noire et la fétidité des matières excrémentitielles n'annoncent pas la faiblesse, mais bien l'inflammation ; 3°. que les symptômes qui, comme la prostration, la débilité, le malaise, l'état obtus de la sensibilité et de l'entendement, annoncent une véritable diminution de l'action cérébrale, peuvent néanmoins dépendre d'une irritation de ce viscère, ou n'être que les symptômes sympathiques d'une autre irritation ; 4°. que la faiblesse du pouls, le refroidissement des extrémités, qui dénotent la faiblesse du cœur, ne prouvent point que tous les organes soient affaiblis ; 5°. que les signes peu nombreux de faiblesse qu'offrent les fièvres adynamiques ne se manifestent qu'au plus haut degré de la maladie et près de l'agonie : or, ce n'est pas dans les phénomènes de l'agonie, c'est-à-dire dans les derniers efforts de l'action vitale, qu'on doit aller étudier la nature des maladies ; car autrement il faudrait les attribuer toutes à la faiblesse ; 6°. enfin dans les fièvres adynamiques l'observateur attentif reconnaît que l'action de certains organes seulement est affaiblie, tandis que l'action de plusieurs autres est au contraire augmentée : il aurait donc fallu rechercher au moins si la suractivité de ceux-ci dépendait de la faiblesse de ceux-là, ou si au contraire la faiblesse des uns n'était pas plutôt la suite de l'excès d'action des autres. Au lieu de faire cette recherche importante, on n'a eu égard qu'aux signes apparens ou réels de faiblesse, et l'on a posé en principe que la maladie dont il s'agit était essentiellement *adynamique*. Pour arriver à cette conclusion si légèrement établie, il suffit de substituer au mot *asthénie* employé par Brown, celui d'*adynamie*, qui ne jouait encore aucun rôle saillant dans la pathologie.

Dira-t-on que si les symptômes de la fièvre adynamique, chacun isolément, ne prouvent point qu'elle dépende uniquement de la faiblesse, la réunion de ces symptômes ne laisse aucun doute à cet égard? Une pareille assertion ressemblerait plutôt à une plaisanterie qu'à un argument : dans les sciences d'observation, deux négations pourraient-elles donc valoir une affirmation? Accumuler des symptômes d'irritation locale, les entremêler de quelques symptômes locaux d'asthénie, et prétendre que l'on vient de tracer le tableau d'une maladie générale de faiblesse, c'est évidemment dénaturer les faits, et forger une théorie sans consistance.

Considérée dans les symptômes qui la caractérise, la maladie à laquelle M. Pinel a donné le nom de *fièvre adynamique* n'est donc pas, comme on le prétend, essentiellement due à l'affaiblissement de la force vitale. Étudions maintenant l'action des causes de cette fièvre sur l'organisme pour voir si nous y trouverons quelques preuves en faveur de son opinion. Ces causes sont, suivant lui : « séjour habituel dans les lieux bas et humides, dans les prisons, les hôpitaux, les camps, les villes assiégées, dans le voisinage de voiries, dans les salles de dissection, et, en un mot, dans les lieux plus ou moins étroits dont l'air n'est pas renouvelé, ou est vicié par les émana-

nations de matières en putréfaction, par l'entassement de beaucoup d'individus sains ou malades, et
surtout quand ils sont affectés de fièvres adynamiques
ou ataxiques, de gangrène, de carie, etc.; exposition aux effluves marécageux, surtout pendant le sommeil; défaut de propreté, nourriture composée d'alimens tendant à la putréfaction, boisson d'eau corrompue, abus des aromates, des alcalins, des mercuriaux, etc.; évacuations excessives, débauches im-
modérées, résorption du pus, fatigues extrêmes ou
inaction complète, veilles et études prolongées, affections morales habituellement tristes, traitement trop
débilitant des fièvres dites *inflammatoires*, *bilieuses*,
muqueuses, etc. (1) ».

Si la diminution de l'énergie vitale constitue en
effet radicalement la fièvre adynamique, toutes ces
causes doivent la produire en affaiblissant l'organisme.
Cependant, parmi ces causes, nous trouvons le séjour dans les prisons et les camps, l'inaction, les affections morales tristes, déjà mis au nombre de celles
de la fièvre gastrique, qui, selon M. Pinel, dépend
d'une irritation; nous trouvons l'habitation dans les
lieux marécageux, dans les contrées froides et humides, la malpropreté, l'usage des viandes altérées
et des eaux bourbeuses, l'abus du coït, les veilles et
les études prolongées, rangées auparavant parmi les
causes de la fièvre muqueuse, qui, suivant le même
auteur, dépend également d'une irritation. Les mêmes
causes peuvent-elles donc tantôt irriter, tantôt débiliter? Au moins fallait-il dire dans quelles circon-

---

(1) *Nos. phil.*, t. 1, p. 172.

stances. M. Pinel admet, il est vrai, dans la fièvre muqueuse, un singulier mélange d'irritation et de faiblesse; mais ce n'est point encore là ce qui constitue l'adynamie.

L'humidité froide n'affaiblit point tout l'organisme; lorsqu'elle est peu intense, et la circulation très-active, le sujet résiste fort bien à l'influence du froid et de l'humidité; la peau se réchauffe à mesure qu'elle se refroidit momentanément. L'action asthénique du froid et de l'humidité ne dépasse pas la peau, ou plutôt elle est la cause indirecte d'un surcroît d'activité de la part du cœur : c'est ce que l'observation démontre chaque jour. Mais lorsque le froid humide agit pendant long-temps et d'une manière permanente, tous les organes qui se rapprochent le plus de la surface du corps tombent dans un état de langueur, état qui a lieu promptement chez un sujet dont l'appareil circulatoire est languissant; mais la faiblesse n'est qu'à l'extérieur. Si le froid et l'humidité agissent fortement, l'action du cœur s'exalte, la circulation s'accélère, le poumon redouble d'action, les membranes muqueuses s'irritent dans un ou plusieurs points ou même dans la presque totalité de leur étendue; l'encéphale participe à cet état; mais, plus que tous les autres viscères, il éprouve l'influence sédative du froid que les nerfs lui transmettent directement : alors on observe les signes de la fièvre muqueuse la mieux caractérisée, et envahissant les principaux organes. Si le sujet était déjà languissant, les signes de l'irritation des membranes muqueuses et du cœur sont obscurs, à peine dessinés, et pour peu que cette irritation cesse d'avoir lieu, ou bien que ces signes diminuent promptement , les phénomènes de langueur dans les fonctions directement placées sous l'influence du cerveau se prononcent davantage , et la fièvre muqueuse prend le nom de *muqueuse adynamique,* ou même seulement celui d'*adynamique,* parce qu'on suppose qu'une faiblesse générale est venue se joindre à l'irritation spécialement fixée dans la membrane muqueuse gastro-intestinale, ou la remplacer. Par conséquent, dans ce cas, l'adynamie n'est point l'effet direct de l'humidité froide; bien plus, l'humidité froide ne détermine jamais directement l'adynamie. Il suffit d'avoir observé dans les hôpitaux les nombreuses victimes de la dernière guerre pour être convaincu de cette vérité.

Les émanations délétères qui s'exhalent du corps des malades, des sujets entassés dans un local resserré, des matières animales ou végétales en putréfaction , peuvent-elles occasioner directement la faiblesse, et surtout la faiblesse générale? Ces émanations n'agissent d'abord que sur la peau, la membrane muqueuse des voies respiratoires ou digestives; leur influence, quelle qu'elle soit , doit d'abord se borner à l'une ou l'autre de ces parties : elle est donc toujours primitivement locale. Il faut distinguer parmi ces émanations celles qui sont odorantes et celles qui ne le sont pas; les premières irritent sensiblement la conjonctive, la membrane nasale, celle de la gorge et du pharynx et celle du larynx ; elles provoquent le larmoiement, l'éternuement, un picotement à la gorge et de la toux : qui pourrait dire que ces émanations affaiblissent l'action vitale dans ces parties? Or, si elles irritent celles-là, n'est-on pas autorisé à conclure qu'elles irritent également les autres qui, douées de moins d'excitabilité ou plutôt moins étroitement liées avec le cerveau, ne lui transmettent pas de suite l'impression que ces émanations font sur elles? Quant aux émanations inodores, elles sont telles parce qu'elles sont moins abondantes, moins compactes, s'il est permis de s'exprimer ainsi, ou bien parce qu'elles sont réellement dépourvues de la propriété d'exciter de la douleur dans les parties de l'organisme avec lesquelles elles se trouvent en contact. Si on juge de leur action par celle des autres, si on considère qu'elles déterminent les mêmes maladies, qu'elles déterminent, en dernière analyse, les mêmes altérations dans les organes, on en concluera que toute émanation délétère agit d'abord en irritant le tissu qui la reçoit. Cependant, comme il faut se tenir en garde contre les séductions de l'analogie, il faut rappeler les cas où l'action vitale cesse subitement ou presque subitement sous l'influence des émanations dont il s'agit. Que se passe-t-il alors? on l'ignore complètement. Il n'y a pas lieu à se demander si, dans ces cas, la cause mortifère a tué en irritant ou en débilitant : elle a tué, c'est tout ce qu'on sait et tout ce qu'on peut savoir. L'ouverture des cadavres fournit seule alors quelques lueurs. J'en parlerai au chapitre de la fièvre ataxique ; il suffit de dire ici que ces cas n'ont aucun rapport direct avec la fièvre adynamique, dans laquelle on n'observe jamais une mort aussi prompte. Lorsqu'elle se développe sous l'influence des émanations délétères, des symptômes d'irritation gastrique précèdent ou accompagnent le plus ordinairement les symptômes de prostration ; les cas où les derniers se manifestent primitivement sont si rares, que l'on a eu beaucoup de peine à en rassembler quelques exemples qui, par leur petit nombre, deviennent autant de preuves contre l'opinion des auteurs qui les rapportent. Lorsque les symptômes de prostration se montrent les premiers, ceux de la gastro-entérite ne tardent guère à se manifester, dans la *fièvre adynamique*. Quand la gastro-entérite avec ou sans symptômes bilieux ou muqueux paraît la première, la fièvre *gastrique* prend le nom de *gastro-adynamique*, ou simplement celui d'*adynamique* lorsque les symptômes de la gastro-entérite cessent ou deviennent à peine sensibles.

Les émanations délétères ne déterminent donc la fièvre adynamique qu'en irritant la membrane muqueuse gastro-intestinale. On peut d'ailleurs admettre que plusieurs d'entre elles commencent par débiliter les surfaces avec lesquelles elles se trouvent en contact, à la manière du froid ; mais il faut convenir que cette débilitation se trouve suivie d'une irritation plus ou moins intense dans les voies digestives.

Les alimens putréfiés, les eaux corrompues, irritent évidemment la membrane muqueuse digestive ; il en est de même des aromates, des alcalins et des mercuriaux. Lorsque la fièvre adynamique se développe sous l'influence de ces agens morbifiques, elle est toujours précédée des signes de la gastro-entérite avec ou sans symptômes bilieux, qui se prolongent avec la prostration jusqu'à la guérison ou la mort : la complication *gastro-adynamique* est évidente.

La malpropreté, en irritant la peau ; les évacuations excessives, en diminuant la somme des matériaux de l'organisme ; l'excès dans le coït, les fatigues excessives, en stimulant douloureusement le cerveau et le jetant dans la stupeur ; les chagrins, les excès d'études et les veilles, en déterminant vers cet organe un afflux dont la diminution des fonctions intellectuelles est le symptôme le plus prompt à se manifester, disposent la peau, le système circulatoire et l'encéphale à recevoir l'influence des autres causes qui viennent d'être indiquées ; mais jamais ils ne déterminent seuls la fièvre adynamique. Les causes déterminantes de cette fièvre sont donc d'abord celles qui irritent la membrane gastro-intestinale, puis celles qui tendent à diminuer l'activité fonctionnelle du cerveau. En supposant qu'on ne puisse pousser plus loin l'analyse des causes et des symptômes de la fièvre adynamique, il y aurait donc déjà assez de motifs pour ne voir dans cette fièvre qu'une gastro-entérite avec asthénie du cerveau. Voyons maintenant si cette asthénie est réelle, et si elle mérite plus d'attention que l'irritation gastrique.

De ce que les fonctions d'un organe sont moins actives ou même complètement interrompues, il ne faut pas conclure qu'il n'est ni irrité ni enflammé ; on voit au contraire les fonctions cesser d'avoir lieu dans presque tous les organes en proie à une phlegmasie ou du moins à l'afflux du sang, en un mot, à un surcroît d'action nutritive. La vue, l'odorat, l'ouïe, le goût s'éteignent quand la rétine, la membrane pituitaire, celle de la caisse ou la langue sont enflammées. Une phlegmasie intense du poumon annihile l'influence de ce viscère sur l'air et sur le sang ; le cœur trop irrité cesse de battre ; les intestins cessent de se contracter quand leur membrane séreuse est enflammée ; en un mot, la suspension, la diminution et même l'abolition d'une fonction sont plus souvent l'effet d'une irritation aiguë ou chronique que de l'asthénie de l'organe qui la remplissait. Ensuite ne voyons-nous pas dans l'apoplexie toutes les fonctions de relation éteintes parce qu'il se fait un afflux trop rapide du sang vers le cerveau ; cet afflux n'est attribué à la faiblesse que par des personnes étrangères à la connaissance des lois de la vie. Il est donc permis d'admettre que, si quelquefois il y a réellement asthénie du cerveau dans la fièvre adynamique, bien plus souvent il y a irritation sympathique de ce viscère ou de ses dépendances. La céphalalgie, le délire, l'insomnie, les douleurs contusives dans les membres, les plaintes qu'on observe si souvent n'annoncent nullement que ce viscère soit dans l'affaissement. Il est évident que l'on s'est fondé uniquement sur la faiblesse musculaire pour prononcer que la fièvre adynamique était due à la faiblesse.

Jusqu'ici je n'ai considéré cette fièvre qu'en général et telle que M. Pinel l'a décrite ; je vais actuellement examiner la valeur des signes précurseurs qu'il lui assigne, puis je ferai voir que dans son tableau des symptômes de cette fièvre, il a confondu deux états qui doivent être distingués.

Si maintenant nous jetons un coup-d'œil sur les signes précurseurs de la fièvre adynamique, nous verrons que tout en eux annonce moins la faiblesse que l'irritation d'organes importans. En effet, ces signes sont : 1°. le dérangement des digestions : ce symptôme dénote une lésion de l'estomac, le plus souvent l'irritation de ce viscère, jamais une faiblesse générale ; 2°. une céphalalgie obtuse : quelqu'obtuse que soit la céphalalgie , c'est toujours le symptôme d'un état de souffrance prononcé, provenant de l'"irritation et non de la faiblesse du cerveau ; 3°. une somnolence opiniâtre , autre signe de la souffrance du cerveau ; 4°. un état de stupeur : ce que j'ai dit de ce symptôme trouve de nouveau place ici (1); 5°. des douleurs vagues dans les membres : prodrôme commun à presque toutes les maladies, quels qu'en soit la nature et le siége; d'ailleurs aucune douleur n'est l'effet de la faiblesse; 6°. des lassitudes spontanées : elles se retrouvent également au début de toutes les maladies, et surtout des inflammations internes; 7°. un sentiment de pesanteur générale : ce signe avant-coureur est commun à la fièvre adynamique et à l'état pléthorique ainsi qu'à la fièvre synoque; on ne peut donc rien en inférer sur la nature de la première de ces fièvres.

Puisque l'examen détaillé des symptômes , des causes et des signes précurseurs de la fièvre adynamique fait voir que plusieurs organes sont surexcités dans cette maladie; que l'action circulatoire et les fonctions cérébrales et la locomotion sont seules ralenties ou suspendues , et cela seulement au plus haut degré ou plutôt au dernier période de la maladie; que dans les premiers temps de la fièvre adynamique, il y a constamment augmentation d'activité vitale dans les principaux organes , ce qui exclut l'idée d'une faiblesse radicale , et surtout générale , il faut

____

(1) Page 205.

avouer que cette fièvre n'est point due primitivement à la faiblesse. Si ensuite on considère qu'au milieu des symptômes de faiblesse, les symptômes d'irritation des voies digestives continuent à se montrer dans la pluralité des cas, et cela jusqu'au dernier instant de la vie, on sera forcé d'en conclure que jamais la fièvre adynamique n'est une maladie essentiellement asthénique, comme on l'a prétendu.

Je pourrais passer de suite à l'exposition des lésions que l'on trouve lors de l'ouverture des cadavres; mais avant d'en venir à cette preuve sans réplique, je ne crois pas inutile de faire remarquer que si l'on voulait continuer à admettre une fièvre adynamique, il faudrait du moins en admettre trois variétés. La première, à laquelle on me permettra de donner le nom de fièvre adynamique *sèche*, serait celle qui se manifeste dès le commencement, dans le cours, ou au déclin de toute inflammation autre que celle des voies digestives, et sans être le produit de la gastro-entérite, ainsiqu'on l'observe quelquefois dans l'inflammation du poumon, de l'encéphale ou de ses annexes, du péritoine, de l'utérus; dans les plaies qui, au moyen d'une suppuration très-abondante ou prolongée, déterminent la mort du malade. Cette variété de la fièvre adynamique n'offre ni diarrhée, ni excrétions fétides de quelque nature que ce soit; les crachats seuls prennent parfois un aspect relatif à l'état du poumon; on n'observe aucun symptôme de gastro-entérite. Telle est la fièvre adynamique qui vient quelquefois *compliquer* la fièvre inflammatoire non dépendante d'une gastro-entérite, une phlegmasie quelconque, ou qui, comme on le dit encore, *masque* ces maladies.

(*Fièvre inflammatoire simulant la fièvre adynamique ; fausse adynamie.*)

La seconde variété, qu'on peut appeler *humide* (1), ou même si l'on veut *putride*, serait celle qui se montre quelquefois dès le début, plus souvent au plus haut degré de la gastro-entérite, et qui est caractérisée par la diarrhée, les vomissemens, les déjections, la sueur et l'urine fétides : elle constitue la *synoque putride* des Galénistes. Cette variété survient aussi dans le cours de diverses phlegmasies, lorsqu'il s'y joint une gastro-entérite intense. C'est elle que l'on désigne quelquefois sous le nom de *fièvre bilioso* ou *mucosoadynamique* primitive ou secondaire.

Enfin, la troisième variété de fièvre adynamique serait celle qui, dit-on, se manifeste sans aucun signe d'irritation non équivoque, préalable ou concomittante, dans quelque organe que ce soit ; celle enfin qui constitue la fièvre adynamique *essentielle* de certains médecins qui croient encore qu'il en existe de telles, et dont au moins la rarcté n'est plus contestée depuis peu de temps.

Mais la fièvre adynamique *sèche* n'est évidemment que l'effet d'une diminution de l'action du cœur et du cerveau, à l'occasion d'une phlegmasie quelconque très-intense, ou survenue chez un sujet mal nourri, prédisposé aux affections cérébrales par le chagrin ou l'étude, etc. La fièvre adynamique *humide* est la réu-

____

(1) On croira sans peine que je n'attache aucune importance à ces dénominations, uniquement destinées à faire éviter des périphrases, et que je suis bien éloigné de vouloir en consacrer l'usage.

nion des symptômes de prostration avec ceux de la gastro-entérite primitive ou secondaire développée dans des circonstances analogues. Enfin la fièvre adynamique *essentielle* se rapporte à l'une ou à l'autre des deux variétés précédentes, dans lesquelles on méconnaît les signes d'irritation qui constituent la maladie : 1° parce que souvent les sujets sont amenés trop tard dans les hôpitaux et qu'on ne peut avoir sur eux aucun renseignement ; 2° parce que la manifestation de la prostration , de la stupeur et de l'immobilité est quelquefois tellement rapide , ou ces symptômes tellement intenses qu'ils ne permettent pas de distinguer les signes d'irritation. Il est peut-être des cas où l'irritation de l'organe primitivement affecté cesse , quoique l'état morbide du cœur et du cerveau , qui donne lieu à la langueur du mouvement circulatoire, des fonctions intellectuelles et des mouvemens musculaires, continue. Si ce dernier cas a lieu , au moins est-il fort rare ; mais on ne peut guère se refuser à l'admettre comme possible plutôt que comme prouvé. On concilie ainsi des opinions très-opposées, sans tomber dans aucune erreur pratique, pourvu que l'on reconnaisse : 1° que la rareté de ces cas fait qu'ils constituent une exception et non une règle ; 2° que dans ces cas les symptômes adynamiques n'en sont pas moins dus primitivement à une irritation ; 3° que cette prolongation des symptômes de langueur dans la circulation , les fonctions cérébrales et les mouvemens musculaires (je répète à dessein ces symptômes) n'a lieu qu'après la durée le plus ordinairement très-prolongée et la diminution graduée de l'irritation primitive ; 4° que dans cet état de choses, la cause la plus légère peut renouveler l'irritation , accroître les symptômes que l'on veut faire cesser, et que ceux-ci cessent d'eux-mêmes le plus souvent quand l'irritation ne se reproduit pas sous l'influence d'un traitement non approprié, lorsque l'irritation primitive n'a pas été excessive ; 5° enfin, qu'il vaut mieux abandonner le malade à la nature, comme on le dit, que de chercher à le tirer de la stupeur dans laquelle il est tombé, en stimulant l'organe qui était irrité et qui trop souvent l'est encore, malgré toutes les apparences du contraire.

Je crois que l'on peut conclure de là : 1° que le groupe de symptômes auquel on donne le nom de fièvre adynamique est presque constamment le degré le plus intense des fièvres gastrique, muqueuse ou même synoque, c'est-à-dire, le plus ordinairement d'une gastro-entérite primitive ou secondaire, et quelquefois de toute autre irritation primitive ; 2° que lorsque l'irritation qui occasionait les symptômes prétendus adynamiques a cessé dans l'organe primitivement lésé, si l'état morbide qu'elle a déterminé sympathiquement dans l'encéphale persiste quelquefois, ce n'est plus la fièvre adynamique, telle que l'a décrite M. Pinel ; c'est un état purement secondaire devenu idiopathique : or, les faits n'autorisent pas à regarder cet état comme une affection asthénique, et l'analogie porte au contraire à le mettre au nombre des irritations de ce viscère, quoique d'ailleurs il y ait d'importantes recherches à faire sur ce point.

Ces principes étant posés, tout s'éclaircit dans l'histoire de la marche et de la terminaison de la fièvre adynamique.

M. Pinel dit qu'elle dure de sept à quarante jours ;

que lorsqu'elle se termine favorablement, il survient une urine trouble avec un sédiment cendré, une sueur générale et chaude, des déjections de matières liées et homogènes, quelquefois des parotides et des abcès. Il n'y a dans tout cela rien qui n'arrive dans les fièvres dont j'ai déjà parlé. La gastro-entérite légère qui donne lieu à une fièvre inflammatoire peu intense, chez les enfans, cesse souvent après l'apparition de tumeurs glanduleuses à la région sous-maxillaire ou à l'aîne, et quelquefois au testicule, ou bien elle se prolonge après l'apparition de ces tumeurs. Il s'en faut que les parotides annoncent toujours la terminaison favorable de la fièvre adynamique ; souvent c'est le contraire. Pour que ce signe soit favorable, il faut qu'il coïncide avec la diminution des autres symptômes ; il en est de même de tous les signes : aucun n'a de valeur pris isolément. La surdité qui survient *vers une époque avancée* a été donnée comme un signe favorable ; mais on n'a pas fait attention qu'elle n'a jamais lieu, ou plutôt qu'on ne la reconnaît jamais que lorsque le malade recouvre le sentiment et le mouvement, c'est-à-dire quand il entre en convalescence : alors les signes favorables ne manquent pas.

Les signes de mauvais augure ont exercé la sagacité d'Hippocrate et de tous les séméiologistes. Parmi ces phénomènes les uns sont communs à la plupart des maladies qui se terminent par la mort ; les autres appartiennent spécialement à la gastro-entérite qui l'entraîne à sa suite. Les premiers sont : l'impossibilité de la déglutition et la chute des boissons dans l'œsophage comme elle a lieu dans un conduit inerte ; le pouls petit, faible, irrégulier et intermittent ; la respiration en même temps accélérée, difficile, courte, et l'haleine froide; la sueur partielle, visqueuse et froide comme la peau; le sédiment noir de l'urine, les soubresauts des tendons, l'insensibilité parfaite, le défaut de réaction à la peau malgré l'application des vésicatoires et autres stimulans. Les seconds sont la persévérance du vomissement ou de la diarrhée, le rejet par la bouche, par l'anus ou par les narines de matières noires et fétides, d'un sang liquide et noirâtre, le météorisme de l'abdomen. Aucun de ces phénomènes peut-être n'indique certainement la mort, quoiqu'ils doivent tous inspirer la plus vive inquiétude; mais leur réunion ne laisse aucun espoir fondé.

Le lecteur doit s'apercevoir qu'en faisant la description de la fièvre adynamique, en recherchant la nature et le siége de cette maladie, j'ai retracé l'histoire des fièvres synoque et gastrique, et des fièvres muqueuses avec irritation qui se terminent par la mort, après un ralentissement remarquable dans la circulation, les fonctions intellectuelles et la locomotion. Sans doute on m'accordera que lorsque ces maladies sont épidémiques, leur nature et leur siége sont les mêmes que lorsqu'elles sont sporadiques; d'ailleurs les fièvres adynamiques épidémiques ayant reçu le nom de *typhus*, elles seront le sujet d'un des chapitres suivans. Voyons si l'ouverture des cadavres confirme tout ce qui vient d'être dit sur le siége et la nature de la fièvre adynamique.

Les lésions que l'on trouve dans les cadavres après la fièvre adynamique se réduisent à fort peu de choses, selon M. Pinel : « L'autopsie cadavérique fournit, dit-il, des résultats *variables: quelquefois* on n'observe aucune lésion notable dans les organes, etc. ; *d'autres fois*, une *rougeur* foncée de la plupart des membranes muqueuses, ou un *épanchement séreux* dans les ventricules cérébraux (1). »

On a lieu de s'étonner qu'un médecin qui a recommandé si souvent l'étude de l'anatomie pathologique se soit cru dispensé d'approfondir la valeur de ces lésions : sans doute il les trouvait trop légères et trop communes pour s'en occuper sérieusement ; toute lésion locale contrariait d'ailleurs l'opinion qu'il s'était faite sur le siége des fièvres ; puisque, suivant lui, ces maladie étaient générales, que pouvaient lui apprendre sur leur nature des lésions si peu étendues et si peu profondes ? Ces lésions acquièrent au contraire une grande importance lorsqu'on cesse de *supposer* que les fièvres envahissent tout l'organisme , lorsqu'on est convaincu qu'elles dérivent toutes d'une lésion primitivement locale. De nombreuses ouvertures de cadavres ont prouvé à M. Prost qu'à la suite des fièvres adynamiques on trouve presque constamment des traces d'inflammation de la membrane des voies digestives (2). M. Broussais s'est convaincu de cette vérité par des travaux du même genre. J'ai été témoin de ses recherches pendant plus d'un an ; j'ai fait ensuite des recherches analogues à l'hôpital militaire du Gros-Caillou ; pendant les premières années de mes études médicales, j'ai ouvert un grand nombre de cadavres sous la direction d'un homme laborieux et modeste

---

(1) *Nos. phil.*, t. 1, p. 196.

(2) *Médecine éclairée par l'observation et l'ouverture des corps.* Paris, 1804, *in-8°*.

qui cherchait de bonne foi les traces des maladies dans
les organes, sans avoir en vue de confirmer ou de combattre aucun système. Je vais exposer le résultat de
mes études avec la certitude que tout médecin pourra facilement se convaincre que ce qui suit est conforme à l'observation la plus scrupuleuse.

Les lésions que l'on trouve dans les cadavres varient
selon que l'inflammation qui constitue la fièvre adynamique a été bornée à l'estomac et aux intestins, ou s'est
étendue à d'autres organes. Ainsi, dans la variété que
j'ai nommée *fièvre adynamique sèche*, on observe le
plus ordinairement les traces connues des phlegmasies
de l'encéphale, des bronches, du poumon, de la plèvre, du larynx, du foie, de l'utérus, des reins, de la
vessie, du tissu cellulaire de l'abdomen ou des membres, etc. Les voies digestives ne sont point lésées, et
lorsqu'elles le sont c'est souvent à un faible degré.
Dans la variété à laquelle j'ai donné, pour abréger,
le nom de *fièvre adynamique humide*, soit qu'elle ait été
ou non acompagnée d'une des phlegmasies que je
viens d'indiquer, il y a presque constamment des traces non équivoques et souvent très-profondes de gastrite, d'entérite, ou de gastro-entérite. A la suite de la
fièvre adynamique *essentielle*, c'est-à-dire qui paraît
être sans signe d'irritation, le plus souvent encore on
trouve ces mêmes traces que rien ne paraissait annoncer. Enfin, il est des cas très-peu nombreux dans lesquels
on ne trouve aucune lésion appréciable après la mort,
dans quelqu'organe que ce soit, quels qu'aient été les
symptômes pendant la vie ; mais ceci n'a presque jamais
lieu dans la fièvre adynamique humide ou putride.
C'est seulement lorsque la maladie a été promptement

mortelle, ou bien lorsqu'elle a duré fort long-temps, lorsque la mort a eu lieu avant le développement complet des signes d'irritation ou long-temps après leur cessation, et surtout quand ils ont peu duré, qu'on ne trouve aucune trace d'inflammation.

C'est donc dans l'estomac et les intestins que l'on trouve les altérations les plus remarquables et les plus constantes à la suite des fièvres adynamiques; mais pour reconnaître ces altérations il ne faut pas se borner à jeter un coup-d'œil superficiel sur la masse intestinale, sans la soulever ni déplacer ses circonvolutions, car ces altérations occupent le plus ordinairement la membrane muqueuse, tandis que la membrane séreuse ou le péritoine intestinal est sain. C'est pour avoir examiné trop légèrement le canal digestif qu'un si grand nombre de médecins se sont plus à répéter que l'anatomie pathologique n'apprenait rien sur le siége et la nature de la fièvre adynamique.

A l'ouverture du cadavre, l'estomac, les intestins, vus à l'extérieur, paraissent souvent être intacts; d'autres fois ils offrent une teinte bleuâtre avec une sorte de transparence; dans d'autres cas, on observe des taches irrégulières, plus ou moins nombreuses, brunâtres, noirâtres ou même absolument noires, répandues à leur surface. Tantôt l'estomac ou les intestins sont distendus par des gaz; tantôt, au contraire, l'estomac est resserré et réduit au diamètre ordinaire d'un intestin.

Si l'on ouvre tout le canal digestif depuis le cardia jusqu'à l'anus, et qu'on enlève les matières liquides, muqueuses, fécales et autres qu'il contient, on trouve presque constamment la membrane muqueuse injectée, pointillée de rouge, couverte de plaques d'un rouge clair ou foncé, pourpres, violettes, bleuâtres, brunes, noirâtres ou d'un gris ardoisé ; cette membrane est épaissie, ramollie, ulcérée, amincie ou perforée, garnie de petites taches ou cicatricules.

On reconnaît l'injection de la membrane muqueuse des voies digestives à de nombreuses stries rouges disposées en réseau, et évidemment formées par les petits vaisseaux de cette membrane dilatés et encore remplis de sang. Ces stries sont plus ou moins rapprochées, plus ou moins nombreuses, souvent visibles à l'extérieur ; on peut les comparer à celles qui se manifestent sur la conjonctive dans l'ophthalmie, et mieux encore à celles qu'on observe sur la membrane de l'isthme du gosier et sur les piliers du voile du palais dans l'angine. Ces stries, qui sont ordinairement d'un rouge clair, quelquefois d'un rouge plus ou moins foncé, s'étendent souvent à des portions très-étendues de la membrane interne des voies digestives.

Au lieu de stries vasculaires, ce sont souvent de petits points d'un rouge vif, plus ou moins serrés, qui n'occupent jamais que des portions assez peu étendues de la membrane muqueuse des voies alimentaires.

Ces stries et ces points, lorsqu'ils sont très-rapprochés les uns des autres, forment des plaques dont le nombre, l'étendue et la forme varient beaucoup. Souvent un champ de ces stries se trouve semé pour ainsi dire de ces mêmes points.

Outre les plaques dont je viens de parler, il en est d'autres dans lesquelles on reconnaît à peine quelques stries ou quelques points distincts, tant l'injection est complète ; leur couleur varie depuis le rouge clair et même brun jusqu'au noir, tel qu'on l'observe à la surface des plaies gangréneuses. Ces plaques, dont l'étendue varie depuis la largeur de l'ongle jusqu'à celle de la paume de la main et davantage, envahissent fréquemment la presque totalité de la surface de l'estomac, et la majeure partie de l'intestin grêle ; la membrane interne de ces parties est souvent rouge, brunâtre ou grisâtre dans l'espace d'un ou de plusieurs pieds.

Lorsqu'il n'y a qu'une simple injection, ou des points seulement, ordinairement la membrane n'est point épaissie ; elle l'est souvent quand les stries et les points sont disposés par plaques ; presque toujours quand les plaques présentent une couleur rouge uniforme, toujours quand on lui remarque la teinte grisâtre ardoisée dont j'ai parlé. Quand la membrane digestive offre une teinte bleuâtre visible à travers les membranes musculaire, séreuse, cellulaire, ee qui a lieu fréquemment dans la totalité de son étendue, la paroi de l'intestin est fort mince, et comme transparente, ce qui n'exclut pas la présence de stries ou de points rouges dans divers points de sa surface interne.

Si l'on examine avec soin les parties rouges, grisâtres ou noirâtres de la membrane muqueuse gastro-intestinale, on verra qu'elles ont souvent subi un véritable ramollissement, qu'elles sont même quelquefois réduites en une sorte de bouillie ou substance gélatiniforme. Cette altération a quelquefois lieu sur des portions d'intestins qui n'offrent aucune rougeur, ou qui ne sont rouges ou noirâtres que par places. Au centre des portions ramollies est souvent un point noir dont l'étendue varie depuis moins d'une ligne jusqu'à la largeur de l'ongle, d'une pièce d'un franc ou même davantage ; ce point comprend parfois toute l'épaisseur de

la paroi intestinale, et forme à la surface de la membrane
séreuse les taches noires dont il a été fait mention.

Le ramollissement est quelquefois très-circonscrit,
et le résultat de son plus haut degré est alors la
formation d'ulcères ordinairement de quelques lignes
de diamètre, quelquefois fort étendus, dont les bords
sont épais, coupés à pic aux dépens de la membrane
muqueuse , souvent même de la musculaire; le
fond en est blanchâtre, grisâtre et couenneux, comme
la plupart de ceux des membranes muqueuses. Ces
ulcères sont souvent entourés d'une aréole d'un rouge
plus ou moins foncé ; on les observe tantôt à la portion
postérieure, tantôt à la portion antérieure à la membrane
muqueuse des intestins ; plus souvent vers la fin de
l'intestin grêle, surtout près de la valvule iléo-cœcale,
que dans les gros intestins , excepté dans le cas de
la diarrhée , et en général plus souvent dans ces derniers que dans l'estomac. A la surface de ces ulcères , on trouve fréquemment des végétations quelquefois volumineuses, molles ou dures, rouges ou
noirâtres.

Au lieu de ces ulcères circonscrits , ordinairement
arrondis, on trouve quelquefois une sorte d'usure des
tuniques de l'estomac, dont l'épaisseur diminue insensiblement jusque vers un point où elles sont excessivement minces et transparentes ou même perforées.

Cette usure, toujours très-étendue , se rencontre
moins souvent dans les intestins ; mais il n'est pas très-
rare de trouver dans ceux-ci une usure circonscrite
au centre de laquelle est une perforation telle à-peu-
près que la produirait un emporte-pièce. Quelquefois
le siége de la perforation , la partie où elle a lieu, est

souvent encore rouge ou brunâtre après la mort ; d'autres fois elle n'offre aucune coloration remarquable.
Quand la perforation d'un point quelconque du canal
digestif a lieu, les liquides contenus dans ce conduit
ont passé en totalité ou en partie dans la cavité du péritoine, sur lequel on trouve toujours dans ce cas des traces
d'inflammation. La perforation a lieu quelquefois entre
deux intestins adhérens, de manière que l'épánchement
ne se fait point, les matières passant d'un intestin dans
l'autre par cette communication anomale.

On a beaucoup parlé des invaginations des intestins, et il reste encore des recherches à faire sur cette
singulière lésion, qui n'est pas très-rare à la suite des
fièvres adynamiques : quelquefois multiple, souvent
très-étendue, elle a toujours lieu par l'introduction de
la portion supérieure dans la portion inférieure de
l'intestin ; elle est presque constamment accompagnée
de traces d'inflammation.

Il n'est pas rare de trouver diverses altérations dans
les portions du mésentère qui correspondent aux parties enflammées des intestins ; on le trouve souvent
rouge ou du moins rétracté ; ce qui fait, selon la remarque très-importante de **M.** Broussais, que les intestins
lésés sont presque toujours situés dans la profondeur
de l'abdomen, tandis que ceux qui sont intacts les recouvrent et se présentent les premiers à l'ouverture des
cadavres. Les ganglions mésentériques qui avoisinent les
parties enflammées de l'intestin sont souvent tuméfiés,
rouges et rénitens. Bordeu (1), Rœderer et Wagler (2)

____

(1) OEuvres complètes , page 110.
(2) *De Morbo mucoso*, page 317.

avaient fait cette remarque que M. Broussais a reproduite, en en tirant de lumineuses conséquences qui, il
faut l'avouer, n'étaient point venues à la pensée de ces
hommes célèbres préoccupés des théories de leur temps.

Les cavités digestives contiennent des liquides plus
ou moins abondans et d'aspect très-varié. C'est tantôt une
assez grande quantité de mucosités quelquefois disposées
en couche membraniforme plus ou moins étendue ou
en paquets glaireux; tantôt, mais bien plus rarement,
une certaine quantité de bile de diverse couleur; tantôt enfin quelquefois un liquide noirâtre, grisâtre et
séreux, ou du sang noir et liquide ou coagulé et grumeleux comme il l'est dans du boudin; la présence des
vers n'a rien de constant. Très-souvent il n'y a point
de matières fécales quand le malade a été tenu au régime et qu'on a donné des lavemens, lors même qu'il
y a des ulcères.

Tel est le tableau sommaire des diverses altérations
que l'on trouve dans l'estomac et les intestins après la
mort chez les sujets qui succombent avec les signes de la
fièvre adynamique, quand le tube digestif a été enflammé. Si à la gastro-entérite il s'est joint une inflammation dans une partie quelconque de l'organisme, on
trouve le plus souvent les traces de cette dernière.
Si, par exemple, il y a eu quelques signes d'irritation
de l'encéphale, s'il y a eu du délire outre la prostration, on trouve les vaisseaux du cerveau gorgés de
sang, l'arachnoïde rougeâtre, de la sérosité à la surface de cette membrane. Y a-t-il eu de la toux, de l'oppression, un point douloureux au thorax, les bronches, les plèvres sont rouges, le parenchyme pulmonaire est gorgé de sang. Dans le cas d'angine dite gan-

gréneuse, la membrane muqueuse de l'arrière-bouche présente à un haut degré les traces de la plus violente inflammation dont la gastro-entérite n'a souvent été que l'extension ou la répétition. A la suite de la fièvre bilieuse adynamique, les canaux biliaires et la vésicule elle-même participent quelquefois à la rougeur plus ou moins foncée de la membrane muqueuse gastrique ou duodénale ; le foie est gorgé d'un sang noir qui ruisselle quand on divise le tissu de ce viscère. Dans le chapitre précédent j'ai rapporté avec exactitude les lésions que Rœderer et Wagler ont trouvées dans les cadavres de sujets qui avaient succombé à la fièvre muqueuse, et par conséquent pour la plupart à la fièvre muqueuse adynamique. Lorsque l'urine a été supprimée les reins sont rouges, plus rénitens qu'à l'ordinaire, ou quelquefois sans altération appréciable. La membrane muqueuse vésicale est fort souvent manifestement rouge , injectée, ponctuée en rouge ou en noir, comme celle du conduit intestinal. Enfin le gland et l'intérieur des grandes lèvres sont, après la mort, dans quelques cas, d'un rouge vif, sombre ou violacé, qui annonce ce qu'on trouve ensuite à l'ouverture du cadavre.

Est-il possible de reconnaître avec certitude pendant la vie le degré d'inflammation, et de prévoir l'espèce d'altération que l'on trouvera, si le malade succombe, dans l'organe dont la phlegmasie donne lieu aux symptômes adynamiques ? On ne peut répondre affirmativement à cette question dans l'état actuel de la science, parce que jusqu'ici on n'a pu encore s'occuper à rechercher les nuances de symptômes qui correspondent plus particulièrement à chacune de ces altérations plutôt qu'à d'autres. L'impossibilité où nous nous trouvons de pouvoir évaluer exactement l'état des parties enflammées pendant la vie, est un des obstacles les plus puissans à la direction et par conséquent au succès du traitement.

Si ce qu'on vient de dire avait été publié dès le commencement de la renaissance des sciences, aucune objection n'aurait été élevée; on se serait borné à observer des malades, à ouvrir des cadavres, pour connaître et perfectionner de plus en plus le diagnostic et le traitement de la fièvre adynamique, c'est-à-dire des maladies inflammatoires avec symptômes de débilité apparente, auxquelles on a donné ce nom. Mais toute théorie qui renverse des doctrines consacrées par le temps et par l'autorité de noms justement célèbres, éprouve nécessairement de la résistance. Cependant les objections qui ont été dirigées contre celle que je viens d'exposer sont plus remarquables par leur frivolité que susceptibles de convaincre.

1°. On a nié les altérations que les organes, et surtout ceux de la digestion, présentent après la mort à la suite des fièvres adynamiques. Nier un fait ce n'est pas prouver qu'il n'a point lieu, c'est seulement témoigner qu'on voudrait pouvoir en récuser les conséquences. Que répondre cependant aux personnes qui prétendent qu'on ne trouve rien dans les cadavres lorsque la mort a terminé ces maladies? Qu'elles n'ont pas vu, ou qu'elles n'ont pas voulu voir; qu'elles ont mal vu, ou qu'elles ont voulu voir mal.

2°. On a dit que ces altérations n'avaient lieu que dans le plus petit nombre des cas. En admettant qu'il en fût ainsi il resterait encore à déterminer ce qu'il fau-

drait penser des cas dans lesquels elles sont manifestes, et par conséquent réduire d'autant le nombre des
fièvres adynamiques essentielles.

3°. On est convenu que dans les trois quarts des sujets on trouvait ces altérations, et par suite les uns,
en plus grand nombre, ont admis la rareté des fièvres adynamiques essentielles, et la fréquence des fièvres adynamiques symptomatiques ; tandis que les autres ont continué à considérer toutes ces fièvres
comme autant de maladies primitives. Aux premiers
on peut répondre que les cas dans lesquels on ne
trouve aucune trace d'inflammation sont à ceux dans
lesquels on en trouve comme un est à cent, et que par
conséquent la fièvre adynamique essentielle, si elle
existe, est non-seulement rare, mais excessivement rare, ce qu'il importe de savoir pour le choix des moyens
du traitement. Aux derniers, il faut dire qu'ils observent sans profit pour la science et pour l'humanité ; qu'ils veulent en vain annuler l'autorité des cas
les plus fréquens par celle des cas les moins ordinaires, et qu'ils se servent de l'exception pour détruire une
règle qu'elle confirme ; enfin qu'il est absurde de prétendre qu'une chose ne prouve rien quand elle existe,
par cela seul qu'elle n'existe pas toujours.

4°. On a dit que les traces dont il s'agit, quelle que
fût d'ailleurs leur nature, n'étaient jamais assez fortes
pour qu'on puisse faire dépendre la mort de la lésion
à laquelle on voudrait les rapporter ; qu'une plaque
rouge, qu'une plaque noire, et même évidemment
gangréneuse, ne pouvaient entraîner la mort, puisque
souvent la suppuration d'une portion ou même de la
presque totalité d'un poumon ne la déterminait pas.

Mais il y a une grande différence, sous le rapport des dangers que leurs lésions font courir, entre les organes qui, comme le poumon, sont formés d'une substance identique dans tous les points de leur étendue, et dont toutes les parties peuvent se suppléer jusqu'à un certain point, et la portion du canal digestif qui s'étend du cardia à l'anus; c'est en quelque sorte un seul organe qui, pour remplir convenablement ses fonctions, doit être intact dans toutes ses parties. Il en est de la membrane muqueuse qui le revêt comme de celle des bronches : aussi ces deux membranes sont-elles également susceptibles de provoquer la mort quand elles sont enflammées à un degré suffisant, soit pour être rendue inapte à la fonction qui leur est confiée, soit pour agir sur le cerveau et le jeter dans un état de souffrance qui constitue la plus redoutable complication. Or, s'il est prouvé, par les observations des auteurs les plus recommandables, que le croup et la pleurésie primitive puissent provoquer la mort sans laisser d'autres traces que de la rougeur; si l'angine gutturale elle-même a tué un grand nombre de malades dans certaines épidémies et cela sans laisser d'autre trace que la rougeur encore moins foncée que dans l'état de vie, ou l'aspect gangréneux de la membrane qui en était le siége; si la péripneumonie elle-même ne laisse quelquefois après elle qu'une simple congestion de sang dans le poumon, une inflammation de la membrane des voies digestives peut également ne point laisser de traces plus prononcées, lors même qu'elle détermine la mort.

Ce ne sont point d'ailleurs l'injection, les points ni les plaques rouges, ni même la gangrène que l'on trouve dans les intestins, ni les traces d'inflammation qu'on observe dans d'autres organes qui déterminent la mort chez les sujets qui ont offert les symptômes de la fièvre adynamique. Toutes ces altérations ne sont que des restes, des indices, des vestiges d'un état morbide redoutable dont le résultat a été l'interruption de la fonction de l'organe malade , le trouble ou la cessation de son influence sur un organe plus important ou d'une importance égale à la sienne. Ce léger réseau vasculaire, et cette large tache rouge ou brunâtre, ne sont pas, nous le savons très-bien, des lésions profondes de structure; mais ils indiquent qu'en cet endroit il y avait pendant la vie un afflux impétueux du sang , une vive rougeur, de la chaleur, en un mot une cause de douleur que souvent le malade n'a point accusée parce qu'il ne pouvait exprimer avec exactitude ses souffrances. Ce sont les marques d'un surcroît local d'action nutritive, dont le résultat a été la destruction de l'activité vitale dans une partie d'abord , puis dans le reste de l'organisme.

Quelle est d'ailleurs cette singulière disposition d'esprit qui porte à nier l'influence meurtrière d'une lésion vitale parce qu'on ne la retrouve pas toute entière dans un cadavre, et qui porte à accuser des organes dans lesquels on ne trouve aucune trace de maladie , au lieu d'attribuer la mort à ceux dans lesquels on en trouve, quelque légères qu'elles soient d'ailleurs?

5°. Pour contester plus commodément l'importance des altérations observées à la suite de la fièvre adynamique, on a prétendu qu'elles n'étaient pas dues à l'inflammation, et pour cela on a oublié, ou l'on n'a point fait attention que toutes les causes des fièvres adynamiques excitent l'action vitale dans les organes qui présentent des traces de phlegmasie après la mort ; que pendant la vie la phlegmasie est le plus souvent facilement appréciable, si on observe les malades avec toute l'attention requise ; on n'a pas vu que la fièvre adynamique succède constamment à une fièvre d'irritation synoque, gastrique ou muqueuse, c'est-à-dire à l'inflammation, à l'irritation d'un organe quelconque, et principalement des voies digestives.

On a dit que ces altérations étaient l'effet de la fièvre, de l'asthénie, de la mort.

6°. Ces altérations ne sont point l'effet de la fièvre, si par *fièvre* on entend un groupe de symptômes : la petitesse du pouls, la fuliginosité des dents, la prostration ne sauraient déterminer la rougeur du canal digestif. Si par *fièvre* on entend un état morbide *sui generis*, inconnu, les altérations dont il s'agit indiquent au moins que cet état avait son siége dans les parties où on les observe, et l'on est en droit d'en conclure qu'il ne résidait point ailleurs, puisqu'ailleurs il n'a point laissé de traces. Il ne reste plus qu'à déterminer la nature de cet état : or, si quand il laisse des traces, elles sont parfaitement semblables à celles de l'inflammation ; si les causes qui le déterminent sont les mêmes causes que celles de l'inflammation ; si ses principaux symptômes et ses symptômes primitifs sont inflammatoires, et si dans les inflammations dont la nature n'est pas contestée on voit survenir des symptômes adynamiques qui dépendent évidemment de l'excès d'inflammation, n'est-il pas raisonnable d'en conclure que l'état morbide qui constitue la fièvre adynamique est une inflammation ? Veut-on que ce ne soit qu'une irritation ? j'y consens volontiers, pourvu qu'on reconnaisse que toute irritation consiste dans un surcroît d'action vitale et réclame l'usage des anti-phlogistiques.

7°. D'autres plus hardis on dit que les altérations dont il s'agit provenaient de l'asthénie générale à laquelle les malades sont en proie dans la fièvre adynamique. Si nous prouvons que l'asthénie du cœur et des intestins ne détermine point ces altérations, il sera bien démontré que l'asthénie générale ne les détermine pas davantage. Comment le cœur pourrait-il, en raison de sa faiblesse, donner seul lieu à la formation de ces plaques gangréneuses dans lesquelles les tissus qui forment les parois du canal digestif sont ramollis et souvent réduits en état de putrilage? Pour que la faiblesse de ce viscère favorise le passage de l'inflammation à la gangrène il faut que l'inflammation existe au préalable; il n'y a jamais de gangrène sans que l'inflammation ne la précède, ne fût-ce que d'un instant. D'ailleurs, les plaques gangréneuses ne sont que les derniers effets de la phlegmasie gastro-intestinale qui le plus ordinairement donne lieu aux symptômes adynamiques : si on en juge d'après les hernies étranglées, ceux-ci se manifestent avant le développement des escarres gangréneuses.

La faiblesse du cœur pourrait-elle déterminer la formation de réseaux vasculaires injectés de points, de plaques rouges dans certaines parties seulement du canal digestif? Le cœur n'ayant de rapport qu'avec tout ce canal à la fois, quels que soient les effets qu'il y produit, ces effets doivent s'étendre à tout le tube digestif. A des altérations locales de structure en ne peut supposer qu'une cause locale.

8°. L'asthénie des intestins ne saurait être la cause

des altérations phlegmasiques que ces parties offrent après la mort. Que peut-il résulter de cette asthénie ? la stase du sang dans les vaisseaux capillaires ? Mais cette stase aurait lieu uniformément, et c'est ce qui n'arrive pas dans la fièvre adynamique. Ce sont encore une fois des altérations locales; et à moins de supposer que certaines parties des intestins soient seules dans la faiblesse, il faut les attribuer à l'irritation de portions plus ou moins étendues de ces organes. On ne voit pas d'ailleurs comment l'asthénie qui se manifeste pendant la vie par la pâleur des tissus laisserait de la rougeur après la mort, tandis que l'inflammation qui produit cet effet pendant la vie, et souvent après la mort, dans tous les autres tissus, ne le pourrait faire dans la membrane muqueuse intestinale.

9°. On a comparé les rougeurs du canal digestif à celles que l'on observe à la peau dans la même fièvre; on a dit que celles-ci étant dues à la faiblesse, celles-là devaient en dépendre également; mais on a oublié de prouver que la faiblesse était la cause des dernières; par conséquent je suis dispensé de prouver qu'elle n'est point celle des premières.

10°. Les altérations que l'on trouve dans les cadavres après la fièvre adynamique sont des effets de la mort, des phénomènes purement cadavériques, selon quelques personnes ; qu'elles nous expliquent donc pourquoi elles ne mettent pas au nombre de ces mêmes phénomènes la rougeur de la membrane muqueuse des bronches et de la gorge lorsqu'elle persiste après la mort. Le professeur Chaussier a d'ailleurs enseigné à distinguer les taches cadavériques, et l'on ne peut sans ignorance confondre avec elles les altérations que l'on trouve après la mort des sujets affectés de fièvre adynamique. D'ailleurs, il ne suffit pas d'avancer une proposition pour qu'elle soit admise, et l'on est encore à prouver que des altérations qui annoncent évidemment une phlegmasie, quand elles se montrent après l'ingestion de substances vénéneuses, ne soient plus qu'un phénomène développé après la mort, quand on les trouve chez des sujets qui n'ont pas été empoisonnés.

11°. Ces altérations sont compatibles, dit-on, avec l'état de santé; on les a trouvées dans les cadavres de personnes tuées subitement par des causes mécaniques; on en trouve d'analogues dans le canal intestinal des chiens sacrifiés pour les expériences; enfin il s'en rencontre souvent de telles après la mort sans que les symptômes adynamiques se soient manifestés pendant la vie. A tout cela la réponse est facile. Rien ne prouve directement que pendant la vie on porte impunément de pareilles altérations. Les personnes dans le cadavre desquelles on en a trouvé après une mort accidentelle n'éprouvaient-elles aucun dérangement des fonctions digestives à l'époque où elles furent frappées mortellement? c'est ce qu'on ne dit pas, et c'est pourtant ce qu'il aurait fallu savoir. Ces altérations ne sont point inséparables de l'adynamie; personne n'a dit qu'elles le fussent; mais elles prouvent, quand on les trouve après l'adynamie, que l'adynamie était due à la lésion dont elles sont les restes, lorsque pendant la vie il y a eu des signes d'irritation des voies digestives, quelque légers, quelque fugaces qu'ils aient été, sans préjudice d'ailleurs de la disposition plus ou moins forte du cerveau à s'affec-

16

ter. Quant aux rougeurs observées dans le conduit intestinal des chiens en santé, qu'est-ce que cela prouve
pour l'état de ce canal chez l'homme malade?

12°. Quelques médecins, poussés dans leurs derniers retranchemens, ont attribué l'irritation, l'inflammation de la membrane muqueuse des organes
digestifs, dans la fièvre adynamique, à la présence des matières fécales sur cette membrane; et
pour démontrer cette chimère, ils ont soutenu, contre
l'évidence, que les traces d'inflammation se trouvent toujours à la partie la plus déclive du canal
intestinal. Mais ces traces s'observent aussi dans l'estomac, où il n'y a point de matières fécales; dans les
intestins grêles, où il y en a peu; on les trouve lors
même qu'il n'y a pas un atôme d'excrémens dans tout
le tube intestinal, et, qui plus est, dans la plupart des
cas où il y a diarrhée. Quand les intestins contiennent
de telles matières, n'est-il pas ridicule de prétendre
qu'elles n'irritent que la partie déclive de ces organes,
puisque ces organes les embrassent étroitement? Cette
objection ne mérite donc pas qu'on s'y arrête.

Il serait inutile d'insister sur diverses traces d'inflammation que l'on trouve à la suite des fièvres adynamiques dans d'autres organes que l'estomac et les
intestins; car, ou bien l'on avoue qu'elles sont des
restes de phlegmasie, ou l'on fait à leur occasion toutes
les objections auxquelles je viens de répondre. Seulement on prétend, dans le cas où l'inflammation est
moins forte pendant la vie, que ce n'est pas cette lésion
qui produit l'adynamie, ce qui est une erreur palpable; car si l'inflammation n'avait pas eu lieu, les
phénomènes adynamiques ne se seraient pas mani-

festés, parce que le cerveau n'aurait point été sympathiquement affecté comme il l'est dans cet état.

Avant de terminer, je ne puis me dispenser d'examiner la valeur de deux graves objections relatives aux traces d'inflammation que l'on trouve dans quelque organe que ce soit après la fièvre adynamique, et dirigées contre l'opinion qui me paraît devoir être adoptée sur la nature de cette fièvre. On accorde que ces altérations sont effectivement des vestiges d'une inflammation; on ne se refuse pas à lui attribuer les symptômes adynamiques; mais on se retranche à dire que cette inflammation est *asthénique, atonique, adynamique, gangréneuse, charbonneuse*; en un mot qu'elle dépend d'un affaiblissement de la force ou des propriétés vitales, et non d'un surcroît d'action dans les principaux viscères. C'est ainsi qu'après avoir accordé ce que l'observation ne permet pas de méconnaître, quand on est sans prévention, on retourne involontairement vers l'erreur par le prestige de mots vides de sens.

Que peut-on entendre par une inflammation asthénique? Sans nous jeter dans l'étude des inflammations latentes, prenons celles qui se manifestent par la rougeur, la chaleur, la douleur et la tuméfaction. Il est généralement avoué que, dans toute partie qui offre ces quatre phénomènes, le sang arrive en plus grande quantité que dans les parties environnantes; que cette partie transmet au cerveau des impressions inaccoutumées qui le stimulent et lui font éprouver de nouvelles sensations fortes et pénibles. Maintenant comment donc concevoir que le sang arrive en plus grande quantité dans une partie affaiblie, par le fait seul de cet affaiblissement? et n'est-il pas singulier que l'on croie démontrer la réalité de cet affaiblissement supposé, en donnant comme preuve les phénomènes de l'inflammation, qui indiquent au contraire que si cette faiblesse existait avant leur apparition, elle a cessé dès qu'ils se sont manifestés? On peut soutenir avec avantage qu'une partie affaiblie s'enflamme plus aisément sous l'influence des causes d'irritation ; mais dès qu'elle est enflammée, elle n'est plus affaiblie ; il n'y a donc pas d'inflammation qui consiste essentiellement dans l'asthénie d'un tissu quelconque. Dira-t-on que, par inflammation asthénique, on n'entend qu'une inflammation sthénique comme toutes les phlegmasies, mais développée chez un sujet affaibli ? Alors on rentre dans les vrais principes de la pathologie physiologique ; il ne reste plus qu'à se convaincre qu'un sujet affaibli ne l'est jamais également dans tous ses organes ; que s'il l'est en effet dans plusieurs, il est ordinairement trop fort dans d'autres, souvent plus importans ; et que l'inflammation est toujours identique, soit qu'elle se manifeste chez des sujets forts, soit qu'elle se développe chez des sujets faibles ; enfin que chez les uns et chez les autres elle ne peut varier qu'en intensité, en profondeur et en étendue. Si la marche de l'inflammation diffère dans le scorbutique et dans le jeune homme pléthorique, c'est en raison de la nature des tissus dans lesquels elle se développe : chez le premier, ces tissus sont détruits lentement ou rapidement, mais sans phénomènes inflammatoires très-prononcés ; chez le dernier, elle cesse après des phénomènes inflammatoires toujours saillans, et qui, ordinairement, se manifestent rapidement ; mais chez l'un et chez l'autre elle constitue toujours le même travail morbide. Il est inutile de s'arrêter plus longtemps à démontrer cette vérité prouvée par MM. Canaveri et Tommasini, et mise hors de doute par M. Broussais.

Il est encore un argument que je ne dois point passer sous silence. Cette inflammation, dit-on, que vous croyez être toujours identique, ne peut-elle pas dépendre, au moins quelquefois, d'un principe délétère qui adhère aux tissus malades, jusqu'à ce qu'il les ait détruits, à la manière des caustiques, ou qui les modifie si profondément, que, lors même qu'il ne se trouve plus en contact avec eux, la désorganisation a lieu nécessairement, à moins toutefois que l'on ne s'y oppose par l'emploi d'un agent thérapeutique approprié à la nature de ce principe caché plutôt qu'à celle des symptômes phlegmasiques qui se manifestent ? Cette objection n'a de force qu'autant qu'on ne s'entend pas sur la valeur de tous ces termes. Il est certainement des inflammations qui tendent directement à la gangrène, puisqu'il en est beaucoup qui se terminent de cette manière; il en est même que rien n'empêche de se terminer ainsi; enfin il en est que l'on empêche d'arriver à ce mode de terminaison par des moyens qui paraissent devoir l'occasioner. Voilà les faits ; voici les conséquences : une inflammation qui se termine par la gangrène n'étant comme toutes les autres qu'une exaltation de l'action vitale, n'a rien d'essentiellement différent de toutes les autres ; et ce qui le prouve, c'est que souvent on parvient à en arrêter les progrès par les anti-phlogistiques, et la gangrène n'a point lieu : pourquoi serait-elle spécifiquement différente quand on empêche cette termi-

-maison par des toniques ? Les anti-phlogistiques et les toniques n'agissent point sur la cause de l'inflamma-tion, mais sur le tissu enflammé : or, quel que soit le moyen par lequel on fait cesser l'état morbide de ce tissu, cet état morbide n'en a pas moins été de nature sthénique. Une ophthalmie se déclare à l'œil gauche ; on la traite par un topique irritant ; elle cesse. Peu de jours après elle reparaît à l'œil droit : on la traite par les anti-phlogistiques ; elle cesse : était-elle donc sthénique dans un œil, asthénique dans un autre ? Dans un même hôpital se trouvent un certain nombre de malades affectés de gastro-entérite : les uns sont traités par les toniques, les autres par les anti-phlogistiques ; chez tous, les symptômes ont été les mêmes, sauf les nuances individuelles d'intensité et d'étendue : dira-t-on que, parmi ceux qui ont guéri *par* ou *malgré* ces deux modes opposés de traitement, les uns avaient des inflammations sthéniques, et les autres des inflammations asthéniques ? Si je ne suis pas resté trop au-dessous d'un sujet si important et si dif-ficile, le lecteur doit être déjà persuadé qu'une pa-reille distinction est une absurdité ; et, pour achever de le convaincre, il me suffira sans doute de prouver que cette trop célèbre division, imitée de ce qu'il y a de plus faux en pratique dans le brownisme, n'est fondée que sur une appréciation irréfléchie de l'influence des agens thérapeutiques, et sur l'habitude vicieuse de juger de la nature des maladies d'après les propriétés vaguement attribuées par l'empirisme aux médicamens. La solution de ce problème se réduit à cette vérité, qu'un tonique peut quelquefois guérir une inflammation, et la chose n'est pas plus étonnante que de voir des émolliens rendre des forces à un malade. Les toniques guérissent en dérivant l'irritation sur un organe qui jusque là était demeuré sain , ou en déterminant l'astriction du tissu enflammé (1).

Traitement de la Fièvre adynamique.

Jusqu'ici je n'ai rien dit du pronostic de la fièvre adynamique , parce qu'il dépend trop intimement de l'influence du traitement pour qu'on puisse en parler convenablement avant de s'occuper de ce dernier. La fièvre adynamique a été rangée parmi les maladies les plus meurtrières, en raison du grand nombre de sujets qui succombent lorsqu'on a recours au traitement tonique , ce qui n'a pas empêché de recommander ces moyens comme les seuls qui fussent appropriés à la nature du mal. Une remarque importante, et qui jette un certain jour sur la grande question que je vais examiner, c'est qu'aussi long-temps que le traitement fortifiant a été généralement employé , on s'est plaint de son inefficacité dans la plupart des cas ; tandis qu'aussitôt qu'un traitement tout différent a été proposé, on s'est extasié sur l'efficacité des toniques. D'où vient cette contradiction ? Il ne serait pas difficile d'en trouver la source dans le cœur humain ; mais il suffit de dire que les médecins sans prévention, étrangers à tout esprit de parti , ont reconnu l'inutilité des toniques dans la plupart des fièvres adynamiques. C'est même pour cela que les auteurs les plus recommandables ont insisté sur la nécessité de recourir à ces moyens dès

______

(1) *Voyez* l'*Introduction ,* pag. 5o, prop. 119 et suiv.

que le plus léger symptôme adynamique commence à paraître. Ce conseil était judicieux ; on ne saurait trop s'attacher à prévenir un mal que l'on guérit si rarement. M. Pinel dit formellement : « Ces fièvres se terminent *souvent* d'une manière funeste, *quelquefois* cependant... (1) ». Je ne crains pas d'affirmer, après dix ans d'observation en France, en Espagne, en Allemagne et en Hongrie, que la moyenne proportionnelle du nombre des sujets qui périssent de la fièvre adynamique, sporadique ou épidémique, traités par les toniques, est au moins à celui des sujets qui sont atteints de cette maladie, comme trois est à quatre : bien entendu qu'il ne s'agit point ici de cette maladie chimérique appelée *fièvre adynamique essentielle*, mais des fièvres gastriques ou muqueuses, et des inflammations manifestes avec symptômes de débilité apparente, auxquelles on donne le nom de *fièvres adynamiques*, simples ou compliquées, presque selon le caprice de celui qui les observe.

Nous n'avons point de données exactes sur la mortalité des fièvres adynamiques abandonnées à la nature, parce qu'à défaut de médicamens, les malades sont trop souvent gorgés de vin et autres boissons stimulantes : cependant, il suffit d'avoir observé attentivement dans les hôpitaux de nos armées pour s'être assuré que le quinquina n'a diminué le nombre des morts qu'à mesure de la diminution de l'influence des causes de la maladie. Quel médecin ou chirurgien militaire n'a point vu des hommes atteints de la redoutable fièvre adynamique, placés sur des charrettes pour

____

(1) *Nos. phil.*, t. 1, p. 175.

éviter l'approche de l'ennemi, se rétablir pendant la route sans avoir pris de médicamens ? Il me serait facile de citer les noms de plusieurs chirurgiens qui ont recouvré la santé de cette manière, si ces faits n'étaient pas trop généralement connus pour qu'il soit nécessaire de chercher à les prouver. Moi-même j'ai échappé au danger d'une gastro-entérite avec symptômes adynamiques, sans avoir pris, si ce n'est pendant ma convalescence, les potions toniques qui me furent prescrites par un habile médecin, pour lequel j'ai conservé d'ailleurs la plus vive reconnaissance.

Parmi les malades traités par les toniques qui ne succombent point à la fièvre adynamique, il en est certainement qui guérissent *malgré* et non *par* ces moyens. Très-rarement les symptômes s'améliorent promptement ; les signes de faiblesse augmentent ordinairement d'intensité ; dans les cas les plus heureux, la maladie s'aggrave pendant plusieurs jours, et même pendant une ou deux semaines, jusqu'à ce qu'enfin les symptômes diminuent graduellement, ou que le malade sorte subitement de son abattement. N'est-il pas déjà probable que si les toniques étaient appropriés à la nature du mal, on les verrait plus souvent améliorer promptement l'état des malades, comme il arrive le plus ordinairement par le traitement anti-phlogistique?

Le traitement tonique et le vomitif que l'on a recommandés contre la fièvre adynamique sont formellement contre-indiqués : 1° par la nature des causes de cette maladie, qui, pour la plupart, agissent en stimulant les organes intérieurs, et notamment les organes digestifs ; 2° par la nature supposée de ces causes qui, si elles débilitaient en effet, comme on le prétend, exclurait

nécessairement l'usage des évacuans ; 3° par les symptômes, qui annoncent, dans la presque totalité des cas,
l'inflammation d'un viscère important, et le plus ordinairement des voies digestives elles-mêmes, ce qui
contre-indique à la fois et le vomitif et les toniques ;
4° par la nature bien connue des fièvres synoques,
bilieuses, gastriques ou muqueuses dont les symptômes précèdent ou accompagnent presque constamment ceux de la fièvre adynamique ; 5° par les traces
de phlegmasie que l'on trouve dans la plupart des cadavres à la suite de cette fièvre, le plus ordinairement
dans les voies digestives et quelquefois aussi dans d'autres organes ; 6° enfin, par les fâcheux effets qui résultent ordinairement de l'emploi des toniques et des vomitifs dans le plus grand nombre des cas.

Comment se fait-il que pendant si long-temps on
se soit borné, sur des motifs purement théoriques, à
prescrire des moyens dont on retirait si peu d'avantage ? Je dis que le traitement tonique n'a été proposé
et mis en usage que sur des motifs purement théoriques, et il est facile de le démontrer. D'abord il est
évident que si on a continué à l'employer, ce n'était
pas à cause des avantages qu'on en retirait ; ensuite
pour se convaincre que je ne suppose rien, il suffit
de lire le passage suivant : « Dans les fièvres appelées
putrides, où le *pouvoir vital est diminué*, et les actions
qui en dépendent beaucoup affaiblies, le cœur est
hors d'état de se débarrasser du sang qui s'y accumu-
le, et dont la quantité l'irrite au point de ne lui permettre que de petites et fréquentes contractions,
comme dans le froid d'une fièvre intermittente. Dans
ce cas, le même spasme et la même pâleur continuent

d'*agir* sans relâche ; la stupeur extraordinaire et le *poids* des parties musculaires qu'*occasione la diminution du principe vital*, doivent mettre obstacle à la force propulsive du cœur, et à la *propagation* du mouvement du sang. Afin de rendre aux contractions du cœur leur vigueur première, nous sommes forcés de soutenir sa *faiblesse* par l'administration de stimulans toniques qui puissent le solliciter à remplir ses fonctions, *ou* d'exciter l'énergie vitale qui s'affaisse (1) ». Ou je saisis mal le sens de ce passage, ou le professeur Pinel n'a conseillé le traitement tonique que d'après des vues purement théoriques, et, ce qu'il y a de plus remarquable, d'après une théorie tirée des écrits de Boerhaave et de son *verbeux* commentateur.

Puisque ce n'est point l'expérience qui a conduit à préférer le traitement tonique dans la fièvre adynamique, mais seulement des raisonnemens fondés uniquement sur l'idée erronée qu'on s'était faite de la nature de cette fièvre ; puisqu'on a cru devoir donner des toniques par cela seul qu'on attribuait cette fièvre à la faiblesse, comme les anciens avaient donné des toniques parce qu'ils l'attribuaient à la putridité ; enfin, puisque l'expérience démontre que ce traitement est si rarement efficace, quel motif plausible reste-t-il donc pour en continuer l'usage ? N'y eût-il que ces motifs, il faudrait y renoncer pour chercher des moyens plus avantageux.

Mais, il y a plus, l'usage des médicamens toniques dans la maladie qui nous occupe n'est pas seulement appuyé sur une théorie fautive ; il n'est pas seulement

---

(1) *Nos. phil.*, t. 1, p. 191.

inutile dans un grand nombre de cas, il est dangereux, funeste même dans le plus grand nombre.

Que chaque praticien se recueille ici un instant, et
repasse dans sa mémoire toutes les fièvres adynamiques qu'il a eu à traiter, et qu'il dise si, dans la presque
que totalité des cas, il n'a point vu les symptômes
adynamiques s'aggraver immédiatement après l'administration des toniques ; et cela même, comme je l'ai
déja dit, lorsque la maladie ne s'est pas terminée par
la mort. Qu'il dise si, dans la plupart des cas où il
s'est hâté de donner des toniques dès l'apparition du
symptôme adynamique le plus léger, il n'a pas vu se
déployer rapidement, et quelquefois subitement, toute
la série des symptômes de cette nature. Enfin, qu'il
compare le nombre des sujets qu'il a guéris à celui des
sujets qui ont succombé, et qu'il dise avec franchise si
c'est par le dédain que devait être accueilli l'auteur
de l'Histoire des phlegmasies chroniques lorsqu'il an-
nonça (1) un mode de traitement plus efficace que le
traitement généralement employé jusqu'alors ?

Depuis long-temps on avait vaguement reconnu le
danger des toniques dans beaucoup de cas, et leur
inutilité dans beaucoup d'autres ; plusieurs médecins célèbres parmi lesquels on peut citer Botalli,
Gui Patin, Hecquet, Chirac, Baglivi, Van-Swieten,
Dehaen, Sydenham, Huxham et Stoll, avaient restreint le nombre de ceux dans lesquels ces moyens
sont indiqués, et reconnu que les anti-phlogistiques
devaient quelquefois leur être préférés ou du moins

----

(1) *Premier Examen des Doctrines médicales,* Paris. 1816,
in-8°.

les précéder. Mais si l'on doit admirer la sagacité qui leur fit présumer, par la seule inspection des symptômes, ce que les ouvertures de cadavres ont démontré, et ce que l'observation clinique des effets du traitement anti-phlogistique mieux dirigé a mis hors de doute, il faut avouer que leurs remarques avaient été en pure perte pour leurs contemporains et pour la postérité, parce qu'eux-mêmes n'avaient pas été assez loin. Brown s'était jeté tout-à-fait hors du sentier de l'expérience ; reproduite en d'autres termes, sa doctrine conduisit à l'administration des toniques dans toutes les fièvres avec prostration des forces musculaires. Un premier pas incertain fut fait en Italie, vers une amélioration devenue bien nécessaire, par MM. Rasori et Tommasini ; mais c'est en France qu'a été décidément résolu le problême de la nature des fièvres adynamiques, et dès-lors le traitement de ces fièvres a reposé sur une base solide, quoiqu'il reste encore à faire beaucoup de recherches sur les modifications qu'on doit lui faire subir dans certains cas.

C'est dans cet esprit que je vais exposer les principes qui me paraissent devoir diriger dans le choix des moyens propres à prévenir ou à guérir les fièvres adynamiques. Ces principes diffèrent peu de ceux que professe M. Broussais ; néanmoins ils en diffèrent assez pour que la nuance qui les sépare appelle l'attention des praticiens, et les engage à vérifier jusqu'à quel point je me suis rapproché ou éloigné de la vérité.

Le peu de succès des toniques dans le traitement des fièvres adynamiques avait amené les médecins à chercher les moyens de prévenir le développement de ces maladies plutôt que ceux de les guérir. Mais au lieu de s'attacher à perfectionner la thérapeutique des maladies dont la fièvre adynamique est constamment ou la complication ou la terminaison, pour parler leur langage, ils se bornèrent à conseiller certaines précautions d'hygiène publique ou privée, dans l'espoir de rendre cette fièvre moins commune. Ici la théorie a encore nui à l'expérience en lui imprimant une fausse direction.

Puisque la fièvre adynamique n'est jamais primitive, et il faut bien qu'il en soit ainsi, puisqu'à cet égard les opinions ne sont plus guère partagées, le premier soin pour prévenir le développement de cette fièvre est de prévenir celui des maladies qui l'entraînent à leur suite, ou d'en arrêter les progrès.

Un régime salubre, la sobriété, un exercice modéré, la fermeté dans le malheur, dans la misère, dans les calamités publiques, la propreté des vêtemens et des habitations ; telles sont en général les conditions les plus propres à prévenir le développement des fièvres qui, après un temps fort court, ou même presque subitement, offrent les symptômes adynamique réunis à ceux qui la caractérisent. Mais le pauvre, le soldat, l'habitant d'une ville assiégée, d'un vaisseau, d'une prison, d'un hôpital, ne peuvent se placer dans ces circonstances favorables, ni même le plus souvent se soustraire aux circonstances opposées.

Les gouvernemens, les autorités doivent donc prendre les mesures les plus convenables pour assainir les villes et les habitations publiques, par la propreté et les moyens de désinfection, et pour assurer les subsistances ; publier des instructions dans lesquelles soient indiquées les précautions que les citoyens doivent prendre, et leur faciliter les moyens de prendre ces précautions.

1°. Des distributions de vêtemens, d'alimens, de combustibles aux indigens ; un choix sévère dans les substances destinées à approvisionner les magasins ou les marchés ; 2°. l'ouverture d'hôpitaux temporaires, placés hors des murs si les circonstances le permettent, lorsque les hôpitaux permanens sont insuffisans, ou seulement lorsqu'on a lieu de craindre que ceux-ci ne s'encombrent ; de telle manière qu'il ne reste, autant que possible, que peu de malades dans les maisons de la ville (1) ; 3°. le soin de ne pas mettre un grand nombre de malades dans un local resserré ; 4°. la ventilation des salles des hôpitaux et le dégagement du chlore dans ces établissemens, ainsi que dans les vaisseaux, les arsenaux et les casernes, et dans les maisons particulières où il y a des malades ; 5°. des proclamations tendant à rassurer le peuple sur le danger toujours exagéré par la peur et la malveillance.

Tels sont les principaux objets qui doivent attirer l'attention de l'autorité administrative, dans toutes les circonstances qui paraissent susceptibles de favoriser le développement des maladies que l'on a mises au nombre des fièvres adynamiques épidémiques.

Pour prévenir le développement de la fièvre ady-

---

(1) Les épidémies avec symptômes adynamiques qui se développent à bord des vaisseaux sont d'autant plus meurtrières, et il est d'autant plus difficile d'y remédier, qu'on ne peut isoler complètement les personnes en santé, et éloigner convenablement les malades les uns des autres.

namique, on a recommandé 1°. de ne pas saigner, ou du moins de saigner peu dans la fièvre inflammatoire ; 2°. de faire vomir dans les fièvres gastriques et muqueuses; 3°. de recourir à l'usage des toniques dès que la prostration commence à se faire apercevoir.

1°. L'expérience prouve que la fièvre inflammatoire ne passe jamais à l'état de fièvre adynamique par l'effet de la saignée, si ce n'est dans le cas de fièvre inflammatoire due à la gastro-entérite, qui diminue rarement sous l'influence de la phlébotomie. Dans ce dernier cas la prostration survient, non parce qu'on a tiré du sang, mais parce qu'on l'a tiré subitement par la veine; parce qu'on a désempli tout-à-coup l'appareil circulatoire, au lieu d'évacuer lentement la partie la plus rapprochée de celle qui est enflammée. Toutes les fois que la fièvre inflammatoire n'est pas due à la gastro-entérite, ou du moins que cette inflammation ne prédomine pas, la saignée est au contraire préférable, et il n'est pas de praticien qui n'ait vu les symptômes d'une prétendue adynamie cesser pour ainsi dire à mesure que le sang coule. Des émissions sanguines, appropriées au siége de la phlegmasie qui donne lieu aux symptômes de fièvre inflammatoire, et au degré de cette phlegmasie, sont donc, avec les autres anti-phlogistiques, les meilleurs moyens pour empêcher l'apparition des symptômes adynamiques.

2°. J'ai déjà insisté sur le danger de l'usage irréfléchi des vomitifs dans les fièvres gastriques et muqueuses; il a été démontré que la nature et le siége de la phlegmasie, qui constitue ces maladies, contre-indiquent l'emploi de ces moyens, et réclament au contraire l'emploi méthodique des émissions sanguines locales dans la presque totalité des cas (1). Ce que j'ai nommé *fièvre adynamique humide* ou *putride* étant constamment le plus haut degré de la gastro-entérite, c'est-à-dire des fièvres gastriques, bilieuses ou muqueuses, le vomitif, bien loin de prévenir le développement de la fièvre adynamique, est au contraire le moyen le plus propre à en favoriser la manifestation. C'est aussi ce qui arrive souvent, même dans les fièvres gastriques ou muqueuses sporadiques, et presque constamment dans ces fièvres lorsqu'elles sont épidémiques. Quel est le praticien qui n'a point vu les symptômes adynamiques succéder immédiatement à l'administration du vomitif dans la plupart de ces fièvres? Qu'on ne parle point des cas où ce moyen a prévenu le développement de l'adynamie; cet heureux résultat est bien peu fréquent, puisque la fièvre adynamique arrive si souvent à la suite de ces diverses fièvres; et lorsque l'on suppose que l'adynamie a été prévenue, qui est-ce qui prouve qu'elle devait avoir lieu? Dira-t-on que la nature de l'épidémie l'indique? Mais une des erreurs les plus dangereuses en médecine a certainement été de vouloir traiter tous les malades de la même manière, dans un certain pays, dans une certaine contrée, par cela seul qu'au milieu de plusieurs maladies régnantes, il y en avait une plus généralement répandue que les autres.

J'ai vu des milliers de fois administrer l'émétique dans des épidémies de fièvres adynamiques; je l'ai moi-même administré trop souvent, et, dans les cas où il n'a pas été nuisible, je ne l'ai jamais vu dissiper

---

(1) *Voyez* les deux chapitres précédens.

que le simple abattement qui accompagne toutes les maladies aiguës. Jamais je n'ai vu cesser après le vomitif les symptômes intenses que j'ai rapportés, d'après M. Pinel, au commencement de ce chapitre. Au contraire, ces symptômes ont augmenté presque constamment, et les malades ont toujours succombé lorsqu'on s'obstinait à réitérer le même moyen. Que ceux qui ont vu des faits opposés rompent enfin le silence, et il ne restera plus qu'à établir la fréquence relative de ces deux ordres de faits : quant à moi, je ne puis dire que ce que j'ai vu, et malheureusement je n'ai eu que trop souvent occasion d'observer la fièvre adynamique épidémique et ses ravages.

Si l'on restreint le nombre des cas où l'on doit prescrire le vomitif à ceux dans lesquels il y a, non pas fièvre gastrique ou muqueuse, mais seulement *surcharge des premières voies*, il faut d'abord reconnaître que le vomitif n'est point indiqué par les symptômes adynamiques. Ensuite, si l'expérience prouve que les symptômes de cette prétendue surcharge ne sont le plus ordinairement que ceux d'une gastrite, d'une duodénite, d'une hépatite, peu intense, mais susceptible de s'exaspérer sous l'influence du vomitif; enfin, si l'exacerbation de la gastro-entérite est plus à craindre dans les circonstances qui favorisent la manifestation des symptômes adynamiques, n'est-on pas en droit de conclure que s'il est quelques cas où l'on peut prescrire impunément un vomitif pour faire cesser des symptômes bilieux ou muqueux, ce moyen doit être constamment repoussé lorsqu'on a lieu de craindre l'adynamie ?

Un fait décisif est la rareté des fièvres adynamiques

dans les établissemens où l'on traite les fièvres par les émissions sanguines locales et les autres anti - phlogistiques. Pour croire à ce fait, il faut, je le sais, en être témoin : or, comme beaucoup de médecins ne peuvent quitter leurs malades pour suivre la pratique de leurs confrères, que du moins ils adoptent momentanément la méthode anti-phlogistique, qu'ils la dirigent d'après les principes avoués par une saine physiologie, et confirmés chaque jour davantage par l'expérience journalière de leurs confrères, dont ils n'ont pas le droit de suspecter la bonne foi et les lumières ; qu'ils emploient cette méthode avec fermeté et non d'une manière timide et vacillante, et ils ne tarderont pas à penser comme eux à cet égard.

Je me fais un devoir de reconnaître ici combien la clinique de M. Broussais m'a été utile. Ce n'est point dans ses cours que j'ai étudié les principes du traitement des fièvres : je n'ai suivi que les leçons qu'il donnait en 1814 et 1815 au lit des malades, et c'est là surtout que je me suis convaincu que le traitement anti-phlogistique est celui qui peut le mieux prévenir le développement des symptômes adynamiques.

Il est un degré d'intensité auquel les maladies cessent de pouvoir être modifiées avantageusement par les moyens thérapeutiques ; mais de ce qu'un mode de traitement ne réussit pas toujours, il ne faut pas en conclure qu'il doive être rejeté. Si on s'élève aujourd'hui avec raison contre l'emploi des vomitifs et des toniques dans le traitement des fièvres adynamiques, ce n'est point parce qu'ils ne guérissent pas toujours ; c'est parce que la plupart des malades succombent malgré ces moyens ; et c'est plus encore parce que ces mêmes moyens hâtent l'apparition et favorisent le plus souvent les progrès de ce que jusqu'ici on a nommé *adynamie*. Puisque, au contraire, cette adynamie n'arrive que très-rarement, dans le cours des gastro-entérites et des autres phlegmasies, sous l'influence des anti-phlogistiques, il ne faut pas rejeter l'usage de ces derniers, parce qu'ils ne la préviennent pas toujours, ni parce qu'ils ne guérissent pas tous les malades chez lesquels elle se manifeste ; il suffit que le nombre des cas où ils arrêtent l'adynamie commençante et où ils guérissent l'adynamie confirmée, l'emporte sur les cas contraires, pour qu'on doive les préférer à tous les autres. Examinons donc de quelle manière il convient de diriger le traitement quand l'adynamie est déclarée.

Lorsque, sous l'influence de causes très-énergiques et d'une prédisposition très-prononcée, plus souvent sous celle de circonstances aggravantes, telles que les écarts dans le régime, l'usage et plus encore l'abus des fortifians et des toniques, les principaux symptômes adynamiques, c'est-à-dire la petitesse du pouls, la stupeur, la prostration et le coucher en supination, se manifestent, faut-il commencer à mettre les antiphlogistiques en usage, si on n'y a pas encore eu recours ; et si on les a déjà employés, faut-il continuer à les administrer ? La théorie et l'expérience s'accordent aujourd'hui à répondre affirmativement à ces deux questions, puisque les symptômes adynamiques sont dus à l'inflammation ; puisque chaque jour on voit ces symptômes cesser sous l'empire des anti-phlogistiques, lors même qu'ils sont arrivés à un haut degré d'intensité. Mais ici les leçons de l'expérience ne peuvent plus guère être transmises au papier ; les règles générales deviennent excessivement difficiles à tracer, parce que les cas auxquels elles doivent être applicables varient à l'infini, et parce qu'il faudra certainement encore bien des années avant que l'on puisse marquer avec précision le point où l'on doit s'arrêter dans la prescription des anti-phlogistiques et surtout des émissions sanguines. On n'y parviendra que lorsque tous les praticiens éclairés auront publié le résultat de leurs observations sur ce point important de thérapeutique. De toutes les parties de la nouvelle doctrine pyrétologique, c'est assurément celle au perfectionnement de laquelle il importe le plus de travailler.

Il est plus facile de prévenir l'adynamie ou de l'arrêter à son début, par la méthode anti-phlogistique, que de la faire cesser quand elle est bien prononcée. Jusqu'ici on s'était arrêté à l'état du pouls, des forces musculaires et des facultés cérébrales, et l'on n'avait tiré les indications que de ces trois sources : aujourd'hui c'est dans les symptômes qui proviennent directement de l'organe malade qu'il faut les chercher. Ainsi, lorsque, malgré un traitement anti-phlogistique bien dirigé, ou sous l'influence du traitement tonique, l'adynamie s'est prononcée, il faut, pour la faire cesser, étudier avec soin l'état des voies gastriques, du foie, du poumon, de l'utérus, en un mot de l'organe primitivement enflammé. Si les signes locaux de phlegmasie de cet organe persistent, il ne faut pas hésiter à continuer l'emploi des anti-phlogistiques ou à y recourir de suite. C'est ce qu'ont bien vu, malgré les ténèbres de leur théorie, les médecins qui, depuis Galien jusqu'à Pringle et Bouvart, ont recommandé de

saigner dans les fièvres putrides lorsqu'elles sont accompagnées de signes d'excitation. Mais cette recom-
mandation péchait, en ce qu'elle était trop vague pour
être utile. La saignée ne doit pas être aveuglément prescrite, il faut, pour le choix et la continuation des anti-
phlogistiques, se régler sur ce qui a été dit dans les chapitres précédens, concernant le traitement des fièvres
inflammatoires, gastriques et muqueuses. Ainsi, quels
que soient les symptômes adynamiques, des signes de
congestion vers la tête indiquent l'application des sangsues aux malléoles, aux tempes, la saignée du pied, les
pédiluves, et les réfrigérans sur le crâne; l'oppression,
la fréquence et la grandeur de la respiration jointes à la
plénitude du pouls, lors même qu'il est lent et comme
embarrassé, nécessitent la saignée du bras; la rougeur
des bords de la langue, la sécheresse de cet organe,
la sensibilité qui se manifeste à l'épigastre par des gémissemens, des cris, ou par des mouvemens involontaires,
quand on presse sur l'épigastre, obligent à réitérer les
applications de sangsues sur cette partie de l'abdomen. Lorsqu'aux symptômes adynamiques se joint la
diarrhée, il ne faut pas hésiter, dans la plupart des
cas, à faire appliquer des sangsues à l'anus. En un
mot, malgré les symptômes adynamiques, il faut obéir
aux indications tracées par les symptômes appartenant
directement à la phlegmasie primitive, comme si les
symptômes adynamiques n'existaient pas.

Ceci s'applique aux cas où les signes de l'inflammation, foyer de tous les symptômes, continuent à se
montrer au milieu des phénomènes adynamiques.
Qu'il me soit permis de répéter que, dans ces cas,
les moyens anti-phlogistiques sont ceux auxquels on

doit recourir de préférence , et les seuls qui soient appropriés à la nature de la maladie. Ici point d'exception , et pas d'autres modifications que celles que nécessitent l'idiosyncrasie du sujet et les circonstances au milieu desquelles il est placé.

Mais lorsque les signes d'irritation locale viennent à cesser ; lorsque les symptômes adynamiques restent seuls ; lorsque ceux-ci se sont manifestés d'une manière presque foudroyante ; lorsqu'on n'a aucun renseignement sur le commencement de la maladie, quelle conduite faut-il tenir ?

Lorsque les signes d'irritation locale cessent complétement, les symptômes adynamiques diminuent d'intensité pour l'ordinaire. Il est alors inutile , et il peut devenir nuisible, de persévérer trop rigoureusement dans le traitement qu'on a mis en usage; il faut ne plus recourir aux émissions sanguines, et à mesure que l'état du sujet s'améliore , passer de la diète sévère et de l'usage des boissons adoucissantes à de légers bouillons, et progressivement à un régime substantiel. Mais ici n'oublions pas qu'un bouillon même léger donné trop tôt , quand l'adynamie a été l'effet de la gastro-entérite , peut faire reparaître subitement les symptômes adynamiques, ou prolonger la durée de ceux qui persistent : cette circonstance est une des plus fortes preuves en faveur de la théorie nouvelle sur la nature et le siége des fièvres adynamiques.

Lorsque, malgré la diminution, puis la cessation complète des symptômes d'irritation locale , ceux que l'on attribue à l'adynamie persistent, il ne faut pas encore renoncer à l'espoir de sauver le sujet, ni s'empresser de recourir aux toniques. Il faut attendre le

résultat des légers restaurans que l'on prescrit alors;
et s'ils paraissent contribuer à la diminution des symptômes adynamiques, on peut prescrire avec avantage
les infusions aromatiques les plus agréables, puis le
vin mélangé avec l'eau, et enfin les légers amers, si la
faiblesse musculaire persiste après que la langue est
révenue à son état naturel ainsi que l'estomac. Au reste,
cette faiblesse diminue presque toujours rapidement
quand les voies digestives font convenablement leurs
fonctions. Ce n'est que dans la convalescence et lorsque les amers ne répugnent point au malade qu'on
peut les prescrire. Il en est de même du vin; il faut
avoir égard à la disposition du malade. Lorsqu'il
éprouve un véritable désir d'en boire, c'est-à-dire, un
désir qui ne lui est pas inspiré par l'idée de recouvrer
plus rapidement des forces, il faut écouter cette manifestation des besoins de l'estomac. Notons encore
ici que les infusions aromatiques, les amers et le vin
font reparaître les symptômes adynamiques, quand
on les donne trop tôt ou à trop fortes doses.

Si l'on demande à quelle époque de la maladie on
peut permettre le bouillon et les toniques, je répondrai que des médecins de cabinet ont pu seuls chercher à indiquer les jours où l'on doit prescrire tels ou
tels moyens, sauf les cas de maladies intermittentes. Que chaque médecin se pénètre des principes qui
doivent présider au traitement des fièvres adynamiques, et bientôt il acquerra sur ce point des lumières pratiques que l'expérience personnelle peut
seule donner et que l'on ne peut transmettre.

Lorsque l'on est appelé près d'un malade qui a été
pris presque tout-à-coup des symptômes adynami-

ques, ou dont on ne connaît pas l'état antérieur, sans chercher à tirer de lui des renseignemens qu'on ne peut en obtenir, car je le suppose plongé dans une stupeur qui ne lui permet pas de répondre et qui lui laisse à peine manifester que sa sensibilité n'est pas éteinte, il faut l'explorer avec soin; juger de l'état du cerveau par celui des conjonctives et des narines; de celui de l'estomac par l'état de la langue, de la bouche et de la peau, par les effets de la pression de l'épigastre; des intestins, d'après la diarrhée ou la constipation; en un mot, il faut rechercher avec un soin extrême ces signes fugaces, mais précieux, témoins presque muets d'une lésion profonde et cachée qu'il faut détruire. On agira ensuite d'après le résultat de cet examen. Il faudra se souvenir de la fréquence relative des irritations susceptibles de donner lieu aux symptômes adynamiques, et des différences de l'aspect que chacune d'elles leur imprime, différences que ne laisse pas échapper le regard exercé d'un habile observateur. Il faut avouer qu'ici les chances de succès sont moins nombreuses, car on n'agit plus guère que d'après des présomptions, des calculs approximatifs. Mais précisément à cause des difficultés que présentent de pareils cas, il importe de ne point s'abandonner à la routine empirique qui recommandait l'usage banal des toniques.

Enfin, et c'est ici le point sur lequel il importe davantage de s'entendre, que faut-il faire quand la face est terreuse, décharnée, le pouls petit, à peine sensible et lent; la peau froide, couverte d'une sueur visqueuse, générale ou occupant au moins les parties supérieures; le corps immobile, complètement abandonné à son propre poids; les yeux pulvérulens et ternes ; les conjonctives injectées d'un sang noirâtre ; les narines décolorées ; la langue nullement rouge, dans son état naturel, sans enduit, point sèche, et même pâle, ainsi que les gencives et les lèvres ; enfin, lorsqu'en pressant l'épigastre, le malade ne se livre à aucun mouvement qui puisse annoncer en lui un reste de sensibilité ? Certes, si jamais le traitement tonique peut réussir, ce doit être dans un pareil état, et il n'est aucun médecin qui, chaque fois qu'il l'observe, ne soit tenté de recourir aux stimulans ; il en est peu qui n'y recourent avec empressement. Je ne blâme point ceux-ci ; car il est difficile de rester tranquille spectateur d'un état semblable ; et ce n'est point le régime, ni les boissons émollientes qui peuvent le faire cesser. Mais malheureusement quel avantage retire-t-on le plus ordinairement du bouillon, des amers, du quinquina, de l'acétate d'ammoniaque, du camphre et de l'éther en pareil cas ?

Parfois on voit se manifester une excitation passagère dans l'action du cœur ; le pouls s'accélère sans devenir plus plein ni plus fort ; la peau redevient chaude et sèche ; la langue rougit sur ses bords et se sèche de nouveau ; le malade pousse quelques gémissemens lorsque l'on appuie sur son épigastre, ou seulement lorsqu'on le remue ; quelquefois il ouvre les yeux et semble reconnaître les personnes qui l'entourent. Mais ce mieux apparent cesse promptement ; le malade retombe le plus souvent dans un abattement dont rien ne peut désormais le tirer ; il meurt.

Quelquefois les toniques ont paru faire cesser la stupeur, ranimer l'action circulatoire, rétablir les fonctions de l'estomac ; c'est que, dans ce cas, la gastro entérite avait cessé avant la diminution des symptômes adynamiques; c'est que l'irritation cérébrale avait persisté à un degré susceptible de guérison, et qu'en stimulant l'estomac, on a rétabli entre l'encéphale et ce viscère l'équilibre d'action sans lequel la vie s'éteint. Ici les toniques ont agi comme dérivatifs, et le résultat de la dérivation a été le rétablissement de l'action cérébrale, ainsi que de celle du cœur et de l'estomac.

Bien convaincu qu'il ne faut point montrer une flexibilité outrée de principes toutes les fois que la pratique n'en souffre point, j'accorderai si l'on veut que dans quelques fièvres adynamiques, le cerveau tombe secondairement dans un état d'asthénie qui fait que les amers et les aromatiques appliqués à l'estomac agissent alors directement comme toniques. Mais il faut aussi que l'on convienne des dangers inséparables de l'emploi prématuré de ces moyens, de leur inutilité dans la plupart des cas, et de l'absurdité des médecins qui s'obstineraient aujourd'hui à vouloir le recommander indistinctement dans toutes les fièvres adynamiques et à toutes les époques de ces fièvres. En un mot, je crois que l'asthénie du cerveau et l'efficacité des toniques dans ces fièvres est à l'irritation de ce viscère, à l'utilité des anti-phlogistiques, et par conséquent au danger ou du moins à l'inutilité des toniques comme 1 est à 100. J'engage ceux de mes confrères qui seraient tenter de condamner cette proposition à se demander s'ils ont observé plusieurs épidémies adynamiques, dans diverses contrées du Midi et du Nord, et s'ils ont employé méthodiquement les anti-phlogistiques dans un grand nombre de cas de cette nature.

On voit que si je réduis considérablement le nombre des cas où les toniques peuvent être avantageux dans les fièvres adynamiques, je ne prétends pas les bannir entièrement du traitement de ces fièvres. Peut-être même, si on y réflechit, quelques médecins trouveront que j'ai trop étendu le nombre de ces cas. En effet, dans une épidémie qui sévit sur un très-grand nombre de personnes, un médecin d'hôpital peut voir plus de cent malades par jour, ce qui, en mettant dix jours pour durée moyenne de chaque maladie, donne trois cents malades par mois, et par conséquent la possibilité de guérir trois malades dans cet espace de temps, au moyen des toniques ; j'entends trois malades arrivés au dernier degré de l'adynamie. Or, on sait combien peu on en guérit dans cet état. Quant aux autres, il est inutile de revenir sur ce que j'ai dit pour prouver qu'ils guérissent malgré les toniques ; mais je dois ajouter ici que les malades qui échappent en même temps au danger de la fièvre adynamique et à celui des toniques donnés trop tôt, ne guérissent qu'après de formidables accidens qui se prolongent souvent au-delà de trois semaines, et qu'ils conservent souvent des gastrites chroniques connues sous le nom de *faiblesses* d'estomac, ordinairement traitées comme telles, c'est-à-dire aggravées et perpétuées par l'usage de ces mêmes toniques.

Je crois inutile d'insister sur la manière dont on administrait jadis les toniques dans les fièvres adynamiques, parce que je suis convaincu que, donnés ainsi, ils ne peuvent que nuire, excepté dans un très-petit nombre de cas. Pendant la convalescence, il ne faut les prescrire qu'avec une réserve extrême ; les plus faibles doses sont les plus efficaces ; elles favorisent l'action digestive sans renouveler l'irritation.

Le succès d'ailleurs si rare des toniques ne prouve pas, comme on l'a prétendu, que la fièvre adynamique soit due à la faiblesse ; d'abord ce succès est susceptible d'être contesté ; mais en l'admettant, rien n'autorise à conclure de la nature d'un médicament la nature de la maladie qu'il guérit : aussi ne me suis-je pas servi de l'efficacité des anti-phlogistiques dans la fièvre adynamique pour prouver qu'elle dépend de l'inflammation. Cette prétendue preuve est de nulle valeur, d'un côté comme de l'autre, puisque des maladies qui sont évidemment de même nature guérissent tous les jours sous l'empire de moyens absolument différens.

L'état de la peau mérite une attention toute particulière dans les fièvres adynamiques ; c'est sur ce tissu qu'on peut sans trop de danger essayer de provoquer une dérivation quand l'irritation commence à diminuer : si on est loin de réussir toujours, au moins doit-on le tenter dans beaucoup de cas, et quelquefois on le fait avec avantage.

Tous les auteurs se sont accordés à recommander une excessive propreté, comme un des élémens les plus assurés de succès dans le traitement des fièvres adynamiques. Elle est en effet plus nécessaire peut-être dans ces maladies que dans toutes les autres, puisque les excrémens, en même temps qu'ils irritent la peau par leur séjour prolongé sur ce tissu, peuvent développer, de concert avec la pression, une inflammation à laquelle succèdent des escarres gangréneuses, et laissent dégager des gaz susceptibles d'ajouter à l'état fâcheux du malade par leur introduction dans les voies digestives et respiratoires. Aussi non-seulement on aura le soin de renouveler l'air de l'appartement, et de changer fréquemment le linge du malade; mais encore, il sera bon de laver toute la surface de son corps avec un mélange à parties égales d'eau chaude et de vinaigre. Ces lotions, auxquelles on fait succéder immédiatement l'application de linges très-chauds, entretiennent l'action de la peau, et diminuent l'âcreté qui s'y fait sentir au toucher. Elles sont surtout utiles quand la peau est sèche et terreuse; on ne doit pas y recourir quand elle est brûlante; ou si l'on croit alors devoir prescrire des lotions, elles doivent être faites avec l'eau à une température moyenne qui ne cause aucun sentiment de froid ni de chaleur.

En vain on essaierait de faire davantage pour exciter une irritation dérivative sur ce tissu avant la diminution de l'irritation primitive : aussi long-temps que celle-ci demeure intense, elle n'est point susceptible de céder au développement d'une irritation externe : on peut seulement se permettre de joindre aux lotions des frictions sèches, répétées plusieurs fois chaque jour, quand la peau n'est pas très-chaude. Mais lorsque les phénomènes locaux de l'inflammation des voies digestives, du poumon, de l'utérus, du péritoine, de la vessie, etc., ont cessé, sinon complètement, au moins en grande partie, on peut mettre en usage les bains, les sinapismes, les vésicatoires.

Les bains achèvent de dissiper l'irritation gastro-intestinale, et préparent la peau à recevoir l'impression des rubéfians. Ils doivent être donnés à une température moyenne. Depuis quelques années, plusieurs médecins de Paris, à l'exemple des médecins italiens, anglais et anglo-américains, font couvrir d'eau froide le malade plongé dans la stupeur la plus complète. Ce procédé hardi a été justifié par le succès, c'est-à-dire que les malades n'ont pas toujours succombé ; quelquefois même l'action circulatoire et cérébrale s'est ranimée immédiatement, à la grande surprise des assistans, et le malade a guéri. De tels succès, auxquels ont peut opposer tant de revers, sont plus susceptibles de faire de nombreuses victimes que d'enrichir le domaine de la thérapeutique. Il faut les abandonner aux praticiens aventureux dont la vie n'est qu'une longue suite d'expériences sur les malades qui se confient à leurs soins.

Les sinapismes sont, de tous les moyens que nous possédons pour établir un afflux vers la peau, celui que l'on doit préférer dans la plupart des cas. Ils ont l'avantage de provoquer le gonflement du tissu cellulaire sous-cutané, et de mieux imiter par conséquent le mouvement fluxionnaire morbide, que ne peuvent le faire les vésicatoires. Les sinapismes n'ont pas d'ailleurs, comme ces derniers, le désavantage d'irriter sympathiquement les voies urinaires. Ils produisent souvent de bons effets quand on ne les place qu'après la chute de l'inflammation : en général, on ne les laisse point assez long-temps appliqués sur la peau ; ils doivent y demeurer souvent de cinq à six heures. Ordinairement on les fait appliquer aux pieds ou aux mollets : leur action est plus prompte et plus durable quand, avant de les placer, on fait séjourner les jambes dans l'eau chaude pendant quelques minutes. Les sinapismes déterminent souvent la vésication et parfois même l'inflammation du tissu cellulaire sous-cutané : cette inflammation peut entraîner la suppuration après elle, ce qui n'est pas toujours sans danger ; mais ces derniers effets n'ont guère lieu quand on a tiré une suffisante quantité de sang avant de recourir à ces moyens.

Les vésicatoires, que la plupart des médecins se font un devoir de prescrire, par une sorte d'habitude, dans la dernière période de la fièvre adynamique, doivent être mis au nombre des moyens que la routine a consacrés, plutôt que l'observation. Appliqués avant la cessation des principaux symptômes locaux d'inflammation, ils sont nuisibles, surtout quand celle-ci réside dans l'estomac ou les intestins; appliqués trop tard, ils ne produisent plus l'effet qu'on en attendait, et l'on peut alors les considérer comme un moyen employé pour s'éclairer sur l'issue de la maladie plutôt que comme agent curatif. Il s'en faut cependant que le défaut de rubéfaction soit un signe certain de mort prochaine, comme on l'a prétendu. Les sinapismes font souvent ce que les vésicatoires n'ont pu faire; et si l'on veut un effet permanent, il suffit de prolonger le temps de l'application des sinapismes; tandis qu'il est souvent fort difficile d'entretenir les plaies faites par les vésicatoires, ou du moins on n'y parvient qu'en faisant souffrir beaucoup le malade. Nous ne sommes plus au temps où l'on pensait que la suppuration de la peau pouvait être plus avantageuse que la simple rubéfaction prolongée ou répétée.

En général, il ne faut pas trop compter sur l'effet des rubéfians dans la fièvre adynamique. Lorsque l'inflammation a désorganisé les tissus, en vain paraît-elle s'éteindre; en vain le cerveau est-il vivement stimulé par l'irritation de la peau; il succombe, parce qu'un viscère important, avec lequel il était en rapport intime, ne remplit plus ses fonctions et n'agit plus sur lui. Il est donc inutile de recourir au feu, comme l'ont conseillé quelques praticiens. On le doit aujourd'hui moins que jamais, depuis que les importantes recherches de M. Dupuytren ont prouvé que la brûlure de la peau peut déterminer une violente gastro-entérite. Si on réfléchit que l'inflammation des parties sur lesquelles le corps repose, telles que la région du sacrum et des grands trochanters, ne contribue jamais à favoriser le rétablissement du malade, on sera naturellement porté à croire qu'une inflammation excessive et suivie de la formation d'escarres, occasionée par d'autres causes que la pression, ne saurait être guère plus avantageuse.

Quand, malgré les soins de propreté et les précautions prises pour empêcher la formation des escarres au sacrum et aux trochanters, on voit survenir l'inflammation qui les précède, il faut placer le malade dans la position la plus favorable, autant qu'il est possible, et lotionner les parties irritées avec un mélange d'eau et d'acétate de plomb. Si, malgré ce moyen, l'escarre se forme, les émolliens en favoriseront la chute ; et si l'inflammation nécessaire à l'accomplissement de la cicatrice s'éteint prématurément, on pansera la plaie avec de la charpie couverte d'un onguent irritant. De la nécessité où l'on se trouve de recourir quelquefois à ce dernier moyen pour hâter la guérison des ulcères dont je viens de parler, on a conclu que les ulcères des intestins pouvaient également réclamer l'usage intérieur des toniques. C'est une simple présomption à laquelle je crois déférer suffisamment, en permettant à mes malades l'usage de légers toniques pendant leur convalescence, lorsqu'i's les appètent franchement, et non par suite des théories browniennes pour lesquelles ils ont un sentiment de prédilection fort remarquable.

Le génie de la médecine symptomatique s'est beaucoup exercé sur le traitement des fièvres adynamiques. Lorsqu'on ne connaissait ni le siége de ces maladies ni leur nature, il était rationnel de combattre isolément chaque symptôme, ou du moins il n'était guère possible de procéder autrement. Le traitement doit être dirigé aujourd'hui exclusivement contre la lésion primitive. En agissant ainsi, on n'observe guère cette sécheresse insupportable de la bouche, qui fait le tourment des malades traités par les toniques. Cependant il est parfois avantageux d'exprimer sur leurs lèvres le suc d'une orange, ou de tout autre fruit acidule. Rarement on observe la rétention d'urine, la suppression de la sécrétion de ce liquide, sous l'influence du traitement anti-phlogistique ; dans le cas où la première a lieu, il faut pratiquer le cathétérisme plusieurs fois par jour, mais se garder de laisser la sonde dans le canal de l'urètre et dans la vessie, comme on le fait trop souvent : le séjour de cet instrument détermine ou augmente la cystite, et ajoute ainsi au désordre des viscères. Les boissons froides abondantes, quand l'état de l'estomac permet de les administrer, suffisent pour remédier à l'irritation des reins : néanmoins lorsqu'elle est considérable, il convient de faire appliquer des sangsues au périnée.

La constipation ne doit jamais être combattue par les purgatifs ni même par les laxatifs dans la fièvre adynamique ; elle cesse avec l'irritation ; on peut seulement prescrire les lavemens afin d'évacuer les gros intestins. La diarrhée ne réclame pas d'autres moyens que l'irritation dont elle est le symptôme ; elle est bien plus commune lorsqu'on fait usage des toniques que lorsqu'on attaque le mal par les anti-phlogistiques. Ce que j'ai dit sur ce symptôme, en parlant de la fièvre muqueuse, retrouve ici sa place. Le météorisme, dont on a voulu faire trois ou quatre espèces, dépend tantôt de la distension des intestins par les gaz abondamment formés dans tous les cas de trouble des fonctions de ces viscères, tantôt de l'inflammation du péritoine, d'où résulte un dégagement de gaz dans la cavité de cette membrane. Combattre l'inflammation est donc le meilleur moyen de prévenir le météorisme ; et quand il a lieu, l'application d'une vessie en partie remplie d'eau, d'une température inférieure à celle de la peau, sur l'abdomen, est le meilleur moyen auquel on puisse recourir. Il n'est pas nécessaire d'employer la glace, un froid excessif pourrait être nuisible ; il suffit d'entretenir une action légèrement réfrigérante.

Les hémorrhagies qui se manifestent au début ou pendant la période d'intensité des maladies dites adynamiques, ne doivent jamais être réprimées ; tout au plus ne doit-on rien faire pour les favoriser. Combien de malades chez lesquels j'ai vu suspendre, par suite d'une absurde théorie, de salutaires hémorrhagies qui heureusement surmontaient quelquefois les moyens employés pour les faire cesser ! La quantité de sang qui s'écoule est souvent énorme sans que la faiblesse augmente, ou du moins, si elle augmente, on voit pour l'ordinaire cesser tous les symptômes de l'irritation, ainsi que les symptômes adynamiques ; le malade sort de sa stupeur, et il ne lui reste que de la faiblesse à laquelle il n'est pas difficile de remédier, puisque dès-lors il entre en convalescence. Les hémorrhagies qui se manifestent dans la dernière période des fièvres adynamiques ne sont pas aussi avantageuses. Le sang coule souvent jusqu'à la mort ; en vain, dans ce cas, on veut en tarir le cours ; le tamponnement, les réfrigérans, les lotions astringentes préparées avec les acides, avec les substances végétales qui contiennent du tannin, rien, pour l'ordinaire, n'arrête cette effusion sanguine impétueuse attribuée à la faiblesse. Que ceux qui admettent cette étiologie disent pourquoi les toniques les plus forts sont inefficaces contre ces hémorrhagies prétendues passives. Il est certain qu'elles contribuent à hâter la mort en raison de leur abondance excessive ; mais il n'est pas moins certain qu'elles sont l'effet d'un afflux opiniâtre du sang vers l'organe où elles se manifestent, et que l'on ne possède encore aucun moyen efficace de s'opposer à cet afflux. On peut en dire autant des sueurs excessivement abondantes qui se manifestent dans quelques épidémies de fièvres adynamiques. Il me semble que la prudence exige que l'on ne néglige rien de ce qui peut arrêter dès le début une maladie susceptible de se terminer par de si fâcheux résultats.

Puisque la fièvre adynamique n'est que le plus haut degré d'intensité des fièvres synoques, gastriques et muqueuses, la convalescence n'exige point d'autres soins que celle de ces fièvres. J'ai déjà dit dans quels cas on pouvait permettre l'usage de légers toniques. Il ne faut pas étendre trop ce précepte, si l'on ne veut avoir des convalescences interminables, auxquelles on ne sait ensuite quels moyens opposer. Une règle infaillible est de supprimer les toniques de toute espèce quand ils ne procurent pas le rétablissement des fonctions digestives en peu de jours. Lorsqu'une inflammation est arrivée au point de donner lieu aux symptômes adynamiques, l'organisme a été profondément modifié, il a perdu beaucoup de matériaux ; il faut par conséquent prescrire au convalescent tous les confortans nutritifs que son estomac peut supporter, afin qu'il recouvre plus promptement ses forces ; ici plus que dans toute autre maladie peut-être, il ne faut pas oublier que ce qui nourrit n'est pas ce qu'on mange, mais bien ce qu'on digère.

Les symptômes prétendus adynamiques ne sont pas les seuls que l'on ait attribués à la faiblesse ; il en est d'autres qui, rapportés sans plus de raison à la même cause, ont été réunis sous le nom de *fièvre ataxique*, ainsi qu'on va le voir dans le chapitre suivant.

CHAPITRE VI.

De la Fièvre ataxique.

PARMI les fièvres il en est qui se manifestent par des symptômes menaçans, jadis attribués à la putridité des humeurs, et d'autres que la mort termine au milieu de la sécurité parfaite que semble devoir inspirer la continuation de l'état normal du pouls, de la chaleur et des urines. Ces dernières, auxquelles Fernel conserva le nom de fièvres *malignes* que les anciens leur avaient imposé, ont été appelées *fièvres nerveuses*, *fièvres lentes nerveuses*, par Willis et Huxham. Selle, frappé de l'incohérence de leurs symptômes, crut que cette circonstance l'autorisait suffisamment à en faire un ordre particulier sous le nom de *fièvres ataxiques*. Stoll, qui étudiait les maladies dans les hôpitaux et non dans les livres, réunit, au contraire, sous le nom de *fièvres putrides*, et les *putrides* et les *malignes* de Fernel; c'est aussi ce que fit Cullen, qui crut d'ailleurs plus convenable de les appeler *typhus*, en étendant considérablement la signification de ce mot, réservé aujourd'hui pour désigner certaines fièvres épidémiques qui s'annoncent par des symptômes alarmans, et font périr un grand nombre de sujets. J.-P. Frank adopta le nom de *fièvre nerveuse* pour désigner les fièvres putrides de Stoll : ce nom n'était pas nouveau, mais du moins il annonçait l'intention d'assigner le siége de la maladie.

Un mot échappé à Hippocrate, et répété par Sydenham (ἀταξία), avait engagé Selle à établir l'existence d'une fièvre avec symptômes nerveux sans altération du sang, de la bile ou de la pituite, et sans putridité de ces humeurs, c'est-à-dire sans symptômes aujourd'hui nommés *angioténiques*, *gastriques*, *méningogastriques* et *adynamiques*. A son exemple, M. Pinel reconnut une fièvre ataxique simple, susceptible de se compliquer avec les autres fièvres ou avec une inflammation.

On a vu que, pour créer la fièvre adynamique, on n'a fait que grouper des symptômes qui se manifestent lorsqu'on ne parvient pas à arrêter le cours des irritations avec phénomènes sympathiques, et plus encore quand on en accroît l'intensité par l'usage des stimulans. Si on a fait une faute grave en attribuant ces symptômes à la faiblesse, du moins le tableau qu'on en a tracé est conforme à l'observation ; ce n'est qu'une collection de phénomènes morbides, isolés de ceux qui les précèdent et de ceux qui les accompagnent ; mais enfin, on les retrouve chez quelques malades, sinon tout-à-fait dans l'ordre indiqué par le nosographe, au moins tels qu'il les a décrits, et il en est peu qui s'excluent réciproquement. Il s'en faut de beaucoup que l'on ait suivi d'aussi près la nature en créant l'ordre des fièvres ataxiques : tout est artificiel dans le tableau qu'en ont tracé Selle et M. Pinel ; c'est une longue chaîne d'antithèses qui offre et les symptômes du plus mauvais augure et les symptômes les plus insignifians, disposés deux à deux sans aucune méthode. Ces auteurs n'ont pas voulu peindre une maladie, mais seulement la marche d'une foule de maladies, ayant pour caractère, selon eux, de n'avoir rien de régulier dans leur marche : aussi ont-ils cru en donner une idée exacte en leur assignant la presque totalité des symptômes fébriles mis en regard les uns avec les autres, à-peu-près comme des échantillons que l'on rapproche pour mieux juger de leur couleur. Désespérant sans doute de pouvoir faire connaître les nuances nombreuses de la fièvre ataxique, on les a confondues dans un seul tableau dont tous les traits sont contradictoires. On a cru faire assez en admettant une fièvre ataxique simple, absolument imaginaire si on entend par là le tableau que nous allons mettre sous les yeux du lecteur, et des fièvres ataxiques compliquées que l'on s'est abstenu de décrire.

Les symptômes caractéristiques de la fièvre ataxique sont les suivans :

« Désordre dans les rapports qu'ont entre elles les *diverses* fonctions *en général*, et les différentes parties d'un même système, ou d'un même appareil d'organes en particulier ; langue nette ou recouverte d'un enduit blanchâtre, humide *ou sec* ; soif nulle *ou* très-grande ; quelquefois horreur de l'eau ; déglutition gênée *ou* même impossible, et parfois sentiment de strangulation ; vomissement *spontané*, *ou* provoqué par la cause la plus légère ; diarrhée, *ou* constipation opiniâtre ; pouls variable dans chaque région, et souvent alternativement, dans la même artère, grand *et* petit, fort *et* faible, fréquent *et* lent, régulier *et* irrégulier, *ou* intermittent ; lipothymie ou syncopes, *apparences fugaces* de congestions locales ; rougeur *et* pâleur de la peau momentanées, alternes et distribuées d'une manière irrégulière. Respiration alternativement facile *et* difficile, fréquente *et* lente, grande *et* petite, continue *et* entre-coupée ; parfois toux , hoquet , éternuement, soupirs *et* rire involontaires ; chaleur souvent entre-mêlée de frissons fugaces , moindre *ou* plus élevée que dans l'état de santé , inégalement répartie , et alternativement augmentée *et* diminuée ; changemens prompts , opposés *et souvent alternes* , des sécrétions et des exhalations ; transpiration cutanée supprimée *ou* augmentée , et souvent partielle , froide *ou* chaude, visqueuse *ou* ténue ; excrétion de l'urine suspendue, difficile et douloureuse , *ou* très-abondante ; urine ordinairement limpide , quelquefois sédimenteuse , sans la moindre rémission des symptômes ; larmoiement involontaire , *ou* sécheresse de la conjonctive. État obtus , *ou* sensibilité excessive des organes des sens ; vue égarée ; insomnie *ou* somnolence , vertiges, coma , délire , *ou* intégrité de l'entendement ; nulle connaissance de ses proches et de l'état de gravité de sa maladie ; indifférence extrême sur ce point , *ou* inquiétude continuelle , tristesse , terreur *et* désespoir ; réponses brusques et dures, voix aiguë , bégaiement *ou* aphonie ; douleur à l'occiput , au dos , dans les membres, les hypochondres, *ou* insensibilité totale ; agitation , carphologie , prostration des forces *sans évacuations abondantes* , tremblement général *ou* local , soubresauts des tendons ; convulsions , *ou* paralysie universelle *ou* partielle ; symptômes du tétanos , de la catalepsie , de l'épilepsie , etc.

» Ces lésions sont à-peu-près égales dans chaque organe , ou plus fortes dans quelques-uns (1) ».

____

(1) *Nos. phil.* , p. 258-260.

Tâchons de jeter quelque lumière sur cet amas confus de symptômes. Parmi tous ces phénomènes, quels sont les plus remarquables, les plus graves, les plus alarmans ? Ce sont, sans contredit, ceux qui se manifestent dans l'appareil nerveux : or, on peut les diviser en deux séries : dans la première, je comprends la sensibilité excessive des organes des sens, la vue égarée, l'insomnie, le vertige, le délire, les douleurs à l'occiput, au dos, dans les membres et les hypocondres, l'agitation, la carphologie, le bégaiement, le tremblement général ou local, les soubresauts des tendons, les convulsions, les symptômes du tétanos, de la catalepsie, de l'épilepsie, le hoquet, l'éternuement, le rire involontaire. Il me paraît évident que tous ces symptômes résident dans le système nerveux ; or, le cerveau étant l'aboutissant des sensations et des impressions internes, ainsi que le point de départ des volitions, et le siége de cette action singulière qui lie toutes les actions vitales, on est naturellement porté à penser que ce viscère est la principale source de ces symptômes, ou du moins qu'ils ne peuvent avoir lieu sans une lésion quelconque, primitive ou secondaire, de ce viscère. Je crois encore qu'il est impossible de se refuser à voir dans ces symptômes autant de signes non équivoques d'irritation. Dira-t-on que l'insomnie, le délire, le tremblement sont dus à la faiblesse ? Je ne le pense pas, car le cerveau est plus irritable dans l'insomnie nocturne que dans la veille diurne ; et il faut nécessairement que ce viscère soit surexcité par un organe quelconque, ou qu'il soit primitivement irrité, pour qu'il cesse de tomber dans le sommeil après un temps prolongé. Le délire peut avoir

lieu chez des sujets qui ont éprouvé de grandes pertes
de matériaux de nutrition, des hémorrhagies, ou des
suppurations abondantes; mais si le cerveau délire
dans ces différens cas, c'est parce que la soustraction
du sang devient pour lui la cause d'une suractivité
subite par l'effet de laquelle le sang y afflue de toute
part pour l'intérêt de tout l'organisme. Quant au bégaiement et au tremblement, ils ont lieu également
chez les gens faibles; mais pour cela ils ne dépendent
pas de la faiblesse, à moins qu'on ne veuille attribuer
à une pareille cause la danse de Saint-Guy, qui se
manifeste le plus souvent chez les sujets très-irritables,
et dont, par conséquent, le système nerveux est en
suractivité.

La seconde série des symptômes nerveux se compose de l'état obtus des sens, de la somnolence,
du coma, de l'indifférence du malade pour les personnes qui l'entourent et même sur sa vie, de l'aphonie,
de l'insensibilité totale, de la prostration, et de la paralysie universelle ou partielle. Ces symptômes semblent au
premier aspect devoir être attribués à la faiblesse; il
est certain que la plupart dépendent de la suspension
ou de la diminution de l'activité fonctionnelle d'une
partie du système nerveux, et évidemment du cerveau. Tous ces symptômes se retrouvent dans l'arachnoïdite, dans l'hydrocéphale, dans l'encéphalite et dans
l'hémorrhagie cérébrale; on doit donc les attribuer
soit à une irritation du cerveau ou de ses membranes,
soit à une altération de texture de ces parties, notamment de la substance cérébrale, résultat de l'afflux du sang, et par conséquent d'une irritation,
c'est-à-dire d'un surcroît d'activité nutritive qui, de-

venue très-intense, empêche ou abolit les facultés, les fonctions départies à cet organe.

En cela, il en est de l'inflammation de l'arachnoïde et du cerveau comme de toutes les inflammations, dont le premier effet est de suspendre ou de troubler la fonction de l'organe dans lequel elles se développent.

Ainsi les symptômes *ataxiques* que l'on observe dans le système nerveux ne sont point dus à une faiblesse essentielle, et tout porte à leur assigner le cerveau ou ses dépendances pour siége. Cette proposition acquerra plus de force à mesure que nous avancerons dans la recherche du siége et de la nature de la fièvre ataxique. On ne me blâmera pas d'avoir ainsi divisé en deux catégories les principaux symptômes ataxiques; M. Pinel a pensé à cette division : « Ces lésions sont loin, dit-il, de tenir toujours à un état de *diminution* ou d'oblitération des fonctions nerveuses, car quelquefois ces fonctions sont portées à un degré extrême de *vivacité* » (1). On peut ajouter que les symptômes d'irritation sont les plus constans; qu'ils succèdent souvent à ceux qui semblent annoncer la faiblesse, que le plus souvent ils les accompagnent : or, peut-on admettre que le cerveau soit tout à la fois dans l'irritation et dans l'asthénie? Tout porte à croire que ce viscère est plus sujet à l'asthénie d'action fonctionnelle qu'à l'asthénie absolue, à laquelle on ne remédie jamais. Au début de la fièvre ataxique, la faiblesse n'est qu'apparente ; c'est un effet de l'irritation cérébrale, lors même qu'elle ne se montre pas avec les signes

―――――――――――――――――――――――――――――

(1) *Nos. phil.*, p. 210.

d'irritation ; au déclin , les symptômes de faiblesse dépendent de la désorganisation (1).

Si maintenant nous passons à l'examen des symptômes gastriques de la fièvre ataxique , nous voyons que plusieurs n'ont aucune valeur ; mais nous y trouvons la sécheresse de la langue , la soif excessive , le vomissement , la diarrhée *ou* la constipation : or , tous ces symptômes annoncent incontestablement l'irritation des voies digestives : j'en ai dit assez sur ce point pour être dispensé d'y revenir. Est-il nécessaire de s'attacher à prouver qu'il n'y a point de vomissement spontané , c'est-à-dire sans cause. Le sentiment de strangulation est un des signes les moins connus, et pourtant les moins équivoques de l'irritation de l'estomac , du pharynx, du larynx, et peut-être de l'arachnoïde; d'ailleurs, c'est une douleur , par conséquent ce symptôme ne dépend pas de la faiblesse. La gêne de la déglutition provient de ce qu'elle est douloureuse , ou de ce que les muscles qui doivent y concourir restent dans l'inaction , ou sont spasmodiquement contractés. On doit appliquer à cet état ce que j'ai dit de la paralysie et des convulsions. L'horreur de l'eau , qui n'est peut-être que la conséquence de la gêne de la déglutition , a lieu trop rarement dans la fièvre ataxique pour qu'on puisse s'en servir comme d'un puissant argument relativement à la nature de cette fièvre. Enfin les recherches de M. Trolliet ont prouvé que les trois symptômes dont il vient d'être fait mention annoncent l'inflammation de l'arachnoïde et du larynx (2), dans la

------

(1) LALLEMAND , *Recherches sur l'Encéphale.* Paris , 1822, in-8°.

(2) *Nouveau Traité de la Rage.* Paris , 1821 , in-8°.

rage, qui offre les phénomènes de l'ataxie au plus haut degré, et qui serait certainement considérée comme une fièvre ataxique par tout praticien qui en verrait les symptômes sans en connaître la cause.

Les divers symptômes dont il vient d'être fait mention, ayant leur siége dans l'appareil digestif, manquent parfois dans la fièvre ataxique : faut-il en conclure que cet appareil n'est point lésé? on serait souvent démenti par l'ouverture du cadavre. Faut-il en conclure qu'il y a de la *malignité* dans la maladie? Non, car que peut signifier un pareil attribut accordé à une *fièvre ?* Il faut en conclure seulement que l'appareil digestif n'est point lésé, qu'il l'est faiblement, ou que ses symptômes principaux ne sauraient se manifester en raison de l'état de souffrance du cerveau; car on sera bientôt convaincu que ce viscère souffre dans toute fièvre ataxique. Au total, aucun des symptômes gastriques de cette fièvre n'annonce l'asthénie. On ne tardera même pas à voir qu'on a passé sous silence des symptômes non équivoques de gastro-entérite qui ne sont pas moins fréquens que les symptômes nerveux dans cette fièvre.

C'est principalement sur l'état de la circulation qu'on s'est appuyé pour établir la nature de l'ataxie. Ce qu'il y a de certain, c'est qu'il est souverainement absurde d'attribuer à d'autre cause qu'à une irritation la force, la plénitude et la fréquence du pouls qu'on observe dans un grand nombre de fièvres ataxiques, surtout au début: de quelque cause que ces maladies dépendent, ces qualités du pouls annoncent l'énergie des contractions du cœur. Ainsi, en admettant que la maladie soit due à la faiblesse, il faudrait avouer que ce viscère ne participe point à cet état. Lorsque le pouls est fréquent, vite, mais petit et faible, comme on l'observe dans la plupart de ces maladies, surtout au déclin de celle qui nous occupe, le cœur est évidemment irrité; car la fréquence du pouls est un signe incontestable de la surexcitation de ce viscère. Mais en même temps ses contractions sont moins puissantes ; stimulé par l'organe malade, il précipite ses contractions jusqu'à ce qu'elles ne puissent plus avoir lieu : c'est ce qu'on éprouve dans l'inanition, où la douleur de l'estomac et le besoin de matériaux déterminent de vives contractions de la part du cœur, qui bat alors fréquemment mais faiblement. Au déclin des fièvres ataxiques le pouls devient peu fréquent, intermittent, de plus en plus petit et faible lorsque la mort n'est pas éloignée. Ici on a lieu de présumer l'asthénie du cœur ; mais cette asthénie n'est pas la maladie toute entière ; s'il n'y avait que cela, il n'y aurait pas ataxie. Encore est-il certain que la petitesse du pouls et même sa faiblesse soient l'indice assuré de la faiblesse du cœur, puisque nous le voyons tel dans une foule d'inflammations sans même que le cerveau soit affecté ? Il y aurait de la témérité à juger de la nature d'une maladie sur un seul symptôme si équivoque. Dans la syncope, il y a certainement suspension de l'action du cœur ; mais cette suspension ayant lieu dans plusieurs opérations dès la première incision que fait l'instrument tranchant, lors même que le sujet ne l'appréhende en aucune manière, ce ne peut être un signe certain d'asthénie primitive du cœur. L'alternative de la pâleur et de la coloration de la face ne correspondant pas aux changemens du pouls, il faut la considérer comme un effet de l'influence cérébrale sur la circulation capillaire de la peau.

La lenteur souvent excessive du pouls dans la fièvre ataxique est un de ses phénomènes qui méritent le plus de fixer l'attention ; sa coïncidence fréquente avec l'apoplexie, la congestion cérébrale et l'encéphalite, prouve qu'elle n'est point un symptôme de faiblesse générale, et qu'il serait plus rationnel de l'attribuer à la diminution de l'influence du cerveau sur le cœur. L'inégalité et l'intermittence, que l'on doit comparer à l'état convulsif des muscles, n'indiquent en rien l'asthénie, ou bien il faudrait attribuer à la faiblesse toute crise qui s'annonce par l'intermittence et l'inégalité du pouls. Enfin, le cas où le pouls n'est nullement altéré dans l'ataxie montre seulement que le cœur peut demeurer intact au milieu du trouble que détermine l'irritation cérébrale. Ne peut-on pas avancer que si l'asthénie du cœur a lieu quelquefois dans la fièvre ataxique, plus souvent elle n'est qu'apparente, et plus souvent encore elle est le symptôme d'une irritation ?

Les différences que présente la chaleur de la peau n'ont rien qui caractérise spécialement la fièvre ataxique ; on la trouve augmentée dans une partie, diminuée dans une autre, dans tous les cas de congestion évidemment active, inflammatoire ou hémorrhagique, et très-intense, sur un organe quelconque. Si la peau de l'abdomen, par exemple, est brûlante et celle des pieds glaciale, cette différence annonce une irritation d'un des viscères abdominaux, dans la fièvre ataxique comme dans toute autre ma-

ladie qui la compte au nombre de ses symptômes.
Dira-t-on que le coryza et l'épistaxis sont dus à la faiblesse ou à l'ataxie, parce qu'ils sont précédés et accompagnés quelquefois tantôt d'un frisson général, tantôt d'un froid remarquable aux mains et aux pieds ?

Je pense qu'il est inutile de pousser plus loin cet
examen des symptômes de la fièvre ataxique , car on
chercherait en vain un signe de faiblesse dans l'état
de la respiration , des sécrétions et des excrétions ;
d'ailleurs, j'ai dit ce qu'il faut penser de quelques
particularités relatives à ces fonctions , en parlant de
la fièvre adynamique. Jusqu'ici on a vu que les phénomènes de la fièvre ataxique annoncent pour la plupart l'irritation, et qu'un très-petit nombre indique la
faiblesse : encore celle-ci est-elle contestable , ou bien
elle n'est que locale. Qui pourrait donc nous déterminer à supposer que cette fièvre soit due à l'*ataxie*,
c'est-à-dire, à une modification particulière de l'action vitale , différente de la faiblesse et de l'irritation ,
puisqu'elle ne s'annonce que par les symptômes de
ces deux états répartis de manière que les phénomènes
de l'irritation prédominent ?

Ce qui a fait attribuer la maladie dont il s'agit au
trouble, au *bouleversement,* à la *perversion* de l'action vitale, c'est l'*incohérence* des symptômes et le désordre dans
les rapports qu'ont entre elles les diverses fonctions en
général, et les différentes parties d'un même système ou d'un même appareil d'organes en particulier.
Je rapporte encore une fois cette proposition que j'ai
déjà citée, parce qu'il convient de la réduire à sa juste
valeur.

Le défaut de rapport entre les symptômes annoncet-il une diminution de cette liaison sympathique des organes, si importante pour le maintien de la vie? Non. Ce désordre apparent prouve le contraire, et lorsqu'au déclin des fièvres ataxiques l'union des organes devient moins intime, ce sont des symptômes de prostration qui se manifestent : il n'y a plus incohérence, c'est-à-dire, symptômes d'irritation dans un point, symptômes de faiblesse dans un autre. Or, si, d'après ce que nous savons de la fièvre adynamique, il n'est point rationnel d'attribuer constamment les symptômes de prostration à la faiblesse, on voit de suite qu'il le serait moins encore de les attribuer à une prétendue ataxie, que le désordre, des symptômes lui-même n'indique pas. Examinons d'ailleurs ce prétendu désordre.

Selle donne pour caractère distinctif principal de la fièvre ataxique, « des symptômes nerveux, sans aucun rapport entre eux et ne répondant pas à des causes manifestes (1). » Il me sera facile de prouver que ces symptômes répondent parfaitement à leurs causes, quoiqu'on ne puisse pas expliquer comment celles-ci les produisent, autrement qu'en indiquant les organes sur lesquels elles agissent, les symptômes qu'elles y déterminent, et les traces morbides qu'on y trouve après la mort. Selle, moins vague que M. Pinel, essaye de donner un exemple de ce désordre : *une certaine sensation de maladie sans symptômes apparens* (C'est le malaise qui précède toutes les maladies.); *point de plaintes ni de découragement lorsque les symptômes sont menaçans* (En quoi le malade peut-il ju-

____

(1) *Pyrét. met*, page 228.

ger que les symptômes sont menaçans? Les phthisi-
ques, qui meurent à l'instant où ils font des projets
de plaisir, sont-ils dans l'ataxie?); *la crainte de la mort*
(Au moins aurait-il fallu ajouter, lors même que le mal
paraît peu intense : au reste cette circonstance est particulière à certains sujets que l'état morbide le plus léger
alarme, et on l'observe surtout dans le temps où règnent des épidémies meurtrières.); *l'insomnie sans fièvre
ni douleur* (C'est encore un des prodrômes de toutes les
maladies; il n'y a là pas la moindre incohérence; il n'est
pas nécessaire qu'il y ait douleur pour que le cerveau
reste éveillé, puisqu'une chaleur excessive suffit pour
déterminer l'insomnie.); *pouls plus faible et plus serré
lors de l'accès et de l'exacerbation* (Ceci annonce seulement que la congestion qui a lieu dans la fièvre ataxique est plus forte que dans toute autre, ce qui est
vrai.); *type de la fièvre irrégulier* (Cette irrégularité
se retrouve dans des fièvres qui ne sont point réputées ataxiques; elle dépend de circonstances accidentelles plus souvent que de la cause prochaine de la
maladie.) ; *langue aride sans soif, ou humide avec une
soif vive* (Lorsque le cerveau est lésé il cesse de perce-
voir, c'est-à-dire, que, comme tous les organes, il
cesse d'agir quand il est souffrant ; dans l'état de santé,
la soif est souvent excessive sans que la langue cesse
d'être humide ; dans les inflammations chroniques du
pharynx qui accompagnent l'inflammation chronique de
l'estomac, il n'y a point de soif quoique la langue et la gorge soient sèches, et personne ne voit là de l'ataxie.); *peau
sèche sans chaleur* (Quoi de plus commun que ce symptôme?); *sueurs peu salutaires* (Les sueurs sont-elles
donc salutaires dans toutes les fièvres autres que les

ataxiques ?) ; *excrétions vermineuses spontanées* (Per-sonne, depuis Selle, n'a donné cette évacuation pour un symptôme d'ataxie.) ; *excrétions sans soulagement* (C'est ce qui a lieu dans toutes les maladies, aussi long-temps que le mal n'est pas sur son déclin.). Enfin, faut-il ajouter à cette série de signes frivoles les sui-vans, auxquels Selle n'attachait pas moins d'importance qu'aux autres : *La saignée ne calme point les douleurs ; elle est suivie d'un hoquet ; les émétiques ne font pas vomir, mais ils purgent facilement ?*

Sans m'arrêter plus long-temps dans une réfutation qui montre avec quelle légèreté des hommes célèbres se sont plus à créer des ordres, des genres de mala-dies, je vais, pour mieux faire apprécier le prétendu désordre qui règne, dit-on, dans les fièvres ataxi-ques, esquisser à grands traits les principales nuan-ces de ces maladies, au lieu de me tenir dans le cercle étroit et fictif d'une description trop générale pour être vraie, ou plutôt d'une liste incohérente de symptômes disparates.

Lorsque l'invasion de ces fièvres n'est point subite, elle s'annonce tantôt par des dérangemens dans l'ac-tion cérébrale, tantôt par les signes d'une lésion dans les organes digestifs, tantôt enfin par des signes de réaction du système circulatoire, ou de pléthore. Dans le premier cas, elles sont précédées de céphalal-gie, de pesanteur de tête, de somnolence, de ver-tiges, de morosité, d'inquiétudes, de chagrins sans causes connues, de pressentimens sinistres, d'agita-tions, de lassitudes spontanées ou de syncope. Dans le second cas, on observe les prodrômes des fièvres gastriques, bilieuses ou muqueuses. Dans le troisième cas, on observe tous les phénomènes pré-curseurs de la fièvre inflammatoire. Ainsi la fièvre ataxique peut débuter de quatre manières différentes.

1°. Lorsqu'à la suite de tous les phénomènes de suractivité circulatoire dont j'ai parlé en traitant de la fièvre inflammatoire, l'irritation qui constitue cette fièvre devient plus facile à reconnaître en raison de ses progrès; si elle a pour siége le cerveau ou ses membranes, ou si ces parties reçoivent une influence profonde de l'irritation qui constitue la maladie, la sensibilité s'exalte, l'œil devient plus sensible à la lumière, l'oreille au bruit; la conjonc-tive s'injecte, des douleurs se font sentir au fond de l'orbite, au front, à l'occiput, ou bien la céphalalgie augmente de beaucoup; il y a des éblouissemens, des vertiges; l'odorat est émoussé ou la plus légère odeur révolte ce sens; il survient des rêvasseries, du délire ou de la somnolence, de l'insomnie ou des rêves pénibles et un sommeil interrompu; le corps tombe dans l'engourdissement et devient douloureux dans quelques points. Or, n'est-il pas évident que dans ce cas l'irritation s'est accrue dans l'appareil cérébral ou s'est étendue jusqu'à lui? Ces symptômes nouveaux ont la plus grande analogie avec ceux de la conges-tion cérébrale sans phénomènes de fièvre inflamma-toire, ou plutôt ce sont les mêmes. Pourquoi donc méconnaître la nature de la lésion qui les produit, lorsqu'ils se manifestent après d'autres symptômes, tandis qu'on n'élève pas le plus léger doute quand ils se manifestent les premiers? Qui pourrait marquer avec exactitude l'instant où une fièvre inflammatoire par ir-ritation cérébrale devient *fièvre inflammatoire ataxique*?

Il est évident qu'il n'y a là qu'un accroissement d'intensité dans les symptômes, ce qui suppose seulement un accroissement analogue de l'irritation de l'organe dans lequel ils se manifestent. Dans la fièvre inflammatoire par irritation gastrique, utérine ou autres, les symptômes cérébraux que je viens de décrire, au lieu de s'accroître, paraissent pour la plupart après ceux de l'irritation primitive, à laquelle se joint l'irritation sympathique du cerveau, qui doit dès-lors partager, sinon absorber toute entière, l'attention du médecin.

2°. Après plusieurs jours passés au milieu des symptômes de l'embarras gastrique ou intestinal qui n'est qu'une irritation de l'estomac ou des intestins avec ou sans sécrétion bilieuse ou muqueuse, on voit la céphalalgie, jusque là suppportable, s'exaspérer, la sensibilité des organes des sens augmenter, le délire ou l'assoupissement survenir. N'est-il pas évident alors que le mal qui, jusque là, n'avait exercé qu'une faible influence sur l'encéphale, envahit ce viscère ou ses dépendances à un haut degré, et qu'il y a non pas complication de deux maladies de nature différente, mais extension du siége d'une même maladie? Par conséquent les noms de fièvres *gastro-ataxiques* ou *mucoso-ataxiques* ne sont propres qu'à donner de fausses idées, en faisant croire qu'on a sous les yeux deux états morbides opposés qui se combattent, et qu'il importe de mettre d'accord, ou d'attaquer l'un après l'autre.

3°. Après que les légers symptômes cérébraux que j'ai indiqués plus haut ont plus ou moins duré, sans que d'autres symptômes se manifestent, il arrive que la céphalalgie devient excessive, et qu'à la somnolence succède un profond coma, à l'inquiétude, une sorte de désespoir ; à l'agitation , des mouvemens convulsifs ; au vertige , du délire ; aux lassitudes spontanées, à l'abattement, une prostration complète, ou même une paralysie générale ou partielle. Rien dans ce cas n'autorise à supposer que la maladie ait changé de nature , puisque chacun des symptômes n'a fait que s'accroître ; et s'il en survient d'autres qui aient le système nerveux pour siége , ils ne peuvent être attribués à une autre lésion que celle d'où proviennent les symptômes dont il vient d'être fait mention, ou bien ils sont l'effet d'une modification de structure déterminée dans l'appareil cérébral par cette même lésion. Le cas dont il s'agit est un de ceux dans lesquels on dit que la fièvre ataxique est *simple,* parce que la circulation est ordinairement peu ou point dérangée et qu'il n'y a que de légers symptômes vers les organes gastriques, ou même qu'il n'y en a point. C'est là ce qu'on appelle fièvre *cérébrale* quand le mal est porté au point de donner lieu aux symptômes les plus violens de l'irritation du cerveau , ou plutôt de l'arachnoïdite. C'était pour justifier l'admission de cette sorte de fièvre locale au milieu des fièvres ataxiques dont on ne révoquait pas en doute l'extension à tout l'organisme, que la phrase suivante avait été jetée à la suite de la description de la fièvre ataxique : « Ces lésions sont *à-peu-près égales* dans *chaque* organe , ou plus fortes dans quelques-uns : de là les fièvres *cérébrales,* etc. » On voit qu'ici M. Pinel avait fait un pas vers la localisation des fièvres, mais qu'il s'était arrêté subitement. Une méditation approfondie des écrits de Bordeu aurait hâté sa marche au lieu de la suspendre.

4°. Quelquefois les symptômes d'excitation ou d'affais-

sement cérébral apparaissent subitement au milieu d'une
santé qui paraissait intacte ; en admettant qu'il n'y ait
que ces symptômes, pourquoi chercher dans cette affection autre chose que ce que les symptômes annoncent,
c'est-à-dire, une irritation ou une asthénie, quitte à
s'assurer ensuite si la nature de la lésion du cerveau est ce
qu'ils paraissent annoncer, en les comparant avec les
ouvertures de cadavres ? C'est ce qu'on n'a point fait.
Dans cette seconde variété de la fièvre ataxique simple
on a vu des symptômes d'excitation et des symptômes
de faiblesse réunis ; on en a conclu qu'ils n'étaient dus
ni à la faiblesse ni à l'excitation, et pour rendre raison
de leur développement, on a eu recours au mot
ataxie, qui ne signifie absolument rien en bonne physiologie. Lorsque la mort est presque subitement l'effet de la fièvre ataxique survenue à l'improviste, la
cause morbifique a le plus ordinairement porté toute
son influence sur l'encéphale, lors même qu'elle a
d'abord agi sur les voies digestives ou sur le poumon ;
et lorsqu'on trouve des traces morbides, ce qui n'a
pas toujours lieu, c'est presque constamment dans
l'appareil encéphalique.

5°. Les symptômes ataxiques surviennent fréquemment au milieu de ceux d'une inflammation manifeste
du poumon, de l'estomac, de l'utérus, du foie ; plus
souvent peut-être au plus haut degré de ces phlegmasies. Puisqu'après la mort on trouve ordinairement
des traces d'inflammation dans le crâne comme dans
l'un ou l'autre de ces organes, qui peut donner l'idée
que les phénomènes ataxiques proviennent d'une cause
occulte, *sui generis ?* Comment surtout a-t-on pu regarder ces phlegmasies comme étant d'une nature parti-

culière? en un mot des inflammations ataxiques?
En quoi une phlegmasie change-t-elle de nature
quand elle se propage à plusieurs organes?

6°. La plus grande variété règne dans la marche et
le développement des symptômes de la fièvre ataxique.
Tantôt les symptômes inflammatoires gastriques, bilieux ou muqueux continuent malgré l'apparition des
symptômes nerveux; tantôt ils disparaissent presque
complètement ou même tout-à-fait. Aux symptômes
d'excitation se joignent souvent ceux de prostration
sans que pour cela les premiers cessent. Ainsi, quoique
l'abattement survienne, les yeux demeurent excessivement sensibles à la lumière; le délire continue; des
mouvemens convulsifs continuent à se manifester dans
les membres, qui finissent par tomber en paralysie.
D'autres fois ce sont les symptômes de prostration qui
se montrent les premiers, ceux d'excitation viennent
ensuite, puis le même mélange s'établit : les uns cessent, les autres se manifestent; il en est qui reviennent
puis disparaissent. La scène se termine tantôt par un
appareil effrayant de phénomènes convulsifs, tantôt dans
une profonde prostration. Trop rarement les symptômes cérébraux cessent, quelquefois presque subitement, plus ordinairement peu à peu; il ne reste plus
que les symptômes inflammatoires, gastriques, bilieux
ou muqueux, qui diminuent et cessent; ou bien ces
symptômes eux-mêmes disparaissent d'abord, et le malade marche plus ou moins rapidement vers la guérison.

7°. La durée de ces fièvres est, dit-on, de quelques
jours, de un à deux ou trois et même quatre septénaires
ou davantage. Quelquefois en effet le malade continue à
présenter quelques symptômes cérébraux, ordinai-

rement au milieu de ceux de la fièvre muqueuse, et cela pendant un mois, cinquante jours et plus; il semble n'être que légèrement affecté; mais les symptômes ataxiques augmentent enfin, prédominent sur tous les autres, et malgré des évacuations incomplètes il succombe ordinairement. C'est là ce que Huxham avait nommé *fièvre lente nerveuse* : on doit la rapporter à la fièvre muqueuse ataxique de M. Pinel. Quelquefois des symptômes fugaces cérébraux se succèdent lentement chez un sujet qui n'offre aucun symptôme muqueux, et souvent il périt comme dans le cas précédent : c'est la *fièvre hectique nerveuse* de Willis, que l'on n'observe guère que chez les vieillards à la suite de l'hémorrhagie encéphalique, de l'arachnoïdite ou de l'encéphalite.

8°. Parmi les symptômes des fièvres inflammatoires, gastriques ou muqueuses, on voit parfois survenir les signes réunis de l'adynamie et ceux de l'ataxie, c'est-à-dire, que ces derniers s'accompagnent de la fuliginosité des dents, de l'enduit noir de la langue, de la diarrhée fétide, des sueurs fétides et partielles, etc. Cet état constitue les complications *gastro-adynamo-ataxiques*, *mucoso-adynamo-ataxiques*, ou, si l'on veut, *ataxo-adynamiques*, qui sont autant de gastro-céphalites, avec ou sans inflammation d'un autre organe que ceux de l'appareil digestif et de l'appareil cérébral.

L'issue des fièvres ataxiques abandonnées à elles-mêmes, dit M. Pinel, est généralement funeste; rarement des évacuations annoncent la guérison; quand celle-ci a lieu on observe souvent l'inflammation des parotides, des abcès dans le tissu cellulaire des membres, ou vers les régions où se trouvent des ganglions lymphatiques. Le malade n'échappe souvent à la mort qu'en demeurant sourd, aveugle, paralytique, dans un état de stupeur, de stupidité, ou sans mémoire, au moins pendant un certain temps, et quelquefois pour toujours. Il succombe ordinairement alors au bout de quelques mois, de quelques années, à moins qu'il ne soit fort jeune. Dans la fièvre gastro-ataxique il est peu fréquent de voir des évacuations annoncer la guérison, non moins rare dans cette fièvre que dans toutes celles qui font le sujet de ce chapitre.

Hippocrate s'est exercé à signaler les phénomènes qui, dans les maladies aiguës, annoncent la mort prochaine ; la plupart de ces symptômes ont été rangés parmi ceux de l'ataxie, et c'est avec raison que M. Broussais a dit que les nosographes avaient cherché les signes de la fièvre ataxique dans l'agonie. Quoi qu'il en soit voici ces signes, dont aucun n'a de valeur que réuni à plusieurs autres : un coma profond dont rien ne peut tirer le malade, l'insomnie opiniâtre, le défaut de rapport entre la dilatation des deux pupilles, leur immobilité, la rotation convulsive du globe de l'œil, qui a perdu son brillant; l'aphonie, la gêne de la déglutition, le bruit que les liquides font en tombant dans l'œsophage, l'irrégularité de la respiration, qui est comme entre-coupée, un hoquet opiniâtre, la carphologie, les soubresauts des tendons, les convulsions, le calme du pouls au milieu des symptômes les plus alarmans, le météorisme de l'abdomen, une diarrhée très-abondante, la sortie des matières fécales sans que le malade s'en aperçoive, une sueur froide, visqueuse et partielle ; enfin des hémorrhagies que rien ne peut arrêter, surtout celles dans lesquelles le sang est noir et ne se coagule qu'imparfaitement. Il est bon de le répéter, aucun de ces symptômes n'annonce la mort quand il se manifeste seul ; mais quand plusieurs se manifestent simultanément, il y a tout lieu de craindre pour la vie des malades. Il s'en faut que ces phénomènes précèdent toujours la mort ; assez fréquemment elle arrive avant que rien n'ait pu la faire redouter, si ce n'est l'intensité des symptômes ou le caractère connu de l'épidémie régnante.

Puisque, pour former la classe des fièvres ataxiques, on a rapproché et comparé les cas dans lesquels les symptômes nerveux et principalement cérébraux prédominent sur tous les autres, on a dû explorer le cerveau de préférence à toutes les autres parties du corps, quand on a cherché le siége de la cause prochaine de ces fièvres ; on a dû naturellement espérer de l'y trouver, et d'abord on n'a pas même eu l'idée qu'il pût être dans d'autres viscères. Aussi la plupart des médecins qui se sont livrés à cette recherche s'accordent généralement à dire que l'ouverture des cadavres leur a fait découvrir des lésions du cerveau ou de ses membranes : tel a été le résultat des recherches de Willis, de Screta, de Chirac, de Hoffmann, de Pringle, de Stoll, de Marcus, de MM. Pinel et Coutanceau, etc. En même temps qu'ils appelaient l'attention des médecins sur les lésions de l'encéphale dans les fièvres malignes ou ataxiques, quelques-uns de ces auteurs n'ont pas négligé de noter les altérations qu'ils trouvaient dans d'autres viscères ; mais la plupart d'entr'eux les considéraient comme des effets de la fièvre. M. Prost me paraît être le premier qui ait affirmé positivement que les fièvres ataxiques résultaient de l'inflammation de la membrane muqueuse des intestins. « J'ai fait, dit-il, l'ouverture de plus de deux cents cadavres de personnes mortes dans le cours des fièvres ataxiques, et j'ai constamment observé l'inflammation de cette membrane (1). »

Si on lit avec soin les différens recueils d'observations d'anatomie pathologique, depuis Bonet jusqu'à nos jours, on y trouve épars une foule de cas dans lesquels la mort étant survenue à la suite des symptômes malins ou ataxiques, l'ouverture des cadavres a fait voir des traces d'irritation ou d'inflammation ailleurs qu'au cerveau et dans les viscères digestifs. Morgagni en présente un assez grand nombre. Ce sont des calculs dans la substance du rein, dans le bassinet, les uretères ou la vessie, ou bien l'inflammation et la suppuration des premiers de ces viscères; l'inflammation du péritoine ou de l'utérus; des abcès dans le foie; des vomiques dont on n'avait point soupçonné la présence dans le poumon; l'hépatisation de ce viscère; des pleurésies, des péricardites dont rien n'avait fait présumer l'existence; en un mot, il n'est pas une partie du corps dans laquelle une vive inflammation, une violente irritation, développée lentement ou tout-à-coup, n'ait quelquefois provoqué la mort après avoir déterminé des symptômes ataxiques. Les traces de cette inflammation située dans l'abdomen ou dans la poitrine sont souvent accompagnées d'un épanchement de sérosité dans le

---

(1) *Médecine éclairée par l'observation et l'ouverture des corps,* Introduction, pag. LVI.

crâne ; d'autres fois on ne trouve absolument rien dans cette cavité.

Il est des cas de fièvres ataxiques à la suite desquelles on ne trouve absolument aucune trace de lésion, non-seulement dans le cerveau, non-seulement dans les organes de la digestion, mais encore dans quelque partie du corps que ce soit. Ces cas sont les moins nombreux ; néanmoins ils ne sont pas aussi rares que les fièvres adynamiques sans traces de gastro-entérite ; quoiqu'ils soient d'ailleurs infiniment moins communs qu'on ne le pense généralement.

Il s'agit maintenant d'établir la fréquence relative des nombreuses altérations organiques qu'on observe à la suite des fièvres ataxiques. Si j'en juge d'après les travaux des médecins qui ont cherché avec soin le siége de ces fièvres, et d'après mes propres remarques, dans le plus grand nombre des cas on trouve des traces d'inflammation des méninges ou du cerveau ; le plus ordinairement elles sont accompagnées de traces d'inflammation dans le canal digestif ; viennent ensuite les cas moins nombreux où ce canal seul est affecté, altéré dans sa structure ; puis ceux moins nombreux encore où l'encéphale l'est seul ; et enfin les cas plus communs où l'inflammation de tout autre organe a déterminé la mort en surexcitant le cerveau, soit que celui-ci ait subi ou non une véritable inflammation sympathique, et qu'il en présente des traces, ou qu'on ne les observe point. Enfin, comme je viens de le dire, les cas les moins communs sont ceux dans lesquels on ne trouve absolument rien après la mort.

Les lésions trouvées dans le crâne à la suite des fièvres ataxiques sont : la plénitude des vaisseaux des méninges et de ceux du cerveau , ou des uns et des autres ; la rougeur et l'opacité de l'arachnoïde ; la rougeur de la substance cérébrale ; des épanchemens séreux ou gélatiniformes le plus ordinairement dans les ventricules , sur les hémisphères ou à la base du crâne ; des épanchemens sanguins dans la substance cérébrale, quelquefois à la surface de l'arachnoïde ; des épanchemens purulens, des fausses membranes à la surface de cette membrane ; du pus infiltré entre l'arachnoïde et la pie-mère , ou dans la substance cérébrale, rassemblé en petits foyers ou en abcès dans cette substance, avec ou sans infiltration sanguine.

On accorde généralement trop peu d'importance à ces diverses lésions ; quelque peu profondes qu'elles paraissent être, il convient d'en tenir compte dans la recherche de la nature et du siége des maladies à la suite desquelles on les observe. Si on les trouve dans un grand nombre de cadavres , c'est que la mort a rarement lieu sans qu'il se manifeste quelques symptômes ataxiques, c'est-à-dire cérébraux, parce qu'il faut toujours que le cerveau s'affecte pour que la mort ait lieu. Pour bien juger du rôle que l'irritation cérébrale a joué dans une fièvre ataxique, il faut mettre en parallèle la nature de la lésion , avec l'époque à laquelle les symptômes ataxiques se sont manifestés, et le degré d'intensité, ainsi que le nombre de ces symptômes. Il y a encore , je l'avoue, bien des recherches à faire avant que l'on puisse arriver à reconnaître exactement pendant la vie l'état de l'encéphale ; mais quelques difficultés que ces recherches présentent, c'est un devoir pour les médecins amis de la science et de l'humanité de s'y livrer avec ar-

deur. Celles qu'on faites MM. Coutanceau (1), Lallemand (2), Ducrot (3), Deslandes (4), Parent et
Martinet (5), ont déjà produit des résultats assez
avantageux pour que l'espoir soutienne les médecins qui suivront ces auteurs dans la carrière qu'ils
ont honorablement parcourue.

Néanmoins, il reste à faire beaucoup plus qu'on
n'a fait jusqu'ici : assigner les symptômes cérébraux
qui ne sont dus qu'à l'irritation et à l'afflux du sang
vers les méninges ; ceux que provoquent l'irritation et
l'afflux du sang vers la substance cérébrale seulement ;
ceux qui sont dus à une inflammation des méninges ou
bien à celle du cerveau, ou enfin à l'inflammation
successive ou simultanée de ces membranes et de ce
viscère : tels sont les importans problèmes dont la solution fera connaître toute la part que l'encéphale
prend à la manifestation des symptômes ataxiques. Dans
l'état actuel de la science tout ce qu'on peut dire sur
ce point, c'est qu'à la suite de la fièvre ataxique les traces de maladie que présente le cerveau ou ses membranes sont constamment dues à un degré plus ou
moins élevé d'inflammation. Cette vérité a surtout
été mise hors de doute par les derniers travaux de
M. Lallemand. La moelle épinière participe fort sou-

___

(1) *Des Epanchemens dans le crâne pendant le cours des
fièvres essentielles.* Paris, 1802, *in-8°.*

(2) Ouvr. cit.

(3) *Essai sur la Céphalite.* Paris, 1812, *in-4°.*

(4) *Examen des différentes formes que peut prendre la
phlegmasie des méninges.* Paris, 1817, *in-4°.*

(5) *Recherches sur l'Inflammation de l'arachnoïde.* Paris, 1822, *in-8°.*

vent à l'état du cerveau ; probablement il est des cas où elle est plus affectée que celui-ci, mais ses altérations sont encore peu connues. C'est un intéressant sujet de recherches qui ne peut manquer de répandre une vive lumière sur la théorie des fièvres, et vers lequel J.-P. Frank a eu le mérite d'appeler un des premiers l'attention.

Les altérations que l'on trouve dans l'appareil digestif, après la fièvre ataxique, ne diffèrent pas sensiblement de celles qu'on rencontre dans le même appareil après la fièvre adynamique. Ce sont toujours des stries, des plaques d'un rouge plus ou moins vif, ou des plaques noirâtres plus ou moins étendues, des ulcères dont l'étendue, le nombre, la forme et la profondeur varient à l'infini, sans que jusqu'ici on ait pu saisir aucun rapport constant entre ces variétés et celles qu'ont présentées les symptômes cérébraux. On doit peu s'en étonner, car le danger est d'autant plus pressant et la mort d'autant plus imminente, que l'encéphale est plus irritable, et il ne répugne en rien d'admettre qu'une faible irritation gastrique détermine quelquefois une violente irritation cérébrale, puisqu'une petite dose de vin, une nouvelle tant soit peu agréable ou affligeante, et la plus légère douleur suffisent pour faire extravaguer certaines personnes.

Si les variétés des altérations du canal digestif sont assez peu en rapport avec les phénomènes cérébraux, ce qui encore une fois ne doit pas étonner, en revanche elles correspondent parfaitement aux symptômes gastriques qui ont précédé ou accompagné ces phénomènes. Ce qui a été dit sur cette corrélation dans les chapitres précédens est parfaitement applicable ici.

Lors même que les symptômes gastriques ont cessé à l'apparition des phénomènes cérébraux, il arrive encore souvent que l'on trouve dans le canal digestif les traces de l'inflammation qui occasionait ces symptômes ; mais quelquefois ces traces ne se retrouvent point, soit que la gastro-entérite ait réellement cessé, ce qui n'a lieu que lorsqu'on emploie le traitement anti-phlogistique ; soit qu'elle ait persévéré à un degré trop peu intense pour laisser des traces après la mort.

Quand l'irritation, l'inflammation encéphalique qui produit les phénomènes cérébraux a été provoquée par le croup, la bronchite, la pleurésie, la pneumonie, la péricardite, l'hépatite, la cystite, par une autre inflammation que celle de l'estomac et des intestins ; quand la mort a été l'effet d'une inflammation non méconnue, mais réputée ataxique ou compliquée d'une prétendue fièvre ataxique, on ne trouve pas dans l'organe primitivement enflammé d'autres traces que celles qu'on y trouve quand la mort n'a point été précédée de tout l'appareil des symptômes de l'ataxie, et quelquefois on ne trouve aucun vestige d'inflammation, celle-ci ayant cessé de bonne heure, ou ses traces ayant disparu avec la cessation du mouvement circulatoire. Ainsi, il en est dans ce cas comme dans celui où la fièvre ataxique est due à l'influence d'une gastro-entérite sur l'encéphale ; et, de même que dans ce cas, tantôt il y a, comme je l'ai dit, et tantôt il n'y a pas de traces morbides dans le cerveau ou ses dépendances. Ce viscère a rarement le temps de s'affecter profondément, parce que la mort survient plus vite en raison de l'affection de deux viscères importans :

ainsi trouve-t-on assez rarement le cerveau lésé à la suite des péripneumonies ataxiques, et c'est ce qui fait qu'on a si souvent méconnu le rôle que l'encéphale joue dans les fièvres ataxiques avec inflammation manifeste des viscères pectoraux. La même observation s'applique aux cas dans lesquels les viscères abdominaux étant manifestement enflammés, la mort survient promptement.

Il résulte de ce qui précède que la fièvre ataxique n'est que l'inflammation, ou, si l'on veut, l'irritation simultanée de l'encéphale et d'un autre organe ; que le plus souvent l'irritation cérébrale est secondaire ; que le plus ordinairement elle dépend de la gastro-entérite ; mais que toute autre inflammation peut l'occasioner ; que la phlegmasie primitive du canal digestif ou de tout autre organe peut cesser et ne pas laisser de traces, celle de l'encéphale continuant jusqu'à la mort ; que les traces de cette dernière peuvent elles-mêmes disparaître avant l'ouverture du cadavre, ce qui explique les cas où l'on n'a rien trouvé.

Il reste, je pense, à démontrer qu'il est des fièvres ataxiques dues uniquement à l'irritation, à l'inflammation primitive du cerveau ou de ses membranes. On en trouve de telles dans les observations rapportées par Marcus, par MM. Coutanceau, Lallemand, Deslandes, Parent et Martinet. Et rien ne démontre qu'il ne puisse en être ainsi, pourvu que l'on reconnaisse que ce ne sont pas les cas les plus fréquens. Mais le diagnostic de ces fièvres est des plus difficiles, d'abord, parce qu'il y a souvent gastro-entérite dans les fièvres ataxiques les plus simples en apparence, c'est-à-dire dans celles qui n'offrent aucun symptôme gastrique bilieux ou muqueux à aucune époque de leur cours; ensuite parce que l'irritation cérébrale primitive donne souvent lieu à une irritation sympathique de l'estomac et des intestins. Cette transmission de l'irritation du cerveau ou de ses membranes n'est pas constante, quoi qu'en ait dit M. Broussais (1). Mais lorsqu'elle a lieu, elle jette dans le plus grand embarras. C'est au point que lorsqu'on est appelé auprès d'un malade qui présente tous les phénomènes de l'ataxie, avec symptômes d'irritation gastro-intestinale, il n'est presque jamais possible de savoir si le cerveau est primitivement ou secondairement lésé. On est réduit à se ressouvenir que, d'après l'ouverture des cadavres, la seconde supposition est la plus probable.

Quand aux phénomènes cérébraux se joignent les symptômes d'une autre inflammation que la gastro-entérite, la difficulté est la même pour décider si l'irritation de l'encéphale est primitive, et il se présente une difficulté de plus, c'est celle de savoir s'il n'y a pas en outre inflammation latente des voies digestives.

Ceux d'entre mes confrères qui ne verront que des subtilités dans ces questions ne s'apercevront point que leur solution dissipperait entièrement l'obscurité qui couvre encore le siége des fièvres ataxiques, ferait cesser les incertitudes si désolantes qui nous assiègent au lit des malades, et fournirait des bases assurées au diagnostic, ainsi qu'au traitement de ces fièvres, qui ont fait jusqu'ici, et qui font même encore le désespoir des médecins.

----

(1) *Deuxième Examen*, tom. 1er pag. XXIX, prop. CXVIII.

Lorsque l'on connaîtra bien le rôle que chaque organe joue dans les fièvres ataxiques, et surtout celui que joue le cerveau et ses dépendances, on n'y verra plus un labyrinthe inextricable de dérangemens de fonctions ; on pourra se livrer à des recherches méthodiques et fructueuses sur les moyens les plus propres à en arrêter le cours. Jusque là, malgré les progrès déjà satisfaisans de la pathologie, nous serons encore réduits à des tâtonnemens dans une foule de cas.

L'étude des causes des fièvres ataxiques remédie en partie aux difficultés que présentent la recherche de l'irritation primitive, et l'appréciation de l'état des voies digestives dans ces maladies.

Les fièvres ataxiques ne reconnaissent point d'autres causes que celles de la fièvre inflammatoire et de la fièvre adynamique : cependant pour qu'elles aient lieu, il faut que le sujet soit naturellement prédisposé aux irritations encéphaliques, ou que les causes les plus susceptibles d'irriter le cerveau aient agi sur lui. C'est pour cela que la fièvre ataxique a lieu plus souvent chez les enfans et les femmes que chez les hommes et les vieillards, chez les sujets qu'on appelle nerveux, c'est-à-dire qui sentent vivement, et dont les sensations et les volitions violentes et impétueuses se succèdent avec rapidité ; chez les sujets qui ont été long-temps exposés à l'ardeur des rayons du soleil ayant la tête nue, qui ont reçu des coups sur le crâne, ou qui sont tombés sur une partie quelconque de la tête, qui sont adonnés à des travaux intellectuels trop assidus, en proie à des chagrins, au regret d'avoir quitté leurs parens, ou qui s'abandonnent sans retenue aux plaisirs de l'amour ; et enfin chez

ceux qui ont subi une grande déperdition de matériaux nutritifs , par des évacuations abondantes de
mucus , de pus ou de sang , ou qui ont été exposés à
l'influence d'émanations délétères , d'alimens putréfiés , dont l'action se propage rapidement au cerveau.

Lorsque le malade n'a été soumis qu'à des causes
susceptibles d'agir directement sur l'encéphale, telles
que les lésions du crâne et du cerveau lui-même ou
de ses membranes par une cause mécanique externe,
par une sensation trop forte , un excès de contention
d'esprit , une passion impétueuse , un chagrin violent,
ou l'excès dans le coït , et que des symptômes cérébraux se manifestent seuls , il y a lieu de croire que
les voies gastriques ne sont point affectées , surtout si
jusque là elles n'ont donné aucun signe d'irritation.
Lorsqu'elles n'étaient point irritées avant l'invasion de la
maladie , et qu'elles paraissent le devenir ensuite , il
y a lieu de croire que leur irritation est sympathique
et qu'elle dépend de celle de l'encéphale ; mais elle
n'en mérite pas moins d'attention, car elle peut, si on
ne parvient pas à la maîtriser , accroître celle du
cerveau.

Si, au contraire , la personne a fait abus de liqueurs
fortes , d'alimens succulens , d'alimens putréfiés ; si
elle a été exposée à l'influence d'émanations délétères ,
pour peu qu'il y ait quelques signes d'irritation gastrique, on doit présumer que l'irritation principale réside
dans l'appareil digestif ; on le doit encore lors même
que l'on n'observe aucun symptôme de gastro-entérite,
car souvent il arrive que l'état morbide du cerveau
empêche le développement des effets sympathiques
qui pourraient annoncer la gastro-entérite , laquelle

continue ses ravages , et peut même s'aggraver si on la
méconnaît , et si l'on a recours à un mode de traitement qui lui soit contraire.

Enfin, si aux causes susceptibles de disposer l'encéphale à s'irriter se sont jointes des causes d'irritation
pour tout autre organe , tel que le poumon , l'utérus,
il ne faut pas négliger de rechercher l'influence qu'elles
ont pu exercer en même temps ou secondairement
sur les organes de la digestion.

En agissant sur l'encéphale , ou sur la membrane
muqueuse gastro-intestinale , sur ces deux parties à
la fois ou successivement, les causes de la fièvre ataxique peuvent étendre leur influence aux canaux biliaires, à la vésicule et au foie , aux reins, aux uretères ou
à la vessie. On reconnaît assez facilement pendant la
vie ces différentes irritations, à l'ictère, à la suppression, à la rétention de l'urine. Après la mort on en trouve
fort souvent les traces , et si je n'en ai pas encore
parlé , c'est que ces irritations, bien qu'elles aggravent
le danger qui menace le malade, sont presque constamment secondaires dans la fièvre ataxique essentielle , quoique l'inflammation primitive de l'appareil
biliaire et celle de l'appareil urinaire puissent, comme
la gastro-entérite, détermi er une encéphalite secondaire et les symptômes ataxiques qui en sont les effets,
ainsi que le démontrent les fâcheux effets de l'hépatite
et de la cystite traumatiques.

On voit que si la fièvre ataxique se rapproche de la
fièvre adynamique sous le rapport de son origine ,
elle en diffère en ce qu'elle est souvent l'effet de
causes qui n'agissent que sur l'encéphale , en ce que
ces mêmes causes contribuent presque toujours à la

produire lorsqu'elles ne la produisent pas seules; que par conséquent la fièvre ataxique est assez souvent l'effet d'un état morbide cérébral primitif, état qui est incontestablement une irritation, et que le médecin ne doit jamais négliger. On voit que si, comme la fièvre adynamique, la fièvre ataxique n'est fort souvent que la dernière scène ou le plus haut degré des fièvres inflammatoires, gastriques et muqueuses, elle est alors due à une véritable complication qui réclame des moyens appropriés à l'irritation ordinairement sympathique du cerveau. On pressent que dans ce cas il ne suffit pas toujours de mettre en usage ceux qui sont susceptibles de guérir l'irritation primitive de l'estomac, des intestins ou de tout autre organe, pour faire cesser la lésion de l'encéphale et les symptômes ataxiques qui la caractérisent.

Dans un premier ouvrage, M. Broussais paraissait attribuer les fièvres ataxiques uniquement à la gastro-entérite; les symptômes particuliers à ces fièvres ne dépendaient, suivant lui, que de l'influence de l'estomac et de l'intestin enflammés sur le cerveau. Aujourd'hui il reconnaît que ce dernier viscère peut s'enflammer lui-même sous l'influence de la gastro-entérite, et qu'alors on a deux inflammations redoutables à combattre : cependant, lorsqu'il s'agit de définir la fièvre ataxique, il se contente de dire que c'est une gastro-entérite avec irritation considérable ou phlegmasie du cerveau (1). Si cette définition est plus complète que celle de M. Prost (2), contre laquelle

(1) *Deuxième Examen*, pag. xxxiv, prop. cxxxviii.
(2) *Voyez* plus haut, pag. 301.

M. Broussais s'était jadis élevé (1), elle a l'inconvénient d'accorder trop d'importance à l'inflammation gastrique, et point assez à l'inflammation cérébrale, qui se trouve présentée comme étant toujours secondaire.

Il est des fièvres ataxiques sans gastro-entérite; il n'en est point sans irritation encéphalique : c'est pourquoi je pense que la définition donnée par M. Broussais doit être retournée ainsi : La fièvre ataxique est une encéphalite quelquefois primitive, plus souvent secondaire, ordinairement accompagnée d'une gastro-entérite, ou survenue dans le cours de l'inflammation du poumon, de l'utérus, du péritoine, etc.

Traitement de la Fièvre ataxique.

Quel est donc l'aveuglement des médecins qui, attribuant la fièvre ataxique à une *atteinte profonde portée au système nerveux*, *à une sorte de gêne et de compression dans l'origine des nerfs*, *au trouble*, *au bouleversement des lois générales de l'économie animale*, ne voient rien de mieux à faire que de *provoquer le vomissement*, et de recourir *aussitôt après à une médication tonique*; qui conseillent de *soutenir sans cesse les forces par des doses répétées de vin généreux*, de remédier à la *débilité générale par l'emploi des excitans*; et qui rejettent toute émission sanguine, quelque prononcés que soient les symptômes d'inflammation, sous

---

(1) *Hist. des Phleg. chron.*, 2ᵉ édit., tom. ii, pag. 7.

le vain prétexte que *toutes les causes* de la fièvre ataxique *sont débilitantes*, quoique d'ailleurs ils admettent
un *état d'effervescence de la tête*, et avouent qu'après la
mort on trouve « le plus souvent des épanchemens
séreux dans les *sinus* latéraux du cerveau, d'autres fois
tous les caractères d'un état inflammatoire de la mé-
ninge devenue opaque et épaisse, etc.; » quoiqu'ils
annoncent que « les excitations momentanées qui résultent de l'emploi des stimulans les plus actifs sont
aussitôt remplacées par un état de débilité encore plus
dangereux (1). »

Il est évident que si ces médecins ont soupçonné la
part que prend le cerveau à la production des fièvres
ataxiques, et peut-être même la nature de la lésion à
laquelle ce viscère est en proie, ils sont tombés dans
la plus dangereuse contradiction, en recomman-
dant l'emploi de tous les moyens les plus propres
à augmenter l'irritation encéphalique. Il n'est pas
moins évident qu'ils ont complètement méconnu la
gastro-entérite, qui est si souvent le foyer primitif des
symptômes ataxiques, et qui a lieu fort souvent lors
même que l'encéphalite est primitive. Si plusieurs
médecins ont constaté l'inflammation du cerveau
dans les fièvres dont il s'agit, on doit à **M.** Broussais
d'avoir démontré la fréquence de la gastro entérite
dans ces maladies, et d'avoir ainsi converti en certitude les soupçons de ceux d'entre ses prédécesseurs et
de ses contemporains qui avaient entrevu l'irritation de
l'appareil digestif dans les fièvres malignes sans réfor-

______

(1) *Nos. Phil.*, pag. 263, 264, 268, 276, *etc.*

mer complètement l'usage des stimulans. On lui doit
d'avoir prouvé la nécessité de bannir les excitans
du traitement de ces fièvres, et le résultat a été la diminution de la mortalité.

Combattre la disposition que l'on observe chez
quelques sujets aux irritations cérébrales; écarter les
causes qui peuvent fortifier, faire naître cette disposition, et celles qui, en agissant directement sur l'encéphale, sur les voies digestives, ou sur toute autre
partie du corps, peuvent occasioner primitivement
ou secondairement l'irritation, l'inflammation du cerveau ou des méninges; attaquer énergiquement les
irritations qui pourraient, en s'aggravant, déterminer
celle de l'encéphale; enfin combattre celle-ci dès
l'apparition des plus légers symptômes qui la caractérisent : telle est la marche qu'il faut suivre pour
prévenir ou ralentir le développement des fièvres
ataxiques.

Pour les guérir, ce qui est bien difficile, il faut combattre l'irritation de l'encéphale en tirant du sang de
la tête et des extrémités inférieures, appliquer la glace
sur la première, et plonger les secondes dans un bain
chaud, donner à l'intérieur des boissons tièdes ou
froides. Si l'estomac est enflammé, il faut appliquer
des sangsues à l'épigastre, des fomentations émollientes ou réfrigérantes sur l'abdomen; s'il y a de la
diarrhée, des sangsues à l'anus, et prescrire des lavemens émolliens et anodins; s'il y a de la douleur
dans un point quelconque de l'abdomen, des sangsues
y seront appliquées également; on les mettra au-
dessous des fausses côtes droites si la région hépatique
est douloureuse, la conjonctive et la peau jaunes;

à l'hypogastre si l'utérus est douloureux ou si l'urine est supprimée; au périnée si l'écoulement de ce liquide est suspendu. En même temps on emploiera les moyens que je viens d'indiquer contre l'irritation encéphalique.

Dans tous ces cas, les stimulans diffusibles de l'estomac et des intestins, les vésicatoires et tous les excitans de la peau qui occasioneraient une vive douleur seront écartés; les uns et les autres ne procurent un bien passager qu'en irritant le cerveau; cette irritation ne peut qu'être nuisible quand elle s'exerce sur un viscère déjà irrité. On peut mettre en usage les ventouses, les sinapismes; en un mot, les rubéfians, en ayant soin de ne pas occasioner trop de douleur; il suffit de rougir la peau pour le but qu'on se propose, c'est-à-dire, pour opérer la révulsion quand elle est possible.

Si la maladie se prolonge beaucoup, et que les voies digestives ne soient point irritées, on peut donner aux malades des bouillons de veau ou de poulet, que l'on supprime pour peu que les symptômes cérébraux s'accroissent, ou que ceux de la gastrite se manifestent.

Telle est la seule méthode générale que l'on doive suivre dans le traitement des fièvres ataxiques; si elle n'est pas toujours couronnée par le succès, c'est au moins la mieux appropriée à la nature et au siége du mal; c'est aussi celle qui réussit le plus souvent; elle n'est jamais nuisible, quand on ne prodigue point les émissions sanguines.

Il est des cas où l'on doit tirer beaucoup de sang, d'autres dans lesquels il faut en être avare, d'autres enfin qui excluent tout-à-fait les émissions sanguines, bien que la nature du mal soit la même.

Chez les sujets pléthoriques et vigoureux, dont l'appareil vasculaire artériel est plein d'énergie, de même que chez ceux qui présentent les signes de ce qu'on appelle le tempérament bilieux, on peut, on doit même faire de copieuses saignées du pied, de la jugulaire ou de la temporale, appliquer un grand nombre de sangsues aux tempes, à l'épigastre, à l'anus, selon que les symptômes cérébraux, gastriques ou hépatiques prédominent.

Chez les sujets plus irritables que sanguins, c'est-à-dire dont le cerveau est très-excitable, quoique le système artériel, le poumon et le cœur ne jouissent pas d'une activité remarquable, on peut s'abstenir de la saignée générale, sauf le cas où la face est animée, les conjonctives injectées et la céphalalgie insupportable. Dans tout autre cas, les émissions sanguines locales suffisent, pourvu qu'on les réitère autant que l'exige l'intensité des symptômes.

Chez les sujets épuisés par des privations, par des pertes de sang, de pus ou toute autre matière, affaiblis par des maladies antérieures, et dont, par suite de l'une ou l'autre de ces causes, le système nerveux et surtout le cerveau jouit en même temps d'un excès de sensibilité que de nouvelles évacuations pourraient accroître ; au déclin des fièvres ataxiques, et lorsqu'elles se prolongent pendant plusieurs semaines, on doit le plus ordinairement ne point recourir aux émissions sanguines.

S'il est des cas où il serait plus nuisible qu'utile de tirer du sang, même par les sangsues, il ne faut pas en conclure qu'alors les toniques, les stimulans doivent être mis en usage. Il faut bien se garder de faire ici une fausse application de la méthode tonique qui réussit dans les fièvres intermittentes ataxiques. En vain on se flatterait, même dans le cas où les voies gastriques paraîtraient intactes, d'opérer une dérivation salutaire. Au lieu d'opérer le déplacement de l'irritation cérébrale, on courrait le risque de l'accroître, tant la liaison est intime entre l'estomac et l'encéphale. Lorsque les toniques employés en pareil cas ont produit de bons effets, c'est que déjà l'affection cérébrale était sur son déclin. Je ne sais si le danger le plus imminent, et même la certitude de voir le malade succomber, quand les émissions sanguines ne peuvent être employées ou ne suffisent pas, excusent l'administration du quinquina dans une maladie où un organe aussi important que le cerveau est violemment irrité ou a déjà subi les conséquences de l'irritation. Dans les chapitres suivans je rechercherai s'il est des exceptions à la règle que je viens de poser, et surtout si elles sont aussi nombreuses que le croient certains médecins.

Si les vomitifs sont le plus ordinairement nuisibles dans la fièvre adynamique, ils le sont encore davantage dans la fièvre ataxique, et l'on en sent de suite la raison, puisque l'irritation du cerveau fait tout le danger de cette dernière. L'afflux du sang vers la tête déterminé par les efforts du vomissement ajoute à la direction de ce liquide vers l'encéphale : aussi rien n'est plus commun que de voir dans cette fièvre le délire se manifester immédiatement après le vomissement.

Les purgatifs sembleraient devoir être plutôt employés dans les fièvres ataxiques sans irritation apparente des voies digestives ; mais avec quelque rapidité qu'ils passent sur la membrane muqueuse gastrique, ils ne manquent jamais de l'irriter à un certain degré, et il est douteux que l'irritation intestinale qu'ils procurent soit utile dans la fièvre ataxique, puisque, donnés en lavement à haute dose dans la méningite, l'encéphalite et l'hémorrhagie encéphalique, ils enflamment très-souvent la membrane muqueuse des intestins sans que l'affection cérébrale en soit améliorée. J'ai trouvé si souvent des plaques rouges et des ulcères dans les gros intestins à la suite de fièvres ataxiques qui paraissaient ne pas être dues à la lésion de ces organes, que je ne me hasarderais plus désormais à mettre en usage les purgatifs, sous quelque forme que ce soit, dans cette fièvre.

Après avoir exposé la méthode thérapeutique générale des fièvres ataxiques, et les modifications qu'on doit lui faire subir, en raison de l'idiosyncrasie des sujets, il reste à indiquer d'autres modifications relatives à différentes formes sous lesquelles se montrent ces fièvres.

Dans la nuance qui a reçu le nom de *fièvre cérébrale*, où tous les symptômes offrent le caractère sthénique au plus au degré, et annoncent principalement un afflux considérable vers l'encéphale, souvent une arachnoïdite bien caractérisée dont presque toujours on retrouve les traces, toute la puissance du traitement anti-phlogistique doit être déployée. C'est le cas de la saignée du pied, et immédiatement après de l'application des sangsues aux tempes et en grand nombre ; c'est principalement alors que l'on doit entretenir l'écoulement du sang, plonger en même temps les pieds dans l'eau chaude, et appliquer de la glace sur le front ou même sur tout le crâne. Si la syncope survient, elle est d'un bon augure; on couche le malade, on ôte la glace, on applique aux pieds des cataplasmes très-chauds, préparés avec un mélange de farine de graine de lin et de graine de moutarde en poudre. Si après la syncope, l'appareil des symptômes inflammatoires de la tête a cessé, on peut ne pas recourir de nouveau à la glace; si ces symptômes se rétablissent en partie, la glace devra être réappliquée, et de nouvelles sangsues seront posées aux jambes.

Lorsqu'au milieu des symptômes d'une vive irritation qui paraît générale, les symptômes cérébraux se manifestent; en un mot, dans la fièvre inflammatoire ataxique, il faut surtout insister sur la saignée générale : la saignée du pied est préférable à celle du bras. L'ouverture de l'artère temporale est d'autant mieux indiquée que la perte d'une certaine quantité de sang artériel tempère l'action vitale plus promptement que ne peut le faire une quantité plus considérable de sang veineux. Ici les bains de pieds sinapisés, et surtout les sinapismes, ne doivent être employés qu'avec réserve et seulement après la saignée, car toute stimulation, même à la périphérie du corps, peut, dans les premiers momens surtout, accélérer la circulation et augmenter la tendance vers le cerveau.

Lorsque les symptômes cérébraux viennent se mêler à des symptômes bien prononcés de gastrite avec ou sans symptômes bilieux; en un mot, dans la fièvre gastro ou bilieuse ataxique, il se présente un problême à résoudre. Faut-il, à l'exemple de M. Broussais, s'attacher principalement à combattre la gastrite, et se borner à faire appliquer des sangsues au col ou derrière les oreilles, quand les phénomènes cérébraux font redouter l'inflammation des méninges ou du cerveau lui-même? Faut-il, comme le fait M. Regnault, combattre d'abord l'irritation encéphalique par des applications plus ou moins réitérées de nombreuses sangsues aux tempes, lorsque les symptômes de la gastrite ne sont pas très-intenses, sauf à l'attaquer directement après la diminution de l'irritation cérébrale (1)? J'ai vu souvent disparaître avec rapidité l'irritation de l'encéphale, bien qu'on n'eût combattu que l'irritation gastrique; mais aussi j'ai vu celle-ci diminuer et le danger persister, parce que celle-là persévérait dans toute sa force. J'ai vu les symptômes de gastrite diminuer sensiblement sous l'influence des émissions sanguines locales dirigées contre l'irritation cérébrale et pratiquées aux tempes; et lors même que la première ne s'améliorait point, l'état du malade n'inspirait plus que peu d'inquiétude, attendu la diminution notable que l'on obtenait dans les symptômes cérébraux : une ou deux applications de sangsues à l'épigastre terminaient la cure. Depuis que j'ai été à même de faire cette comparaison, il m'arrive très-souvent de débuter par l'application des sangsues aux tempes, de la glace sur le front, et par l'usage des pédiluves chauds, même dans les fièvres gastro-ataxiques. Par ces moyens les accidens cérébraux diminuent presque constamment, et souvent cessent complètement; l'irritation gastrique elle-même disparaît quel-

______

(1) *Journal universel des Sciences médicales,* sept. 1818.

quefois, ou du moins ne persévère que pendant peu de jours; on a, dans tous les cas, le temps de la combattre par l'application des sangsues à l'épigastre ou à l'anus, le danger que l'irritation cérébrale faisait courir au malade étant passé, sinon toujours en totalité, au moins en grande partie. Telle est surtout la conduite que l'on doit tenir dans les fièvres gastro-ataxiques qui se manifestent après des veilles prolongées et des excès de travail, chez des sujets très-adonnés à l'étude et dont l'estomac est fort irritable.

Il y aurait du danger à ne voir, comme le font des disciples peu éclairés de M. Broussais, qu'une gastro-entérite dans la fièvre gastro-ataxique, et plus encore dans toutes les fièvres ataxiques; car alors on se bornerait à l'application des sangsues à l'épigastre, et l'irritation de l'organe dont l'intégrité importe davantage au maintien de la vie ne serait point attaquée directement ni assez fortement. D'un autre côté, si, à l'exemple de Marcus, de Rasori, de Clutterbuck, de M. Georget, on ne voyait dans toutes ces fièvres que des méningites et des encéphalites, l'irritation des voies digestives serait méconnue, et par conséquent négligée, ce qui serait d'autant plus fâcheux que souvent on combat en vain directement l'irritation encéphalique quand elle est uniquement due à l'irritation gastrique. Ces médecins, également exclusifs dans leurs opinions et dans leur pratique, s'abusent les uns sur l'état des organes de la digestion, les autres sur l'état de l'encéphale; ceux-ci réussissent peut-être plus souvent que ceux-là, mais ils nuisent fréquemment, et ils ne font pas tout le bien qu'ils pourraient faire. Le parti le plus sage est de veiller avec la même sol-

licitude sur les deux organes envahis par l'irritation.

L'apparition de symptômes cérébraux intenses, au
milieu des symptômes peu prononcés qui caractérisent la gastro-entérite à laquelle on a donné le nom de
fièvre muqueuse, constitue une complication d'autant
plus grave qu'on ne peut ordinairement recourir ni à
d'abondantes émissions sanguines locales, ni même
aux dérivatifs énergiques, si avantageux dans cette
fièvre quand le cerveau n'est pas très-irrité. On verra
dans le chapitre suivant que le plus haut degré de cette
complication constitue une des maladies les plus
funestes à l'espèce humaine, et contre laquelle la
médecine se montre trop souvent impuissante.

Les diverses encéphalites et méningites simples
ou compliquées de gastro-entérite, avec ou sans sécrétion muqueuse, qui se prolongent pendant un
mois, six semaines ou même davantage, et qui ont
reçu, ainsi que je l'ai dit, le nom de *fièvre lente nerveuse*, sont le plus souvent au-dessus des ressources
de l'art. Jusqu'ici on les a traitées infructueusement
par les toniques, sans que pour cela on ait été conduit
à les traiter par une méthode opposée qu'indique la nature du mal, mais sur les avantages de laquelle l'expérience n'a pas encore prononcé assez affirmativement.
Ce qu'il y a de certain, c'est que les toniques les aggravent au lieu de les améliorer. Il faut tenter de nourrir
le malade au moyen de légers alimens, quand les
organes de la digestion le permettent, et stimuler
la peau, non pas violemment, mais d'une manière
continue, en promenant des sinapismes sur les différentes parties du corps. On ne sait pas encore

jusqu'à quel point, ni à quelle époque de ces fièvres, des dérivatifs plus actifs seraient favorables.

Si l'on trouve trop court ou du moins peu satisfaisant ce qui vient d'être dit sur le traitement des fièvres ataxiques ; si l'on en conclut que la thérapeutique de ces fièvres a fait peu de progrès, on se trompera dans cette conclusion. Je désire ardemment ne pas nuire au succès de cette partie de la cause que je défends, et j'invite les praticiens à interroger l'expérience avant de prononcer. Quelques-uns diront peut-être qu'à l'exception des émissions sanguines , je tends à ramener vers l'expectation dans les fièvres ataxiques, et ne voudront attribuer que peu de pouvoir aux applications froides et aux applications chaudes combinées ; d'autres blâmeront la réserve que je conseille dans l'emploi des dérivatifs irritans. Sur tous ces points un seul homme, quel qu'il soit, ne peut prononcer en dernier ressort. Ce que j'ai dit sur chacun de ces points si importans est entièrement conforme aux observations que j'ai eu occasion de faire, et je suis tout prêt à modifier mes opinions si des observations plus nombreuses démontrent que je suis dans l'erreur. Il est un seul point sur lequel l'expérience a prononcé pour toujours : c'est le danger des toniques dans les fièvres ataxiques continues. Au reste , quelle que soit la méthode dont on fasse usage contre ces fièvres , on ne peut se flatter de la voir réussir bien souvent, lorsqu'elles sont très-intenses et qu'on n'obtient pas promptement un changement très-avantageux.

Lorsque le cerveau est profondément irrité , soit primitivement, soit même secondairement, il y a, en général, peu d'espoir de sauver le malade, dans quelque maladie que ce soit. La raison en est que ce viscère étant le lien qui unit tous les autres organes, lorsque son existence est menacée, il finit par cesser d'agir pour la conservation du tout dont il est la principale partie. Tel est le sens dans lequel on doit entendre ces mots : *trouble du principe vital, ataxie, irrégularité, perversion, désordre des propriétés vitales*, qui donnent une idée fausse de la nature des fièvres ataxiques, lorsqu'on n'étudie ces maladies que dans leurs symptômes.

Plusieurs nuances redoutables de la fièvre ataxique continue, dont on fait des genres à part, seront l'objet des trois chapitres suivans.

CHAPITRE VII.

Du Typhus.

LE mot τύφος n'est employé dans les écrits d'Hippocrate que pour désigner la *stupeur*, et ceux de τυφώδης πυρετός n'indiquent qu'une maladie dans laquelle la chaleur se joint à ce symptôme, tandis que Galien appelle ainsi une fièvre *ardente*, avec érysipèle du foie. Sauvages a le premier donné à la fièvre maligne le nom générique de *typhus*, et a réuni sous cette dénomination le *typhus égyptien* de Prosper Alpin, la *fièvre hectique maligne nerveuse* de Willis, la *fièvre maligne soporeuse* de Rivière, la *fièvre nerveuse* d'Huxham, la *fièvre des prisons* et *des hôpitaux* de Pringle, et le *typhus des camps* de Boerhaave. Cullen suivit de près le savant nosologiste de Montpellier, car, pour lui, toute fièvre avec symptômes graves ou danger inaperçu mais réel était un *typhus*. Cette idée de la gravité du mal et du danger que court le malade est encore aujourd'hui la seule que plusieurs médecins attachent au mot *typhus*. M. Hildenbrand pense qu'on doit réserver cette dénomination pour désigner une maladie aiguë, fébrile, essentielle, spéciale, primitive, caractérisée principalement par la stupeur, l'air d'étonnement des malades, laquelle se transmet à ceux qui y sont disposés, et offre une altération plus ou moins remarquable du foie. Selon cet auteur, le typhus est en soi, tantôt inflammatoire, tantôt nerveux ou putride, et peut prendre à la fois tous ces caractères. Selon M. Pinel, les typhus sont de véritables fièvres adynamiques et ataxiques, qui peuvent quelquefois prendre, à un plus ou moins haut degré, le caractère bilieux ou inflammatoire dans les premiers temps de la maladie ; qui reconnaissent les mêmes causes que celles de toutes les fièvres marquées par une tendance délétère, et se transmettent au moyen des émanations qui s'exhalent du corps des malades ou de leurs excrétions. Le typhus n'est donc à ses yeux qu'une variété de la fièvre adynamique ou de la fièvre ataxique, selon les symptômes qui le caractérisent : du moins c'est là ce qu'on doit inférer de ce qu'il dit sur cette maladie, depuis la page 145 jusqu'à la page 163 du premier volume de sa *Nosographie philosophique*, édition de 1818 ; mais à la page 196 du même volume, il dit que « le typhus est une maladie *particulière* dans laquelle les symptômes adynamiques et ataxiques sont continuellement mis en jeu, soit ensemble, soit séparément ; que cette maladie a la plus grande analogie avec la peste , et qu'en la plaçant comme un intermédiaire entre les fièvres adynamiques et les fièvres ataxiques, il croit lui assigner la place la plus convenable qu'elle doive occuper dans l'état actuel de nos connaissances. »

La nature et le siége des maladies doivent être étudiés principalement dans les temps malheureux où elles sévissent sur un grand nombre de sujets, et se montrent sous toutes les formes symptomatiques qu'elles peuvent revêtir. C'est pourquoi je vais donner le sommaire des observations que Chirac , Pringle , Poissonnier-Desperrières et M. Pinel ont faites sur le typhus des villes ravagées par la guerre, des camps, des vaisseaux et des hôpitaux. Cette maladie redoutable s'est montrée si souvent dans tous les temps et dans tous les pays, que j'aurais pu rapporter l'histoire d'un bien plus grand nombre d'épidémies de même nature; mais celles dont on va lire la relation suffiront pour les faire connaître toutes.

I. La France était désolée par la disette lorsque Chirac se rendit à Rochefort en 1694. Cette ville, située sur la Charente, est préservée du vent du nord par une élévation considérable, et par un bois; au levant est une grande prairie que la rivière inonde presque chaque année, et sur laquelle il reste, à la marée basse, dans l'été, une eau limoneuse d'où s'exhale une odeur infecte qui se fait sentir jusque dans le port, surtout le soir. Lors de l'arrivée de Chirac dans cette ville, il y régnait une rougeole et une variole très-meurtrières, auxquelles succédèrent des fièvres double-tierces subintrantes, puis des fièvres malignes, et enfin des fièvres pestilentielles.

Chirac attribua le développement de ces fièvres à l'élévation de la température après un hiver doux, aux exhalaisons marécageuses développées sous l'influence d'un soleil ardent et du vent du midi, aux chagrins, aux alarmes et au mauvais régime inséparables de l'état de guerre, à l'usage des vins acides, du pain fait avec du blé niellé ou altéré, à l'inanition.

Dès que les fièvres malignes parurent, la mortalité, qui était déjà considérable, augmenta; elles durèrent jusqu'au mois de juin. La maladie commençait par un grand frisson ou un froid glacial, une douleur ou une pesanteur de tête, une lassitude et un abattement de forces extraordinaire. Le pouls se faisait à peine sentir dans le froid, tant il était petit et enfoncé. A ces premiers symptômes se joignaient des nausées et un vomissement presque continuel, puis une diarrhée de matières séreuses ou bigarrées de plusieurs sortes de couleurs, de jaune, de vert, de café et de noir. Ces évacuations devenaient très-souvent sanglantes. Le pouls se relevait très-difficilement; les malades ne se réchauffaient qu'à peine, et ne revenaient point à leur chaleur naturelle pendant les deux premiers jours. Quelques-uns même moururent le deuxième ou le troisième jour dans le froid, sans avoir pu se réchauffer. En général le pouls *brillait* peu jusqu'au quatrième jour, époque à laquelle il devenait naturel ou très-fréquent et très-faible, et restait tel jusqu'à la fin de la maladie. Des taches pourprées commençaient à paraître chez quelques-uns le quatrième jour, chez d'autres les jours suivans; il y avait des redoublemens tous les jours sur le soir. Du quatrième jour au cinquième, les malades tombaient dans des rêveries ou dans un assoupissement qui durait jusqu'à la fin de la maladie. L'urine demeurait claire et ombrée jusqu'au quatrième jour, et ne commençait à devenir rouge et d'une couleur foncée que lorsque la circulation s'accélérait; elle était peu abondante et déposait un sédiment briqueté; parfois elle se supprimait du sixième au septième, ou du dixième au onzième jour. Le ventre se tendait souvent; l'hypochondre droit était tendu et très-douloureux; des sueurs se manifestaient le septième, le onzième et le quatorzième jour. Plusieurs malades saignèrent au nez.

Le plus grand nombre périssait ordinairement après le septième jour; plusieurs moururent le septième;

chez ceux qui guérirent la maladie se prolongea jusqu'au quatorzième, au dix-huitième ou même au vingt-unième jour. A l'ouverture des cadavres on trouva toujours le cerveau *engorgé* de sang d'un rouge foncé, ou livide dans toute sa substance ; le foie pareillement enflammé et *engorgé* de sang ; l'estomac et les intestins rouges, enflammés, et parsemés de taches livides. Les ventricules du cœur et la veine cave contenaient du sang plus ou moins caillé ; toutes les ramifications de la veine porte étaient très-apparentes et remplies de grumeaux de sang. Dans plusieurs cadavres, une sérosité *sanieuse* était répandue entre les membranes du cerveau et dans l'abdomen. Chirac crut devoir donner à ces fièvres le nom de *disposition inflammatoire des viscères* ou d'*inflammation du cerveau*; mais il mêlait à cela des idées erronées sur l'épaississement du sang (1).

II. Pendant son séjour en Allemagne, en Flandre et en Écosse, depuis 1742 jusqu'en 1750, Pringle eut de fréquentes occasions d'observer un typhus caractérisé par les symptômes suivans : 1°. avant l'invasion, alternatives peu prononcées de chaud et de froid, tremblement dans les mains, quelquefois engourdissement dans les bras, faiblesse dans les membres, perte de l'appétit, malaise, chaleur excessive pendant la nuit, sommeil interrompu et point réparateur, pesanteur ou douleur de tête; pouls d'abord plus vite qu'à l'ordinaire, langue blanche, peu sèche. 2°. Après l'invasion, accroissement de tous ces symptômes ; grand affaisse-

---

(1) *Traité des Fièvres malignes, des Fièvres pestilentielles et autres.* Paris, 1742, in-12, tom. 1er.

ment moral, lassitude extrême, nausées, douleur dans le dos, pesanteur ou bien douleur de tête continue, abattement considérable; pouls vif et variable sous le rapport de la force et de la plénitude dans le même jour; sang parfois couenneux, coagulum dissous, dans la période la plus avancée de la maladie; urine quelquefois rougeâtre, tantôt trouble, plus souvent pâle, tantôt claire, vers la fin épaisse, souvent sédimenteuse; diarrhée si le malade l'avait auparavant, ou s'il avait eu froid; constipation dans les circonstances opposées; selles quelquefois involontaires, sanguinolentes, d'une odeur cadavéreuse, surtout au déclin; chaleur âcre et ordinairement sécheresse de la peau; langue presque toujours sèche, et si l'on ne prenait aucune précaution, dure, noire, gercée profondément, quelquefois douce et humide, mais chargée de jaune ou de vert jusqu'à la fin; soif quelquefois excessive, plus souvent modérée; haleine mauvaise quand la maladie était fort avancée, et matière noirâtre autour des dents; toujours une grande stupeur; ordinairement délire, augmentant d'intensité à mesure que le pouls s'affaiblissait; insomnie, air abattu, rêveur; œil trouble, conjonctive rougeâtre; quand le délire était excessif, visage enflammé, yeux très-rouges, parole brève, agitation, et plus tard visage comme amaigri, paupières à demi fermées, sommeil entre-coupé, faiblesse extrême de la voix, soubresauts des tendons, ouïe d'abord dure, puis surdité; ordinairement vomissement, pesanteur et douleur à l'estomac; parfois point de côté, difficulté de respirer, douleurs vagues; fréquemment de petites taches d'un rouge tantôt plus ou moins pâle, tantôt livides, et quelquefois presque confluentes, d'autres fois à peine visibles, plus nombreuses sur la poitrine et sur le dos, rares au visage, d'autant plus fâcheuses qu'elles étaient plus pourprées; quelquefois elles ne paraissaient qu'après la mort; redoublement pendant la nuit.

La durée de cette maladie était de sept à quatorze ou vingt jours; elle se terminait par l'inflammation des parotides ou des glandes axillaires; après la gué-rison il restait souvent des douleurs dans les membres, de la faiblesse, un étourdissement incommode, des vertiges et un bourdonnement d'oreilles.

Pringle attribue le développement de cette maladie aux modifications que l'air subit dans un hôpital où un grand nombre de malades se trouvent entassés, par le dégagement des émanations animales qui s'exhalent de leurs corps ou de leurs excrétions. A cette cause on peut joindre celles qu'il assigne à la fièvre d'automne ou des camps, dont le typhus des hôpitaux est le plus haut degré, c'est-à-dire le froid et l'humidité, la fatigue et la malpropreté, et en outre le mauvais régime, dont il a trop atténué les mauvais effets. La propagation du typhus des hôpitaux s'opère, selon lui, par l'infection de l'air, laquelle ne se communique, dit-il, que lentement.

Dix cadavres seulement furent ouverts : dans quelques-uns on explora toutes les cavités, dans les autres on n'ouvrit que le crâne ou l'abdomen. Chez un sujet dont la maladie, superficiellement observée, avait duré un mois, on trouva trois onces de matière purulente dans les ventricules du cerveau, dont les deux substances étaient extrêmement flasques, molles; pareille matière fut trouvée sur le cervelet. Le malade avait été sourd et frappé de stupeur, cependant il n'avait cessé de répondre juste aux questions qui lui étaient faites, jusque dans la nuit qui précéda sa mort, nuit pendant laquelle les muscles de la face entrèrent en convulsion. Le second sujet, tombé dans la stupeur et la surdité dès le commencement de sa maladie, n'avait pas complètement perdu la raison ; son pouls s'était affaissé promptement ; dix jours avant sa mort sa tête avait enflé et était demeurée dans cet état jusque deux jours avant qu'il expirât. Dans ses derniers jours il ne voulait boire que de l'eau froide, et pendant sa maladie il était constamment couché sur le côté droit : on trouva que son cerveau avait *suppuré*. Le troisième avait également conservé une partie de sa raison, et répondu convenablement aux questions ; on trouva que son cervelet avait *suppuré*. Chez deux autres sujets on reconnut une inflammation de la substance corticale du cerveau. Chez l'un d'eux, mort avec la diarrhée, les intestins grêles étaient fort enflammés et les gros intestins déjà *corrompus*. Chez un autre sujet qui mourut à l'instant où tout faisait espérer son rétablissement, le cerveau n'offrit aucune altération. Enfin chez un autre qui mourut après la formation d'un abcès dans chacun des orbites, le cerveau était très-flasque, et il y avait environ deux onces de sérosité dans les ventricules : les autres parties du corps ne furent point examinées chez ces deux derniers. Pringle termine en disant que les intestins sont plus particulièrement disposés à se *mortifier* ; mais il admet l'inflammation du cerveau, quoique d'ailleurs il fût très-attaché au dogme de la putridité (1).

____

(1) *Observations sur les Maladies des armées, des camps,*

III. En 1757 il se développa sur l'escadre de M. Dubois de la Mothe un typhus qui se répandit ensuite dans la ville de Brest , et dont Poissonnier-Desperrières nous a conservé l'histoire. Toutes les causes les plus propres à développer de redoutables épidémies semblaient s'être réunies pour occasioner celle-là. L'équipage se composait en partie de matelots convalescens venus de Rochefort , et dont plusieurs retombèrent malades , soit dans la rade de Brest même , avant le départ, qui eut lieu le 3 mai , soit pendant la traversée. Lors de l'arrivée de la flotte à Louisbourg , le 20 juin , les malades des autres vaisseaux se trouvèrent pêle-mêle à terre avec eux. Les matelots furent rassemblés pour exécuter des travaux très-pénibles auxquels les convalescens eux-mêmes étaient obligés de se livrer. Ces derniers retombèrent malades pour la plupart, et moururent presque tous; un grand nombre de matelots qui jusque là s'étaient bien portés, tombèrent également malades. Le 30 octobre, jour du départ, quatre cents moribonds furent laissés à terre, mille convalescens furent embarqués; un grand nombre de ceux-ci moururent dans la traversée, et pourtant, lors du débarquement à Brest, le 22 novembre, il y avait sur les cadres quatre mille malades qui furent entassés dans des hôpitaux provisoires établis à la hâte. Des médecins , des chirurgiens des environs vinrent offrir leurs services , d'autres furent envoyés de Paris par le Gouvernement. On ne put maintenir la propreté, désinfecter l'air,

---

et dans les garnisons, traduit de l'anglais, deuxième édition. *Paris,* 1793, *in-12.*

séparer les convalescens des malades, ni éloigner autant que possible ceux-ci les uns des autres, comme il aurait fallu le faire. La maladie se propagea aux habitans pauvres, dont les maisons furent bientôt jonchées de mourans et de morts. Le mal gagna même les personnes aisées ; il fut, dit-on, porté dans plusieurs cantons de la province, soit par des convalescens, soit par des fuyards. Cinq médecins et cent cinquante chirurgiens de la ville, de la province ou de Paris, succombèrent à ce fléau ; ceux qui ouvrirent des cadavres périrent presque tous en deux ou trois jours : les seuls dont les noms soient parvenus jusqu'à nous sont Mauflâtre et de Préville. L'épidémie devint moins meurtrière en mars 1758, et cessa en avril, après avoir, en cinq mois de temps, fait périr dix mille personnes dans les hôpitaux de Brest, et un nombre très-considérable dans les maisons particulières.

Les principaux symptômes que présentèrent les malades furent les suivans : 1°. avant l'invasion : lassitude, pesanteur accablante, engourdissement dans les membres, perte de l'appétit, sentiment de pesanteur puis de douleur gravative à la tête, principalement au sinciput et aux tempes ; affaiblissement des facultés intellectuelles, hébétude tendant à l'assoupissement. 2°. Lors de l'invasion : inquiétude ; ordinairement petitesse et mollesse, rarement dureté et élévation du pouls ; nausées, quelquefois vomissement ; langue plus ou moins chargée et souvent humectée dans les premiers jours ; bouche mauvaise et fétidité de l'haleine ; yeux abattus et enfoncés, ou animés et vifs, avec inflammation de la conjonctive et larmoiement ; frissons irréguliers , difficulté de respirer, visage livide, plombé ; affaiblissement des membres. 3°. Dans le progrès de la maladie : chaleur âcre à la peau ; pouls tantôt petit et concentré, tantôt plus fort ou plus élevé qu'il ne l'était d'abord ; tantôt intermittent, irrégulier ; le soir redoublemens avec frisson se correspondant souvent sous le type double-tierce ; augmentation de la douleur et de l'accablement ; douleurs vers la région de l'estomac et du foie ; vomissement de matières porracées ou jaunâtres ; tension douloureuse des hypochondres et du bas-ventre ; chez les uns, ventre libre , chez d'autres , resserré ; urines souvent claires et blanches, plus souvent rouges et déposant un sédiment de même couleur, quelquefois brunes et à sédiment noirâtre ; délire tantôt sombre, tantôt furieux ; peau sèche ; odeur insupportable des sueurs quand elles se manifestaient après les redoublemens ; matières fécales très – fétides ; langue sèche , noirâtre , comme grillée, tremblante , et pouvant à peine être portée au dehors ; d'abord soif excessive puis moindre ; convulsions des muscles de la face, carphologie ; taches pourprées, livides ou noires à la peau ; quelquefois surdité, ou bien amaurose. 4°. Après le septième jour : intérieur de la bouche et de la gorge souvent parsemé de petites aphthes gangréneuses ; sueurs visqueuses et froides ; respiration très-gênée et sanglotante , agitation croissante ; intermittence plus marquée du pouls, qui perd encore de sa force ; urine ayant une odeur très-forte ; déjections horriblement fétides ; excoriation, puis gangrène de certaines parties de la peau ; quelquefois des anthrax , fort souvent des pétéchies et des vésicules remplies de sérosité, sur diverses régions de ce tissu.

Tous ces symptômes réunis laissaient peu d'espoir : cependant, après des flux d'urine, des évacuations alvines abondantes, ou un saignement de nez, on voyait quelquefois s'améliorer progressivement les symptômes; la convalescence était difficile, fort longue, et si le régime était mal observé, ou trop tôt abandonné, la rechute et une mort prompte étaient presqu'inévitables.

Poissonnier-Desperrières indique comme cause de l'apparition et du développement de cette maladie, des affections tristes, de mauvais alimens, la malpropreté, le séjour dans une rade peu salubre, le froid joint à l'humidité, et des fatigues excessives. Quant à la propagation du mal, elle dépendit évidemment de l'entassement d'un très-grand nombre de malades au milieu d'une ville située dans un fond et généralement humide, pendant un hiver doux et pluvieux, ainsi que des émanations qui s'exhalaient soit du corps des malades, soit de leurs excrétions : émanations qui, comme toutes celles que dégagent les matières animales putréfiées ou dans l'état morbide, ne sont pas toujours impunément aspirées par les gens les mieux portans.

Ce que rapporte Poissonnier-Desperrières sur les résultats de l'ouverture des cadavres mérite d'être textuellement cité : « Il faut observer, dit-il, que malgré les symptômes qui semblaient annoncer une affection marquée dans le cerveau, ce viscère coupé par tranches sur vingt cadavres, et examiné avec soin, a paru toujours dans un état naturel, si l'on en excepte deux sujets chez lesquels les vaisseaux de cet organe étaient un peu *engorgés*. Dans tous ces cas les ventricules n'offrirent rien d'extraordinaire; mais il n'en fut pas de même lorsqu'on passa à l'ouverture de l'abdomen. C'est dans les viscères que renferme cette capacité qu'on remarqua des désordres sensibles : le foie de plusieurs se trouva livide, mollasse et parsemé de taches cendrées et noirâtres, sous lesquelles on apercevait des gouttelettes de sang grumelé et dénaturé ; la vésicule du fiel était très-distendue par la présence de la bile ; et on trouva communément dans l'estomac et dans l'intestin duodénum une certaine quantité de cette liqueur verte et porracée qui teignait le colon de la même couleur. A peine, dans plusieurs sujets, restait-il quelques traces d'épiploon ; il était *fondu*. Des taches parsemaient, çà et là, les intestins de presque tous les cadavres ; et, dans quelques-uns, le sphacèle s'était emparé d'une portion du cylindre du canal intestinal, qui renfermait tantôt des vers, tantôt des excrémens délayés, d'une puanteur insupportable. Quelquefois aussi les poumons parurent avoir été l'un des siéges du mal : du moins y remarqua-t-on assez souvent des engorgemens et des suppurations gangréneuses. Quant au cœur, le sang qui le remplissait était seulement noir et dissous.» Poissonnier conclut de là que la maladie était due à une inflammation souvent suivie de gangrène, et, selon l'esprit du temps, il attribue cette inflammation à une substance très-âcre et putréfiée ; plus loin il ne voit plus dans cette phlegmasie une *inflammation vraie* (1).

IV. Le 9 février 1814, des militaires blessés, excédés de fatigue, épuisés par des marches forcées, par des

______

(1) *Traité sur les Maladies des gens de mer;* seconde édit. *Paris,* 1780, *in-8°.*

transports pénibles, par un mauvais régime, des privations de toute espèce, des affections morales, et par les suites d'un froid rigoureux, furent admis à l'hospice de la Salpêtrière Vers la fin de mars et en avril, le typhus commença à devenir fréquent et à faire des progrès, soit en se manifestant, dit M. Pinel , dans sa forme simple, soit dans ses diverses complications avec la fièvre adynamique, les phlegmasies de la poitrine ou une sorte de diarrhée colliquative. Dans le mois de mai il se répandit davantage parmi les employés de l'hospice, puis il se propagea jusque dans les dortoirs des femmes, par le moyen de celles qui avaient été appelées au service des salles de militaires. Sur huit médecins qui vinrent volontairement s'associer à ceux de l'hospice, trois succombèrent : c'étaient Duval, Serain et Blin. Tous les infirmiers chargés de ranger les effets des malades dans le magasin moururent, ainsi que celui qui faisait les fumigations guytoniennes dans les salles. Un local retiré fut assigné dans l'infirmerie pour les femmes chez lesquelles se manifestait les symptômes de l'épidémie. On fit renouveler l'air toutes les demi-heures, faire des fumigations continuelles, changer souvent le linge, laver le visage avec de l'eau froide acidulée.

M Pinel trace le tableau suivant des symptômes de ce typhus :

1°. Très-souvent vive céphalalgie ; ordinairement douleurs dans tous les muscles, avec une sorte d'engourdissement ; quelquefois dans les membres abdominaux seulement. Durant les grands froids, douleur dans les articulations , contractilité diminuée ou anéantie ; face offrant l'apparence d'un état d'ivresse ou de stupeur ; difficulté extrême dans les mouvemens de la langue et l'articulation de la parole ; quelquefois tremblement général , sensibilité vive et prolongée , qui succédait quelquefois à l'engourdissement et se prolongeait long-temps après la convalescence. 2°. Assoupissement d'où, lorsque la maladie n'était pas encore très-intense , le malade sortait facilement, pour regarder autour de lui avec un air d'étonnement et d'indifférence mêlée de tristesse, et prendre les boissons qu'on lui donnait sans qu'il parût y faire la plus légère attention. 3°. Chez le plus grand nombre des malades, tintement, bourdonnement d'oreilles, les uns croyant entendre le son des cloches, les autres divers instrumens de musique, ensuite surdité ; en général , lésion plus ou moins marquée de l'ouïe. Dans les premiers jours, yeux brillans , injection des vaisseaux de la conjonctive, puis diminution graduelle de la vue ; délire obscur et taciturne, incohérence des idées, hallucinations confuses et hideuses, réponses tardives quoique justes, répétition involontaire des actions particulières à la profession du sujet. Au plus haut degré de la maladie, articulation confuse de mots d'autant plus inintelligibles que la langue était couverte d'une croûte sèche et noirâtre ; jugement très-faible ; difficulté extrême pour sortir de la stupeur et promptitude à y retomber. 4°. Très-souvent *état catarrhal* des membranes muqueuses du thorax , de l'abdomen, de la gorge ; souvent *complication* avec un embarras gastrique, une angine, une pleurésie, une péripneumonie , une *sorte* de dysenterie, une *sorte* de diarrhée colliquative ; selles involontaires de matières noirâtres, jaunes ou verdâtres, *par l'effet de la stu-*

peur. 5°. Pendant les dix premiers jours de la maladie, variations du pouls, suivant la gravité de la maladie, l'état gastrique, les lésions de l'organe de la respiration. Vers le onzième jour, pouls faible et concentré; dans le cas d'un *grand danger* ou d'une *complication* avec une phlegmasie, pouls extrêmement accéléré, offrant jusqu'à cent vingt ou cent trente pulsations par minute; parfois pouls presqu'insensible ou même tout-à-fait éteint dans un bras. Chez les femmes, variations en raison des hémorrhagies utérines qui avaient lieu souvent au commencement de la maladie. 6°. Vers le sixième jour, apparition de pétéchies qui croissaient et disparaissaient tour-à-tour, ou restaient permanentes; quelquefois desquamation de l'épiderme, quelquefois ictère. Vers le déclin de la maladie, chaleur brûlante à l'intérieur, au ventre et à la tête.

Sur cent vingt personnes attachées à l'hospice, qui tombèrent malades, douze seulement moururent.

« Un militaire présenta, à l'ouverture cadavérique, une *congestion* dans les membranes muqueuses de l'arrière-bouche; un autre a offert une *forte affection* des membranes muqueuses intestinales. On pourrait définir cet état *non une inflammation franche*, dit M. Pinel, mais une *espèce d'excitation catarrhale* qui n'a pas une grande valeur pour le pronostic, *à moins qu'elle ne soit portée à un degré violent.* »

M. Pinel ne rapporte aucune autre ouverture de cadavres (1).

Après avoir rapporté l'histoire succincte de ces quatre

____

(1) *Nos. Phil.*, t. 1, p. 196-207.—*Méd. clin.*, éd. de 1815, p. 121-147.

mémorables épidémies de typhus, je vais donner l'extrait de la description générale de cette maladie, tracée par M. Hildenbrand.

Cet auteur divise le typhus en régulier et irrégulier.

Le typhus *régulier* est annoncé par un changement dans l'humeur ou le caractère, l'insouciance, l'affaiblissement des désirs, une lassitude plus considérable après l'exercice, un sommeil non réparateur, la fétidité de l'haleine, le tremblement des mains, plus souvent le vertige, une commotion douloureuse et soudaine dans les membres, une douleur des lombes, un serrement du creux de l'estomac. Après deux, trois ou sept jours passés dans cet état, la maladie débute par une tension douloureuse de la tête, des frissons dans le dos, entre-mêlés de bouffées de chaleur, tremblement, soif, angoisse, abattement, découragement; les frissons durent de six à douze heures. A ces frissons succède une chaleur remarquable, sensible au tact et fatigante pour le malade, dont les parties découvertes frissonnent, tandis que les parties couvertes sont brûlantes; la soif et l'appétence des boissons froides et acides accompagnent constamment la chaleur. La tête est extrêmement pesante; le malade éprouve un sentiment d'ivresse et de malaise plutôt que de la douleur; le vertige est peut-être le symptôme le plus constant. Des nausées, des vomissemens ont presque toujours lieu, quoique la langue soit nette; le visage est rouge, animé; la langue plus blanche que chargée, la peau halitueuse, l'urine rare, plus rouge et plus brûlante; les selles à-peu-près naturelles; le pouls plein, vite, jamais roide ni tout-à-fait libre, la plupart du temps déprimé, avec dilatation constamment plus marquée et contraction peu prononcée ; le sommeil est nul ou inquiet, agité. Les jours suivans, les vomissemens et quelquefois les nausées disparaissent ou diminuent et la chaleur augmente. Quoique les malades paraissent dormir, ils sont dans une agitation violente intérieure ; la pesanteur de tête s'accroît au point qu'elle passe à la stupeur dans laquelle les sens sont émoussés ; des bourdonnemens d'oreille se font sentir ; le vertige fait des progrès remarquables, la faiblesse devient extrême, la répugnance à se mouvoir est invincible ; l'exercice de la parole est pénible, les réponses sont lentes, et la langue est lentement portée hors de la bouche ; les yeux deviennent plus rouges, la membrane qui revêt la langue, celle du nez et de la gorge sont *engorgées* ; la déglutition devient pénible, le malade éprouve de l'oppression, une toux souvent fatigante ; les hypochondres, surtout le droit, sont tendus et douloureux ; des douleurs se font sentir dans les membres, particulièrement au gras des jambes et aux articulations des doigts, à la région lombaire et dans le dos. Vers le quatrième jour, il survient ordinairement une hémorrhagie nasale peu abondante, toujours suivie d'un soulagement momentané ; presque dans le même temps des rougeurs, souvent accompagnées de petites pustules ou de pétéchies, se montrent à la surface du corps, même au visage, et surtout au dos, aux reins, à la poitrine, au haut des cuisses et des bras.

Vers la fin du septième jour, à une exacerbation extrêmement remarquable succède un soulagement apparent qui ne dure souvent que quelques heures, après lesquelles la chaleur augmente, la langue et la peau deviennent sèches, les rougeurs de la peau disparaissent, les pétéchies restent ou paraissent pour la première fois, puis l'épiderme se dessèche, se ride et devient rugueux ; les facultés intellectuelles sont oblitérées ; l'appétit est nul ; les malades ne demandent plus à boire, quoiqu'ils comprennent encore ; leur bouche est sèche, leur langue quelquefois racornie comme un morceau de bois ; la déglutition est difficile ; les cavités nasales sont obstruées par des matières muqueuses desséchées ou par un reste de sang ; l'oppression cesse, quoique la respiration soit plus élevée et plus fréquente ; la toux cesse, mais le hoquet survient ; les selles deviennent fréquentes, liquides et d'une odeur cadavéreuse. Des douleurs d'entrailles, au moins légères, se manifestent infailliblement ; elles augmentent lorsqu'on presse le bas-ventre, qui est météorisé ; l'urine est peu abondante, pâle, claire et un peu trouble et très-rarement sédimenteuse ; le pouls est très-souvent modérément fort, passablement plein et libre, jamais petit, ni extrêmement faible, modérément vite, communément variable sous le rapport de la force ; la diastole paraît constante, la systole presque nulle, de telle sorte que le pouls se rapproche de celui qu'on appelle *déprimé*. On observe des tremblemens, des soubresauts des tendons, de légers mouvemens convulsifs, des spasmes des muscles du cou et de la vessie ; la dureté de l'ouïe augmente, la vue diminue ; l'odorat, le goût, le tact, tout sentiment en un mot semble être perdu. Les malades rêvent sans dormir (*typhomanie*); lorsqu'ils sont à demi endormis, ils gesticulent et délirent avec une singulière incohérence ; une idée dominante les obsède, et c'est ordinairement la seule circonstance de leur maladie dont ils se re souviennent quand ils reviennent à la santé. Leur i différence pour tout ce qui les environne est extrême ; ils ne désirent rien, pas même la santé. La stupeur, dans ses divers degrés, est, en général et dans tous les temps de la maladie, le symptôme le plus marquant et le plus constant. Une semaine environ se passe dans cet état.

Vers le quatorzième jour la peau s'humecte, quelquefois l'hémorrhagie se renouvelle, ou bien le nez devient humide ; les croûtes qui le tapissaient sont soulevées puis détachées par les mucosités que la membrane nasale sécrète de nouveau ; souvent le malade éternue ; la langue s'humecte, se nettoie et devient plus rouge, d'abord vers sa pointe, puis successivement vers sa base. Il se manifeste une expectoration facile, abondante, lorsque la poitrine a été d'abord attaquée, ou seulement des crachats formés par un mucus nasal épais et tenace ; une transpiration et même une sueur générale, halitueuse, d'une odeur particulière, s'établit ; l'urine coule plus abondamment, avec facilité ; elle devient trouble, colorée, et quelquefois elle offre un sédiment blanchâtre copieux ou un nuage muqueux ; parfois une diarrhée ou seulement quelques selles liquides ont lieu.

Quand la maladie se termine heureusement, le délire cesse, les sujets sortent comme d'un songe ou d'un état d'ivresse, et quelques-uns recouvrent subitement la connaissance ; leur regard s'anime, ils s'étonnent de tout ce qui les entoure, l'insensibilité et l'indifférence se dissipent ; les organes des sens recouvrent leur activité, mais l'oreille reste encore dure, le bourdonnement continue, la mémoire demeure lésée pendant long-temps ; les forces se rétablissent peu à peu ; le pouls redevient calme, égal, quoiqu'il reste encore faible ; la chaleur est douce et uniforme ; la soif cesse, l'appétit se développe et le sommeil revient. Le sentiment de faiblesse que l'on conserve est pénible, chaque mouvement cause de la fatigue ; l'état des sujets s'améliore de plus en plus ; souvent l'épiderme se desquamme, les cheveux tombent et les ongles se renouvellent ; l'appétit devient insatiable, les désirs vénériens se font sentir. Il y a en général constipation, et chez les femmes les menstrues tardent à se montrer ; la convalescence se prolonge ordinairement pendant plusieurs semaines.

Dans le typhus *irrégulier*, selon M. Hildenbrand, 1°. tantôt le délire devient frénétique, la stupeur se change en apoplexie, la gorge et les parotides sont très-enflammées ; tantôt il se manifeste un point de côté, un crachement de sang, en un mot, on observe les phénomènes d'une inflammation locale quelconque. 2°. D'autres fois ce sont des vomissemens répétés, des nausées continuelles, l'amertume de la bouche, la saleté de la langue, les pesanteurs d'estomac, les embarras du ventre, les douleurs d'entrailles, la fétidité des selles. 3°. La sécheresse de la peau, la typhomanie, les soubresauts des tendons, les convulsions, les spasmes, les paralysies partielles et le hoquet paraissent quelquefois dès le début, avant qu'on n'ait observé aucun des symptômes inflammatoires, tandis que d'autres fois ils viennent remplacer ceux-ci, soit avant le septième jour, soit seulement vers le neuvième ou le onzième : dans le premier cas la maladie peut être mortelle sur-le-champ ; le plus souvent dans ce cas, et dans le second, il se développe bientôt des pétéchies noires, des hémorrhagies, une disposition à la gangrène, des diarrhées, une odeur cadavéreuse, et la vie s'éteint avant le septième jour. 4°. Les symptômes inflammatoires se prolongent parfois quelques jours au-delà du septième, malgré l'apparition des symptômes nerveux; ou bien des symptômes d'inflammation du cerveau, du poumon, du foie, des intestins se manifestent au milieu de ces derniers; on voit survenir une dysenterie, un ictère; ce dernier symptôme paraît quelquefois tout-à-coup et disparaît de même en peu de temps. Des vers sont quelquefois rendus par les malades; les pétéchies continuent à se montrer, ou s'accroissent et changent d'aspect; la langue est sèche, racornie; la soif est inextinguible, la peau sèche et brûlante, l'abdomen météorisé et excessivement douloureux au toucher; il survient un tremblement universel, des convulsions dont la durée et l'intensité varient, du délire avec gesticulation et carphologie, une sorte de mussitation, le hoquet, des crampes à la mâchoire, au cou, à la vessie; la paralysie des paupières, de la langue, des muscles du cou, du sphincter de l'anus; quelquefois une certaine roideur des doigts et des extrémités (1), un véritable trismus et même

------

(1) **M. Gasc**, à qui nous devons la traduction de l'excellent ouvrage de **M. Hildenbrand**, a vu un jeune homme atteint de typhus qui présenta, dit-il, des accidens de catalepsie extrêmement remarquables, dans les bras et les jambes; on pouvait faire prendre à ces membres toutes sortes de positions. La roideur des doigts et des extrémités signalée par **M. Hildenbrand**, cette catalepsie indiquée par **M. Gasc**, doivent aujourd'hui être

l'hydrophobie (1). 5°. On voit d'autres fois survenir, après le septième jour, la noirceur de la langue et la fuliginosité des dents, la fétidité de l'haleine, des selles et de tout le corps, la lividité de la peau, de grosses pétéchies, des hémorrhagies, la gangrène des parties comprimées, l'odeur ammoniacale de l'urine, la mauvaise couleur des crachats, le froid des membres, la sueur visqueuse, etc. Ces symptômes peuvent se développer en même temps que les précédens ; les uns et les autres n'excluent pas la persistance de plusieurs symptômes inflammatoires : c'est alors que la vie ne s'éteint que vers le dix-septième, le vingt-unième, le vingt-huitième, et même le trente-quatrième jour.

En général, dans le cours du typhus irrégulier, les évacuations, qui, dans le typhus régulier, se manifestent le quatrième ou le quatorzième jour, paraissent avant ou après ces deux époques ; elles n'ont lieu qu'incomplètement, ou ne se montrent pas ; et quand elles se manifestent, elles sont suivies d'un très-faible soulagement ou d'un accroissement des symptômes.

Après la disparition d'une partie des symptômes alarmans, dans le typhus régulier comme dans le typhus irrégulier, la stupeur peut persévérer, le délire se remontrer par instans, la langue demeurer sèche, la

---

mises au nombre des symptômes non équivoques de l'irritation du cerveau au plus haut degré.

(1) J'ai observé ces symptômes et l'envie de mordre chez un jeune élève, qui mourut des suites d'une fièvre ataxique qu'avaient développée en lui des excès d'étude et le séjour prolongé dans l'amphithéâtre.

soif intense, l'inappétence continuer, ainsi que les symptômes provenant de l'affection de la poitrine ou du bas-ventre, le météorisme, le dérangement des excrétions, la faiblesse, la lenteur, la fréquence du pouls et l'abattement des forces musculaires. Une maladie secondaire apparaît quelquefois.

Pendant la convalescence, il y a parfois de l'insomnie ; l'appétit ne revient pas, la répugnance pour le mouvement continue ; il reste une grande faiblesse, des sueurs abondantes ; la constipation est opiniâtre ; les sujets sont irascibles, de mauvaise humeur, tristes, chagrins ; des ulcères opiniâtres succèdent aux plaies des vésicatoires, et ceux des parties qui ont supporté la compression guérissent difficilement ; l'embonpoint et les forces reviennent très-lentement.

Il est enfin un typhus caractérisé seulement par une légère stupeur qui dure quatorze jours, et par des douleurs abdominales peu considérables.

Tel est le tableau des symptômes et de la marche du typhus régulier et du typhus irrégulier, selon M. Hildenbrand. Voyons maintenant ce qu'il dit des modes de terminaison de ces maladies.

A l'ouverture des cadavres : 1°. Quand la mort est survenue à la suite de la diminution de la turgescence vitale générale, de l'amaigrissement et de la pâleur des parties extérieures, du relâchement de tous les sphincters, du froid des extrémités, d'une sueur générale, froide et visqueuse, d'un pouls petit, faible, inégal, intermittent, du décubitus sur le dos, et d'un tremblement universel ; enfin, lorsque la présence et la liberté d'esprit ont remplacé, peu avant la mort, la stupeur et le délire, on trouve les parties molles, lâches, sans élasticité presque friables, et des gaz en abondance dans la cavité abdominale. Le sang veineux est aqueux et sans consistance. Cet état se fait remarquer à un plus haut degré dans quelques organes qui étaient *principalement affectés* pendant la maladie, comme les intestins. Les taches gangréneuses externes sont plus étendues, plus nombreuses dans les endroits qui étaient comprimés avant la mort. 2°. Si la mort est survenue dans les premiers jours, ou même dans une période avancée de la maladie, lorsque le visage était gonflé, les yeux saillans, toutes les facultés cérébrales abolies, et les muscles volontaires paralysés, on trouve les vaisseaux du cerveau et de ses enveloppes *engorgés*, et quelquefois les *fluides extravasés*. 3°. Quand les symptômes cérébraux ont été d'abord extrêmement doux, puis plus forts et rapides, et qu'ensuite ceux que nous avons énumérés plus haut se sont manifestés, si la mort a eu lieu après une évacuation le quatorzième jour, on trouve un *engorgement* peu considérable du cerveau, sans épanchement. 4°. Lorsque les symptômes d'inflammation cérébrale mentionnés plus haut se sont manifestés avant la mort, qui est survenue souvent très-tard, et à des jours indéterminés, on trouve des abcès dans le cerveau ou sur ses enveloppes. 5°. Si les *accidens généraux* d'un état nerveux d'éréthisme ou d'affaissement ont précédé la mort, qui a eu lieu aux jours critiques, après une vive exacerbation, dans un temps avancé de la maladie, on ne trouve rien qui puisse découvrir aux sens les causes de la mort; « La mollesse du cerveau que quelques-uns ont prétextée, est très-difficile à préciser. » Ce genre de mort ne diffère du premier que parce

que celui-ci arrive par degrés et successivement, tandis que celui - là a lieu souvent d'une manière inat-
tendue.

Le malade peut périr de suffocation, quand le poumon a été affecté. La mort n'a lieu dans certains cas que
fort tard, à la suite de vertige, de cécité et d'imbécillité,
de toux, de dyspnée, d'hémoptysie chronique, d'hypochondrie, de crampes d'estomac, de jaunisse,
d'hydropisie, qui annoncent des inflammations chroniques du cerveau, des poumons, de l'estomac, du
foie, des intestins.

Le premier de ces modes de terminaison par la
mort est l'effet d'évacuations excessives, de la prolongation de la maladie, d'une diète trop sévère, d'un défaut de stimulans, ou d'une excitation trop forte in-
prudemment sollicitée : il n'est pas le plus commun,
dit M. Hildenbrand; les suivans sont les plus fréquens, et peut-être, dit-il, les seuls. Le second n'est
pas rare, on l'observe principalement chez les sujets
pléthoriques. Le troisième a lieu chez les hommes qui
ont la tête faible, chez les savans qui travaillent beaucoup, à la suite de grands chagrins, et chez les bu-
veurs. Le quatrième n'est pas très-rare; le cinquième
est le plus fréquent de tous. La mort par suffocation
est fort-rare. J'ajouterai que celle qui arrive très-tard,
par l'effet d'une maladie secondaire, comme on le dit,
est beaucoup plus commune qu'on ne le pense. Il semble
résulter de là que, suivant M. Hildenbrand, le plus
souvent on ne trouve rien à l'ouverture des cadavres
après le typhus. Cependant cet auteur dit que « *l'état
inflammatoire*, tantôt léger, tantôt vif, *des intestins*,
appartient aux caractères *constans* du typhus dans

la première période, qu'il ne manque *presque jamais* tout-à-fait, et qu'on en trouve *toujours* des traces dans les cadavres (1). » Et ailleurs : « Il est prouvé par les ouvertures des cadavres, que l'*inflammation des intestins* est un phénomène *extrêmement commun* dans le typhus, et que cette inflammation doit être comprise parmi les accidens mortels qu'on observe, surtout lorsqu'il y a gangrène. » (2). Il dit, il est vrai, que cette inflammation produit la mort en occasionant la faiblesse, et il assigne à ce genre de mort les lésions indiquées par lui comme succédant au premier mode de terminaison du typhus, c'est-à-dire, qu'en voyant les traces directes de l'inflammation des intestins, il a cru voir des traces de la faiblesse produite par cette inflammation ; mais du moins, l'erreur n'est ici que dans l'explication, la contradiction n'est que dans les termes, et les faits restent dans toute leur pureté pour quiconque sait les trouver au milieu des ténèbres scolastiques.

Qui pourrait ne pas être frappé d'étonnement à la vue de l'accord qui règne entre cinq auteurs aussi recommandables, lorsqu'on élague de leurs ouvrages les théories qui en font presque seules la différence? Qu'importe maintenant que Chirac ait attribué la fièvre maligne de Rochefort à la présence d'un sang épais, caillé ou grumelé dans les réseaux artériels, dont l'obstruction produit, suivant lui, les engorgemens, les gonflemens des viscères; que Pringle ait rapporté le

---

(1) *Du Typhus contagieux*, traduit de l'allemand par J.-C. Gasc. *Paris*, 1811, *in-8°*, pag. 67.

(2) *Idem*, pag. 155.

typhus des armées anglaises au relâchement des fibres,
à la corruption, à la putridité des humeurs; que Poissonnier-Desperrières ait attribué le typhus des vaisseaux
français à la diminution ou à la suppression de l'insensible transpiration et à la dépravation de l'humeur dont
la sortie avait été empêchée; que M. Pinel ait attribué
le typhus de 1814 à l'adynamie; que M. Hildenbrand
ait attribué le typhus qu'il a observé pendant vingt ans
à la débilité du système animal, avec diminution de la
force musculaire et de la faculté de sentir? Ces erreurs
ont pu influer sur leur pratique; mais s'ils se sont
trompés sur la cause prochaine de ces maladies, s'ils
n'ont qu'entrevu, et si quelques-uns ont méconnu
l'état des organes lésés dans ces maladies, ils ont droit
à notre reconnaissance pour avoir fourni des faits
précieux qui, dépouillés de vains accessoires, nous ré-
vèlent et le siége et la nature de ces épidémies;
de même que les faits que nous observons chaque jour
nous font connaître la nature et le siége des fièvres
sporadiques. Si je ne m'aveugle pas sur l'analogie des
unes avec les autres, il me semble que le problème
est désormais résolu.

En effet, pour peu que le lecteur partage les opinions exposées dans les chapitres précédens, il doit
penser, d'après ce qu'il vient de lire, que :

1°. Le typhus ne présentant pas d'autres symptômes
que ceux des fièvres inflammatoires, muqueuses, gastriques, adynamiques et ataxiques diversement combinés, mais toujours de manière à ce que, soit dès le
commencement, soit dans le cours, soit au déclin de
la maladie, les symptômes cérébraux dominent sur
tous les autres;

2°. Ces symptômes n'étant que les effets, soit d'une gastro-entérite propagée au foie, au cerveau et au cœur, soit d'une encéphalite primitive, simple ou compliquée de gastro-entérite, d'hépatite, d'inflammation de la peau, ou en même temps de ces différentes phlegmasies ;

3°. Le typhus laissant des traces d'inflammation, le plus ordinairement dans l'estomac et les intestins, très-souvent dans les méninges ou le cerveau, quelquefois seulement dans le poumon et l'encéphale, souvent dans l'estomac, les intestins, le poumon et l'encéphale en même temps;

On est en droit d'en conclure que le typhus est dans certains cas une gastro-entérite, une pneumonite, une pleurésie avec participation de l'encéphale à l'état morbide de l'estomac, du poumon, de la plèvre, et dans d'autres une irritation sympathique du foie; en un mot que le typhus est tantôt une gastro-céphalite, une pneumo-céphalite, une pleuro-céphalite, avec ou sans hépatite, et tantôt une encéphalite primitive avec ou sans influence sur l'estomac, le foie, le poumon ou la plèvre.

L'admirable description du typhus par M. Hildenbrand vient directement à l'appui de ces propositions. Sa description du typhus *régulier* est le tableau général et trop abstrait de toutes les maladies qui ont été désignées sous le nom de *typhus*. Ce tableau ne se retrouve point en entier dans la nature, mais seulement par portions qu'une main hardie a rapprochées. L'exposition de ce que cet auteur appelle les *anomalies* du typhus *irrégulier* représente avec une vérité frappante les diverses maladies qu'on a observées dans toutes les épidémies typhodes. Ces maladies ont de commun, sous le rapport des symptômes, la stupeur et quelques autres phénomènes cérébraux, et sous le rapport du siége, l'affection de l'encéphale.

Ce que j'ai dit dans les chapitres précédens pour démontrer que les fièvres adynamiques ne sont point dues à la faiblesse non plus que les fièvres ataxiques, et que si le mot *ataxie* peut donner une idée exacte de l'incohérence apparente des symptômes, il ne peut que donner une idée très-fausse de l'état des organes affectés dans ces fièvres ; ce que j'ai dit pour prouver que les traces d'inflammation que l'on trouve à la suite de ces fièvres ne sont point des traces de faiblesse, ni des effets de la fièvre, me dispense de chercher à démontrer que les symptômes du typhus et les traces qu'il laisse dans les cadavres n'autorisent point à indiquer la faiblesse comme cause prochaine de cette maladie. Je n'ai rien à ajouter, sous ce rapport, à ce que j'ai dit dans les deux chapitres précédens, et celui-ci me paraît fournir des preuves aussi importantes qu'irrécusables de la vérité des principes que j'ai émis. J'invoque l'autorité des temps passés, celle d'hommes célèbres, et même celle des adversaires de la pathologie physiologique, à l'appui des faits que je viens d'exposer.

A l'exemple de M. Hildenbrand, M. Broussais n'admet pas de typhus sporadique ; cette maladie dépend uniquement, dit-il, de l'impression faite sur l'économie par un miasme, produit de la décomposition des corps organisés, ou par celui qui s'exhale d'une personne affectée de la maladie qui en est le résultat. Au plus haut degré d'activité, le miasme *agit violemment* sur le système nerveux, le *foudroie*, le *paralyse*, et tue en peu d'instans, sans permettre aucune réaction. Cet état de paralysie caractérisée par la langueur et la prostration peut durer pendant plusieurs heures, et même pendant quelques jours, après lesquels il se développe une réaction fébrile, si l'activité des miasmes n'a pas été très-considérable. Cette réaction n'est autre chose qu'une phlegmasie de la membrane muqueuse du système gastrique et de celle des poumons, parce que l'absorption du miasme a lieu par ces membranes plus encore que par la peau. Le typhus est donc, selon **M.** Broussais, une gastroentérite ordinairement compliquée d'inflammation des bronches. Ces deux phlegmasies sont, dit-il, le résultat d'un véritable empoisonnement plus ou moins analogue à celui des champignons et des poissons gâtés, et qui en a tous les caractères. Le foie est irrité secondairement, et sa sécrétion est plus ou moins augmentée. Cette irritation est d'autant plus intense que le miasme est plus actif. Le cerveau n'est, dit-il, enflammé *primitivement* que par l'effet des affections morales, de la nostalgie, de la chaleur ; mais il souffre *toujours* beaucoup par sympathie, et quelquefois au point que son irritation passe au degré de la phlegmasie et devient aussi grave que si elle était primitive. Et plus loin : l'irritation de ce viscère, *ordinairement consécutive* à celle des voies gastriques, est pourtant *fort souvent primitive* au printemps et durant les chaleurs. L'irritation bronchique se présente presque toujours en hiver, et cause en grande partie l'extrême mortalité des épidémies de typhus dans les pays froids. Dans le typhus avec mouvement fébrile, le principal danger n'est pas celui de l'affaiblissement général, mais bien celui de la désorganisation des trois viscères principaux ; du foie , s'il y participe , et ainsi des autres tissus. Le coup funeste est porté dans l'époque inflammatoire du début. Les phlegmasies développées sous l'influence des miasmes dont il vient d'être fait mention ne diffèrent de toutes les autres que par la facilité avec laquelle l'excitation organique cesse et fait place à la torpeur dite *adynamique*. Or , plus l'irritation est considérable et plus ce changement est prompt, de même que dans les inflammations indépendantes des miasmes délétères (1).

On aurait tort de conclure de ce qu'on vient de lire que M. Broussais regarde le typhus comme une maladie *sui generis*. Dès que la période, toujours fort courte , de sédation a cessé , il ne voit plus , et avec raison, qu'une phlegmasie qui s'étend à plusieurs des principaux viscères, et qui, par suite de son intensité et de son extension, ainsi que des circonstances sans cesse aggravantes au milieu desquelles le sujet se trouve placé, est éminemment disposée à se terminer par la gangréne, et par la cessation de l'action organique générale.

Il est quelques remarques importantes à faire sur ces opinions de M. Broussais. Il n'a point fait assez ressortir la constance de l'irritation cérébrale dans le typhus; c'est cette constance qui devrait caractériser le typhus, s'il était rationnel de multiplier, comme on l'a fait jusqu'ici, les espèces en pathologie. M. Broussais a trop limité le nombre des cas où l'irritation cérébrale est primi-

---

(1) *Premier Examen*, pag. 103-115.

tive ; ces cas ne sont pas rares, même sous l'influence du froid, qui est assurément l'agent le plus propre à exercer sur le cerveau une impression d'abord sédative, puis une vive réaction dans les membranes de ce viscère. Je pense même que cette réaction est plus souvent primitive dans les pays froids que dans les pays chauds. Pour peu qu'on ait été soumis à l'influence d'un froid excessif, on sait dans quelle torpeur on se trouve jeté, puis quelles vives douleurs on éprouve à la base et au pourtour du crâne, quand la mort ne survient pas au milieu de cette torpeur, dont nous parlerons bientôt.

J'ai dit que M. Hildenbrand fait du typhus une *fièvre essentielle, primitive, particulière*, tantôt inflammatoire, tantôt nerveuse ou putride, et qui peut prendre à la fois ces trois caractères ; que, selon M. Pinel, c'est une *maladie particulière* dans laquelle les symptômes adynamiques et ataxiques sont continuellement mis en jeu, soit ensemble, soit séparément ; par conséquent ces deux auteurs s'accordent à regarder le typhus comme un état morbide *spécial*.

Cette *spécialité* n'est pas démontrée par les traces que laisse le typhus dans les cadavres, car ce sont absolument les mêmes que celles des autres fièvres mortelles. Cette *spécialité* n'est pas dans les symptômes, car ce sont ceux de ces mêmes fièvres, et, vers le début, ceux des fièvres inflammatoires, gastriques ou muqueuses : des différences dans l'intensité et la durée des symptômes ne peuvent faire du typhus une maladie particulière. Cette *spécialité* existe-t-elle dans les causes prédisposantes et occasionelles ? Non, puisque ce sont celles de toutes les fièvres souvent mortelles : seulement, au lieu de ne s'étendre qu'à un seul ou du moins à un petit nombre de sujets, elles s'étendent à un grand nombre, à tout un camp, une prison, un hôpital, un vaisseau, et même à une ville, à une province, quoique d'ailleurs, pour l'ordinaire, la plupart des habitans de ces divers lieux n'en soient point affectés.

Les seules preuves qu'on apporte de cette *spécialité* seraient-elles la constance de la stupeur et la propagation de la maladie?

Mais puisque les causes prédisposantes et occasionelles, tous les symptômes, à l'exception d'un seul, et les lésions organiques, sont les mêmes dans les fièvres adynamiques, ataxiques ou nerveuses et dans le typhus, est-il rationnel de faire de celui-ci une maladie *sui generis*, parce qu'il est *constamment* caractérisé par un symptôme qui se retrouve souvent aussi dans ces fièvres, et qui ne se montre pas chez tous les malades durant une épidémie de typhus? Les médecins d'armée savent qu'au milieu des malades qui ont l'air stupéfait dont il s'agit, il s'en trouve toujours quelques-uns qui, jusqu'à la mort, sont, au contraire, dans un état permanent de convulsions : dira-t-on que ceux-ci n'ont pas le typhus, quoiqu'ils soient tombés malades sous les mêmes influences, et qu'ils présentent les mêmes symptômes, à l'exception d'un seul? Si l'on prétend que ce n'est pas seulement la stupeur, mais la réunion de ce symptôme avec une idée fixe, qui annonce un caractère de spécialité dans le typhus, cet argument ne convaincra personne, car il n'est pas rare d'observer des fièvres ataxiques sporadiques avec hallucination fixe, idée chimérique dominante et stupeur.

Faut-il croire, avec M. Hildenbrand, que le typhus soit une maladie particulière, parce que les personnes en santé le contractent quand elles habitent le même lieu que celles qui en sont affectées? Mais c'est un caractère commun à toutes les fièvres qui se propagent comme il vient d'être dit. Or, comme ces fièvres épidémiques ne diffèrent des fièvres sporadiques que par l'intensité des symptômes qui annoncent l'intensité du mal, et le nombre des organes affectés, il reste seulement à chercher pourquoi les premières affectent un si grand nombre de malades, et pourquoi elles en font périr un si grand nombre. Déjà, j'ai fait remarquer qu'elles dérivent de causes dont l'action s'étend à une multitude d'hommes, ce qui répond en partie à ces deux questions. Maintenant si on demande pourquoi des personnes qui n'ont éprouvé ni chagrin, ni privations, ni fatigues, ni évacuations excessives, ni froid intense, qui ne se sont abandonnées à aucun excès, qui même se sont préservées, autant qu'il est possible, de l'humidité, du froid et de la chaleur, contractent pourtant le typhus en venant dans l'hôpital, dans la maison, dans la ville où règne cette maladie, ou en recevant chez elles des malades qui en sont affectés, je répondrai que les premiers soldats, les premiers prisonniers, les premiers matelots, les premiers pauvres chez qui se développe la maladie ne l'ont reçu de personne, et que, par conséquent, chez eux elle n'a pas été spécifique; que les autres contractent la maladie, parce qu'il est dans la nature, quelle qu'elle soit, des émanations qui s'exhalent du corps de tous les malades placés dans un local étroit, ou entassés en grand nombre dans une salle où l'air

n'est point renouvelé assez souvent, de déterminer le
typhus chez les personnes en santé qui le respirent,
pour peu qu'elles y soient disposées par leur constitution et par les autres circonstances au milieu desquelles elles sont placées. Or, le typhus de celles-ci
et le typhus des premiers malades étant absolument le
même sous le rapport des symptômes, de la marche
et des traces qu'ils laissent dans les cadavres, j'en conclus que l'un n'est pas plus que l'autre une maladie
sui generis.

Le typhus développé sous l'influence des miasmes
ne diffère du typhus sporadique, que sous le rapport
de l'impression sédative qui a lieu quelquefois au début
du premier, ce que M. Broussais considère comme
une paralysie, une sidération du système nerveux ; il
pense, ai-je dit, que cette période est ordinairement de
peu de durée, cependant il paraît accorder qu'elle va
jusqu'à *quelques* jours. C'est restreindre beaucoup cet
état de faiblesse qui, selon la plupart des pathologistes
de nos jours, constitue le typhus depuis l'apparition de
ses premiers phénomènes jusqu'à sa terminaison, et qui
même, selon eux, se prolonge bien au-delà dans la
convalescence. Cependant M. Broussais n'a pas assez
limité le temps pendant lequel dure cette sédation.
D'abord il s'en faut qu'on l'observe dans tous les cas de
typhus ; ensuite quand elle a lieu, la mort en est
presque constamment l'effet immédiat ; si la vie ne
s'éteint pas subitement, l'afflux du sang a lieu vers
le cerveau, lors même qu'il est frappé à mort ; et
si la rapidité avec laquelle le malade succombe ne
permet pas de trouver dans l'encéphale des traces
manifestes d'inflammation, on y observe une pléni-

tude remarquable des vaisseaux sanguins, une rougeur ou bien une mollesse générale qui indiquent
assez que le cerveau a *souffert*, et qu'il n'a pas seulement été directement *débilité*. Toutefois, je ne nie
point cette débilitation, et je crois même qu'il importe
beaucoup de la reconnaître pour la direction du traitement, mais je la crois fort rare. Il est d'ailleurs fort
difficile de savoir quand elle a lieu, car l'afflux subit
vers le cerveau peut, aussi-bien qu'elle, déterminer
l'apparition soudaine de la torpeur qui la caractérise. Tout ce qu'on peut dire à cet égard, c'est
qu'on doit la redouter et se mettre en garde contre
elle, dans les cas de typhus développé sous l'influence des miasmes, lorsqu'il débute par ce symptôme.

Parmi les phénomènes du typhus, il en est qui méritent qu'on s'y arrête quelques instans, parce que leur examen physiologique jette une vive lumière sur la nature
des exanthèmes. J'ai dit que vers le quatrième jour
on voit le plus souvent se développer de petites taches
d'un rouge clair, quelquefois livide, ordinairement
arrondies, un-peu saillantes à leur centre, parfois seulement pour le toucher, larges d'une demi-ligne à une
ligne, nombreuses sur le devant de la poitrine, au
dos et sur les lombes, plus rares sur le ventre, plus
rares encore sur les bras et les cuisses, ne se manifestant
presque jamais sur les mains et les pieds, et moins
souvent encore à la face. Vers le dixième jour, ces
taches disparaissent peu à peu, et se terminent par la
desquamation de l'épiderme; quelquefois elles disparaissent subitement beaucoup plus tôt. Entre ces
taches, on observe quelquefois des vergetures telles que

celles qu'occasionent un froid très-vif, et de petites papules environnées d'une aréole inflammatoire peu étendue.

La peau ne participe pas seule à l'état morbide des viscères, le tissu cellulaire sous-cutané, certaines glandes, certains ganglions, se tuméfient et s'enflamment assez souvent.

Il se manifeste à la région des parotides, quelquefois dès le début, souvent dans le cours, ordinairement vers la fin de la maladie, une tuméfaction douloureuse, quelquefois avec rougeur, chaleur, élancement, puis suppuration et ouverture spontanée de l'abcès formé ordinairement dans le tissu cellulaire qui environne la glande, quelquefois dans celui qui entre dans la structure de cet organe. Souvent il n'y a que de la douleur et point de gonflement. Lorsque cette inflammation survient, les pétéchies disparaissent assez souvent.

J'ai vu d'énormes phlegmons se développer dans le tissu cellulaire des jambes, tantôt à la suite de l'action des vésicatoires, tantôt avant qu'on en eût appliqué, et fournir une quantité extraordinaire de pus.

Chez les sujets jeunes, et dans lesquels l'appareil lymphatique prédomine, les ganglions de l'aîne augmentent de volume, et deviennent douloureux ; mais rarement ces symptômes sont aperçus du médecin, d'abord parce que les malades ne pensent guère à les lui faire remarquer pendant la période d'intensité, ensuite parce que le gonflement cesse, ou du moins diminue de beaucoup, et la douleur se confond avec celle qu'ils éprouvent dans les lombes ou dans les cuisses, lorsqu'ayant recouvré le libre exercice de leurs facultés intellectuelles, ils pourraient parler de ces symptômes. Je ne pense pas que leur fréquence ait été signalée; les ayant éprouvés au plus haut degré, je fus conduit à m'assurer qu'ils ont lieu chez un assez grand nombre de malades.

M. Hildenbrand dit que dans certains cas il se manifeste des taches gangréneuses et des charbons. M. Desgenettes a vu, à Torgau, ville dans laquelle il déploya contre le typhus le courage qu'il avait montré en bravant les dangers de la peste en Egypte, un malade atteint du typhus chez lequel il se manifesta un anthrax.

Les divers symptômes dont je viens de parler ont fait souvent donner au typhus les noms de *fièvre pourprée*, *fièvre pétéchiale* et de *fièvre pestilentielle*. Quelques médecins italiens prétendent encore que ces taches, ces pétéchies constituent essentiellement le typhus, et que les autres phénomènes ne sont que secondaires; mais il s'en faut de beaucoup qu'elles se manifestent dans tous les cas de typhus, et ce ne sont pas elles qui mettent la vie du malade en danger; elles ne précèdent jamais le développement des autres symptômes, quoiqu'elles se montrent, dans un très-petit nombre de cas, en même temps que ceux qui se manifestent les premiers. Ces taches, ces pétéchies, l'inflammation des parotides, celle du tissu cellulaire des membres ou des ganglions inguinaux, ne sont donc pas des phénomènes inséparables du typhus; elles annoncent seulement que la peau, le tissu cellulaire sous-cutané, les parotides et quelques ganglions lymphatiques, participent a l'état morbide de la membrane muqueuse digestive, de l'encéphale et des autres viscères, de même que diverses affections de la peau sont les signes sympathiques de la gastrite et de l'hépatite chroniques. J'ai vu une femme dont la face se couvrait d'une large tache couperosée, circonscrite, pendant un quart d'heure ou une demi-heure, chaque fois qu'elle buvait la plus petite quantité de vin pur. A la suite d'une vive affection morale et d'une rougeur subite qui en fut l'effet, j'ai vu des ecchymoses peu durables se former dans le tissu délicat de la peau d'une jeune fille âgée de sept ans, excessivement irritable. On observe des vergetures, des pétéchies, des parotides, surtout chez les jeunes sujets, dans le cours de fièvres adynamiques et ataxiques qui ne proviennent ni de l'action des émanations végétales ou animales putrides, ni des miasmes élevés du corps des malades. J'ai vu dans un hôpital non encombré, où ne régnait aucune épidémie, un phlegmon se développer tout-à-coup au-dessous de la région inguinale gauche, et passer rapidement à la gangrène, durant le cours d'une gastro-céphalite sporadique avec irritation du foie.

Cette apparition des phénomènes d'inflammation de la peau, du tissu cellulaire et des glandes, lorsque les voies digestives et le cerveau sont irrités à un haut degré, est un fait dont il ne faut chercher l'explication que dans cette loi incontestable de l'organisme, en vertu de laquelle l'irritation se manifeste d'autant plus facilement dans plusieurs organes, qu'elle est plus intense et plus étendue. M. Hildenbrand a fort bien vu que pour rendre compte de la production du typhus, il n'est pas nécessaire de supposer l'absorption des émanaions ou des miasmes qui l'occasionent.

A quelle distance peuvent se transporter les émanations végétales et animales putrides, et les miasmes
exhalés du corps des hommes sains, entassés dans un
lieu très-étroit, ou des malades en général, et de ceux
qui sont affectés du typhus en particulier, sans perdre
la propriété de développer des maladies graves ou le typhus ? Les marchandises, les habits, peuvent-ils s'en
imprégner et les porter au loin ? Sont-ils susceptibles
d'être transportés par les vaisseaux au-delà des mers ?
Il n'est guère possible de répondre à la plupart de ces
questions que par des conjectures plus ou moins fondées, parce qu'elles ne peuvent être résolues que très-
indirectement par l'observation. Si ces émanations
étaient visibles, si seulement elles avaient chacune
une odeur spécifique, jamais la solution de ces problèmes n'eût été douteuse. Une maladie apparaît dans
un pays, peu de temps après elle apparaît dans un
autre : se serait-elle montrée dans ce dernier, si on
avait pu empêcher toute communication avec le premier par eau, par terre, et même par l'air? Si la maladie a été transmise de l'un à l'autre pays, par quelle
voie s'est opérée cette transmission? Comment résoudre de pareils problèmes, puisque toutes les données
n'en sont pas connues ?

Il est impossible de déterminer à quelle distance les
émanations d'un marais, d'un cloaque, d'un champ
de bataille, d'une voirie, d'un cimetière, et les
miasmes d'un hôpital, d'une prison, d'un vaisseau,
peuvent être portés par les vents ; il est probable que
le même coup qui les chasse au loin les disperse en
même temps, si ce n'est dans une vallée, dans une
gorge étroite et longue. On ignore absolument

à quel degré de raréfaction ces exhalaisons cessent d'être nuisibles. Tout ce qu'on sait, c'est que des maladies, des fièvres épidémiques meurtrières, se sont développées dans des lieux situés sous le vent d'un marais, d'un hôpital, d'un cimetière, d'un vaisseau, etc.

Les miasmes exhalés du corps des hommes sains entassés dans un local étroit ne paraissent jamais s'étendre au loin ; il suffit de ne point se placer près de la porte, à l'instant où on l'ouvre, pour se garantir de leur action.

Les miasmes qu'exhalent le corps des malades affectés de fièvres sporadiques peu intenses, de phlegmasies de la poitrine, de la tête ou des membres, sont en général peu nuisibles, même pour les personnes qui couchent avec eux. Mais lorsqu'un grand nombre de malades quelconques se trouvent réunis très-près les uns des autres, et surtout couchés deux à deux dans un local étroit où l'air n'est point convenablement renouvelé, où les soins de propreté sont négligés, les symptômes s'aggravent, les phénomènes du typhus se développent, principalement quand ces malades sont affectés de gastro-entérites très-intenses avec symptômes adynamiques. Presque toujours quelques-uns des médecins, des chirurgiens et des infirmiers, et même des pharmaciens, qui ordinairement ne touchent point les malades ni leurs effets, ainsi que les gens qui viennent les visiter, et ne restent que peu de temps auprès d'eux, contractent le typhus. De retour dans leur habitation ils le communiquent souvent, soit aux personnes qui les entourent constamment, soit à celles qui ne passent près d'eux que quelques instants, lorsque leur maladie est intense, quand on néglige d'aérer leur appartement, et de les maintenir dans l'état de propreté si important en pareil cas.

Un homme sortant d'un hôpital ou d'une chambre où règne le typhus, peut-il le communiquer sans l'avoir contracté lui-même? Il est probable que non, ou du moins cela arrive très-rarement; car il ne paraît pas que les personnes qui habitent la maison où demeurent les médecins, et celles qui la fréquentent, contractent le typhus lorsque ceux-ci n'en sont pas affectés.

D'après cela, on serait porté à croire que les étoffes, les vêtemens, sont peu susceptibles de devenir des agens de propagation du typhus; mais s'il en est ainsi, fort souvent, des vêtemens que portent les personnes qui visitent les malades ou qui vivent près d'eux, il ne paraît pas en être de même des effets des malades. Des blessés placés dans une salle où se trouvaient peu de temps auparavant des hommes affectés du typhus, contractent bientôt cette maladie, si les couvertures, les draps et les matelats n'ont pas été parfaitement nettoyés, et si l'air n'a pas été complètement renouvelé: or, la transmission du typhus dans ce cas ne peut guère être attribuée uniquement à cette dernière circonstance. M. Hildenbrand pense que les miasmes typhiques peuvent conserver leur activité pendant trois mois, sans dire sur quels faits il fonde cette assertion. Ces miasmes deviennent-ils d'autant plus redoutables, et conservent-ils d'autant plus long-temps la faculté de produire le typhus que les étoffes et autres substances auxquelles ils adhèrent ont été plus long-temps renfermées dans un lieu privé d'air? On est porté à le croire; cependant il ne faut pas s'exagérer la puissance de ces miasmes qui en ont fort peu quand les circonstances locales et l'état de l'atmosphère n'en favorisent pas le développement.

L'épidémie décrite par Poissonnier-Desperrières prouve que le typhus des vaisseaux peut se communiquer aux habitans du port où se fait le débarquement, que cette propagation s'opère comme il vient d'être dit, et par conséquent de la même manière que celle du typhus des armées de terre.

Les émanations putrides et les miasmes ne sont point les seules causes du typhus; cette maladie se développe, ainsi que je l'ai déjà dit, sous l'influence de toutes celles qui occasionent les fièvres adynamiques et les fièvres ataxiques sporadiques. Parmi celles-ci quelques-unes sont plus favorables que d'autres au développement du typhus, et à la production indirecte des miasmes qui le propagent : ce sont les alimens insalubres, l'humidité, les chagrins et la peur, circonstances sans lesquelles les miasmes typhiques restent le plus ordinairement inactifs, et qui, sans le secours de ces miasmes et des émanations putrides, peuvent déterminer primitivement des épidémies de typhus. On doit à M. Desgenettes une remarque importante : c'est que l'humidité prolongée suffit pour ajouter aux phénomènes du typhus quelques-uns de ceux de la peste.

Sur quel organe agissent primitivement les émanations putrides et les miasmes typhiques? Il n'est pas facile de résoudre cette question. La peau absorbe peu; la membrane muqueuse des fosses nasales, de la bouche et du conduit aérien absorbe davantage; l'absorption est très-active dans la membrane muqueuse des voies digestives; mais la surface bronchique est plus en rapport avec les miasmes que les deux autres; par conséquent si jamais on démontre que ces exhalaisons pénètrent dans les veines et sont portées de là dans tout le système artériel, on pourra en conclure qu'elles s'introduisent dans l'organisme par le poumon, et que de là elles parviennent au cœur, au cerveau, aux organes digestifs, etc. Mais on n'est pas certain qu'elles soient absorbées, et leur action morbifique se manifeste d'abord, le plus ordinairement, sur la membrane gastrointestinale, laquelle n'est cependant en rapport direct qu'avec la petite portion de gaz délétère dont la salive et les alimens s'imprègnent.

Jusqu'à ce qu'il soit démontré que ce n'est point la peau qui transmet aux viscères l'influence des émanations putrides et des miasmes typhiques, il sera prudent de préserver, autant que possible, ce tissu de leur impression; mais il serait à la fois absurde et dangereux de négliger les précautions qui peuvent en garantir la membrane bucco-bronchique. Il serait à désirer que l'on connût exactement la part que cette membrane et la peau prennent au développement du typhus, lorsqu'il est produit par les exhalaisons dont il s'agit, parce qu'on connaîtrait mieux les précautions à l'aide desquelles on pourrait se préserver de leur action. Heureusement il suffit, pour remédier à notre ignorance, de ne négliger aucune de celles que la prudence indique, et il est bien plus important de savoir, à cause du traitement, quels organes sont affectés dans le typhus, et la manière dont ils sont affectés. Telle est l'unique source où l'on doit puiser les indications relatives à tous les malades en général, et à chaque malade en particulier, dans le typhus comme dans toutes les autres fièvres.

J'ai indiqué, dans le chapitre V, les mesures que doivent prendre les administrations pour prévenir le développement des fièvres adynamiques épidémiques : toutes ces précautions sont celles à l'aide desquelles on doit s'opposer au développement et à la propagation du typhus. J'ajouterai seulement ici que dans le cas où le typhus proviendrait originairement des émanations d'un terrain bas et humide quelconque, marécageux en un mot, dont l'influence se joindrait à celle de la chaleur ; et où l'épidémie aurait commencé à se montrer dans les quartiers mal bâtis, humides, sales, et très-populeux d'une ville, il faudrait obliger les habitans à quitter leurs demeures, les répartir aux environs, non pas dans les villes ou les villages voisins, mais dans des baraques construites avec le plus de soin possible, et si le terrain le permettait, placées sur une hauteur.

Lorsque le typhus se développe sous l'influence d'un froid humide, les habitans se renferment pour l'ordinaire dans des lieux clos, étroits, fortement chauffés, et deviennent par là plus aptes à recevoir l'impression des autres causes de l'épidémie. On ne peut cependant recourir à la mesure qui vient d'être indiquée, parce qu'elle les exposerait davantage à l'action du froid et de l'humidité : il faut se borner, en pareil cas, à les empêcher de communiquer avec les malades, et éloigner ceux-ci les uns des autres.

L'application de ces préceptes offre de grandes difficultés, surtout dans les détails. On est placé entre le danger de laisser une maladie redoutable se propager, et celui d'inspirer aux habitans un sentiment de terreur qui est une des conditions les plus favorables au développement et à la propagation des épidémies. Heureux le médecin qui, dans d'aussi graves circonstances, n'est appelé qu'à prodiguer sa vie pour sauver celle de ses concitoyens, et non pas à indiquer des mesures qui, mal appliquées, peuvent augmenter le nombre des victimes.

Traitement du Typhus.

Prouver que les méthodes thérapeutiques ont toujours été fondées en grande partie sur les théories pathologiques, c'est sans doute démontrer qu'il en sera toujours de même, et que, par conséquent, il importe d'avoir les idées les plus exactes sur la nature et le siége des maladies.

Persuadé de la nécessité de remédier à *l'épaississement* du sang, de *rabattre la chaleur et la raréfaction* de ce liquide, de *corriger la tenacité de ses parties grasses et huileuses*; de *donner une secousse au foie et au poumon*, de *déboucher les vaisseaux qui charrient la bile*, de la faire *couler*, et d'en *purger* le sang; de *diminuer la distension des vaisseaux*, de *remédier à la disposition inflammatoire des viscères*, et aux *inflammations internes et externes*; de mettre le sang à couvert des *altérations* que pourraient lui faire éprouver les *mauvais levains* contenus dans l'estomac et dans les intestins, et enfin de prévenir la *rupture* des vaisseaux du cerveau, du foie ou du canal digestif, et l'*érosion* des membranes de ce dernier, Chirac recommandait la saignée du pied, les émétiques, les purgatifs, les boissons mucilagineuses, légèrement aromatiques, ou bien celles que l'on prépare avec les végétaux réputés anti-scorbutiques; les huileux, puis les stimulans, quelquefois les astringens et les absorbans. Lorsque, dès le début, le pouls était altéré et la peau froide, et qu'en un mot la réaction n'était pas encore établie, il prescrivait le *lilium*, la confection d'hyacinthe, le safran, le laudanum, le sel ammoniac, le sel volatil de vipère. Lorsqu'ensuite la peau se réchauffait, il donnait la décoction de garance, de grande chélidoine, de scolopendre, de cerfeuil, de chicorée sauvage, de fraisier, de beccabunga et de bourrache, avec le tartrate de potasse, les sulfates de soude et de potasse ou le nitrate de potasse, puis il faisait saigner le malade.

La saignée, toujours faite dès le début, devait être d'autant plus abondante que la faiblesse des fonctions des viscères les plus intéressés était plus grande; il fallait souvent la réitérer plusieurs fois dans l'espace de vingt-quatre et même de douze heures, tirer quatre à cinq palettes de sang de trois heures en trois heures, jusqu'à ce que le pouls devînt moins tendu. Des saignées moins copieuses et en plus petit nombre étaient, suivant Chirac, très-désavantageuses, et afin qu'elles fussent plus fortement révulsives, il faisait toujours ouvrir la saphène, et non les veines du bras ou du cou. Pour que le malade ne tombât pas en syncope, il le faisait coucher la tête basse, ayant un peu d'eau ou de vin dans la bouche, et ne laissait couler qu'une ou deux onces de sang chaque fois, de manière à n'en tirer que douze à quatorze onces dans l'espace d'un quart d'heure ou d'une heure. Aussitôt après la saignée, dès le premier ou le second jour, il donnait aux adultes vigoureux de *quatre* à *six* grains d'émétique dans *quatre* à *cinq* cuillerées de bouillon ; aux *corps délicats* , il ne donnait que *quatre* grains de ce sel dans deux ou trois onces de manne, puis il faisait boire une tisane mucilagineuse ou légèrement aromatique.

Lorsque le malade avait été mal nourri, et que le pouls était faible et mou, il s'abstenait de la saignée, et recourait de suite à l'émétique.

Quand, après avoir employé ces divers moyens, le visage était hâve et plombé, les yeux ternes et enfoncés, le pouls petit, fréquent et inégal, et l'habitude du corps froide ; lorsqu'il survenait des faiblesses continuelles, des nausées, des vomissemens, une diarrhée colliquative, des déjections séreuses, porracées, noires et sanglantes, un abattement de forces extraordinaire, une pesanteur de tête accablante et semblable à l'ivresse, quoique les moyens qui viennent d'être énoncés lui parussent encore indiqués par la nature de la maladie, il avait recours à ceux qu'il employait avant l'établissement de la réaction, c'est-à-dire au *lilium,* au sel ammoniac, au safran , au sel volatil de vipère , etc.

Indépendamment de cette méthode générale de traitement, il recommandait particulièrement l'émétique, les purgatifs, la thériaque , le diascordium, l'antimoine diaphorétique, le sirop diacode , le laudanum, la craie, l'huile d'amandes douces, la manne, le sous-carbonate de potasse , le bol d'Arménie , l'ipécacuanha , l'infusion de roses de Provins, de balaustes, de sumac, et les lavemens émolliens, contre la diarrhée, selon qu'elle était *stercoreuse*, lientérique, bilieuse ou atrabilaire ; quand il y avait de l'abattement, il donnait quelquefois des lavemens d'urine

corrompue, ou de vin dans lequel on délayait de là
thériaque. Il combattait la constipation, la suppression de l'urine, les hémorrhagies, les nausées, le vomissement, ainsi que le délire et l'assoupissement provenant de l'inflammation *phlegmoneuse* du cerveau,
par la saignée, les émétiques et les purgatifs, et l'assoupissement provenant de l'inflammation *phlegmono-
œdémateuse* du cerveau, par le *lilium*, le sel ammoniac, etc.

Qui croirait, d'après cela, que Chirac voulait qu'on
fût « très-attentif à prévenir avec autant de soin l'inflammation *gangréneuse* de l'estomac et des intestins,
que celle du cerveau et du foie ? » Il ne cessait de recommander de débuter par la saignée, et de réitérer
ce moyen autant de fois que l'intensité des symptômes
l'exigeait, à quelque époque que ce fût de la maladie,
sauf le cas où il n'y avait point de réaction, soit au
début, soit vers la fin. Il recommandait l'usage des
narcotiques à l'intérieur quand les viscères étaient irrités; et il fait remarquer à cette occasion, que ces viscères sont souvent engorgés, *enflammés*, lors même
que la pression de l'abdomen ne paraît occasioner
aucune douleur. Il blâmait d'ailleurs l'usage des *grands
cordiaux*, des *grands diaphorétiques*, et s'élevait avec
force contre la pratique des médecins anglais et alle-
mands, ses contemporains, qui, ne voyant dans les
fièvres malignes que les effets d'un venin subtil, pro-
diguaient les alexitères. Dans les cas de nausées, de
vomissemens, il insistait sur la saignée et les vomitifs, et, par la plus heureuse contradiction, il proscrivait les alimens et même le bouillon.

Il est évident qu'aveuglé par une théorie humoro-

chimique, Chirac ne sut pas profiter des précieuses remarques qu'il avait faites dans ses recherches d'anatomie pathologique, et qu'au lieu de bannir du traitement
de la fièvre de Rochefort le fatras polypharmaque com-
biné des galénistes et des paracelsistes, il s'est borné
à insister sur la saignée plus qu'on ne l'avait généralement fait jusqu'à lui. Mais il avait la prudence de ne
jamais tirer beaucoup de sang à la fois, ce qui équiva-
lait jusqu'à un certain point à la manière dont s'opère
la soustraction de ce liquide au moyen des sangsues :
on doit recourir à cette méthode toutes les fois qu'on
ne peut se procurer ces animaux. Il a fort bien vu que
des émissions sanguines trop peu abondantes sont plus
nuisibles qu'utiles. S'il employait des moyens propres
à enflammer la membrane muqueuse gastrique, quoiqu'il eût l'intention d'en prévenir l'inflammation, les
saignées copieuses disposaient les organes digestifs à recevoir ces moyens incendiaires avec moins de désavantage. Ces saignées, telles qu'il les pratiquait, affaiblis-
saient moins l'action circulatoire que celles dans lesquelles on soustrait tout-à-coup une grande quantité de sang. On peut expliquer par là les succès que
Chirac obtint dans la pratique. Plusieurs de ses idées
sont encore adoptées ; on entend quelques médecins
insister beaucoup sur la nécessité de désemplir les
vaisseaux ; mais cette vue théorique appartenait plus
à Boerhaave qu'à Chirac, qui appliqua ce que le professeur de Leyde avait dit de l'inflammation à la plupart des fièvres. La saignée du pied préférée par Chirac
produirait-elle un ralentissement moins subit dans
l'action circulatoire ? C'est ce que je ne puis affirmer ;
toujours est-il que plusieurs faits me portent à croire

que cette espèce de saignée est aujourd'hui trop négligée.

Chirac avait reconnu que, dans certains cas, la saignée
n'était point indiquée ; il est probable que des disciples
inconsidérés de cet homme célèbre n'eurent égard ni à
cette exception ni à la lenteur qu'il exigeait dans la soustraction du sang. Peu à peu l'abus d'un moyen bon en
lui-même en fit rejeter l'usage.

Pringle a restreint de beaucoup le nombre des cas où
l'on doit pratiquer la saignée. Lorsque la fièvre des pays
marécageux est d'une espèce ardente, dit-il, elle paraît
exiger d'amples saignées ; mais en général elle ne permet pas tant cette évacuation que la fièvre des camps.
Il est nécessaire, dans la plupart des cas , d'ouvrir la
veine au commencement de l'attaque ou le jour suivant ; mais les saignées réitérées sont fort sujettes à
rendre la fièvre encore plus opiniâtre. Immédiatement
après la saignée, quand il jugeait convenable de la
pratiquer, Pringle donnait le séné et le nitrate de potasse ; le lendemain un premier grain de tartrate d'antimoine et de potasse, avec douze grains d'*yeux* d'écre-
visses ; puis, deux ou quatre heures après, un second
grain. Quelquefois il préférait vingt-quatre grains
d'ipécacuanha avec deux grains de tartrate d'antimoine
et de potasse en une seule dose. D'autres fois il prescrivait six grains de ce sel dans une pinte d'eau chaude
que le malade prenait à la dose de quatre à cinq
onces, de dix minutes en dix minutes. Lorsqu'il voulait réitérer l'évacuation, il donnait une demi-once
d'un sel purgatif quelconque, avec l'émétique à la
même dose, dans la même quantité d'eau prise
de la même manière. Quand ces moyens ne suffi-

saient pas pour arrêter les progrès du mal, il prescrivait l'infusion trouble de quinquina, à la dose d'une once et demie, dans une chopine de vin, ou bien un électuaire composé d'une once de quinquina, d'un gros de sel ammoniac et d'un peu de rhubarbe, puis le quinquina seul. Lorsqu'il y avait du délire ou une douleur de tête, il faisait appliquer des sangsues aux tempes, et un large vésicatoire entre les épaules; il se bornait alors à l'usage des vomitifs *doux*, des lavemens répétés et des *légères* purgations : « la principale règle doit être, disait-il, de *débarrasser les premières voies*, et, pour y parvenir, le tartre émétique, avec un sel purgatif, *serait probablement* le remède le plus efficace. » Lorsqu'il présumait que les voies digestives contenaient des vers, il prescrivait le calomélas, à la dose de douze grains, et la rhubarbe, à la dose d'un demi-gros.

Dans la fièvre des prisons ou des hôpitaux, Pringle, outre les soins de propreté et le renouvellement de l'air, recommandait de donner au début un vomitif, puis un demi-gros de thériaque, avec dix grains de sel de corne de cerf, et quelques verres de petit-lait ; le soir, il réitérait l'usage de ces derniers médicamens. Lorsque la fièvre se manifestait, si le pouls était plein, il faisait tirer *un peu* de sang, et quelque violens que fussent les symptômes, il revenait très-rarement à la saignée, même modérée.

Lorsque la tête était douloureuse, il préférait l'application des sangsues aux tempes à la saignée du bras ; mais, dit-il, dans le délire accompagné d'un pouls abattu, les sangsues ne font aucun bien, et j'ai tout lieu de penser qu'elles font quelquefois du mal.

Quelquefois il donnait un second vomitif à l'instant où la fièvre s'allumait. Il prescrivait ensuite le sel ammoniac, à moins qu'il n'y eût déjà des sueurs ; et dès que la maladie était *confirmée*, il se *bornait* à l'usage de la poudre de contrayerva, du nitre, du camphre, et de l'eau d'orge acidulée avec du vinaigre.

Passé les trois ou quatre premiers jours, lorsque le pouls devenait faible, la stupeur plus profonde, et que les pétéchies commençaient à se manifester, il recourait à la serpentaire de Virginie, au quinquina (1) et au vin. Si le délire augmentait par l'usage du vin, si les yeux paraissaient égarés, si la parole était brève, il renonçait à ce moyen pour recourir aux vésicatoires, tout en continuant le petit-lait, le camphre, la poudre de contrayerva et le nitre. Si le délire était accompagné d'une parole lente, et sans agitation violente, il continuait à donner la décoction de quinquina et de serpentaire, ainsi que le vin. Pour modérer la diarrhée, il prescrivait quelques gouttes de teinture thébaïque, ou bien le julep de craie avec l'opium ; enfin, il faisait ouvrir la tumeur formée par les parotides enflammées, avant la fluctuation.

Tout cet appareil de médicamens était destiné à ralentir les progrès de la *putridité du sang*, et les effets de celle des *humeurs accumulées dans les premières voies* : telles étaient les seules indications que se proposait Pringle. Comme il n'ouvrit qu'un petit nombre de cadavres, il ne fut pas aussi frappé des

---

(1) Ce fut le *hasard*, dit-il, qui me fit naître l'idée d'ajouter le quinquina à la serpentaire de Virginie (pag. 276).

traces d'inflammation que Chirac l'avait été. Son plan de traitement fut infiniment moins régulier que celui du médecin français. Si dans les écrits du médecin anglais, la théorie tient moins de place que dans ceux de Chirac, la pratique y est très-faiblement exposée dans une suite d'assertions trop générales ou vaguement dubitatives.

Plus timide et moins habile que Chirac dans l'emploi de la saignée, Pringle fortifia, de toute l'autorité de son nom, les préjugés que Van-Helmont avait répandus contre cette opération. Il n'eut point l'heureuse idée de ne laisser couler le sang qu'avec une lenteur bien propre à neutraliser les inconvéniens qui peuvent résulter de la soustraction d'une grande quantité de ce liquide.

Quoi de plus incohérent que de prescrire la thériaque et le petit-lait après l'émétique? Quoi de plus contraire à la saine expérience que de saigner après avoir donné l'émétique, puis la thériaque? Quoi de plus étrange que de s'ingérer par *hasard* de donner du quinquina sans le plus léger motif? Les préjugés de Pringle contre les effets des sangsues provenaient uniquement de ce qu'il les employait avec trop de timidité, car il n'en appliquait que deux ou trois à chaque tempe, si quelquefois il allait jusqu'à six, ce n'était que dans l'inflammation primitive du cerveau; par conséquent il est probable qu'il se montrait moins hardi dans la fièvre des hôpitaux : on est d'autant plus porté à le croire que, lorsqu'il s'agissait d'une ophthalmie, il ne mettait jamais plus de deux de ces animaux à l'angle externe de l'œil malade. Il est vrai qu'au début de cette inflammation et de celle du cerveau il saignait plusieurs fois

du bras : or , comme il saignait rarement dans la fièvre
d'hôpital, il est facile d'expliquer pourquoi il lui parut que les applications de sangsues étaient souvent peu
avantageuses et même quelquefois nuisibles dans cette
maladie. Les praticiens hardis discréditent les agens
thérapeutiques en les employant avec trop d'énergie ;
les praticiens timides les discréditent en les prescri-
vant à doses insuffisantes ; en voyant le même moyen
devenir dangereux entre les mains des premiers, et
inutiles dans celles de ces derniers, on finit par en
conclure qu'il est tout à la fois nuisible et inutile dans
tous les cas : c'est ainsi que deux erreurs ne tardent
pas à en engendrer une troisième.

Poissonnier-Desperrières voulait que, chez les sujets vigoureux, on mît le système vasculaire en état
de former *cette humeur onctueuse qui doit opérer une
crise salutaire*, et que chez ceux qui avaient de la disposition à la cachexie scorbutique, en combattant la
maladie principale, on s'opposât à la *dépravation ul-
térieure de leurs sucs*. Sa méthode différait peu de celle
de Pringle, c'est-à-dire qu'elle se composait presque
uniquement de l'émétique toujours, de la saignée
quelquefois, des purgatifs dans tous les cas, et ensuite
du quinquina. L'ipécacuanha lui paraissait préférable à l'émétique ; il conseillait l'usage de l'éther
sulfurique donné par gouttes sur du sucre, et les boissons acidulées.

M. Pinel recommande contre la fièvre des hôpitaux
ou des prisons les mêmes moyens qui lui paraissent indiqués contre la fièvre ataxique en général. Il veut que
le plus souvent on provoque le vomissement, et
qu'aussitôt après on ait recours à une médication

tonique, c'est-à-dire qu'après avoir prescrit l'émétique,
on prodigue le vin généreux à doses répétées, l'alcool,
le camphre, l'éther, les huiles volatiles, l'ammoniaque,
l'acétate d'ammoniaque, les acides minéraux alcoolisés,
le punch, les végétaux aromatiques, tels que la serpentaire de Virginie, la valériane, la camomille, et
surtout le quinquina en décoction concentrée sur l'eau
acidulée avec l'acide sulfurique ; la limonade, l'eau
vineuse, du vin léger ou de la bière plus ou moins
mêlés d'eau. Qui ne reconnaît ici la méthode de Pringle,
sauf la saignée, c'est-à-dire sauf le moyen le plus
approprié à la nature du mal, parmi tous ceux qu'a-
vait recommandés le médecin anglais? Qui a pu
engager M. Pinel à exclure la saignée du traitement
de la fièvre des hôpitaux? La théorie de Brown qui
s'introduisit, peut-être à son insu, dans son esprit, et
vint y tenir la place de celle de Pringle. Il ne s'agit plus
dès-lors de remédier à la putridité, mais seulement à
la débilité ; ainsi donc, à peine la science fut-elle
débarrassée d'une hypothèse insoutenable, qu'aussitôt elle retomba sous le joug d'une autre hypothèse
non moins inadmissible et peut-être plus dangereuse.
On vit dès-lors des médecins s'attacher à combattre la
faiblesse, en donnant le quinquina par gros, par once,
et la limonade par pinte : il semble que, par un bienfait
de la nature, presque toujours une heureuse inconséquence vienne se placer à côté de l'erreur, pour en
atténuer les inconvéniens.

Les vésicatoires prodigués par Pringle, dès la seconde
période du typhus nosocomial, l'ont également été
par les disciples de M. Pinel ; mais du moins comme
ils les appliquaient lorsque la vie commençait à s'étein-

dre, et non plus lorsque le mouvement circulatoire
était encore en suractivité, ces moyens ont été plus
souvent inutiles que nuisibles.

On a recommandé d'administrer quelques verres
d'un vin généreux, ou un peu de liqueur alcoolisée à
l'instant où l'on ressent les premiers accidens du typhus. Quelques médecins pensent que dans les premières vingt-quatre heures, on peut encore expulser
en grande partie le foyer de l'infection, ou rendre la
maladie plus bénigne, en provoquant le vomissement
ou la sueur, lorsque, dans cet espace de temps, il s'est
déjà développé des symptômes plus ou moins graves
sous l'influence des miasmes délétères. Ceci suppose-
rait deux choses : la première que ces miasmes restent
adhérens à la paroi de l'estomac, et qu'on peut les faire
sortir par la bouche, ou cheminer vers la peau à
travers l'épaisseur du corps ; la seconde que ces miasmes ont pour effet d'affaiblir la membrane muqueuse
gastrique, ce qui indiquerait l'usage des toniques.
Mais rien ne prouve que les miasmes continuent à séjourner dans l'estomac, encore moins qu'il soit possible de les chasser hors de ce viscère par le vomissement ou par les sudorifiques. Ces idées proviennent de
la comparaison qu'on a faite de ces miasmes avec les
poisons, comparaison plus ingénieuse que solide ;
car il s'en faut de beaucoup que dans la plupart des
empoisonnemens les vomitifs soient indiqués, et certes
les toniques ne le sont dans aucun cas. Ensuite, s'il
était vrai que le seul effet de la présence de ces miasmes
sur l'estomac fût l'atonie de ce viscère, pourquoi ne pas
continuer à faire prendre les toniques ; pourquoi, dès
le premier instant, ne pas recourir aux plus forts sti-

mulans, et les prescrire à la plus haute dose? N'est-il pas de la dernière inconséquence de recommander, comme on l'a fait, les décoctions mucilagineuses et acidules après le vomitif? Rien ne prouve mieux le danger des toniques que ce précepte de M. Pinel: « c'est dans la seconde période, et quand les symptômes sont portés au plus haut degré d'intensité qu'il est nécessaire de faire usage d'une boisson vineuse et même d'un vin généreux donné de distance en distance. » On a donc vaguement entrevu les inconvéniens des toniques après le début de la maladie; mais on a complètement ignoré ceux qu'ils entraînent quand on les donne à l'époque de la plus grande intensité des symptômes.

Comme il n'y a dans la méthode de M. Hildenbrand rien que de vague ou de parfaitement semblable à celles de Pringle et de M. Pinel, au lieu d'exposer les règles peu nombreuses, et les exceptions multipliées qu'a établies le professeur de Vienne, je me borne à exposer la manière dont il s'est traité lorsqu'il fut affecté du typhus en 1795. « Soit délire, dit-il, opiniâtreté, ou peu de confiance de ma part dans les secours de l'art, je ne fis usage, pendant ma maladie, excepté un *vomitif* que je pris au commencement, et que je m'ordonnai moi-même après une *saignée*, que de la *limonade* et de la crême d'orge. Aucun médecin ne voulut plus me voir. Néanmoins je surmontai heureusement la maladie, et après une crise favorable qui survint au quatorzième jour, je fus parfaitement bien. Je ne dus ma guérison à aucun moyen excitant, comme du vin, par exemple; et les affections de l'âme agissaient alors sur moi d'une manière défavorable. » Ce récit est remarquable sous plus d'un rapport ; il est en opposition parfaite avec ce que dit M. Pinel de la fièvre ataxique qu'il contracta en 1793. « Je n'échappai à la mort, dit-il, qu'à l'aide d'un excellent vin d'Arbois de sept ans, dont on me faisait prendre de petites doses très - rapprochées. »

Le récit de M. Hildenbrand prouve en outre qu'une saignée ne s'oppose pas toujours au développement des *crises salutaires* ; que la saignée peut quelquefois être efficace quoique le malade ait eu à supporter des affections morales pénibles ; que ce médecin ne comptait pas beaucoup sur l'efficacité des toniques dont il recommande l'usage dans son ouvrage ; qu'un vomitif, après lequel une maladie dure quatorze jours, s'il n'a pas contribué à faire durer autant cette maladie, n'en a pas du moins abrégé le cours. Si on ajoute à ce récit ce qui suit, on pourra se demander le motif qui a déterminé M. Hildenbrand à recommander les toniques, tels que l'arnica, dans une maladie que l'irritation de l'estomac constitue en grande partie le plus ordinairement. « J'ai vu plusieurs fois, dit M. Hildenbrand, des malades atteints de typhus ordinaire simple, auxquels je n'ai prescrit que la limonade, guérir parfaitement. » Si le typhus *ordinaire simple*, c'est-à-dire celui qui, selon la théorie des Browniens, dépend uniquement de la faiblesse, guérit sous l'influence d'une boisson acidule, par quelle étrange contradiction attaque-t-on par les toniques et les stimulans le typhus compliqué, c'est-à-dire celui dans lequel on ne peut, sans fermer les yeux à l'évidence, méconnaître l'inflammation d'un ou de plusieurs viscères, lors même qu'on ne voit dans cette maladie qu'une affection générale?

Opposons à ces essais infructueux d'observateurs habiles, mais séduits par des théories défectueuses, la méthode thérapeutique que M. Broussais recommande contre le typhus.

Lorsqu'il n'y a encore que malaise, découragement, léger mouvement fébrile, anorexie, lassitude, les boissons alcooliques ou sudorifiques font cesser ces symptômes chez certains sujets, tandis que chez d'autres, en plus grand nombre, ils en augmentent l'intensité; et l'on réussit mieux avec les boissons mucilagineuses, et surtout avec les acides. Dès que la phlegmasie se développera dans les voies digestives, c'est-à-dire qu'il y aura douleur, anxiété à l'épigastre, diminution de la force musculaire et contraction du pouls, quelle que soit la prostration, jamais les stimulans ne seront avantageux à l'intérieur; les acides produiront au contraire de bons effets. Si des matières stercorales bilieuses, fétides, sont abondamment rendues, les purgatifs acides soulageront, tandis qu'ils augmenteront la sensibilité de l'abdomen et le météorisme si ces symptômes dépendent de l'inflammation du péritoine. Si la poitrine est particulièrement affectée, le pouls est large: il faut non pas ouvrir la veine, mais pratiquer quelques saignées locales, puis appliquer les stimulans sur les membres inférieurs. Lorsque le cerveau sera lésé plus que les autres organes, si la circulation y est impétueuse, on prescrira la saignée du pied ou les sangsues à la tête, puis aux pieds, et ensuite les stimulans sur les membres inférieurs; de l'eau froide sera reçue sur la tête, pendant que les pieds seront plongés dans l'eau chaude. Si le mouvement circulatoire est comme anéanti et que le malade soit plongé dans un état apoplectique, des vésicatoires seront appliqués sur la tête, et les excitans de la partie inférieure du canal digestif seront mis en usage. Le vin et les autres stimulans ne seront jamais donnés à l'intérieur que dans une des quatre circonstances suivantes : « 1°. quand l'affaiblissement général et la stupeur se présentent avec une langue peu rouge et sans aucun signe de phlegmasie des trois cavités; 2°. quand ces moyens, loin de rendre la langue sèche et croûteuse, la soif plus ardente, la peau plus chaude, les mouvemens nerveux plus fréquens, procurent la diminution de ces symptômes, la souplesse du pouls et disposent à une diaphorèse bienfaisante; encore faut-il s'arrêter au moment où la langue, la peau, le pouls et l'anxiété donnent le signal de la surexcitation : alors on a recours aux acides, sauf à revenir aux premiers moyens, si l'indication les réclame de nouveau; 3°. quand la période fébrile est terminée et que le malade tombe dans une extrême faiblesse qui ne peut plus être attribuée à la souffrance d'un viscère enflammé, c'est, à proprement parler, le premier moment de la convalescence : dans ce cas il faut graduer la dose des stimulans, afin de ne pas dissiper, par une exaltation impétueuse, le peu de forces qui maintiennent encore l'état de vie; 4°. enfin quand il ne reste plus aucun espoir, et que les congestions s'accroissent avec une étonnante rapidité, malgré l'emploi des révulsifs les plus puissans. » Ce dernier cas, ajoute M. Broussais, est extrêmement délicat; cette méthode désespérée, à laquelle on se livre souvent *trop tôt*, a fait plus de

victimes qu'elle n'en a soustrait à la mort : après l'a-
voir adoptée pour certains malades que je regardais
comme perdus, ses mauvais effets, dit-il, me l'ont
fait quelquefois abandonner, et j'ai eu la satisfaction
de voir les adoucissans, les acides produire plus d'effet qu'avant la surexcitation, et ramener un malade que
j'aurais probablement perdu si j'avais persisté dans l'emploi exclusif de l'une ou de l'autre des deux méthodes (1).

Si M. Broussais s'est montré parfois exclusif dans
ses vues théoriques et pratiques, certes, ce n'est point
dans le passage qu'on vient de lire et que j'ai dû rapporter textuellement, parce qu'il n'a pas été apprécié
comme il aurait dû l'être. On voit avec quelle réserve
cet auteur parle des émissions sanguines, même locales, c'est qu'à l'époque où il écrivait ce qu'on vient
de lire, il les croyait peu utiles et même susceptibles de
nuire dans le typhus, pour peu qu'elles fussent abondantes. Je crois qu'aujourd'hui il est avec raison un
peu moins réservé, et qu'il restreint davantage le
nombre des cas où l'on peut donner des toniques dans
le typhus. Je ne crois pas qu'il attache une grande importance aux purgatifs acidules, ou plutôt je crois qu'il
n'y a plus recours, parce que les lavemens suffisent en
pareil cas, sans avoir aucun des inconvéniens inséparables de ces moyens qui n'agissent sur le gros intestin
qu'après avoir plus ou moins irrité l'estomac et l'intestin
grêle. Il y a lieu de présumer aussi qu'il attaque plus
rarement l'état apoplectique par les stimulans des gros
intestins, à l'aide des lavemens fortement purgatifs.
Enfin, combien de fois ne voit-on pas l'action vitale se

---

(1) *Premier Examen*, pages 177-179.

ranimer un instant pour s'épuiser ensuite plus rapidement lorsque, de l'usage des adoucissans, on passe à celui
des toniques, lors même qu'on ne recourt à ceux-ci
qu'au moment où la vie est près de s'éteindre ? Lorsque, sous l'administration prématurée des toniques,
les symptômes s'améliorent, il ne faut pas dire qu'on a
heureusement *opposé irritation à irritation* ; car on ne
conçoit pas qu'il puisse y avoir en même temps deux
irritations dans une même membrane : il faut se borner à dire que certaines inflammations internes guérissent, sous l'empire des toniques, *par* ou *malgré* l'effet
local de ces moyens, de même que certaines inflammations externes.

Ce que j'ai dit sur le traitement des fièvres adynamique et ataxique me dispense d'entrer dans de plus
amples détails sur celui du typhus, sujet aussi important que difficile, qui réclame de nouvelles recherches, de nouvelles expérimentations, dirigées,
non pas au hasard, mais sur un plan méthodique,
tracé d'après les principes posés par M. Broussais ;
bien entendu qu'on n'aura point égard à ce qu'il dit
de la diminution de la *puissance vitale* et de la *chimie
vivante*, par le poison gazeux qui produit le typhus ;
chimie vivante et *puissance vitale* sont des mots qui
paraissent signifier beaucoup et qui, au fond, ne si-
gnifient rien. Si l'on demande pourquoi les émissions
sanguines sont souvent peu efficaces dans le typhus,
tandis qu'elles sont si généralement utiles dans les fièvres sporadiques les plus graves, je répondrai que
le fait n'est que trop vrai, mais que je ne saurais en
rendre raison, et qu'il faut savoir ignorer ce que l'observation n'a pas encore dévoilé.

CHAPITRE IX.

De la Fièvre jaune.

On désigne généralement, sous le nom de *fièvre jaune*, une variété remarquable de la fièvre synoque selon Currie, de la fièvre bilieuse selon William, du causus selon Towne, de la fièvre inflammatoire putride selon M. Devèze, de la fièvre putride selon Macbride, de la fièvre maligne selon Warren, du typhus selon Sauvages, de la fièvre pestilentielle selon Chisholm, enfin, de la fièvre gastrique ataxo-adynamique selon M. Pinel. N'est-il pas singulier que cette maladie ait été successivement rapportée à tous les genres connus de fièvres continues, si on en excepte un seul, celui de la fièvre muqueuse? Est-elle essentiellement différente de celles dont il a été parlé dans les chapitres précédens; ou bien n'est-ce en effet qu'une variété de quelqu'une d'entr'elles? Quelle est son origine, quelles sont ses causes, comment se propage-t-elle, exige-t-elle un traitement spécifique, est-il quelque moyen de s'en préserver? Telles sont les questions sur lesquelles on discute avec beaucoup de chaleur depuis quelques années. Sans doute, on n'attend pas de moi la solution de tous ces problêmes; et ce n'est pas sans hésiter, je l'avoue, que je vais parler d'une maladie que je n'ai point observée; mais puisque les médecins qui l'ont vue ne sont point d'accord, il est permis à tous les gens de l'art de chercher quelques lueurs de vérité au milieu de leurs discussions.

Lorsqu'on lit avec attention les ouvrages publiés sur la fièvre jaune, on est frappé de la concordance qui règne entre tous les auteurs lorsqu'il né s'agit que d'en retracer les symptômes : c'est pourquoi je vais me borner à reproduire le tableau général des phénomènes de cette maladie, sans donner en particulier l'histoire d'aucune épidémie.

L'invasion de la fièvre jaune est le plus ordinairement subite : néanmoins il n'est pas rare de la voir précédée de prodromes qui méritent quelque attention: ce sont, pour l'ordinaire, des lassitudes spontanées, un état de langueur, de malaise général, comme au début de beaucoup d'autres maladies ; mais à ces symptômes se joignent souvent les suivans : pouls lent, faible, profond, disparaissant sous le doigt, ou bien fréquent, petit et intermittent; peau chaude et sèche, ou froide et couverte d'une moiteur visqueuse; lèvres pâles ou violettes; langue quelquefois rouge et sèche, d'autres fois blanche, humide et tremblante; traits altérés, air morne ou gaîté feinte ; soubresauts des tendons; tremblement peu marqué des membres.

Lorsque ces phénomènes se montrent chez un sujet pléthorique dont le cerveau ou l'estomac a été surexcité, et durant le cours d'une épidémie de fièvre jaune, on a tout lieu de craindre qu'il ne soit sur le point d'être affecté de cette maladie.

Après que les prodromes ont duré pendant quelques heures ou quelques jours, et plus souvent encore tout-à-coup, le sujet se plaint d'éprouver un abattement extrême, un malaise inexprimable, de la douleur aux régions frontale et temporale, au fond des orbites, dans les lombes, vers la colonne vertébrale, à la nuque, aux genoux; parfois il est saisi d'un frisson, bientôt suivi d'une chaleur sèche et âcre; souvent la chaleur et le frisson alternent, ainsi que la pâleur et la rougeur de la face; quelquefoisla chaleur s'établit subitement sans que le frisson la précède; dans tous les cas la face est rouge, animée; les yeux sont étincelans, fixes et larmoyans; les conjonctives injectées; la lumière est supportée difficilement; le sommeil n'a plus lieu ou il est souvent interrompu; on remarque un air d'étonnement, de frayeur sur le visage du malade, qui gémit, pleure, et s'alarme; sa langue, d'abord rouge, principalement sur ses bords, devient sèche, raboteuse, se couvre, ainsi que les dents et les lèvres, d'un limon jaunâtre, puis noirâtre; toutes ces parties sont sèches ainsi que la gorge et les narines, dans lesquelles une démangeaison se fait sentir; la déglutition est gênée; le malade se plaint d'éprouver de la chaleur et une vive douleur à l'épigastre, qui est tendu, rénitent, douloureux à la pression, ainsi que l'hypochondre droit; à des éructations et des nausées succèdent de violens vomissemens qui ajoutent à la douleur épigastrique et sont provoqués par la boisson; il y a d'abord constipation, puis des déjections alvines abondantes avec douleur dans l'abdomen. Lorsque la chaleur interne est considérable, la soif est excessive, les extrémités sont froides, la respiration est entre-coupée, laborieuse; le malade pousse de profonds soupirs, il éprouve une oppression qui peut aller jusqu'à l'orthopnée, quelquefois de la chaleur dans la poitrine; l'air expiré est alors très - chaud; l'urine devient rose, elle acquiert une couleur foncée; enfin, le pouls est fréquent, vite et dur; il est quelquefois plein, surtout dans l'après-midi, instant de la journée où la chaleur de la peau et la soif se font sentir avec le plus de force.

Tels sont les symptômes de ce qu'on appelle la première période de la fièvre jaune : aucun d'eux n'annonce encore indubitablement cette maladie; mais déjà quelquefois il survient une ou plusieurs hémorrhagies nasales et le visage commence à devenir jaune, ce qui ne permet pas de la méconnaître. Cette période, dont la durée est d'un ou deux, quelquefois trois, rarement quatre, plus communément cinq jours, forme toute la maladie dans un petit nombre de cas. Les symptômes diminuent graduellement d'intensité, le malade recouvre la santé, et l'on ignore si on a eu sous les yeux une fièvre inflammatoire gastrique ou une fièvre jaune, à moins que l'ictère ne se soit manifesté. Lorsque ce symptôme se montre dès les premiers jours, rarement la terminaison est aussi prompte et aussi favorable.

Si la maladie persiste, le limon qui couvre la langue devient plus épais et plus noir; celle-ci plus sèche, et les vomissemens plus fréquens; le sujet rend tantôt des mucosités blanches, acides qui, dit-on, agacent les dents, excorient la gorge, la langue et les lèvres; tantôt de la bile pure, jaune, et plus tard une substance noire, mêlée à d'abondantes mucosités et semblable à de la suie délayée dans du blanc d'œuf battu avec de l'eau; cette matière exhale une odeur hépatique selon quelques auteurs, une odeur de sang selon d'autres; souvent du sang noirâtre est rendu par le vomissement avant que l'on voie paraître cette matière noire; l'estomac est alors tellement irrité qu'il rejette toute espèce de liquide, quelque violente que soit la soif; des douleurs atroces se font sentir à l'épigastre où le malade éprouve un sentiment d'ardeur extrême; les douleurs des lombes augmentent d'intensité; les déjections alvines sont plus fréquentes et plus abondantes, formées de matières d'abord liquides ou glaireuses, puis jaunes, verdâtres, sanguinolentes, et enfin noirâtres; en un mot, semblables à celles qui sont rendues par le haut; l'urine est de plus en plus foncée, trouble, non sédimenteuse; quelquefois une pellicule se forme à sa surface; elle finit par cesser de couler dans les cas qui ne laissent aucun espoir; la face devient moins rouge, souvent même elle pâlit, quoique les conjonctives restent injectées et l'œil brillant; les traits sont profondément altérés comme dans les maladies abdominales qui tendent à détruire l'organisme; des rêves pénibles interrompent le sommeil lorsqu'il a encore lieu; les carotides battent avec violence; cependant souvent le pouls devient plus lent et plus rare, ou bien il est ramené à son rhythme habituel.

Dans le cours de cette seconde période, dont la durée est d'autant moindre que celle de la précédente a été plus longue, la couleur jaune de la peau s'établit le plus souvent; des lassitudes, un accablement plus considérable, une rougeur plus vive des yeux, l'annoncent ordinairement; elle commence à la face, aux conjonctives, au-dessous de la bouche, puis elle se montre sous forme de bandes au cou, à la poitrine, aux cuisses, et, selon M. Dalmas, sur le trajet des grosses artères; l'ictère est quelquefois borné aux conjonctives, même dans des cas mortels; il s'étend d'autant plus que les vomissemens sont plus souvent répétés et accompagnés d'efforts plus violens. La cicatrice des piqûres de saignée se rompt et devient noire; un cercle livide se forme autour des plaies causées par les vésicatoires. La fièvre jaune ne peut plus être méconnue; mais elle n'est plus guère susceptible de guérison : le malade succombe au milieu des symptômes qui viennent d'être indiqués, ou bien le mal fait de rapides progrès, et la troisième période se caractérise.

Le vomissement se répète de plus en plus; outre la matière brune dont il a été fait mention, un sang noirâtre très-liquide ruisselle à la surface de la langue, sort par la bouche, les narines, l'anus, le vagin et l'urètre; les déjections sont involontaires; l'émission de l'urine est complétement suspendue; la face est *hippocratique*, la force musculaire semble anéantie; cependant il y a des soubresauts des tendons, des tremblemens, et même des convulsions, selon M. Valentin; la sensibilité ne se manifeste plus; la respiration est lente, stertoreuse; l'air expiré est froid, le pouls faible, petit, rare, intermittent; le corps entier exhale une odeur infecte; des taches livides, des pétéchies, des vergetures, des ecchymoses, quelquefois même des plaques, des phlyctènes d'apparence gangréneuse se montrent sur diverses parties du corps, et la mort est inévitable. Dans un petit nombre de cas les parotides s'enflamment; plus rarement encore il se développe des charbons, des anthrax ou des bubons.

La durée totale de la fièvre jaune est rarement

de douze, dix-huit ou vingt-quatre heures, quelquefois d'environ trois jours seulement, et le plus souvent de quatre à huit jours ; la mort a rarement lieu passé le huitième, à moins que le sujet n'éprouve une rechute, par suite d'une *indigestion* ordinairement, ou qu'il ne survienne une hémorrhagie très-abondante et subite.

Il n'est pas inutile de fixer l'attention du lecteur sur l'état des facultés intellectuelles dans la fièvre jaune : M. Devèze en parle à peine. M. Valentin dit que le malade tombe dans le délire comateux ou le coma profond quand le vomissement cesse ou devient plus rare ; que la raison s'aliène lorsque le vomissement et les déjections noires se manifestent. M. Dalmas insiste beaucoup sur l'effroi qui, dès le premier instant de l'invasion, s'empare des malades même les plus intrépides auparavant ; il a quelquefois observé le délire. Dans aucune maladie grave, dit M. Bally, les facultés intellectuelles ne se maintiennent avec autant d'intégrité que dans celle-ci ; il a rarement observé le délire. Cette dernière proposition paraît être l'expression la plus exacte des faits. L'effroi dont parle M. Dalmas est peut-être moins dû à la maladie qu'à l'idée de la mort qui se présente naturellement quand on se sent frappé d'un mal si souvent mortel.

Lorsque le malade est assez heureux pour guérir, la convalescence est ordinairement assez rapide, les forces tardent peu à se rétablir. Le même sujet est très-rarement affecté deux fois de la fièvre jaune, à moins qu'il ne s'éloigne des lieux où elle règne et n'y revienne après un long espace de temps.

Parmi tous les symptômes qui viennent d'être énumérés, il faut d'abord distinguer ceux qu'on observe dans la fièvre jaune beaucoup plus souvent que dans toute autre maladie, puis ceux qui se montrent constamment dans cette fièvre. Au nombre des premiers on doit placer le vomissement noir, les déjections de même nature, les hémorrhagies et l'ictère ; au nombre des seconds doivent être mis la céphalalgie, les douleurs lombaires, et la douleur épigastrique, qui ne manquent jamais ; viennent ensuite, sous le rapport de la fréquence, l'ictère, le vomissement, les déjections noires et les hémorrhagies, qui ont lieu dans le plus grand nombre des cas, mais qui ne sont pas constans. Cependant l'ictère manque rarement, et lorsqu'il ne se manifeste point pendant la vie, on le voit ordinairement se développer après la mort. S'il n'y a pas toujours vomissement noir, il y a presque constamment des vomissemens. Les hémorrhagies manquent assez souvent, surtout quand la mort a lieu dans les premiers temps de la maladie. La suppression de l'urine n'est pas plus commune dans la fièvre jaune que dans toute autre fièvre grave ; elle n'a point toujours lieu ; on en a donc exagéré l'importance sous le rapport du diagnostic.

Il est inutile de s'arrêter à faire l'analyse des autres symptômes de la fièvre jaune, puisqu'il en a été parlé dans les chapitres précédens ; mais ceux dont on vient de lire l'énumération méritent toute notre attention.

On a beaucoup disserté sur l'origine de la matière noire rendue par le vomissement et par les selles ; les uns ont prétendu qu'elle venait du foie, d'autres de la rate ; mais comme on ne l'a jamais trouvée dans ces viscères, comme il n'y en a jamais dans la vésicule ni dans les conduits biliaires, et que rien jusqu'ici n'a démontré qu'elle ait quelque analogie avec la bile, on doit la regarder comme un produit de la sécrétion de la membrane muqueuse gastrique, d'autant plus qu'elle paraît avoir une ressemblance frappante avec celle qui est rendue dans l'inflammation chronique de ce viscère avec dégénérescence de ses parois. Le sang noir, que l'on a fait provenir également de la rate ou du foie, paraît n'être que l'effet d'une hémorrhagie de la membrane gastro-intestinale. Je n'ai point vu la fièvre jaune, mais j'ai observé un cas de fièvre sporadique tout-à-fait analogue à cette maladie : le foie était sain ainsi que la rate : au moins ils me parurent tels ; l'estomac et les intestins contenaient de la matière noire, et les vaisseaux de ces viscères étaient très-apparens. J'ai trouvé également du sang grumeleux dans d'autres cadavres, sans que les vaisseaux des intestins fussent plus apparens ; mais l'estomac avait évidemment été enflammé ; il n'y avait pas eu de jaunisse.

La cause prochaine de l'ictère a exercé l'imagination des physiologistes de toutes les époques : les anciens l'attribuaient à la présence de la bile dans le sang ; des recherches chimiques tendent à prouver que la matière colorante de la bile peut se trouver dans ce liquide. En 1795, Joseph Frank attribua l'ictère, non pas à la résorption de la bile, mais à une sorte d'épanchement sanguin analogue à celui qui a lieu dans l'ecchymose, effet d'une contusion. M. Desmoulins vient de reproduire cette dernière opinion, qui ne laisse pas d'être plausible ; mais il a tort d'en conclure que la sécrétion de la bile n'est point augmentée dans la fièvre jaune : cette sécrétion est évidemment augmentée quand il y a, ce qui n'est pas rare, des vomissemens et des déjections de bile pure, jaune ou verdâtre ; ensuite, personne, que je sache, n'attribue l'ictère, dans les maladies aiguës, à l'augmentation, mais bien à la suspension de la sécrétion biliaire causée par l'irritation du foie. Enfin il a tort de nier la liaison qui existe évidemment entre l'ictère et l'irritation de ce viscère ; car, soit que la jaunisse dépende de la résorption de la bile ou d'un de ses matériaux, soit qu'elle provienne, comme il est probable, de la suspension de la cholose, il n'en est pas moins clair comme le jour qu'elle est fort souvent un symptôme de l'hépatite, ce qui permet d'admettre par analogie qu'elle annonce l'irritation au moins sympathique du foie dans la fièvre jaune. Si on prétend que je tombe en contradiction avec moi-même en disant, tantôt qu'il y a augmentation, et tantôt qu'il y a suspension de la sécrétion de la bile dans cette fièvre, il suffira sans doute de répondre que l'élaboration de la bile peut être suspendue en même temps que la portion déjà formée de cette humeur afflue dans l'estomac, lorsque ce viscère et le duodénum sont irrités. C'est ainsi sans doute que l'ictère devient d'autant plus prononcé, que les efforts du vomissement se multiplient davantage.

Je ne crois pas que l'on puisse se refuser à voir, dans le vomissement quel qu'il soit et dans l'ictère, deux symptômes de l'irritation de l'estomac et du foie. La douleur qui, de l'épigastre, s'étend à l'hypochondre droit, la tension, la rénitence de ces deux régions et le surcroît de douleur qu'on excite en pressant sur l'une ou sur l'autre, rendent cette vérité incontestable.

La céphalalgie, la douleur ressentie au fond des orbites, la rougeur des conjonctives, la fixité du regard, sont autant de signes non équivoques de l'irritation des méninges. L'intégrité des facultés intellectuelles, dans le plus grand nombre des cas, me paraît indiquer que l'irritation de ces membranes, quelqu'intense qu'elle soit, se propage fort tard au cerveau.

La douleur lombaire et celle de la nuque sont-elles purement sympathiques, ou bien indiquent-elles que la moelle épinière ou sa terminaison participe à l'état morbide? Il est difficile de croire qu'une partie puisse devenir le siége d'une douleur, ou, si l'on veut, qu'une douleur soit rapportée à une partie, sans que celle-ci soit affectée; mais il resterait à prouver qu'elle l'est primitivement ou secondairement : l'anatomie pathologique seule résoudra cette question.

Les symptômes dont il vient d'être fait mention autorisent-ils à voir, dans la maladie qu'ils caractérisent, une fièvre essentiellement différente de toutes les autres? Je ne le pense pas, 1°. parce que le vomissement noir, lors même qu'il serait constant, n'est qu'un symptôme, et qu'il ne suffit pas d'un phénomène pour décider qu'une maladie ne ressemble à aucune autre; 2°. parce que le vomissement noir dépend d'une lésion des organes digestifs, qu'il convient d'étudier autrement que dans ses symptômes, si l'on veut s'en faire une idée exacte ; 3°. parce que l'ictère est certainement un des phénomènes les plus éloignés de la cause prochaine de la fièvre jaune, puisque souvent il ne se manifeste qu'après la mort ; n'est-il pas singulier que les médecins qui nous reprochent de chercher dans la couleur rouge des membranes muqueuses la nature de plusieurs fièvres, croient avoir trouvé le phénomène le plus important de la fièvre jaune dans la couleur citrine de la peau ? 4°. enfin, parce que la couleur des matières rendues par la bouche ou par l'anus, et celle de la peau, ne peuvent servir à distinguer les maladies : autrement il serait indispensable de reconnaître des fièvres *rouges*, des vomissemens *verts*, des fièvres *blanches*, des vomissemens *jaunes*. Que dirait-on d'un médecin qui donnerait aujourd'hui cette dernière dénomination à la fièvre gastrique, la première à la fièvre inflammatoire, la seconde au choléra, et la troisième à la fièvre muqueuse ?

Exclure l'étude des symptômes de la recherche du siége des fièvres serait une absurdité; il est au contraire d'un esprit sage de les mettre tous en parallèle avec toutes les traces que la maladie laisse dans les cadavres.

Commençons par dire, avec M. Bally, qu'il est des cadavres qui n'offrent à l'anatomiste aucun sujet d'observation; et ajoutons, avec ce judicieux observateur, que cette particularité arrive surtout à ceux qui sont morts du premier au troisième jour, et chez qui le mal n'a pas eu le temps d'imprimer son cachet (1).

Soit que l'ictère ait paru avant la mort, soit qu'il ne se soit manifesté qu'après, la peau est jaune comme

____

(1) *Du Typhus d'Amérique ou Fièvre jaune*. Paris, 1814, in-8°, pag. 202.

un citron et couverte de placards violets, brunâtres, principalement aux parties les plus déclives en contact avec le sol. Les cadavres passent très-rapidement à la putréfaction ; ce qui oblige à les ouvrir le plus tôt possible après la mort. Cette nécessité de se hâter a l'avantage de faire connaître l'état des organes avant qu'aucune autre altération que celles qui sont l'effet de la maladie, ne s'établisse ; mais elle rend plus dangereux ce travail si pénible et si honorable pour celui qui s'y livre assidûment, et avec toute l'attention qu'il exige.

La peau étant incisée, on trouve tout le tissu cellulaire infiltré d'une sérosité jaunâtre plus ou moins abondante. Les muscles sont tantôt très-rouges et rénitens, tantôt décolorés et mous. M. Rochoux dit avoir trouvé du sang épanché dans le tissu cellulaire inter-musculaire (1).

C'est dans l'abdomen que l'on trouve les altérations les mieux caractérisées et les plus constantes. Dès que cette cavité est ouverte, il s'en exhale une odeur fétide toute particulière, qu'on ne peut, dit M. Devèze, ni définir ni comparer (2). Tous les médecins qui ont écrit sur la fièvre jaune s'accordent à dire que, dans le plus grand nombre de cas, la membrane muqueuse de l'estomac est d'un rouge plus ou moins vif, ou d'un rouge brunâtre, parfois ulcérée, gangrénée, et détruite dans une plus ou moins grande partie de son étendue, notamment vers le pylore. Ces traces d'inflammation ne

---

(1) *Recherches sur la Fièvre jaune.* Paris, 1822, *in* 8°, pag. 155.

(2) *Dissert. sur la Fièvre jaune.* Paris, *in-8°*, an XII, p. 85.

sont guère moins fréquentes dans le duodénum ; elles sont plus rares ou moins prononcées dans le reste du canal digestif, et surtout dans le gros intestin. Il paraît que la gangrène de la membrane muqueuse gastro-intestinale n'est pas aussi commune que plusieurs auteurs l'ont pensé.

L'estomac et les intestins, mais principalement le premier de ces viscères, contiennent une quantité souvent considérable de la matière noire dont il a été parlé, lors même que le malade n'en a point rendu. A cette matière se trouvent quelquefois mêlés des caillots de sang. Dans un petit nombre de cas, au lieu de matière noire, on trouve du sang pur. M. Chervin, qui a souvent goûté ces différentes substances, dit M. Rochoux, leur a trouvé un goût de sang bien marqué quand elles présentaient la plupart des qualités extérieures de ce liquide ; d'autres fois elles lui ont paru amères, âcres, ayant quelque chose de corrosif : c'étaient surtout, ajoute-t-il, les matières roussâtres ; aucune d'elles, de même que les gaz, n'offre de fétidité quand l'ouverture du cadavre est faite peu de temps après la mort ; mais quand elle est différée de trente-six ou quarante-huit heures, on leur trouve une fétidité très-grande, évidemment due à un commencement de putréfaction, et étranger au caractère essentiel de la maladie, bien que beaucoup d'auteurs aient pensé différemment (1).

M. Rochoux assure avoir constamment trouvé la membrane muqueuse de la vésicule biliaire d'un rouge brun, et fréquemment épaissie. Cette vésicule, sou-

____

(1) *Op. cit.*, pag. 172.

vent rétractée, à peine visible, d'autres fois très-rouge, contient de la bile en plus ou moins grande quantité, quelquefois noire et poisseuse, et qui, selon M. De-vèze, n'est nullement caustique.

Le foie est presque toujours volumineux, gorgé de sang, mollasse, jaune dans son intérieur, couvert de plaques ardoisées à sa face concave; rarement il offre des traces de suppuration. La rate n'offre ordinaire-ment point de changemens remarquables. Les reins sont souvent plus rouges que dans l'état naturel, ou du moins gorgés de sang. Ils sont, selon M. Rochoux, enflammés dans le quart du nombre total des cadavres. La vessie est très-souvent rétrécie, et sa membrane muqueuse rouge à sa face interne dans sa presque to-talité; elle contient une quantité variable d'urine sou-vent brune et sanguinolente, surtout quand elle est en petite quantité.

Après ces lésions viennent, pour la fréquence, celles de l'encéphale : elles se bornent à la présence d'une certaine quantité de sérosité jaunâtre, quelque-fois sanguinolente, sur les hémisphères ou dans les ven-tricules cérébraux; les vaisseaux sont parfois gorgés de sang, ainsi que les sinus, qui contiennent souvent une matière gélatiniforme jaunâtre, analogue pour la couleur à la sérosité qui réside dans le tissu cellulaire; quelquefois l'arachnoïde conserve des traces non équi-voques d'inflammation. La substance cérébrale a été explorée avec trop peu de soin pour qu'on puisse rien affirmer sur son état à la suite de la fièvre jaune. On a dit qu'elle était quelquefois peu con-sistante; d'autres ont prétendu qu'elle est ordinaire-ment plus compacte que dans l'état de santé. Un très-petit nombre d'ouvertures de la colonne vertébrale ont produit les mêmes résultats. M. Dalmas fait remarquer judicieusement que les lésions de l'encéphale et de ses membranes se retrouvent principalement dans les cadavres des malades dont les facultés intellectuelles ont été notablement troublées. Il dit avoir ouvert des sujets dans lesquels il n'y avait d'autres traces morbides que celles de la congestion cérébrale ; et que d'autres fois la poitrine seule offrait des traces de maladie (1).

Il n'est pas rare de trouver les poumons gorgés d'un sang noir, qui s'écoule sous l'instrument à l'aide duquel on divise ces viscères, lesquels sont couverts extérieurement de taches livides ; leur substance a été trouvée rapeïssée, noire et comme brûlée, dans un seul cas, par M. Bally. Les plaques rouges, violettes, livides de la plèvre sont assez fréquentes, ainsi que les adhérences formées par une couche de substance gélatiniforme jaunâtre. Le péricarde renferme souvent une substance analogue, quelquefois une sérosité sanguinolente. M. Bally a presque toujours trouvé dans le cœur un caillot considérable d'un jaune transparent, comme une belle gelée de viande ou comme du bel ambre, qui s'étendait quelquefois jusque dans l'aorte. Des gens qui n'avaient jamais ouvert de cadavres ont trouvé cela fort singulier.

Si nous résumons les altérations organiques trouvées à la suite de la fièvre jaune, nous voyons que ce sont, dans la presque totalité des cas, des traces souvent profondes et étendues d'inflammation de l'estomac ; les in-

____

(1) *Recherches historiques et médicales sur la Fièvre jaune.* Paris, 1822, *in-8°*, pag. 17.

testins participent moins à l'état inflammatoire que dans beaucoup d'autres fièvres ; le foie, sans être notablement lésé, n'est pourtant exempt de toute altération que dans un petit nombre de cas ; la vésicule biliaire est presque toujours enflammée, si l'on doit en croire M. Rochoux ; les reins et la vessie ne le sont pas moins que dans les autres maladies aiguës où il y a suppression et rétention de l'urine ; le poumon présente en général peu de traces profondes d'inflammation ; enfin, dans un petit nombre de cas, on trouve des traces d'arachnoïdite ou d'afflux vers l'encéphale, et presque jamais d'inflammation de la substance cérébrale elle-même.

Il s'en faut de beaucoup que ce tableau ait le degré d'exactitude de ceux que j'ai présentés dans les chapitres précédens : on n'a encore ouvert qu'un petit nombre de cadavres dans les épidémies de fièvre jaune ; le plus souvent on s'est borné à présenter des résultats généraux ou des observations peu nombreuses : cependant le résumé qu'on vient de lire est le résultat des recherches faites par MM. Devèze, Valentin, Dalmas, Bally, François et Rochoux ; l'accord qui règne entre ces auteurs dans les points principaux est un garant de la fidélité de leurs rapports, sur laquelle on ne peut d'ailleurs élever aucun doute. Il s'en faut toutefois que cet important sujet soit épuisé : aussi long-temps que nous n'aurons point sur la maladie dont il s'agit un aussi grand nombre d'ouvertures de cadavres que nous en possédons sur le typhus, il y aura lieu de craindre que des exceptions aient été érigées en règle, comme il est arrivé si souvent quand l'anatomie pathologique était encore au berceau. J'ai dû prendre la science au point où elle se trouve ; et c'est en admettant l'exactitude des écrivains qui ont vu la fièvre jaune que je vais achever de rechercher le siége et la nature de cette maladie.

M. Tommasini me paraît avoir le premier émis des idées saines sur la nature et le siége de la fièvre jaune : il s'est d'abord attaché à prouver qu'elle n'est que le plus haut degré de la fièvre bilieuse. Adoptant ainsi l'opinion de Pringle, de Lind, de Moseley, de MM. Pinel et Rubini, il ajoute que ces fièvres ont, à un degré différent, les mêmes symptômes, et que les altérations qu'on trouve dans les cadavres, les causes et les circonstances qui en procurent ou qui en favorisent le développement, sont les mêmes dans l'une et dans l'autre. Je ne vois pas, dit-il ensuite, ce qui peut nous empêcher de placer la fièvre jaune parmi les phlegmasies, puisque nous y plaçons la péripneumonie, qui est une pyrexie générale jointe à l'inflammation du poumon, comme la fièvre jaune est une pyrexie générale jointe à *l'inflammation du foie, de la surface interne de l'estomac et des intestins* (1).

M. Bally n'a point adopté l'opinion de M. Pinel, et il paraît n'avoir pas attaché une grande importance à celle de M. Tommasini : peut-être ce typhus, dit-il en parlant de la fièvre jaune, aurait-il été plus convenablement placé dans l'ordre sixième à côté de la peste ; cet ordre alors aurait été divisé en deux genres, et

---

(1) *Recherches pathologiques sur la Fièvre de Livourne de 1804, sur la Fièvre jaune d'Amérique et sur les Maladies qui leur sont analogues;* trad. de l'italien. *Paris,* 1812, *in-8°,* pag 83.

même en un plus grand nombre, si l'on jugeait convenable d'y intercaler la suette et le typhus des hôpitaux (1) : c'eût été se rapprocher singulièrement de Sauvages, qui a fait de la fièvre jaune la septième des neuf espèces de son genre *typhus*. Au reste, M. Bally ne s'est nullement occupé de rechercher le siége de la fièvre jaune, quoique d'ailleurs il approuve M. Bancroft d'avoir dit que la plupart de ceux qu'elle fait périr sont *détruits* par l'effet des *injures* irréparables imprimées sur le cerveau et sur l'estomac.

Pendant son séjour à Saint-Domingue, M. François s'était persuadé que le siége du vomissement noir était dans la queue de la moelle allongée, *ou* dans le cervelet, qu'il avait toujours trouvés ou plus *petits* ou plus *friables* que dans l'état ordinaire. Il aurait fallu dire laquelle de ces deux parties a été réellement trouvée plus *petite*; car ce ne peut être indifféremment l'une ou l'autre. M. Bally dit ailleurs « que, sur un des cadavres qu'il fit ouvrir, la moelle allongée, à l'endroit où elle pénètre dans le canal vertébral, était notablement moindre que dans l'état ordinaire, et paraissait comme atrophiée ; il y avait un espace considérable entre la dure-mère et l'arachnoïde, ce qui permettait de *promener librement le doigt* sans rien détacher ; on apercevait une sérosité légèrement teinte de sang (2). » M. Bally dit encore que dans le cadavre d'un officier sur la maladie duquel on n'eut point de renseignemens, mais dont la peau était d'un jaune bien prononcé, « la moelle allongée parut rétrécie, resserrée

---

(1) *Op. cit.*, pag. 4.
(2) *Idem*, pag. 149.

sur elle-même; elle ne remplissait *plus* le trou occipital (1). » Cette circonstance me semble, je l'avoue, tout-à-fait indifférente; car, depuis Vésale jusqu'à nos jours, je ne crois pas qu'aucun anatomiste ait jamais vu la moelle allongée remplir le trou occipital.

L'examen des symptômes de la fièvre jaune et des recherches bien faites, quoique peu nombreuses, d'anatomie pathologique, ont conduit M. Dubreuil à regarder cette maladie comme une *gastro-entérite, ataxique ou adynamique, due à une cause délétère ou à un virus* sui generis (2); non pas comme une phlegmasie *franche*, mais plutôt comme une inflammation *maligne*. Le foie lui a paru lésé comme organe *sécréteur*, et non comme organe *glanduleux*. Je ne m'attacherai point à critiquer minutieusement ce qu'il y a de peu correct dans ce langage. Je me suis expliqué sur l'impossibilité d'admettre des inflammations qui varient autrement que sous le rapport du siége et de l'intensité. Toujours est-il que M. Dubreuil a reconnu que, dans la fièvre jaune, la gastro-entérite est la lésion primitive.

M. Broussais pense que la fièvre jaune n'est qu'une gastro-entérite exaspérée par la chaleur atmosphérique, au point de parcourir ses périodes avec une activité supérieure à celle que nous observons dans ces climats (3). Cette opinion paraît être la seule admis-

---

(1) *Op. cit.*, pag. 183.

(2) *Mémoire sur la Fièvre jaune*, dans le *Journal universel des Sciences médicales*, tom. VII, pag. 353.

(3) *Annales de la Médecine physiologique*, t. 1er, p. 460.

sible dans l'état actuel de la science : on peut seulement ajouter que l'encéphale est pour l'ordinaire moins profondément lésé dans cette maladie que dans la plupart des fièvres ataxiques, puisque les fonctions intellectuelles ne se troublent guère que peu de temps avant la mort. La jaunisse dépend, selon M. Broussais, de ce que l'inflammation de l'intestin grêle, et spécialement du duodénum, augmente la sécrétion de la bile, et s'oppose en même temps au dégorgement du foie, en déterminant la constriction de l'ouverture du canal cholédoque appelée *pore biliaire*. Sans recourir à cette explication mécanique, qui n'a pas le mérite de la nouveauté, on doit, je pense, admettre que l'irritation sympathique du foie suffit pour suspendre la formation de la bile, mais que celle qui est déjà formée est en même temps abondamment versée dans le duodénum, jusqu'à ce que la vésicule biliaire soit vide ou à-peu-près. On trouve rarement celle-ci remplie de bile à la suite de la fièvre jaune. Si ce que M. Rochoux a dit de l'inflammation de la vésicule et des canaux biliaires est confirmé par de nouvelles recherches, ce ne sera plus à la surface du foie, mais dans les radicules des conduits biliaires qu'il faudra chercher les traces de l'inflammation de ce viscère, qu'on n'a point encore trouvées jusqu'ici, au moins dans le plus grand nombre des cas.

Faut-il, à l'imitation des monographes, s'attacher à déterminer si la fièvre jaune est une maladie nouvelle, ou si l'on en trouve une description, au moins sommaire, dans les écrits d'Hippocrate ? Faut-il examiner si elle est née dans le carénage du fort royal de la Martinique, ou bien si, de l'empire de Siam, elle a été transplantée dans cette île ; ou enfin si, des plages de l'Amérique, elle a été portée en Espagne et à Livourne? La multitude d'écrits publiés sur ces questions prouve qu'elles ne sont guère susceptibles d'une solution satisfaisante. Les faits qu'on rapporte pour et contre sont presque tous contestés : trois ouvrages en présentent le résumé : ce sont ceux de MM. Tommasini, Bally et Pariset (1).

Le premier de ces auteurs pense que l'importation de la fièvre jaune est contredite par tant de faits, qu'on n'a pas de raisons, ou du moins qu'on n'en a pas d'assez fortes, pour la soutenir. Le deuxième croit fermement à l'importation; et s'il ne parvient pas à la démontrer, du moins il la rend probable. Le troisième flotte incertain entre des opinions contradictoires, et finit par n'oser décider si la fièvre jaune a jamais été endémique en Espagne, mais il pense qu'elle est quelquefois sporadique. Il fait de cette maladie une sorte de plante exotique, qui, naturalisée dans le pays où on l'a portée, peut y être apportée de nouveau.

On a cru pendant long-temps en France que tous les médecins espagnols s'accordaient sur le fait de l'importation de la fièvre jaune dans leur pays ; mais il n'y a pas moins de dissidence parmi eux que parmi les médecins français, anglais et américains. Il ne m'appartient point de dénouer et moins encore de trancher le nœud gordien : cependant ce que j'ai dit du typhus, sous le rapport du mode de propagation, ainsi que sous celui des mesures de salubrité, me paraît appli-

____

(1) *Observations sur la Fièvre jaune.* Paris, 1820, *in-folio,* pag. 106.

cable à la fièvre jaune (1) : je n'ajouterai qu'un petit nombre de réflexions.

La première question qui se présente, et peut-être la seule décisive, est celle-ci : la fièvre jaune se propage-t-elle d'un individu qui en est affecté à un individu bien portant? *Oui* paraît être la seule réponse conforme aux faits; car, 1°. si l'on entre dans la chambre d'un malade atteint de cette fièvre, on peut la contracter lors même qu'on ne le touche point; 2°. la maladie commence dans un point de la ville, ne se propage que peu à peu aux autres quartiers, mais finit par envahir ceux qui sont le plus avantageusement situés. Si ces faits sont faux ou ont été mal observés, c'est ce que j'ignore; mais aussi long-temps qu'on ne démontrera pas qu'ils sont inexacts, il n'est pas permis de rejeter la conséquence qui en découle naturellement. Cette propagation peut-elle avoir lieu hors de la ville où règne la fièvre jaune? Ici la certitude diminue; il paraît même qu'on peut répondre négativement; car la maladie ne s'est pas communiquée aux habitans des villages voisins de Barcelone compris dans l'enceinte du cordon, quoique des malades y soient allés mourir (2). Il résulterait de cette dernière circonstance, unanimement reconnue et d'ac-

---

(1) Relativement aux mesures à prendre contre l'importation, on ne peut se dispenser de consulter un opuscule de M. Keraudren, intitulé : *Projet de Réglement ayant pour objet de prévenir l'introduction, par mer, des maladies contagieuses*. Paris, *in-8°*.

(2) *Rapport de la Commission médicale envoyée à Barcelone.* Paris, 1822, *in-8°*, pag. 53.

cord avec une foule d'autres faits, que la fièvre jaune est moins susceptible que le typhus de se répandre au loin. Mais l'expérience n'a pas encore décidé si une armée désolée par cette fièvre ne serait pas susceptible de la porter chez une nation voisine, la saison et les localités étant favorables : or, dans cette supposition, qui ne paraîtra pas absurde pour peu qu'on réfléchisse à la manière dont le typhus se propage, il importe d'être en garde contre un si terrible fléau. Afin de ne rien exagérer, il n'importe pas moins de rechercher les circonstances qui favorisent le développement de la fièvre jaune et sa propagation, quelle que soit d'ailleurs l'opinion qu'on professe sur la manière dont elle se communique.

Un médecin, qui a fait estimer le nom français dans les États-Unis, propose de recourir à des expériences pour déterminer le tissu par lequel cette maladie se transmet (1). On doit louer le zèle de M. Devèze ; mais je ne pense pas que ces expériences mêmes faites hors du lieu où règne la fièvre jaune puissent conduire à des résultats décisifs. Si la maladie ne se développait pas chez les sujets qui y seraient soumis, il y aurait de la témérité à en conclure qu'elle ne se communique jamais. Si la communication avait lieu, y aurait-il véritablement un moyen sûr de reconnaître l'organe qui aurait reçu et introduit dans l'organisme l'agent de transmission ? Je ne le crois pas.

---

(1) *Mémoire au Roi en son Conseil des Ministres, et aux Chambres.* Paris, 1821 ; *in-4°.*

Une vérité rassurante pour les contrées septentrionales de l'Europe, c'est que cette fièvre n'a guère paru au-delà du 43e degré de latitude boréale (1). Elle a été observée un grand nombre de fois, depuis 1684, au Brésil, au Pérou, à la Guyane, au Darien, à la Nouvelle-Grenade, aux Antilles, à St.-Domingue, au Mexique, à la Havane, à la Louisiane, à la Floride, aux États-Unis, aux Canaries, en Afrique, en Espagne, une fois à Livourne en 1804, jamais en France, si ce n'est dans les lazarets.

Dans plusieurs parties de l'Amérique elle règne plus ou moins durant toute l'année, mais princi-

---

(1) La fièvre maligne de Rochefort, décrite par Chirac, et dont il a été fait mention dans le chapitre précédent, n'était pas la fièvre jaune; Chirac, bien loin de la croire contagieuse, comme on le lui fait dire dans une monographie historique de la fièvre jaune, blâmait fortement ceux qui la croyaient telle. L'épidémie qui désola Brest, en 1747, n'était pas non plus la fièvre jaune. Il serait pénible de penser que des mesures d'une haute importance ont pu être prises d'après des assertions aussi légères; mais l'utilité de ces mesures paraît justifiée par le fait suivant : Lorsque l'amiral Villaret rentra à Brest avec les vaisseaux qui avaient porté à Saint-Domingue l'armée du général Leclerc, un employé des douanes qui avait été mis sur un bâtiment où l'on avait perdu beaucoup de monde, contracta une maladie qui l'emporta dans moins de quarante heures. M. Duret, chirurgien distingué de la marine, visita le malade, et s'étant fait rendre compte des symptômes qui avaient paru, il reconnut ceux de la fièvre jaune. Deux autres individus, étrangers à l'armée navale, mais qui avaient communiqué avec elle, furent aussi attaqués de cette maladie : l'un mourut le cinquième jour et l'autre se rétablit. Des mesures de salubrité furent adoptées, et le mal ne se propagea pas davantage. *Voyez* le *Projet de Réglement, etc.,* de M. Keraudren, déjà cité.

palement pendant les mois où la chaleur est le plus considérable, et demeure telle sans interruption. Au-delà des tropiques elle cesse totalement dès que le froid se fait sentir. Jamais elle ne se manifeste quand le thermomètre n'atteint pas au moins le 15e ou le 16e degré R. En Amérique, elle attaque très-rarement les créoles, les nègres et les mulâtres ; elle ne sévit ordinairement que sur les Européens récemment débarqués. Un colon qui demeure long-temps éloigné de sa patrie devient susceptible de la contracter ; il en est de même d'un Européen qui, après avoir eu cette maladie, s'éloigne des Antilles, puis y revient après un temps plus ou moins long. En Europe et à Livourne elle a porté constamment sa funeste influence sur tous les habitans indistinctement.

La plupart des lieux où se manifeste la fièvre jaune sont des villes populeuses, situées sur des côtes maritimes plus ou moins humides. Rarement elle étend ses ravages à plus d'une dizaine de lieues des bords de la mer ; si elle se propage plus loin, c'est le long d'une rivière considérable. Il ne paraît pas qu'elle ait jamais franchi une chaîne de montagnes, quoiqu'elle ait régné, dit-on, sur quelques points élevés de l'Espagne. En Amérique, jamais elle ne s'est manifestée sur les hauteurs : les lieux bas sont ceux où on l'observe le plus souvent ; d'où l'on peut conclure que l'humidité en favorise le développement. On ne peut douter que les émanations marécageuses ne contribuent à la faire naître ; mais elles ne peuvent en être la seule cause, puisqu'il n'y a pas des marais partout où elle se montre.

La fièvre jaune s'est quelquefois développée à bord

d'un vaisseau sans que celui-ci eût communiqué avec
la terre. Ce développement ne paraît avoir eu lieu
qu'entre les tropiques; mais la maladie a persévéré
après que le vaisseau était arrivé dans une contrée
moins chaude. Les vents du sud et ceux de l'ouest paraissent le favoriser, soit à terre, soit en mer.

Si l'abaissement prolongé de la température arrête
les ravages de la fièvre jaune, un courant momentané
d'air frais est la condition la plus favorable à son développement : aussi sévit-elle sur un plus grand nombre de
personnes après une pluie qui rafraîchît l'atmosphère.
Par une action tout opposée, l'insolation la détermine
très-fréquemment, et l'on a lieu de croire qu'en pareil
cas l'irritation des méninges peut précéder la gastrite qui ne tarde pas à se déclarer.

Comme toutes les autres fièvres, elle se manifeste
de préférence sous l'influence des chagrins, des inquiétudes, de la nostalgie, des fatigues, des excès dans
l'étude, dans le coït, dans les alimens et les boissons.
Réunis à la chaleur et à la suppression de l'action
de la peau, ces excès sont certainement les causes
les plus puissantes de la fièvre jaune ; les uns
exaltent la sensibilité, c'est-à-dire, l'action cérébrale, et les autres excitent les organes digestifs. Dans
cet état il suffit d'un refroidissement de la peau,
d'une affection morale ou d'une fatigue tant soit peu
forte, pour développer la fièvre jaune.

Elle sévit de préférence sur les adultes, sur les
hommes, sur les sujets dont la poitrine est ample
et le cœur vigoureux, et sur ceux dont le système
nerveux est très-excitable. Si le sexe féminin, le
premier et le dernier âge, n'en sont pas exempts,

elle attaque, en général, plus souvent les femmes que les enfans, et plus rarement les vieillards.

Aucune des causes qui viennent d'être indiquées ne suffit peut-être pour produire la fièvre jaune, même sporadique; leur concours est certainement indispensable pour qu'elle se montre épidémiquement, et leur réunion dans plusieurs contrées explique comment elle peut y être endémique sans y avoir été importée. Il n'est pas inutile de faire remarquer que les partisans les plus décidés de l'importation avouent qu'elle ne peut avoir lieu qu'autant que ces causes favorisent l'introduction du miasme; d'où il résulte que jamais cette maladie ne s'introduira là où ces circonstances n'existent pas. Ceci est d'une haute importance quand il s'agit de décréter les mesures sanitaires qui doivent en préserver des villes situées à une grande distance les unes des autres, les unes au midi les autres vers le nord. Ajoutons que, selon M. Bally, les émanations de la fièvre jaune sont moins pesantes, moins susceptibles d'importation que celles de la peste, et qu'elles résistent rarement aux changemens atmosphériques.

Traitement de la Fièvre jaune.

L'habitation dans les parties les plus élevées de la contrée où règne la fièvre jaune, et les plus éloignées du bord de la mer; la sobriété, l'usage modéré des fruits du pays; la modération dans les plaisirs de l'amour, dans les travaux de l'esprit; une fermeté de caractère qui éloigne toute crainte exagérée; le courage dans les revers, une attention soutenue à éviter autant que possible tout ce qui peut supprimer l'action perspiratoire de la peau : telles sont les conditions dans lesquelles il faut se placer, et les précautions qu'il convient de prendre pour se préserver de la fièvre jaune. Il importe d'autant plus de s'en garantir, qu'aucun des moyens recommandés jusqu'ici contre cette maladie ne s'est montré efficace.

On ne doit pas se lasser de répéter que les méthodes thérapeutiques sont fondées moins sur l'expérience que sur les idées théoriques de ceux qui les ont établies. Rien ne le prouve mieux que la diversité des moyens curatifs recommandés par les médecins qui ont écrit sur la fièvre jaune. Les uns n'y voient qu'une fièvre bilieuse, et veulent que l'on fasse vomir ou que l'on purge; les autres la mettent au nombre des fièvres inflammatoires, et recommandent la saignée; le plus grand nombre attribuant cette maladie à l'asthénie, malgré les symptômes nombreux qui annoncent si évidemment une inflammation intense, prodigue le quinquina; les moins sages cherchent des spécifiques; quelques-uns s'imaginent en avoir trouvé.

M. Bally a soumis tous ces moyens à un examen sévère, qui néanmoins aurait pu l'être davantage.

Il a vu quelques malades guérir après un flux d'urine jaune et abondante, long-temps continué, des selles dont les matières variaient pour la couleur depuis le jaune jusqu'au noir, ou des sueurs abondantes et uniformes. De là il conclut que, dans certains cas, on peut chercher avec avantage à provoquer la sécrétion de l'urine par l'usage de la limonade cuite, de l'orangeade légèrement amère, de la solution de tartrate acidule, d'acétate, ou de nitrate de potasse; les sueurs, par l'emploi des frictions, des bains tièdes d'abord, ensuite froids et chauds alternativement, et de quelques boissons chaudes ; mais il ne dit pas quels sont ces cas, et, si je ne me trompe, ses préceptes se bornent à recommander de favoriser ces évacuations quand déjà elles ont lieu. Telle doit être sans doute la conduite du médecin quand les symptômes s'améliorent en même temps qu'elles s'établissent ; mais doit-il chercher à les favoriser quand les symptômes les plus fâcheux s'accroissent à mesure qu'elles se prononcent? Faudra-t-il, par exemple, dans l'intention de favoriser une crise par les selles, prescrire les tamarins, l'huile de palma-christi, les lavemens laxatifs, au risque de provoquer des déjections noires ou sanguinolentes, qui sont presque toujours un signe de mort prochaine ?

Ce n'est plus dans l'abondance des évacuations, ni dans la couleur des matières évacuées, qu'il est permis aujourd'hui de chercher des sujets d'indication, mais seulement dans l'état des organes internes et externes.

Le même auteur avoue que les vomitifs lui ont rarement réussi : une fâcheuse expérience l'avertit bientôt du danger de se livrer à de fausses apparences de turgescence supérieure. Il a reconnu qu'ils augmentaient l'irritation gastrique et la disposition au vomissement. Des vomissemens de sang, un épuisement total, une mort prompte, un flux dysentérique fâcheux, tels furent les résultats de ses observations. L'ipécacuanha lui-même, donné avec la plus grande réserve, était si dangereux, qu'il était, dit-il, préférable de l'abandonner. De pareils aveux honorent le médecin qui les fait, et contribuent à la réforme de l'art.

M. Bally donnait, dans les deux premiers jours, des lavemens anodins, mucilagineux et laxatifs, lorsque le météorisme et la tension de l'hypogastre étaient fortement prononcés; il ajoutait du camphre, du quinquina à fortes doses pour combattre la prostration, quelquefois une assez grande quantité de vinaigre, afin de prévenir la *décomposition*. Pour arrêter la superpurgation, il prescrivait le laudanum ou la thériaque. Puisque sa théorie lui faisait un devoir de recourir à ces moyens perturbateurs, on doit du moins le louer d'avoir eu le bon esprit de ne point s'obstiner à les faire passer par l'estomac.

Les bains tièdes, dans lesquels on fait séjourner le malade pendant plusieurs heures et à diverses reprises, lui paraissent un puissant auxiliaire de traitement, lorsque, dit-il, on n'a pas lieu de craindre qu'il s'établisse une congestion vers le poumon. Il serait plus rationnel de craindre une congestion vers la tête; congestion que d'ailleurs on pourrait prévenir par l'application de la glace sur le crâne.

Si les bains tièdes sont utiles, ce qui paraît probable, il n'est pas certain qu'on puisse en dire autant des bains de quinquina ou d'alcohol, que M. Bally n'a point employés, mais qu'il recommande à l'attention des praticiens. Il n'a pas non plus employé les bains froids qui sont, dit-on, mis en usage par les nègres, avec un succès assez fréquent pour qu'on soit autorisé à y recourir. Je me déterminerais difficilement à prescrire un pareil moyen dans une maladie qui menace et la tête et la poitrine. Il n'en est pas de même des applications froides sur le crâne, dont j'ai déjà parlé; elles sont indiquées toutes les fois que le sang afflue vers

l'encéphale, surtout lorsqu'on y joint les émissions sanguines et les pédiluves chauds. M. Bally recommande
aussi les pédiluves sinapisés ou animés avec le vinaigre.

Les fomentations chaudes sur l'épigastre, les épi-
thèmes avec le camphre, l'opium ou la thériaque, les
frictions avec l'éther sulfurique ou acétique, lui ont
paru modérer le vomissement. Le vésicatoire sur la
même région, dont il a fait usage, est formellement
contre-indiqué par la nature de la maladie. Les ventouses occasionent une douleur intolérable et dangereuse quand l'épigastre est très-sensible à la pression.
Les eaux de tilleul, de feuilles d'oranger, de menthe,
l'éther et l'opium, auraient dû être bannis de la pratique d'un médecin qui, ayant ouvert un assez grand
nombre de cadavres, reconnaît y avoir trouvé *presque
toujours, un état de phlogose plus ou moins prononcé de
l'estomac* (1). C'est sans doute avant d'avoir fait ces recherches qu'il prescrivait l'ammoniaque liquide : après
les avoir faites, il s'est sans doute bien gardé de recourir à un pareil moyen. Cependant, lorsque les évacuations alvines devenaient excessives, il donnait les
mélanges opiacés, la racine de colombo, la cascarille,
le cachou, l'acide sulfurique ajouté à la serpentaire
de Virginie. Quand le météorisme du ventre ne pré-
cédait pas un mouvement critique, lorsqu'il tenait à

---

(1) Cette assertion de M. Bally contraste singulièrement avec
le soin qu'il a pris de rassembler des observations dans lesquelles,
suivant lui, les cadavres n'ont offert aucune trace d'inflammation de l'estomac. On ne doit pas oublier qu'avant les travaux
de M. Broussais, les traces de la gastrite aiguë étaient presque
toujours méconnues.

une *débilité extrême*, ou à une *disposition gangréneuse*
(M. Bally ne dit pas à quels signes il reconnaissait
cette *débilité*, cette *disposition*), il recourait non-
seulement aux lavemens excitans déjà mentionnés,
mais encore à l'usage intérieur de l'extrait ou de la
teinture de quinquina, de l'éther et du camphre.
Lorsque les hémorrhagies paraissaient, il avait recours
aux lotions froides acidulées, à la limonade minérale, à la décoction de quinquina et de serpentaire acidulée, à l'acétate d'ammoniaque, à l'élixir sulfurique
de Minsicht, au sulfate acidule d'alumine.

M. Bally est certainement un des médecins qui ont
sacrifié le moins à l'empirisme aveugle et au brownisme dans le traitement de la fièvre jaune, et c'est
ce qui m'a engagé à retracer sa méthode de préférence
à toutes les autres, dont au reste elle ne diffère que
parce qu'il persistait, du moins je le crois, plus long-
temps que ses confrères, dans l'usage des délayans et des
acidules à l'intérieur. Néanmoins il résulte du tableau
qu'on vient de lire que la fièvre jaune a été traitée en
Amérique comme on traitait le typhus en Europe :
par conséquent, la fièvre jaune étant en général plus
meurtrière que le typhus, et le traitement ayant été
également peu approprié à l'état des organes dans les
deux mondes, on ne doit pas s'étonner si la mortalité
de l'une a été plus considérable en Amérique que
celle de l'autre ne l'était en Europe. Il résulte des recherches de M. de Jonnès que, de 1796 à 1802, la
fièvre jaune a fait périr plus du quart des troupes
françaises envoyées aux Antilles. Quelle que soit la fé-
rocité de cette maladie, un pareil résultat démontre évidemment que le traitement adopté jusqu'à ce jour

doit être abandonné : du moins je ne vois point quel inconvénient il y aurait à lui en substituer un autre quel qu'il fût, ou mieux à ne recourir à aucun.

« Dans le mois de décembre 1802, je fus atteint, dit M. Bally, de la maladie régnante, provoquée une nuit, qu'étant couché à bord d'un vaisseau de guerre stationné dans la rade, je fus pénétré d'un froid humide dont j'eus peine à me garantir. Le lendemain, je ne m'aperçus d'aucun dérangement dans ma santé; mais, la nuit suivante, à deux heures du matin, j'éprouvai un tremblement qui dura une demi-heure, et qui fut suivi d'une chaleur assez forte et d'une sueur abondante : aussitôt des douleurs aiguës me couvrirent tout le corps, et les reins en furent violemment affectés. Elles persistèrent pendant cinq jours, et celle des reins m'accompagna jusqu'au neuvième; la fièvre était marquée par une plus forte exacerbation sur le soir, par des chaleurs intenses plus prononcées aux pieds et aux mains, et par un accroissement de douleurs aiguës qui m'assiégeaient de toute part. Quelquefois je sentais ma tête s'embarrasser; mais je ne délirai point : je conservai toujours un calme et une assurance qui ne furent troublés dans aucun temps de la maladie. Le sommeil était interrompu et rarement tranquille; la langue chargée et blanchâtre au milieu, *propre* à la circonférence; la soif médiocre, la salivation abondante, la bouche pâteuse. Les organes du goût et de l'odorat avaient acquis une finesse telle, que je distinguais dans l'eau des saveurs et des odeurs aromatiques qui lui étaient communiquées par les fleurs tombées dans le ruisseau où elle était puisée; perceptions qui m'étaient inconnucs dans l'état de santé. Chaque bain de pied qu'on me faisait prendre m'occasionait, en y entrant, un spasme général, prononcé plus particulièrement et d'une manière fort pénible, sur l'estomac; le spasme était suivi de vomissement et de syncope; mais après ce premier mouvement, le pédiluve paraissait me soulager, et j'y restais avec plaisir. Il était aisé de s'apercevoir, ajoute M. Bally, que l'estomac était le siége de l'affection, à en juger par sa susceptibilité à se contracter douloureusement, par les renvois fréquens, par les vomissemens, par l'inappétence. On voulut me faire prendre un minoratif que je rendis à l'instant, et qui, heureusement, ne produisit aucun effet. Les lavemens faisaient rendre des matières blanchâtres; les urines étaient libres, la respiration facile; je ne pouvais supporter aucune espèce de boisson : toutes me paraissaient ou trop fades ou trop fortes; il fallut donc se borner à l'usage de l'eau pure. Cet état dura pendant dix jours avec plus ou moins d'orage, et ma convalescence ne fut ni longue ni pénible. Je ne pris aucune espèce de médicament. On seconda les effets de l'eau par un bain de corps, des pédiluves et des lavemens. »

Si j'avais la fièvre jaune, je voudrais, je l'avoue, être traité comme l'a été M. Bally, et je ne puis m'empêcher de faire remarquer à cette occasion l'analogie de sa conduite avec celle de M. Hildenbrand. Bien différens en cela de Chirac, qui se fit traiter rigoureusement par la méthode qu'il employait pour ses malades, ces deux médecins ont sagement préféré le danger de leur maladie à celui du traitement.

Il est un ordre de moyens sur lequel il me paraît

que l'expérience n'a point encore prononcé, celui des émissions sanguines. Presque tous les médecins qui ont vu la fièvre jaune s'accordent à rejeter la phlébotomie du traitement de cette maladie : quelques-uns, MM. Devèze et Dalmas entre autres, la recommandent au début et lorsque les symptômes ont un caractère inflammatoire bien prononcé; un très-petit nombre, par exemple, Moseley, conseille de répéter la saignée jusqu'à ce que les symptômes diminuent d'intensité. Les premiers essais que M. Bally fit de ce moyen lui ayant mal réussi, il se hâta de suivre une autre direction : « J'observai assez constamment, dit-il, que les malades saignés par les praticiens routiniers du pays mouraient deux jours plus tôt que les autres, c'est-à-dire vers le cinquième au lieu du septième. » Indépendamment de ces résultats, on est enclin à ne pas mettre la saignée au nombre des moyens efficaces dans le traitement de la fièvre jaune, puisqu'elle est rarement avantageuse dans la gastro-entérite. Les seuls cas où elle a pu être avantageuse ont sans doute été ceux dans lesquels le poumon était sur le point de s'enflammer, ou le délire près de se déclarer.

M. Rochoux veut que l'on fasse cinq ou six saignées *au plus* dès le début, et dans l'espace des quarante ou soixante premières heures ; il pense que, passé le deuxième jour, il n'est plus temps de recourir à ce moyen. Les sangsues (1) lui paraissent d'une utilité

---

(1) Ce médecin a remarqué que les piqûres des sangsues donnent quelquefois lieu à l'écoulement d'une énorme quantité de sang, contre lequel la plupart des topiques sont presque toujours insuffisans ; il faut dans presque tous les cas recourir à la cautéri-

très-secondaire, en raison de la marche rapide de la maladie : cependant il conseille d'en appliquer douze ou quinze à l'épigastre quand, après les saignées, il reste une vive douleur dans cette région, bien que l'excitation générale soit calmée. Ce médecin me paraît avoir entièrement méconnu les principes du traitement de la gastro-entérite. S'il reste une *vive* douleur à l'épigastre après cinq ou six saignées, il est évident qu'elles ont diminué l'accélération du mouvement circulatoire sans calmer la phlegmasie locale, cause déterminante de cette accélération ; d'où l'on peut conclure que la saignée n'agit point en pareil cas contre le foyer de la maladie, et qu'elle affaiblit seulement le malade.

Il est à désirer que d'habiles praticiens fassent des recherches méthodiques sur les effets d'un grand nom-

---

sation avec le nitrate d'argent. M. Rochoux pense que cette tendance des vaisseaux capillaires à verser du sang est plus rare chez les personnes acclimatées. J'ajouterai que je l'ai observée très-souvent à Paris, chez des adultes, plus souvent encore chez des enfans, lorsqu'il y avait une accélération considérable du mouvement circulatoire, et cela dans des cas de gastro-entérite très-intense. Plusieurs fois j'ai considéré l'écoulement opiniâtre du sang comme un indice de la nécessité d'en soustraire une grande quantité pour guérir la maladie, et j'ai toujours eu à me louer de n'avoir arrêté ces hémorrhagies qu'aux approches de la syncope. En serait-il de même dans la fièvre jaune ? je l'ignore. Les piqûres de douze à quinze sangsues fournissent-elles plus de sang que cinq à six saignées, chacune de douze à seize onces, en quarante à soixante heures ? Je ne le crois pas, car il faudrait pour cela que chaque piqûre fournît plus de cinq à six onces de sang en vingt-quatre heures, durée moyenne d'une hémorrhagie causée par une si petite plaie.

bre de sangsues appliquées à l'épigastre au début de la fièvre jaune, et dans les premiers temps de cette maladie. Pour que ces recherches soient concluantes, il faudra qu'ils prescrivent en même temps un régime sévère, des boissons acidules, gommeuses, ou même seulement de l'eau pure, à petites doses répétées, des fomentations émollientes, des lavemens, des pédiluves et des bains tièdes. Ils attendront avec calme le résultat de ces moyens sans jamais recourir aux toniques, lors même qu'une chimérique dégénération de la maladie ou de prétendues complications sembleraient leur faire un devoir de les mettre en usage. Jusque là le traitement de la fièvre jaune restera comme un monument déplorable de l'empirisme le plus aveugle et le plus dangereux, auquel on prostitue le beau nom d'expérience.

CHAPITRE IX.

De la Peste.

On donne vulgairement le nom de *peste* aux maladies qui sévissent en même temps sur la plus grande partie des habitans d'une contrée, et font périr, en très-peu de jours, la plupart de ceux qui en sont affectés ; mais, selon plusieurs médecins, la rapidité de la mort et le nombre immense des décès ne caractérisent pas seuls les maladies pestilentielles ; il faut, pour qu'une épidémie soit réputée telle, qu'aux symptômes communs à toutes les fièvres dangereuses, se joignent des bubons, des charbons et des pustules, sinon chez tous les malades, au moins chez le plus grand nombre. Les pétéchies ne sont plus considérées comme des symptômes particuliers à la peste, quoiqu'ils accompagnent souvent les maladies ainsi désignées, d'où l'on peut conclure que le sens de cette dénomination est aujourd'hui beaucoup plus restreint que jadis.

Les différentes pestes qui ont ravagé la terre ayant présenté des différences assez remarquables, la description générale qu'on donnerait de ces maladies pourrait ressembler fort peu à chacune d'elles en particulier ; c'est pourquoi je vais me borner à l'histoire très-succincte de quelques-unes des plus mémorables, telles que celles de Nimègue, de Marseille, de Moscou, et d'Egypte.

I. Les symptômes observés par Diemerbroeck dans la peste qui désola Nimègue, depuis les premiers jours de novembre 1635 jusqu'au commencement de mars 1637, furent les suivans :

Agitation, anxiété extrême, souvent chaleur interne considérable ; douleurs de tête rarement lancinantes, souvent gravatives ; terreur, délire, soubresauts convulsifs, et légères contractions des membres ; veilles continues chez les uns, stupeur profonde chez les autres ; trouble de la vue, tintement d'oreilles, chez quelques-uns surdité ; sécheresse et rarement noirceur de la langue ; fétidité de la bouche et de la sueur ; syncope, pouls souvent fort et presque dans l'état naturel, parfois faible, fréquent et inégal ; chez quelques-uns intermittent, chez un grand nombre très-petit, fréquent ; tantôt égal, tantôt inégal. Hémoptysie, petite toux sèche ; soif, inappétence ; douleur à l'orifice de l'estomac, nausées, vomissemens, hoquets ; déjections alvines crues, extrêmement fétides, ordinairement troubles, parfois avec des vers ; diarrhées pernicieuses. Urines, chez un grand nombre, comme dans l'état de santé, chez beaucoup de sujets enflammées, chez d'autres ténues et crues, et quelquefois aussi troubles ; chez quelques-uns, dans le même jour, tantôt bonnes et louables, tantôt troubles ou enflammées ; chez quelques autres, sanguinolentes. Chez les uns, chute subite des forces, et difficulté de se mouvoir dès le principe de la maladie ; chez les autres, forces intactes jusqu'à la mort. Chaleur du corps âcre et très-marquée chez les uns, naturelle chez les autres. Teint pâle chez les uns, et érysipélateux chez les autres, peu différent de l'état de santé chez plusieurs. Taches pourpres, noires, violettes ou rouges, tantôt en petit nombre, tantôt très nombreuses, tantôt étroites, tantôt larges, mais presque toujours exactement rondes, se montrant, tantôt sur une partie du corps, tantôt sur une autre, souvent sur tout le corps. Tumeurs glanduleuses derrière les oreilles, au cou, aux aisselles et aux aînes; charbons sur différentes parties du corps.

Tous ces phénomènes ne se montraient pas toujours chez le même sujet. Les bubons étaient mis au nombre des signes les plus certains du caractère pestilentiel de l'épidémie, ainsi que les charbons et les exanthèmes. Les charbons commençaient ordinairement par une ou plusieurs petites pustules de la grosseur d'un grain de millet; à mesure qu'elles augmentaient de volume, la partie soujacente était frappée de mort comme si elle eût été cautérisée; elle devenait noire, cendrée. Plusieurs de ces pustules se réunissaient en une seule remplie d'un ichor noirâtre; autour d'elles une vive inflammation se développait. Parmi les charbons, les uns étaient petits, les autres plus grands; plusieurs fois on les vit s'étendre au loin, et entraîner la gangrène des parties voisines en très-peu de temps.

La maladie s'était développée, après un printemps humide, dans le cours d'un été très-chaud et très-sec; l'hiver qui suivit ne fut pas très-froid, ni trop sec, ni trop humide. L'épidémie fut dans toute sa force depuis la fin d'avril jusqu'à la fin d'octobre; elle cessa lorsque la gelée se déclara. Le nombre des morts fut immense; aucune maison ne fut exempte de ce fléau; Diemerbroeck pense qu'il se communiquait également par le contact immédiat et par le contact médiat (1); il croyait en trouver l'origine dans une cause très-ma-

____

(1) *Tractatus de Peste*. Amsterdam, in-f°, pag. 17 e. seq.

ligne, occulte, vénéneuse, infuse dans l'air par la colère divine. L'impureté de l'atmosphère, les constitutions individuelles, les causes locales, le mauvais régime n'étaient, suivant lui, que des circonstances favorables au développement de l'action de cette cause occulte. En un mot, il adoptait pleinement l'opinion de Fracastor et de Mercuriali sur la cause première et la propagation de la peste.

II. La peste de Marseille fut souvent précédée de dégoûts, de nausées, de vertiges, de douleur dans les jambes; quelquefois elle survenait subitement, et presque toujours elle se déclarait par un léger frisson, des anxiétés précordiales, des nausées, des vomissemens, souvent par l'issue de beaucoup de vers, par un mal de tête, des étourdissemens; au frisson succédait constamment une fièvre des plus vives et des plus fortes, avec une chaleur âcre et brûlante. Cependant la maladie se présentait sous deux formes différentes : tantôt ses symptômes étaient peu intenses pendant plusieurs jours, et tantôt ils étaient violens dès le début. Dans le premier cas, les malades guérissaient assez souvent ; dans le second, ils mouraient subitement, en six ou huit heures, d'autres en vingt-quatre, le plus grand nombre en deux ou trois jours. Quand le malade allait au-delà du troisième, il y avait lieu d'espérer son rétablissement, et lorsqu'il se rétablissait en effet dans l'un ou l'autre cas, on voyait les éruptions paraître et se développer de plus en plus; dans le cas contraire, elles ne paraissaient pas ou s'effaçaient. Cette disparition était toujours suivie de la mort ; celle-ci survenait quelquefois inopinément, lors même que le malade paraissait beaucoup mieux et se croyait guéri. Les pétéchies, bien loin d'être d'un heureux augure comme les bubons et les anthrax, annonçaient presque toujours une terminaison funeste, surtout quand elles devenaient noires. Les bubons se formaient aux aînes, souvent au-dessous, sous les aisselles, au cou, ou aux parotides; leur apparition dès le début n'était d'aucune valeur pour le pronostic; ceux qui se montraient le deuxième ou le troisième jour venaient ordinairement avec la diminution des autres symptômes; ceux du cou et des parotides étaient presque toujours suivis de la mort; ils provoquaient la suffocation quand ils étaient doubles. Les bubons ne commençaient à suppurer que lorsque le mal diminuait. Les charbons et les pustules se montraient à toutes les époques de la maladie, sur toutes les parties du corps, souvent au-dessous des bubons; presque toujours leur apparition était suivie de l'amélioration de l'état des malades; mais ceux du cou annonçaient presque toujours la mort. Les pustules ressemblaient à de petits furoncles très-douloureux, rouges à leur base, blancs à leur sommet, qui se desséchaient, devenaient noirs; alors la tumeur s'étendait, les parties voisines devenaient dures, la rougeur diminuait. Lorsqu'elles se formaient sur les bubons et les parotides, on avait tout lieu de craindre la mort.

Les symptômes les plus ordinaires étaient, outre ceux qui viennent d'être indiqués, les syncopes, l'oppression, la diarrhée, souvent l'expulsion de beaucoup de vers, des hémorrhagies, de la stupeur, du délire, souvent des convulsions, excepté quand il n'y avait point d'éruptions, ou lorsqu'elles se développaient lentement. La langue était ordinairement blanche et chargée, la soif excessive, lors même que la fièvre était la plus légère ; les yeux étaient étincelans, même dans les défaillances, le regard affreux, à-peu-près comme dans les hydrophobiques. Les excrémens n'étaient pas très-fétides ; les urines, presque toujours naturelles, étaient souvent couvertes d'une pellicule huileuse, quelquefois un peu rouges, surtout le premier jour, et quand la fièvre était violente ; dans certains cas, on les a vues très-rouges et presque couleur de sang. Après quelques jours de maladie, on sentait une odeur douceâtre, surtout quand le malade suait ; cette odeur était fort désagréable sans être très-forte ni infecte ; elle se communiquait à tous les objets qui avaient été à l'usage des malades, aux meubles et aux chambres même, et ne se perdait qu'après que toutes ces choses avaient passé par l'eau bouillante et avaient été exposées long-temps à l'air.

Lorsqu'on était assez heureux pour obtenir la guérison, elle s'effectuait ordinairement du huitième au dixième jour, ou du moins, après cette époque, si quelques symptômes se prolongaient encore, le malade n'en était pas moins hors de danger ; il n'y avait plus qu'à continuer le traitement local des bubons et des charbons.

C'est ainsi que Bertrand a retracé en peu de mots les phénomènes d'une maladie qui fit périr plus de 39,000 habitans de Marseille, selon les documens officiels, et, suivant lui, 50,000, depuis le 10 juillet 1720 jusqu'au mois de février 1721. Elle se manifesta d'abord chez des malheureux, dans une rue habitée par la populace. Le premier malade n'eut qu'un simple charbon ; insensiblement le nombre des malades s'accrut, les charbons, les bubons se montrèrent en grand nombre ;

la mortalité était déjà effrayante le 20 juillet ; dès les premiers jours d'août, le mal était répandu dans tous les quartiers ; avant le 10 de ce mois, dans presque toutes les rues ; au milieu du même mois, dans presque toutes les maisons ; pendant le reste de ce mois et tout celui de septembre, la maladie fit souvent périr jusqu'à 1000 personnes par jour ; elle fut moins meurtrière en octobre, et elle diminua graduellement d'intensité dans les mois suivans. Les riches succombèrent aussi-bien que les pauvres. Les enfans et les femmes furent les premiers atteints, puis les adultes ; les vieillards décrépits furent seuls épargnés. La ville fut jonchée de malades repoussés avec horreur par leurs parens, ou qui sortaient de leurs maisons afin d'obtenir l'entrée des hôpitaux. On vit des monceaux de cadavres s'élever le long des rues et sur les places, y rester exposés aux rayons du soleil pendant plus de trois semaines, et servir de pâture aux chiens.

Selon Bertrand et la plupart des autres médecins de Marseille, la cause de cette peste fut une matière inconnue importée par un vaisseau arrivé de Seyde en Syrie, à Marseille, le 25 mai 1720, et dont l'équipage avait eu l'entrée de la ville le 14 juin. Des portefaix qui avaient ouvert les balles de coton dont ce vaisseau avait été chargé, furent incontinent attaqués de fièvre continue, avec petitesse du pouls, douleur de tête, nausées et vomissemens ; les uns sans signes extérieurs, les autres avec des bubons et des pustules. Une femme mourut ensuite dans la ville avec un charbon à la lèvre ; déjà une femme était morte avec un charbon sur le nez, une autre avec des bubons ; après elles, tous les habitan de la rue qu'elles habitaient furent affectés. Le mal se montra d'abord dans les maisons les plus voisines de celle de la première de ces trois femmes. Un matelot, venu du Levant à bord du vaisseau infecté, tomba malade à la sortie du lazaret, et mourut le même jour : on lui trouva un bubon sous l'aisselle. La maladie sévit d'abord sur les frippiers, les tailleurs et les contrebandiers. Les hommes chargés d'enlever les cadavres périrent presque tous en très-peu de jours. Les couvens de religieuses qui s'isolèrent avec soin furent préservés de ce fléau. Toutes ces circonstances prouvent, autant que la chose est possible, que la maladie se propageait des individus qui en étaient affectés à ceux qui ne l'étaient point; que le contact des malades et de leurs effets, ou l'inspiration des miasmes exhalés par ceux-là ou inhérens à ceux-ci, doivent être mis au nombre des circonstances qui favorisèrent le développement de cette maladie, si ce ne furent pas là les seules causes de l'épidémie.

Deidier, Chicoyneau, Verny et Soulier attribuèrent cette maladie uniquement à l'influence d'une température inégale et à des écarts de régime ; mais les médecins de Marseille ont, d'une part, nié ces deux circonstances, et, de l'autre, demandé pourquoi elles auraient produit de si affreux résultats en 1720 et 1721, tandis qu'elles n'avaient rien occasioné de semblable en 1719? Deidier a prétendu qu'une femme était morte avec une parotide, qu'une autre avait eu un charbon, et une troisième un bubon avec fièvre, avant l'arrivée du vaisseau incriminé ; mais ees deux dernières femmes ne moururent pas. Le bubon de la troisième était-il pestilentiel ? Le charbon de la seconde démontrait-il suffisamment que la peste existait à Marseille le 9 mai? Deidier, ainsi que les autres médecins de Montpellier, mirent beaucoup de légèreté et de versatilité dans tout ce qui se rapportait à la question de la propagation de la maladie. Ce qu'il y a de certain, c'est que les préposés au maintien de la santé publique furent très-coupables de ne point avoir exécuté, à la lettre, les réglemens sanitaires à l'égard du vaisseau venu de Seyde (1).

Si Chicoyneau, Verny et Soulier montrèrent plus de complaisance que de logique dans leur opinion sur la propagation de la peste, le dernier ouvrit des cadavres en présence de ses confrères. Dans ceux de trois malades chez qui on avait observé des frissons irréguliers, un froid universel, un pouls très-petit, mou, lent, fréquent, inégal, concentré, une pesanteur considérable de tête, un étourdissement semblable à celui qu'occasione l'ivresse; le regard fixe, l'œil terne, la parole lente, entre-coupée, plaintive, exprimant la terreur; la langue d'abord blanche, sur la fin sèche, rougeâtre, noire, raboteuse; la face pâle, plombée, éteinte, cadavéreuse; des anxiétés précordiales, des nausées fréquentes, des inquiétudes accablantes, un abat-

---

(1) *Relation historique de ce qui s'est passé à Marseille pendant la dernière peste.* Cologne, 1723, *in-12.* — Carrère attribue à Jean-Baptiste Bertrand cet ouvrage anonyme qui ne peut être de lui, puisqu'on loue sa sincérité dans la préface, où il est seulement annoncé comme auteur des *Observations sur la maladie contagieuse de Marseille,* lesquelles comprennent les trente dernières pages du volume. (Voy. *Biographie médicale,* tom. II, pag. 208.)

.tement général, des absences d'esprit ; de l'assoupissement, des nausées, des vomissemens, et qui
étaient morts avant le troisième jour, sans aucune
espèce d'éruption, de tumeur ou de tache ; dans ces
cadavres, dis-je, ils trouvèrent les viscères de l'abdomen et de la poitrine livides, noirâtres, ou d'un rouge
foncé ; les vaisseaux étaient remplis de sang de même
couleur ; des réseaux vasculaires se faisaient voir sur
les enveloppes des intestins, de l'estomac, des poumons
et sur le péricarde ; la tête ne fut point ouverte,
non plus que le canal digestif.

Dans les cadavres de six malades gras, pleins et
robustes, qui avaient offert les mêmes symptômes
que les précédens, mais chez lesquels, après les frissons,
le pouls était devenu vif et développé, facile à déprimer ; qui avaient éprouvé une ardeur brûlante
à l'intérieur, une chaleur médiocre à l'extérieur,
une soif ardente, inextinguible, et qui avaient eu
la parole précipitée, bégayante, les yeux rougeâtres,
égarés, étincelans, la face d'un rouge assez vif et
quelquefois livide ; moins d'anxiétés précordiales que
les précédens ; la respiration fréquente, laborieuse,
ou grande et rare, sans toux ni douleur ; des nausées,
des vomissemens bilieux, verdâtres, noirâtres et san-
glans ; des diarrhées de même espèce, sans aucune
tension ni douleur au bas-ventre ; des rêveries, du
délire ; des urines assez souvent naturelles, quelquefois
troubles, blanchâtres, noirâtres, sanglantes ; des
sueurs peu fétides, et à la suite desquelles il y avait
une plus grande faiblesse ; des hémorrhagies peu
abondantes, toujours suivies du même résultat ; une
grande prostration et une grande terreur ; enfin, dès,

le commencement, des bubons très-douloureux, des charbons, des pustules blanchâtres ou des taches pourprées; dans tous ces cadavres on trouva les vaisseaux du cerveau, ceux de ses enveloppes et les sinus remplis d'un sang noirâtre et coagulé; des inflammations grangréneuses du poumon; le cœur et le foie, très-volumineux, étaien¹ sans changement de couleur, sans altération de texture; la vésicule, l'estomac et les intestins remplis de bile d'un vert foncé; les glandes qui formaient les bubons grangrenées, noirâtres, livides, purulentes, surtout dans leurs *racines*. Ces désordres étaient communs aux six cadavres; dans quelques-uns il y avait des *charbons intérieurs*, des taches livides et pourprées semblables aux *extérieurs* de l'estomac, qui était rempli de vers et d'un sang noirâtre horriblement fétide; cependant les auteurs qui rapportent ces faits disent qu'aucun de ces cadavres n'exhalait de mauvaise odeur, comme ceux, disent-ils, des personnes mortes de maladies de pourriture qui ont été de quelque durée. Il paraît qu'ils n'ouvrirent le canal digestif que pour savoir quels liquides il contenait, car ils ne mentionnent qu'une seule fois l'état de la membrane muqueuse. Soulier ouvrit trois autres cadavres de pestiférés à Aix : outre les désordres communs, il trouva dans l'un d'eux une pustule charbonneuse, noire et étendue sur l'intestin iléon; chez un autre la membrane interne des intestins était parsemée de quantité de taches pourprées; chez le troisième, la membrane *graisseuse répandue* sur les intestins était parsemée de plusieurs taches noires (1).

____

(1) *Observations et Réflexions touchant la nature, les cé-*

Couzier ouvrit onze cadavres à Alais, une des villes de la Provence où la peste s'était manifestée. Dans presque tous il trouva, outre les traces de congestion cérébrale et d'inflammation des méninges, une augmentation du volume du cœur et du foie, de la bile dans le canal digestif, des taches pourprées et des *charbons* sur les poumons, à l'intérieur ainsi qu'à l'extérieur de l'estomac et des intestins grêles, sur l'épiploon, le mésentère, le foie, le péricarde, la vésicule biliaire, le diaphragme, les reins, l'aorte abdominale, et même le pancréas. Ces viscères sont ici dénommés dans l'ordre de la fréquence de leurs altérations.

III. Samoïlowitz distinguait dans la peste de Russie trois états ou degrés : le premier caractérisé seulement par des bubons, quelquefois des pétéchies toujours petites, presque jamais de charbons, par des douleurs de tête et des vomissemens ; le second caractérisé par une céphalalgie continuelle et des vomissemens répétés, par de larges pétéchies noires, confluentes qui, en se rapprochant au nombre de trois ou quatre aux approches de la mort, se transformaient en une pustule jaunâtre au-dessous de laquelle on trouvait un charbon quand on venait à l'ouvrir ; enfin par fort peu de bubons ; dans la troisième période, aux phénomènes qui s'étaient manifestés jusque là, se joignait le délire. A ces symptômes il faut ajouter les suivans, qui annonçaient ou accompagnaient le développement de cette maladie : tristesse profonde, pleurs sans motif,

---

nemens et le traitement de la Peste de Marseille. Lyon, 1721, *in*-12.

abattement considérable, frisson léger, puis léger tremblement, vertiges; pesanteur et douleur de tête, quelquefois très-vive, un peu au-dessus des sinus frontaux; yeux rouges, larmoyans, saillans; regard fixe
ou égaré, sentiment de pesanteur dans les paupières;
chaleur interne et externe, peau brûlante, langue
sèche, couverte d'un enduit, épaisse, jaunâtre; quelquefois point de changement dans la couleur de la
langue; visage pâle et défait, anxiété insupportable,
agitation, syncopes fréquentes; nausées, vomissemens
d'alimens ou de matières tantôt jaunâtres, tantôt verdâtres; tremblement, assoupissement, réveils en
sursaut avec désespoir; gêne dans la parole, aphonie,
terreur; incontinence d'urine, diarrhée; chez les
femmes, ménorrhagie, avortement; chez les hommes,
quelquefois épistaxis, hémorrhagie de l'arrière-bouche.
Au lieu de l'assoupissement il y avait souvent du
délire qui, venant à cesser subitement au bout d'un
ou deux jours, annonçait la mort pour le soir ou
pour la nuit (1).

La peste de Russie fut attribuée à la communication des soldats de ce pays avec les Turcs. Samoïlowitz a rassemblé des faits qui tendent à prouver
qu'elle se propageait par le contact, et que le seul
moyen de s'en préserver était de s'isoler, ou tout
au moins de ne pas toucher les malades, ni les effets
qui les avaient touchés. Elle dura depuis le mois
d'avril 1771 jusqu'en mars 1772, et fit périr 133,299

---

(1) *Mémoire sur la Peste qui, en 1771, ravagea l'empire de
Russie, et surtout Moscou, la capitale.* Paris, 1783, in-8°,
pages 129 et suivantes.

personnes, dont 7,268 en août, 21,404 en septembre, 17,561 en octobre, 5,235 en novembre, mois pendant lesquels elle sévit avec le plus d'activité.

Samoïlowitz n'ouvrit pas de cadavres dans le cours de cette épidémie, parce qu'il trouvait ce genre de recherches *assez inutile;* mais plus tard n'ayant rien trouvé de satisfaisant sur la nature de la peste, à l'aide d'un microscope, dans l'examen du pus des bubons, pendant son séjour à Cherson, il se décida enfin à disséquer les cadavres des pestiférés. Les articulations de ces cadavres étaient flexibles et les chairs très-molles. Il trouva toutes les parties internes de la tête dans le même état, dit-il, que celui d'un mort ordinaire; les intestins, l'estomac, la vésicule du fiel et autres parties du bas-ventre un peu gonflés, le grand lobe du foie un peu enflammé; le diaphragme, les poumons, le péricarde comme à l'ordinaire; dans les ventricules du cœur, point de sang, mais une matière jaune, semblable à de la graisse d'oie, analogue, par conséquent, aux concrétions ambréiformes que M. Bally a trouvées depuis dans les cadavres des sujets morts de la fièvre jaune. Samoïlowitz fit l'analyse chimique de cette matière jaune, et il en conclut, 1° que la peste a son siége dans le cœur; 2° que le *venin pestilentiel* n'est qu'une matière fluide huileuse; 3° que ce venin n'agit sur nos corps que par le contact. Ceci prouve seulement que Samoïlowitz était fécond en conséquences, et que jusque là il n'avait jamais ouvert de cadavres.

IV. La peste qui décima l'armée française en Egypte fournit à M. Desgenettes l'occasion de faire d'importantes remarques sur cette maladie.

« La peste, dit-il, est endémique dans l'Egypte inférieure et le long des côtes de Syrie, puisqu'elle y règne depuis des siècles, et qu'elle a été cent fois observée dans cent lieux qui n'avaient entr'eux aucune espèce de communication.

» La peste se développe généralement dans une saison déterminée; mais il y en a eu des exemples à toutes les époques de toutes les années.

» Les vents du sud, l'air chaud et humide en favorisent, s'ils n'en produisent pas seuls le développement. Les vents du nord, les extrêmes du froid et du chaud la font cesser presqu'entièrement.

» La peste a attaqué plus particulièrement les hommes exposés à passer subitement d'une atmosphère chaude dans une atmosphère froide, et réciproquement, tels que les boulangers, les forgerons, les cuisiniers, etc. : les femmes, les jeunes gens, les enfans, même à la mamelle, ont généralement plus résisté à l'épidémie que les hommes les plus robustes.

» Les exutoires permanens, tels que les cautères et les sétons ; les éruptions cutanées, telles que les dartres, la gale ; les maladies vénériennes, les plaies récentes, ou les ulcères avec une abondante suppuration, ne mettaient pas à l'abri de la peste.

» Cette maladie a divers degrés d'intensité :

Premier degré : fièvre légère, sans délire, bubons : presque tous les malades guérissent facilement et promptement ;

Second degré : fièvre, délire, et des bubons ; le délire s'apaise vers le cinquième jour, et se termine, ainsi que la fièvre, vers le septième : plusieurs guérissent ;

Troisième degré : fièvre, délire considérable, bubons, charbons ou pétéchies séparément ou réunis ; rémission ou mort du troisième au cinquième ou sixième jour : très-peu de guérisons.

« Malgré la gravité de cette troisième espèce, on a vu des guérisons même entièrement dues à la nature.

» La peste de l'an 7 a été très - meurtrière ; dans celle des années 8 et 9 on a guéri environ un tiers des malades. En l'an 9, on en a guéri au - dessus du tiers, et dans quelques circonstances près de la moitié. Les jeunes nègres et les Syriens attachés à l'armée ont particulièrement souffert de la peste.

» Les hommes adonnés à l'excès des liqueurs spiritueuses et des femmes ont rarement guéri de la peste.

» La peste est évidemment contagieuse ; mais les conditions de la transmission de cette contagion ne sont pas plus exactement connues que sa nature spécifique. Les cadavres n'ont pas paru la transmettre. Le corps animal dans une chaleur, et plus encore dans la moiteur fébrile, a paru la communiquer plus facilement. On a vu la contagion cesser en passant d'une rive à l'autre du Nil ; on a vu un simple fossé fait en avant d'un camp en arrêter les ravages ; et c'est surtout sur des observations de ce genre qu'est fondé l'isolement avantageux des Francs.

» Sachant combien le prestige des dénominations influe souvent vicieusement sur les têtes humaines, je me refusai à jamais prononcer le mot de *peste*. Je crus devoir, dans cette circonstance, traiter l'armée entière comme un malade qu'il est presque toujours inutile , et souvent fort dangereux d'éclairer sur sa maladie quand elle est très-critique. » (1)

Savarési rapporte que la peste se déclarait par une petite douleur de tête ou une envie de vomir, la rougeur de la langue , la chaleur ardente et la sécheresse de la peau , la dureté et la fréquence du pouls ; le deuxième ou le troisième jour les glandes inguinales s'engorgeaient avec une douleur considérable. Les cadavres avaient en général des taches livides sur le corps, particulièrement aux reins , à la face , et aux parties génitales ; plusieurs étaient parfaitement gangrenés, et d'autres sans signes extérieurs. Ayant ouvert trois de ces derniers , Savarési trouva les parois des intestins et de l'estomac couvertes d'un mucus jaunâtre ; les glandes conglobées étaient très-dures, mais elles avaient bien diminué de volume (2). Ce médecin était sans doute peu exercé à ce genre de recherches.

M. Larrey ouvrit deux cadavres à Jaffa : le premier, couvert de pétéchies, exhalait une odeur nauséabonde ; le bas-ventre était météorisé, le grand épiploon jaunâtre et marqueté de taches gangreneuses ; les intestins boursoufflés et de couleur brunâtre ; l'estomac affaissé et gangrené dans plusieurs points correspondant au pylore ; le foie d'un volume plus considérable que dans l'état ordinaire ; la vésicule pleine d'une bile noire et fétide ; les poumons d'un blanc terne , entre-coupé de lignes noirâtres ; le cœur d'un rouge pâle ; son tissu se déchirait facilement ; les oreillettes

____

(1) *Hist. médic. de l'Armée d'Orient.* Paris, 1802, *in-8°.*

(2) *Essai sur la Topographie physique et médicale de Damiette,* dans *l'Hist. médic. de l'Armée d'Orient,* pag. 89.

et les ventricules étaient pleins d'un sang noir et liquide ;
les bronches remplies d'une liqueur roussâtre et limoneuse. Dans le second cadavre, les désordres étaient
à-peu-près les mêmes ; le foie était plus engorgé, la
vésicule énormément distendue, le péricarde rempli d'une humeur sanguinolente, et le tissu cellulaire
parsemé d'un lacis de vaisseaux variqueux, pleins d'un
sang noir et liquide. M. Larrey a remarqué les mêmes
particularités dans plusieurs autres cadavres qu'il ouvrit en Egypte ; les circonstances ne lui permirent pas
de faire l'ouverture du crâne (1).

Si on établit un parallèle entre la peste et le typhus,
on ne peut manquer de reconnaître l'analogie frappante des maladies désignées sous ces deux noms.
Cette analogie si marquée ne pouvait échapper à
M. Desgenettes, qui, ainsi que je l'ai déjà dit, a vu un
anthrax compliquer le typhus dans un immense hôpital très-encombré, et lui imprimer le caractère de
la fièvre pestilentielle (2). Puisque les symptômes de
ces maladies diffèrent si peu, puisqu'il n'y a, sous
le rapport des symptômes, d'autres différences entr'elles
que la fréquence des bubons et des anthrax dans l'une,
et la rareté de ces phénomènes dans l'autre, n'est-on
pas autorisé à en conclure que la peste n'est que le
plus haut degré d'une maladie dont le typhus est un
des degrés les plus fâcheux, et dont la fièvre jaune
est une variété ? N'admettre que des différences d'intensité, et quelques différences dans le siége des fièvres adynamiques et ataxiques sporadiques, du typhus,

____

(1) *Mém. de Chir. militaire.* Paris, 1812, *in-8°*, t. 1er, p. 326.
(2) *Dict. des Sc. méd.*, tom. XV, pag. 458.

de la fièvre jaune et de la peste, c'est, je crois, s'arrêter sagement à ce que les phénomènes nous font connaître. Il est probable que l'anatomie pathologique viendrait à l'appui de cette assertion déduite uniquement de l'examen des symptômes, si on avait ouvert un plus grand nombre de cadavres de pestiférés, et décrit les altérations organiques avec l'exactitude qu'on pourrait y apporter aujourd'hui. Les recherches de Soulier, de Couzier, de Deidier et de M. Larrey, font entrevoir ce résultat. Les taches pourprées dont ils parlent n'étaient sans doute que les plaques d'un rouge plus ou moins foncé, qu'on trouve à l'ouverture des cadavres après la plupart des fièvres adynamiques et ataxiques. Les *charbons extérieurs et intérieurs* des viscères abdominaux n'étaient également que ces plaques noires circonscrites, ou entourées d'une aréole d'un rouge foncé, que l'on observe si souvent à la surface interne ou à la surface péritonéale de l'estomac et des intestins, et dont il y a peu de jours j'ai observé un exemple frappant. Les taches rouges, noires, gangréneuses, effets manifestes d'une inflammation qui n'avait cessé qu'avec la vie, existaient en outre sur le poumon et sur plusieurs autres organes dans plusieurs cadavres, ce qui rapproche l'une de l'autre la peste et la fièvre jaune, excepté que dans celle-ci les taches noires sont plus rares que dans celle-là.

Considérée dans ses symptômes et dans les traces qu'elle imprime aux organes, la peste n'est donc pas une maladie tellement différente des autres fièvres graves, qu'elle n'ait avec elles de nombreux points de ressemblance ; on peut même affirmer qu'elle leur ressemble plus qu'elle n'en diffère. Ainsi s'explique parfaitement l'incertitude des médecins quand elle commence à se manifester , et la difficulté d'indiquer avec exactitude l'époque à laquelle elle cesse.

. Après avoir recherché les seules analogies et les seules dissemblances qu'il nous soit donné de reconnaître entre la peste et les autres fièvres qui font périr un grand nombre de personnes en peu de temps , je n'irai point chercher dans la cause prochaine occulte de ces maladies des motifs pour les rapprocher ou les isoler les unes des autres. En bonne physiologie , comme en bonne logique , il suffit d'étudier les circonstances appréciables qui hâtent ou ralentissent le développement des maladies , les phénomènes qui les caractérisent , les traces qu'elles laissent dans les cadavres , les résultats comparés des diverses méthodes de traitement : la recherche des causes motrices doit être abandonnée aux hommes dont l'imagination féconde aime à secouer le joug de la froide raison.

Traitement de la Peste.

Puisque la peste ne paraît s'être développée en Europe que par suite des relations commerciales avec l'Orient et l'Afrique , aussi long-temps qu'on n'aura pas clairement démontré le contraire , la prudence exige impérieusement que l'on prenne toutes les précautions en vigueur dans nos lazarets ; les intérêts du commerce ne viennent qu'après ceux de l'humanité ; n'est-ce point assez que les procédés industriels dévorent chaque année un si grand nombre d'hommes ? faut-il encore lui sacrifier des populations entières ? Il importe donc que tous les médecins

soient pénétrés des préceptes et des exemples consignés dans les ouvrages de Diemerbroeck, du car-
dinal Gastaldi (1) et de M. Desgenettes. On y
trouve non-seulement l'exposition des précautions
à prendre pour se préserver de ce fléau, mais encore l'indication de celles auxquelles il faut recourir
lorsqu'il vient à se déclarer malgré toutes les mesures préventives mises d'abord en usage. Les unes
et les autres se rattachent aux vues générales que
j'ai indiquées à l'occasion du typhus, avec cette différence toutefois que dans le typhus il est moins nécessaire de se préserver du contact des malades
que de l'inspiration de l'air qui les entourent, tandis que dans la peste il faut se préserver du contact
des effets des pestiférés autant que des pestiférés
eux-mêmes. La mort de Rosenfeld (2) ne laisse aucun doute sur la possibilité de la communication de
la peste.

Aussi long-temps que la peste fut attribuée à un
venin subtil qui, s'introduisant dans le corps humain, se portait au cœur et en paralysait l'action,
il a été conséquent de chercher un moyen qui pût
expulser ce poison, ou en neutraliser les effets : à cet

---

(1) *H. cardinalis Gastaldi archiepisc. Benevent et Bononiæ
a latere legati tractatus de avertenda peste politico-legalis, eo
lucubratus tempore, quo ipse Loemocomiorum primò, mox
sanitatis commissarius generalis fuit, peste urbem invadente,
anno 1656 et 57 ac nuperrimè Goritiam depopulante, typis
commissus.* Bologne, 1684, *in-fol.*

(2) *Voyez* le récit des expériences de cet audacieux aventu-
rier, dans le Journal rédigé par M. Jourdan.

effet, on choisit d'abord les cordiaux les plus énergiques, et principalement ceux qui passaient pour
être de puissans sudorifiques. On était d'autant plus
disposé à croire que, pour guérir cette maladie, il fallait
pousser à la peau, que l'apparition des bubons et des
charbons, vers le plus haut degré de la maladie,
était regardée, non comme un signe, mais comme
un moyen naturel de guérison prochaine. Qu'avait-
on de mieux à faire que de se montrer docile à la
voix de la nature et de la théorie ? Malgré les décès
innombrables qui attestaient au moins l'impuissance
de cette méthode, on continuait à s'en servir comme
si elle eût sauvé la presque totalité des malades : néanmoins on a fini par s'apercevoir que ces cordiaux,
ces sudorifiques, bien loin de favoriser les opérations
de la nature, l'entravaient dans sa marche, et quelquefois au grand désavantage des malades, c'est-à-dire,
que ceux – ci mouraient en plus grand nombre et
plus vite. On reconnut la nécessité de n'employer
que les cordiaux les plus légers. Il en fut de même
des purgatifs que l'on employait pour expulser le
venin *par bas*, et des vomitifs donnés pour le
chasser *par haut*. La saignée, recommandée par un
grand nombre de médecins, comme propre à purger
le sang de ce même venin, et à faire cesser la disposition tout à la fois inflammatoire et putride de ce liquide, fut aussi prodiguée; mais comme elle parut
avoir abrégé les jours d'un grand nombre de malades,
on finit par la proscrire du traitement de la peste.

Il paraît, disait J. B. Bertrand, qu'une maladie si
extraordinaire ne demande que peu de remèdes, et
pour la plupart très-simples et communs; un grand

ordre dans la police, beaucoup de soins pour les malades, et surtout des médecins et des chirurgiens prudens et attentifs. Ce praticien ne rejetait ni ne préconisait particulièrement aucun moyen ; il tâchait de placer avec avantage pour le malade chacun de ceux que fournissaient la pharmacie et la chirurgie. On va voir néanmoins que sa méthode était encore fort loin d'être en rapport avec l'état des organes lésés, bien qu'il ait établi d'excellens préceptes à côté desquels il s'en trouve de très-fautifs.

Il voulait que la saignée ne fût jamais copieuse ni fréquente ; que la purgation fût douce et légère ; qu'on n'eût recours à ces moyens que le premier jour de la maladie, et non point quand les éruptions étaient vigoureuses et avancées. Si le pouls était plein et élevé, la céphalalgie violente, il faisait tirer six onces de sang. Rarement il revenait à cette opération. Lorsque ensuite le malade éprouvait des nausées, il lui donnait un émétique ; et si c'était un corps plein et robuste, il le purgeait avec l'ipécacuanha ; si c'était une personne *délicate*, il donnait *l'un et l'autre*, mais à très-petite dose. Si l'émétique ne faisait que vomir, il donnait immédiatement après le vomissement un léger purgatif ou un lavement. Quand le pouls n'était ni plein ni élevé, il ne faisait pas saigner, et débutait par donner l'émétique toujours à petite dose, pour peu que ce remède parût indiqué. Si le malade était un corps plein et dans lequel on pût soupçonner beaucoup de *corruption* des premières voies, il donnait seulement un purgatif doux et léger à petite dose, tel que la rhubarbe, les tamarins, la casse, la manne, le sirop rosat. Il ne purgeait plus dans le cours de la maladie, à moins qu'elle ne se prolongeât ou que les nausées ne continuassent après l'émétique; car, dans ce dernier cas, il donnait une potion purgative à petites reprises jusqu'à ce qu'il y eût deux ou trois selles, après lesquelles, si le malade était abattu et le pouls déprimé, il prescrivait un *léger* sudorifique et alexitère, auquel il mêlait toujours un peu de diascordium pour *charmer* l'effet du purgatif. Il est arrivé quelquefois, dit Bertrand, qu'après l'action de l'émétique ou du purgatif, la fièvre se ranimait, le pouls devenait plus plein et plus élevé. Il recourait alors de nouveau à la saignée, surtout quand il y avait délire, ou assoupissement, ou augmentation de la céphalalgie; l'opération se faisait au pied; il prescrivait en même temps les émulsions simples, l'eau de poulet, prises avec modération de peur de trop relâcher le ventre; car il faut, disait-il, être toujours en garde contre la diarrhée dans cette maladie. Après l'émétique ou le purgatif, ou dès le premier jour, quand ces deux moyens n'avaient point paru indiqués et n'avaient pas été donnés, si le pouls était trop vif et trop animé, Bertrand ordonnait de l'eau panée acidulée; si le pouls était lent et faible, il prescrivait de *doux* alexitères, jusqu'au moment de l'apparition des tumeurs, charbons, etc.

Les forts narcotiques jetaient les malades dans des faiblesses dont ils revenaient difficilement, dans un assoupissement mortel, surtout quand on les donnait au déclin : Bertrand n'en employa que de *légers* et à petite dose seulement, dans le cas de délire ou d'agitation violente. Contre la diarrhée, il employait le diascordium mêlé aux absorbans; il recommandait les délayans et la potion de Rivière contre le vomissement. Lorsque celui-ci était promptement arrêté, il survenait des coliques, des ardeurs d'entrailles, qui ne cessaient qu'avec la vie. La diarrhée abondante et celle qui provenait de l'usage des purgatifs étaient toujours funestes ; les hémorrhagies furent quelquefois suivies du rétablissement. Les sueurs que rien ne provoquait forcément étaient d'un bon augure ; quand elles survenaient naturellement, il suffisait pour les favoriser de donner les sudorifiques les plus doux, tels que l'eau de chardon bénit, la poudre de vipère et le *lilium*. Dans les grandes faiblesses, les cardiaques, les alexitères ne furent utiles que lorsque l'abattement était extraordinaire. Quand l'oppression provenait d'un *engorgement* de poitrine, il recommandait de petites saignées ; mais quand elle était due à la suppression de la transpiration cutanée, au froid pris par le malade en se découvrant, ou lorsqu'elle succédait à la disparition de quelque éruption extérieure, il donnait de légers sudorifiques. Bertrand déduisait de là la nécessité de bien couvrir les malades ; et il était persuadé de l'utilité de cette pratique, parce que les personnes qui avaient eu une douce moiteur pendant la maladie en guérirent presque toutes. Le régime était celui des maladies aiguës.

Il m'a paru qu'il ne serait pas inutile de rapporter succinctement, comme je viens de le faire, la méthode suivie par Bertrand ; elle est louable sous plusieurs rapports. On voit que ce médecin avait à cœur d'éviter les exagérations de Chirac sur la saignée, celles de tant d'autres médecins sur les vomitifs, les purgatifs, les sudorifiques et les alexitères ; que son talent peu commun lui faisait remarquer, malgré le prestige des théories de l'Ecole, les mauvais effets de ces quatre derniers moyens, et que s'il n'osait les proscrire, au moins il n'en usait qu'avec une très-grande réserve. Le même esprit observateur lui montrait que la saignée était indiquée dans quelques cas; il la prescrivait donc, mais dès le début, et il voulait qu'elle fût peu abondante. M. Desgenettes a recommandé la saignée dans la peste d'Egypte, quand l'inflammation était très-intense, et elle a été pratiquée avec succès.

Pourquoi Bertrand donnait-il l'émétique et l'ipécacuanha en même temps aux personnes délicates; pourquoi avait-il recours à l'émétique dans la presque totalité des cas, au purgatif dans tous les autres? C'était sans doute par préjugé d'éducation médicale. Toujours est-il qu'on sait aujourd'hui pourquoi la fièvre se ranimait quelquefois après l'action de l'émétique ou du purgatif; et si on admire la sagesse du médecin qui, en pareil cas, revenait à la saignée, on ne peut s'empêcher de déplorer la nécessité où il s'était mis de recourir de nouveau à ce moyen. Les boissons qu'il prescrivait étaient bien indiquées; mais pourquoi craignait-il qu'elles ne donnassent la diarrhée en relâchant trop les intestins? Du moins on n'a pas de peine à le croire lorsqu'il dit que la diarrhée était toujours à craindre; qu'après le vomissement ou la purgation, la faiblesse augmentait ainsi que la petitesse du pouls, et que les *doux* alexitères étaient *probablement très-peu* appropriés à l'état des voies digestives. Les narcotiques sont aujourd'hui bannis à juste titre du traitement du délire : on sait que le diascordium ne suspend quelquefois la diarrhée que pour la faire reparaître bientôt après, plus indomptable qu'auparavant; on sait aussi pourquoi il survenait de vives douleurs dans l'abdomen quand ce médicament supprimait brusquement la diarrhée ; il est également bien reconnu aujourd'hui que ce prétendu calmant n'arrête la diarrhée qu'en augmentant l'irritation de la membrane muqueuse intestinale.

Il serait difficile de dire quelle différence Bertrand pouvait voir entre l'oppression provenant de l'*engorgement* de la poitrine et celle qui, selon lui, était l'effet d'une sueur *rentrée* ou du refroidissement du corps. Dans une maladie qui laissait après la mort des traces très-fréquentes d'inflammation, on est disposé à croire qu'il pouvait être utile de préserver les malades des atteintes du froid ; et même on peut croire que, dans les cas où l'oppression était accompagnée des signes qui dénotent l'inflammation du poumon, la saignée, prescrite avec moins de réserve, n'eût pas été sans utilité.

Le traitement local de la peste, c'est-à-dire les soins que réclament les bubons et les anthrax, ne sont pas sans importance. Bertrand s'élève contre le procédé, à la fois barbare et dangereux, de l'extirpation.

M. Larrey faisait appliquer, dès le principe, sur les bubons des cataplasmes d'oignons de scille cuits sous la cendre, pour accélérer l'inflammation et la formation du pus. Sans attendre la maturité parfaite, il les ouvrait avec l'instrument tranchant. Lorsqu'ils étaient indolens, sans changement de couleur à la peau, il y appliquait un bouton de feu, et immédiatement après un cataplasme. Ce moyen, qui provoquait l'inflammation et la suppuration, lui a paru contribuer à la guérison ; il le préférait à la potasse caustique, dont l'action est plus lente. Il couvrait les charbons avec des cataplasmes chauds et rubéfians ; il les scarifiait, les cautérisait avec les cathérétiques liquides, et il faisait la résection des parties gangrénées. Quant aux pansemens des bubons, il voulait, j'ignore pourquoi, qu'ils fussent non-seulement simples et suppuratifs, mais encore toniques.

L'efficacité des frictions avec la glace, dont Samoïlowitz a étourdi les sociétés savantes de l'Europe, n'étant appuyée que sur trois faits dans lesquels cet auteur prodigua une foule d'autres moyens, on doit attendre des observations plus nombreuses, pour savoir de quelle utilité elles peuvent être. Quelques faits portent à croire que les frictions pratiquées avec l'huile d'olive tiède peuvent préserver de la peste, et même qu'elles ont été parfois efficaces dans le traitement de cette maladie (1).

Je crois ne pouvoir mieux finir ce chapitre qu'en citant le passage suivant tiré des Elémens de Médecine pratique de Cullen : « Les indications à remplir dans la cure de la peste sont les mêmes que celles qui conviennent dans les fièvres en général. » La peste ne paraissant que de loin en loin en Europe, les médecins ne peuvent mieux faire que de se conformer à ce principe, dans le traitement d'une maladie qu'ils ont rarement occasion de voir plusieurs fois. Loin d'écouter les lâches conseils de Galien et d'imiter la pusillanimité de Sydenham, qu'ils aient toujours présente à l'esprit cette pensée de Diemerbroeck : *quapropter dico e locis pestilentia*

____

(1) *Hist. méd. de l'Armée d'Orient,* pag. 36.

i festatis cuilibet fugere licere, exceptis iis qui spe-
ciali officio proximis et reipublicæ sunt devincti ; quales
sunt magistratus, verbi divini ministri, medici, chi-
rurgi, obstetrices, aliique similes, quos pietas fugere
velat, et quorum opera reipublica, tali imprimis tempore, carere nequit.

CHAPITRE X.

Des Fièvres intermittentes, et principalement des Fièvres intermittentes bénignes.

Lorsque M. Pinel rallia les fièvres intermittentes aux fièvres continues, dans un petit nombre d'ordres pour l'établissement desquels il n'eut pas égard au type, on méconnut le service éminent qu'il venait de rendre à la pathologie. Aujourd'hui même plusieurs médecins s'éloignent plus que jamais de son opinion, espérant trouver dans l'histoire des fièvres intermittentes des argumens contre la nouvelle théorie des fièvres en général. Quelques partisans peu éclairés de cette théorie éprouvent une sorte d'embarras quand on leur demande si elle s'applique aisément aux fièvres périodiques : tels sont les motifs qui me déterminent à traiter en particulier de ces maladies.

Je n'ai jusqu'ici parlé du traitement de chacune des fièvres continues qu'après en avoir recherché la nature et le siége d'après leurs symptômes, leurs causes et les résultats de l'ouverture des cadavres ; mais les idées généralement répandues sur la nature des fièvres intermittentes sont trop intimement liées à leur traitement pour que je puisse suivre la même marche. Je vais donc retracer l'histoire pathologique et thérapeutique de ces fièvres, telle qu'on la trouve dans les nosographies et les monographies publiées jusqu'à ce jour ; je me livrerai à mesure à des considérations sur leur nature et leur siége ; puis j'examinerai s'il est possible de rendre moins empirique une méthode de traitement dont l'expérience a démontré l'efficacité, sinon dans tous, au moins dans le plus grand nombre des cas.

Ce n'était point assez sans doute d'avoir attaché au type des fièvres intermittentes plus d'importance qu'à leurs symptômes, puisque la plupart des pyrétologistes ont été jusqu'à décrire *in abstracto* une fièvre intermittente *régulière, simple* ou *légitime*, qui ne s'est jamais retrouvée dans la pratique, selon la remarque judicieuse de M. Pinel. Boerhaave, Stoll et les auteurs de nos jours qui les ont copiés, la décrivent de la manière suivante :

« Elle commence par des bâillemens, des pandiculations, de la lassitude, de la faiblesse, du froid, des frissonnemens, du frisson, du tremblement, la pâleur, la lividité des extrémités, la respiration très-difficile, l'anxiété, les nausées, le vomissement, le pouls fréquent, parfois plus lent, faible, petit; une soif très-grande, la peau couverte de petits boutons miliaires, d'une teinte livide; urines ternes, aqueuses; souvent des cris, des convulsions. » Tel est le premier stade ou celui du froid : celui de chaleur ou le second offre les symptômes suivans : « chaleur et rougeur de la peau, respiration forte, grande, plus libre, moins d'anxiété, pouls plus grand, plus fort, grande soif, vive douleur de tête et des membres, urine ordinairement rouge. » Puis vient le troisième stade ou celui de la sueur : « rémission de tous les symptômes, sueur abondante, urine épaisse avec sédiment briqueté, déjections liquides et fétides, sommeil, apyrexie, lassitude, faiblesse ». Ces symptômes sont ceux que l'on retrouve dans le plus grand nombre des cas de fièvre intermittente ; on a élagué de ce tableau tous ceux qui ne se manifestent pas le plus ordinairement. La série des uns et des autres forme ce qu'on appelle un *accès*, lequel est divisé en trois *stades*, ainsi qu'on vient de le voir.

La durée du premier stade est de quelques minutes à une demi-heure, et même quelquefois de cinq ou six heures ; le second stade dure depuis une jusqu'à deux heures ; il peut se prolonger pendant quatre ou cinq. Le troisième stade dure plus ou moins, mais il est en général moins long que le second.

Les accès ne durent quelquefois qu'une heure, ordinairement de quatre à huit ou douze, rarement plus de quinze à dix-huit heures.

Lorsqu'ils reviennent tous les jours, la fièvre est dite *quotidienne* ; lorsqu'un jour entier les sépare elle est *tierce* ; lorsque pendant deux jours ils ne se montrent point, elle est *quarte*. Des accès quotidiens revenant à des heures différentes, ou différant sous le rapport de l'intensité, de la durée, etc., mais se correspondant tous les deux jours, constituent une *double-tierce* ; deux accès dans les vingt-quatre heures, tous les deux jours, forment une *tierce doublée* ; la fièvre est *triple* quand il y a deux accès tous les deux jours et un seul dans le jour intercalaire ; on a été jusqu'à admettre une *quadruple-tierce*, caractérisée par deux accès chaque jour. Un accès le premier, le deuxième et le quatrième jour, correspondant à un accès survenu quatre jours auparavant, caractérise la fièvre *double-quarte* ; deux accès dans un jour avec deux jours d'intervalle forment la *quarte doublée* ; trois accès de quatre en quatre jours constituent la *quarte triplée* ; enfin un accès chaque jour correspondant à celui dont il est séparé par deux autres accès, indique la *triple-quarte*. La *quotidienne* peut être *double*, et même *triple*. Quelques auteurs rapportent un très-petit nombre d'exemples de fièvres intermittentes *quintanes*, *sextanes*, *hebdomadaires*, *octanes*, *nonanes*, *décimales*, *quatuor-décimales*, *quindécimales*, *mensuelles*, *bimensuelles*, *trimestrielles*, *annuelles*. Ces fièvres sont tellement rares qu'on ne les regarde que comme des exceptions. Il est plus commun de voir les accès revenir à des époques indéterminées, ce qui constitue la fièvre intermittente *irrégulière*, *erratique* ou *atypique*.

Les accès se manifestent ordinairement le matin dans les fièvres quotidiennes, à midi dans les tierces, après midi dans les quartes ; leur durée est plus longue dans les premières que dans les secondes, et dans celles-ci que dans les dernières. Le froid est moins prolongé dans les quotidiennes ; la chaleur est humide et peu forte, la soif moindre que dans les autres. Le froid est plus prolongé dans la quarte que dans la quotidienne, moins violent que dans la tierce ; le pouls est serré et profond ; le malade éprouve un sentiment général de contusion ; la chaleur est douce mais sèche, la sueur modérée. Le froid est très-prolongé, très-intense ; le malade souffre intérieurement ; la soif est excessive, la chaleur âcre, considérable et générale, dans la tierce. Elle est la moins opiniâtre de toutes ; la quarte est celle qui dure davantage ; la première cesse souvent spontanément après quatre, cinq ou sept, neuf, douze accès ; la dernière se prolonge très-fréquemment pendant des mois ou des années ; la quotidienne tient le milieu entre l'une et l'autre pour la durée. La tierce et la quotidienne se montrent de préférence au printemps et chez les adultes sanguins ou bilieux ; la quarte se manifeste le plus souvent en automne et chez les sujets en bas âge, lymphatiques, chez les femmes. Le printemps met souvent fin à la fièvre intermittente que l'automne a vu naître, *et vice versâ.*

L'intervalle qui sépare les accès a reçu le nom d'*apyrexie;* plus il est prolongé et plus le sujet est bien portant entre les accès ; par conséquent la santé est en général plus parfaite dans l'apyrexie des fièvres quartes que dans celle des fièvres tierces, et plus dans l'apyrexie de ces fièvres que dans celle des quotidiennes et des doubles-tierces. Mais il n'est pas rare que les malades conservent de la faiblesse, une pesanteur de tête, de la pâleur, du froid, de l'inappétence, de la lenteur dans les digestions, durant les jours intercalaires. Cet état, qui approche beaucoup de celui de maladie, s'établit peu à peu, et augmente graduellement d'intensité à mesure que la fièvre devient plus ancienne. Le sujet maigrit, devient jaune, et s'affaiblit ; le foie ou la rate se gonfle, le tissu cellulaire s'infiltre, l'ascite survient.

On voit souvent les fièvres quotidiennes devenir continues, les tierces devenir quotidiennes, les quartes devenir tierces ; les quartes et les tierces finissent également dans quelques cas par prendre le type continu. Toutes ces fièvres peuvent alterner entre elles, circonstance qu'il ne faut pas oublier en ce qu'elle montre que le type n'est qu'une circonstance purement secondaire. Lorsque les accès d'une fièvre quotidienne, double-tierce ou triple-quarte sont tellement rapprochés que l'un finit à peine que déjà l'autre commence, la fièvre prend le nom de *subintrante*. Il est souvent difficile de la distinguer d'une fièvre continue; et cette distinction est impossible quand le frisson est peu marqué et l'apyrexie presque nulle.

Les accès ne reviennent pas toujours à des intervalles égaux , dans les premiers temps de la maladie surtout, ainsi qu'à son déclin.

Souvent les fièvres intermittentes, principalement les tierces, cessent spontanément; plus souvent encore elles se prolongent d'une saison à une autre ; dans certaines localités elles ne cessent que pour revenir l'année suivante ou même plus tôt; enfin, si elles sont bien plus rarement mortelles dans l'état aigu que les fièvres continues, elles finissent par causer lentement la mort du sujet quand on ne parvient point à en arrêter le cours.

Telles sont les idées les plus générales qui se rattachent à l'histoire des symptômes de ces fièvres. Mais elles n'ont pas seulement été considérées sous le rapport du type. Celles qui se manifestent au printemps ont reçu le nom de *vernales*; on a donné celui d'*automnales* à celles qui se montrent en automne; et cette distinction a paru fondamentale à Sydenham. Elles ont encore été divisées en *exquises* ou *légitimes* et *prolongées*, en *salubres* et *insalubres*, en *bénignes*, qui ne menacent pas immédiatement les jours du sujet , et *pernicieuses*, qui le font périr après un petit nombre d'accès. La première de ces divisions n'a pas été inutile, parce qu'elle a fait reconnaître que les fièvres intermittentes du printemps offrent le plus ordinairement des symptômes inflammatoires non équivoques ; la seconde est purement scolastique ; la troisième a consacré une erreur grave, savoir : que la fièvre peut être *thérapeutique, curative* ; la quatrième est éminemment utile dans la pratique, et c'est pour y avoir égard que j'ai divisé en deux chapitres l'histoire des fièvres intermittentes. Le nom de *pernicieuses* est impropre ; mais il est consacré, et il y aurait de l'inconvénient à ne plus s'en servir jusqu'à ce qu'on l'ait remplacé par un autre plus convenable.

Pénétré de cette vérité que le type doit être pris en considération beaucoup moins que ce qu'il appelle le caractère, c'est-à-dire, les symptômes, M. Pinel, en rapprochant les fièvres intermittentes des fièvres continues, a divisé celles-là comme celles-ci en *inflammatoires, gastriques, muqueuses, adynamiques* et *ataxiques* : division lumineuse qui va nous aider dans la recherche de la nature et du siége de ces fièvres.

1°. Les fièvres intermittentes *inflammatoires* ont été observées par Sydenham, Pringle, Huxham et Selle ; M. Fizeau en a fourni des exemples frappans que je regrette de ne pouvoir consigner ici (1). Si M. Pinel a raison de penser que l'on a donné ce nom à beaucoup de fièvres intermittentes gastriques, il n'est pas conséquent à ses principes en ne reconnaissant pas pour inflammatoires les fièvres intermittentes dans lesquelles la peau est colorée, chaude et halitueuse, le pouls large et plein, dans le deu-

---

(1) *Recherches et Observations pour servir à l'Histoire des Fièvres intermittentes*. Paris, 1803, *in-8°*.

xième stade : elles ne sont pas rares au printemps.
Tantôt, et le plus souvent, elles dépendent d'une
irritation peu intense de l'estomac, caractérisée par
la soif et la rougeur des bords de la langue ; tantôt
elles proviennent de l'insolation , et dépandent
alors d'une irritation de l'encéphale peu ou point
partagée par les voies digestives : dans ce cas la
pesanteur de tête est considérable, la face colorée
et l'œil brillant pendant la deuxième période. Tantôt
enfin elles proviennent, chez les jeunes filles et les
femmes pléthoriques, d'une irritation momentanée de
l'utérus; chez les jeunes gens qui abusent du coït, d'une
irritation bronchique ou pleurétique qui peut devenir
l'origine d'une phthisie pulmonaire. Dans ces derniers
cas, l'estomac est peu ou même n'est point irrité. On
doit encore ranger au nombre des fièvres intermittentes
inflammatoires celles qu'on observe chez les sujets dont
la vessie est irritée par la présence des sondes ou par
la rétention d'urine qu'occasione un rétrécissement de
l'urètre, et d'autres fièvres intermittentes produites par
l'action de causes mécaniques sur d'autres parties que
les viscères abdominaux.

Ces fièvres, ordinairement tierces, quelquefois quotidiennes, durent peu , guérissent plus souvent que
toutes les autres sans le secours de l'art , ne font
jamais périr promptement le malade ; mais il ne faut
pas les abandonner à leur cours naturel, parce que
les causes qui les ont fait naître peuvent les entretenir et les faire passer à l'état chronique : or, toute
maladie prolongée doit être prévenue ou guérie toutes
les fois qu'on le peut.

2°. Les fièvres intermittentes *gastriques* sont les plus

communes; leur analogie avec les fièvres gastriques continues est frappante; elles sont ordinairement tierces,
double-tierces ou quotidiennes, quelquefois quartes,
d'autres fois erratiques. « Les accès ont lieu, dit
M. Pinel, le plus souvent le matin; le frisson débute
vers le dos et s'accompagne ordinairement de tremblement général; le pouls est faible et concentré;
il succède une chaleur âcre, sèche, uniforme sur
toute la surface du corps, avec une soif intense;
le pouls est alors fréquent et développé, la face rouge
et animée. L'accès se termine par une sueur générale. Cette fièvre cesse après trois, cinq ou sept
accès, et se prolonge souvent au-delà (1). » A ces
symptômes M. Pinel aurait dû ajouter les nausées
et les vomissemens qui ont lieu presque constamment;
la coloration en jaune du pourtour des lèvres, qui
se fait remarquer souvent pendant l'accès, et qui
devient assez promptement habituelle quand on ne
parvient pas à prévenir la prolongation de la maladie.
Il a omis de parler de la pesanteur, de la douleur à
l'épigastre, parce qu'il en a parlé à l'occasion de la
fièvre gastrique continue, dont, suivant lui, l'intermittente n'est qu'une variété. Il n'a pas parlé de
la rougeur des bords de la langue, parce qu'il n'avait
point reconnu l'importance de ce symptôme, qui,
du reste, est moins constant et moins marqué dans
la fièvre gastrique intermittente que dans la fièvre
gastrique continue, lors même que l'épigastre est
très-douloureux à la pression. La fièvre intermittente gastrique est souvent la suite d'une fièvre gas

____

(1) *Nos. phil.*, tom. 1er, pag. 79.

trique continue ; il n'est pas rare de voir celle-ci lui succéder. Qui pourrait méconnaître une gastro-entérite dans l'une si on l'admet dans l'autre ?

La fièvre intermittente gastrique est plus grave que l'intermittente inflammatoire, plus susceptible de se prolonger, d'entraîner des altérations profondes dans les viscères annexés à ceux de la digestion , dans le foie, par exemple, dans le mésentère ou dans la rate.

3°. La fièvre intermittente *muqueuse*, plus commune que l'inflammatoire, ne l'est guère moins que la gastrique , dans les contrées basses et humides, surtout en automne. Elle est ordinairement quotidienne ou quarte, souvent erratique, quelquefois tierce. « Les accès ont lieu le soir et durant la nuit ; le frisson consiste dans une horripilation ; il est rarement accompagné de tremblement ; le froid commence ordinairement par les pieds et s'étend à toute l'habitude du corps ; il s'accompagne fréquemment de nausées, de vomissemens , de cardialgie, de tuméfaction abdominale, de déjections et de céphalalgie ; le pouls est lent et concentré. Une chaleur modérée succède, elle s'établit lentement et avec des retours irréguliers de frissons fugaces. Dans la deuxième période , la soif est modérée, le pouls fréquent sans être dur, l'urine de couleur citrine ; la somnolence est quelquefois insurmontable. La troisième période consiste dans une légère moiteur ; la sueur est souvent nulle dans les premiers accès. La durée des accès varie de trois à dix heures et au-delà. L'intervalle qui s'écoule entre chacun d'eux est ordinairement accompagné d'une inertie générale et d'un sentiment de pesanteur.

Cette fièvre se prolonge souvent indéfiniment, et cela d'une saison à l'autre. (1) »

Il est impossible d'ajouter à ce tableau tracé de main de maître ; tous les traits dont il se compose démontrent évidemment que cette fièvre est due à la nuance de gastro-entérite qui constitue la fièvre muqueuse continue. Celle-ci prend le type intermittent plus souvent que la fièvre gastrique ; tandis que l'intermittente muqueuse devient moins souvent continue que la gastrique intermittente. Moins grave que cette dernière, la fièvre muqueuse intermittente est plus susceptible de passer à l'état chronique, et d'entraîner des altérations profondes dans les ganglions mésentériques, le foie ou la rate.

4°. La fièvre intermittente *adynamique* a été observée une fois par Bayle ; M. Pinel en a vu quelques exemples : néanmoins il pense que les faits de ce genre sont encore trop peu nombreux pour qu'on puisse assigner avec exactitude les caractères distinctifs de cette fièvre. L'*apyrexie n'est*, dit-il, *presque jamais complète* ; on observe ce type de la fièvre adynamique plus particulièrement, ajoute-t-il, chez les individus affaiblis ou détériorés par des affections chroniques *variées*, ou par la *lésion* de quelque *viscère abdominal*. Les accès peuvent être quotidiens, double-tierces, tierces et quartes ; ils prennent quelquefois alternativement ces différens types, tandis que d'autres fois ils sont irréguliers. La durée de la fièvre intermittente adynamique est encore peu connue ; souvent elle

____

(1) *Nos. phil.*, pag. 189.

succède à la fièvre adynamique continue qui lui succède le plus communément : le plus ordinairement la
mort en a été la suite.

On aurait peine à concevoir que l'inflammation
des voies digestives qui constitue la fièvre adynamique
puisse se manifester par des symptômes intermittens,
si le simple exposé qu'on vient de lire n'expliquait le
fait. Le retour momentané d'une irritation gastro-
intestinale intense ne peut-il pas provoquer, pendant quelques heures, les symptômes réputés adynamiques chez des sujets dont l'organisme a subi de
fortes atteintes, puisque l'on voit, dans l'espace de
douze heures, s'établir tous ces symptômes chez les
mêmes sujets ? L'irritation venant à cesser, ou du
moins à diminuer notablement, il est naturel que
les phénomènes qui la caractérisent cessent également. Remarquons d'ailleurs que l'apyrexie n'est jamais complète ; ainsi il y a seulement diminution de
la gastro-entérite, et cette diminution suffit pour
faire cesser les symptômes sympathiques qui annoncent le redoublement et constituent l'accès. Ensuite,
jamais l'adynamie n'est aussi complète, aussi bien
caractérisée dans la fièvre intermittente adynamique
que dans l'adynamique continue, excepté toutefois
dans les derniers accès, qui se rapprochent et se confondent quand la mort doit en être le résultat.

5°. Dans la fièvre intermittente *ataxique* on remarque
le plus souvent, dit M. Pinel, des *anomalies* locales,
tantôt *imitant* une phlegmasie, et tantôt ayant *tous*
les caractères d'un flux ou d'une névrose : de là les
fièvres *pernicieuses*.

« Il n'est pas rare cependant, ajoute M. Pinel,

d'y rencontrer en même temps des lésions de plusieurs
fonctions à la fois. Les accès peuvent être quotidiens ,
double-tierces , tierces et quartes ; ils prennent souvent alternativement plusieurs de ces types , et sont
fréquemment irréguliers. Ils vont souvent en crois-
sant, ou sont alternativement faibles ou forts. On
connaît moins la durée des fièvres ataxiques intermittentes que celle des continues ; le danger est si
grand dans les premières , qu'on est obligé de les supprimer , ou au moins de changer leur caractère.
Abandonnées à elles-mêmes , elles sont généralement
funestes; mais elles se terminent d'une manière heureuse aussitôt après qu'on a pu administrer le quinquina d'une manière convenable ; quelquefois néanmoins elles passent à l'état de fièvres intermittentes
ordinaires, ou à celui de fièvres ataxiques continues.
La rechute est fréquente ; elle a lieu dans les septénaires qui correspondent aux accès. On a beaucoup
à craindre dans la fièvre ataxique intermittente , surtout au troisième ou quatrième accès, si ceux-ci ont
toujours été en augmentant et sont très-intenses , et
qu'on n'ait pas eu recours au quinquina. On a d'autant
moins d'espoir que les intervalles entre les accès
sont plus courts. Le pronostic est aussi très-alarmant
lorsque la fièvre tend à devenir continue. L'apparition
des symptômes , funeste dans les fièvres ataxiques
continues , l'est aussi lorsqu'elle a lieu dans les intermittentes (1). »

Cet exposé trop succinct ne peut donner qu'une idée

____

(1) *Nos. phil.*, tom. 1, pag. 259-261.

incomplète des fièvres intermittentes pernicieuses, c'est pourquoi ces maladies seront le sujet du chapitre suivant.

M. Hildenbrand a parlé d'un typhus intermittent; M. Devèze d'une fièvre jaune intermittente; M. Pinel croit, malgré l'opinion de Bertrand, qu'il n'est pas démontré que la peste ait jamais été intermittente: l'observation ne fournissant aucune donnée positive sur ce point de doctrine, il me paraît inutile de s'en occuper.

M. Broussais pense que toutes les fièvres intermittentes sont des gastro-entérites périodiques; mais il reconnaît que l'encéphale et les autres viscères, sympathiquement irrités, peuvent devenir le siége principal de l'irritation, et s'enflammer d'une manière périodique ou continue. Cette seconde proposition rend la première un peu moins exclusive; néanmoins il est contraire à l'observation d'attribuer toutes ces fièvres à une gastro-entérite; car, 1°. celles qui ont débuté par l'inflammation de l'estomac et des intestins ne sont plus des gastro-entérites dès que l'encéphale ou les autres viscères deviennent le siége principal de l'inflammation; 2°. il est des fièvres intermittentes sans rougeur des bords de la langue, qui est au contraire blanchâtre et humide, sans soif et sans douleur à l'épigastre, lors même qu'on appuie sur cette région. Rien n'autorise à rapporter ces fièvres à la gastro-entérite, ou bien il faudrait considérer comme telles toutes les maladies avec réaction de l'appareil circulatoire. Que l'on examine attentivement l'état des malades dans ces fièvres, et l'on trouvera que la source en est dans l'encéphale, le poumon, l'utérus, et quelquefois la vessie. Peut-être parviendra-t-on plus tard à démontrer que plusieurs d'entre elles sont dues à l'irritation périodique d'autres viscères ; mais, jusqu'ici, rien ne prouve que le foie, la rate, les ganglions mésentériques, le pancréas, puissent être irrités primitivement dans ces maladies. Tout ce que Galien, Baillou, Spigel, Sénac, ont dit du rôle que ces parties jouent dans la production de la fièvre intermittente en général doit actuellement s'appliquer à la gastro-entérite, ou du moins à l'irritation secondaire qu'elles subissent sous l'influence de cette inflammation, sans que d'ailleurs on puisse s'inscrire d'avance en faux contre les résultats ultérieurs de l'observation. Quelques faits me portent à penser que certaines fièvres intermittentes sont dues à l'inflammation du colon seulement.

La durée du frisson, toujours plus longue dans les fièvres intermittentes que dans les fièvres continues, et la toux qui accompagne presque constamment les accès des premières, tendent à prouver que les viscères de la poitrine, et notamment le poumon, sont souvent lésés dans les fièvres périodiques. Les irritations du poumon sont-elles plus souvent intermittentes que celles des autres organes ? C'est ce que l'état actuel de la science ne permet pas de décider.

L'ouverture des cadavres ne peut fournir de preuves à l'appui de ce que je viens de dire sur le siége et la nature des fièvres intermittentes bénignes, puisque la mort n'a jamais lieu dans le cours de ces fièvres : nous verrons dans les chapitres suivans si ce genre de preuves manque entièrement.

Les causes des fièvres intermittentes en général et par conséquent celles des fièvres intermittentes bénignes

sont absolument les mêmes que celles des fièvres continues. Si les fièvres intermittentes sont très-souvent
dues aux émanations marécageuses, Cullen a eu tort de
ne point leur assigner d'autres causes, puisque le simple
refroidissement de la peau dans un temps de pluie, des
excès de table répétés, des veilles forcées, un dérangement dans les fonctions utérines, la suppression
d'un écoulement périodique, la cessation d'une maladie cérébrale, suffisent pour déterminer le développement de ces fièvres. Tout ce qu'on peut dire, c'est
que dans la proximité des marais, la fièvre intermittente
règne pendant presque toute l'année, principalement
en automne et au printemps, et qu'elle y épargne très-
peu de personnes. Celles même qui n'y séjournent
que peu de temps la contractent très-souvent, ou
du moins acquièrent une prédisposition que la plus
légère cause peut ensuite développer, lors même
qu'elles se sont éloignées du pays où règne cette fièvre.
Quelques faits, du moins, portent à admettre cette dernière proposition, sur laquelle il est permis d'élever
des doutes.

Après avoir établi le rapport qui existe entre les
causes des fièvres continues et leurs symptômes, ainsi
que leur nature et leur siége, il est inutile de refaire
ce travail à l'occasion des fièvres intermittentes. Quant
à la cause prétendue spécifique de ces fièvres, c'est-
à-dire aux émanations marécageuses dont il vient
d'être fait mention, puisqu'il est des fièvres intermittentes qui se développent sous l'influence d'autres
causes; puisque les mêmes émanations qui déterminent chez certaines personnes des fièvres intermittentes
occasionent chez d'autres des fièvres continues; puis-

que la fièvre des premières devient souvent continue, et celle des dernières souvent intermittente;
puisque les fièvres continues produites par ces émanations ne diffèrent pas essentiellement des fièvres
continues dues à d'autres causes, il est évident que
les fièvres intermittentes ne diffèrent essentiellement
ni des unes ni des autres, lors même qu'elles proviennent du voisinage des marais, et moins encore quand
elles sont l'effet d'une autre condition morbifique.

Voyons maintenant si le type peut constituer une
différence essentielle, fondamentale, et si la fièvre
intermittente et la fièvre continue doivent être considérées comme deux maladies de nature différente.

Il est incontestable qu'un seul symptôme ne saurait autoriser à établir une différence de nature entre
deux maladies. Or, le type n'est pas même un symptôme; dans la fièvre intermittente c'est l'absence des
phénomènes morbides; par conséquent l'unique différence (il ne s'agit ici ni du siége ni de l'intensité,
mais de la nature de l'état morbide) qu'il y ait entre
cette fièvre et la fièvre continue, c'est que dans la
première il y a des intervalles de santé, tandis qu'il
n'y en a pas dans l'autre. Si actuellement on prétend
que la différence est dans la cause prochaine du
type, je ne répondrai pas qu'on doit négliger la
cause du type dans les fièvres intermittentes, puisqu'on
la néglige dans les fièvres continues; on m'accuserait
d'éluder la question faute de pouvoir répondre; mais
je demanderai en quoi consiste ce que nous pouvons
connaître de cette cause; et je me crois autorisé à
dire que tout ce que nous pouvons en apprécier est
l'état des organes lésés dans la fièvre quelle qu'elle

soit : tout le reste est pour nous comme s'il n'existait pas. Ici quelques-uns de nos adversaires se retrancheront derrière une absurdité que les plus sages d'entre eux ont combattue jadis : ils diront qu'il y a dans la fièvre intermittente un *quid ignotum* auquel il faut avoir égard.

Pour nous qui ne cherchons la cause prochaine des maladies que dans les organes, nous croyons expliquer suffisamment, ou du moins expliquer autant qu'il est possible de le faire aujourd'hui, la cause de l'intermittence, en disant que les symptômes de la fièvre intermittente se montrent avec le type intermittent parce que l'état organique morbide interne qu'ils annoncent et qui constitue cette fièvre, est lui-même intermittent ou sujet à des redoublemens périodiques. Il resterait à dire pourquoi cet état est intermittent ou présente de tels redoublemens, et en quoi il consiste.

Avouer qu'on ne sait pourquoi un état morbide est intermittent, ou pourquoi ses redoublemens reviennent périodiquement, c'est reconnaître que nous ignorons la raison des grandes lois qui président à l'existence et à la destruction des êtres organisés ; c'est avouer que nous ignorons pourquoi l'état organique morbide qui constitue les fièvres continues est continu ; c'est s'arrêter sur les limites du domaine des sens ; en un mot, c'est s'arrêter sagement au point au-delà duquel plane l'imagination paradoxale de quelques médecins, qui vont chercher des argumens frivoles au-delà du domaine de l'observation, pour combattre la seule évidence qu'il nous soit donné de connaître. S'il n'est pas indifférent pour le traitement de profiter des intermissions de la fièvre intermittente, il est tout-à-fait inutile de chercher à savoir pourquoi et comment elles ont lieu.

Vous prétendez, pourrait-on dire à ces médecins, que les fièvres intermittentes sont d'une autre *nature* que les fièvres continues ; mais vous reconnaissez que la fièvre intermittente devient parfois continue, que celle-ci peut devenir intermittente, que la rémittente a souvent été continue, et qu'elle finit quelquefois par devenir intermittente. Expliquez donc comment ces mutations peuvent s'opérer, si la nature de ces maladies diffère autant que vous le prétendez. La nature de la fièvre rémittente serait-elle double ? ou bien se composerait-elle de la moitié de l'une et de la moitié de l'autre ?

Plusieurs médecins pensent encore que les fièvres intermittentes ne sont telles que parce qu'elles résident dans le système nerveux. Cette opinion n'explique rien, car il reste à demander pourquoi et comment les fièvres nerveuses sont intermittentes, et en quoi les fièvres intermittentes nerveuses diffèrent des fièvres nerveuses continues. Selle admettait aussi une fièvre intermittente nerveuse sans saburre, sans inflammation ; J. P. Frank en a fait le prototype des fièvres intermittentes ; M. Tizeau a renouvelé cette opinion ; mais M. Pinel a victorieusement prouvé que les fièvres intermittentes que l'on dit être dépourvues de symptômes inflammatoires, gastriques ou muqueux ne paraissent telles que parce qu'elles sont encore à leur début ou déjà parvenues à leur déclin, et par conséquent peu prononcées. J'ajouterai qu'il n'y a jamais de fièvre intermittente sans symptômes d'irritation prédominante d'une partie quelconque du corps, et que n'y eût-il que celle du cœur, on ne serait pas autorisé à la méconnaître, et à placer vaguement le siége de la maladie dans le système nerveux.

Qu'entend-on par là d'ailleurs? Veut-on dire que tout ce système est lésé dans la fièvre intermittente? On se trompe évidemment, car quelle altération observe-t-on le plus ordinairement dans les organes des sens? Lorsqu'on réfléchit à l'analogie des effets de la peur et du froid sur l'organisme, et des phénomènes fébriles, on est tenté de regarder le cerveau comme jouant un grand rôle dans la fièvre intermittente ; cette opinion n'est au moins pas dénuée de toute probabilité. Mais si ce viscère est légèrement irrité dans la plupart des fièvres périodiques, comme dans le plus grand nombre des fièvres continues, cette lésion est le plus ordinairement si peu intense qu'il y aurait de l'aveuglement à lui attribuer le développement de tous les symptômes des premières, ou bien, pour être conséquent, il faudrait lui rapporter la production de ceux qui caractérisent les dernières. Le cerveau, ou pour parler plus exactement, les parties contenues dans le crâne, ne sont profondément et primitivement lésées que dans quelques cas de fièvre intermittente inflammatoire; elles le sont, mais à un degré moindre, dans quelques fièvres muqueuses intermittentes ; le plus haut degré de leur affection se manifeste dans certaines fièvres pernicieuses dont il sera fait mention plus loin.

Ce n'est donc pas dans le siége des fièvres intermittentes qu'il faut chercher la raison de leur type.

De ce que ces fièvres sont intermittentes on a pré-

tendu qu'elles ne pouvaient être dues à une inflammation. Mais personne n'a dit qu'elles fussent toujours dues
à une inflammation aussi intense que celle du phlegmon ; et il suffit d'admettre qu'elles dépendent d'une
des nuances de cet état morbide. Je ne m'arrêterai
pas à prouver ici que l'inflammation la mieux caractérisée peut se montrer avec le type intermittent ;
je reviendrai sur ce point important quand je traiterai
des fièvres larvées. Si j'ai prouvé que les fièvres intermittentes ne diffèrent des fièvres continues que sous
le rapport du type, il demeure prouvé que les unes et
les autres dépendent d'une irritation dont j'examinerai
plus particulièrement la nature dans le dernier chapitre de cet ouvrage.

*Traitement des Fièvres intermittentes, et spécialement
des Fièvres intermittentes bénignes.*

La première question qui se présente lorsqu'on réfléchit au traitement des fièvres intermittentes, est de
savoir s'il convient d'en tenter la guérison. Quelque
absurde que paraisse cette demande, elle est devenue
nécessaire depuis qu'il a plu à Boerhaave de dire que
la fièvre intermittente dispose à la longévité. Ce qui
a fait croire que cette fièvre peut-être est quelquefois
avantageuse au malade, c'est qu'on l'a vue, dans un
très-petit nombre de cas, survenir après la cessation de
la mélancolie, de la manie, de l'épilepsie, de la goutte,
ou de la paralysie.

Si la fièvre intermittente est aussi avantageuse qu'on
le prétend aux maniaques, aux épileptiques, aux goutteux et aux paralytiques, je ne vois pas pourquoi on ne

les envoie point habiter au milieu des Marais-Pontins ou à Batavia, au lieu de leur faire respirer l'air pur des Pyrénées, de la Côte-d'Or ou des Vosges. Qu'il soit du moins permis aux personnes qui ne sont point affectées de ces maladies de se débarrasser de la fièvre intermittente quand elle vient les saisir; et que l'on se contente de la respecter chez les maniaques, les épileptiques et les paralytiques, voire même chez les goutteux, s'il leur est plus agréable d'avoir la fièvre que la goutte.

Ce qu'il y a de certain, c'est qu'à mesure que les accès de la fièvre intermittente se répètent, lorsqu'ils ne vont pas en diminuant d'intensité, le sujet s'affaiblit plus ou moins rapidement; les organes digestifs s'irritent lorsque déjà ils n'étaient pas affectés ; ils finissent par rester irrités dans l'apyrexie; les viscères qui concourent à la digestion, le foie, la rate, les ganglions mésentériques, s'affectent peu à peu : qu'on me pardonne cette répétition, elle n'est pas inutile. Il résulte de là qu'il importe d'arrêter les accès d'une fièvre intermittente, toutes les fois qu'on peut le faire sans occasioner des maux plus grands, ou du moins aussi grands que ceux qu'on veut éviter. Cette distinction, il faut l'avouer, n'est pas toujours facile. On a cru voir, dans plusieurs cas, que le traitement mis en usage pour guérir la fièvre, tantôt semblait la perpétuer, et tantôt ne la supprimait qu'en favorisant le développement morbide de la rate, du foie ou du mésentère : les faits qui établissent cette proposition sont trop nombreux pour qu'on puisse la révoquer en doute. Ils ont été la source de discussions sur lesquelles on n'a jamais été d'accord.

Il me paraît que les suites souvent fâcheuses du traitement généralement employé jusqu'ici sont provenues, 1°. de la nature même du traitement ; 2°. de la prédisposition morbide de la membrane muqueuse gastro-intestinale, du foie, de la rate, des ganglions mésentériques, ou des viscères thoraciques ; 3°. de la persistance des causes morbifiques.

La première chose à faire pour la guérison de la fièvre intermittente, plus encore que pour celle de toute autre fièvre, est de s'enquérir avec soin des conditions de tous genres au milieu desquelles le sujet se trouve placé. Si, par exemple, la maladie est l'effet des émanations marécageuses, en vain on prodiguera les moyens curatifs les plus énergiques ; ils échoueront, ou bien il faudra les employer avec une activité dont les suites ne pourront être que funestes, lors même que l'on obtiendra la cessation de ce qu'on appelle la fièvre, c'est-à-dire des symptômes sympathiques intermittens d'une lésion qu'à force de médicamens on rendra continue. Le changement de lieu, d'habitation, de nourriture, de profession et les voyages guérissent plus de fièvres intermittentes que les médicamens. On peut en dire autant des émotions vives, des affections gaies, des passions, qui portent l'action vitale à la périphérie. Lorsque ces moyens ne suffisent pas, ils contribuent puissamment à l'efficacité des autres agens thérapeutiques.

La prédisposition morbide des viscères abdominaux et pectoraux doit être prise en grande considération dans le traitement des fièvres intermittentes, soit pour le choix des moyens décisifs, soit pour l'emploi des moyens préparatoires qui peuvent en amener le succès,

en prévenir les inconvéniens. Dès qu'un sujet prédisposé aux irritations chroniques de l'un ou l'autre de
ces viscères vient à être affecté de fièvre intermittente,
après avoir écarté les causes externes qui ont pu
faire naître cette maladie ou qui pourraient l'entretenir, il faut se hâter de la faire cesser, lorsqu'elle
dépend de l'irritation des voies digestives; car cette
irritation, en se répétant, finit par déterminer
l'irritation chronique des viscères voisins. Néanmoins il est alors utile de mettre en usage les moyens
qui diminuent la prédisposition morbide de ces derniers. Telle est encore la conduite qu'il faut tenir
quand on craint de voir la poitrine s'affecter; ce qui au
reste n'a guère lieu que sous l'influence de causes extérieures qui ne peuvent être écartées, ou lorsqu'une inflammation préexistante de la plèvre, des bronches ou du
parenchyme pulmonaire est susceptible de s'exaspérer
sous l'influence sympathique d'une irritation gastrique (1). Quant aux sujets prédisposés aux irritations encéphaliques, aux maladies dites mentales, ces
maladies sont tellement fâcheuses, qu'il vaut mieux
ne pas s'opposer aux progrès de la fièvre intermittente
que chercher à la guérir, ainsi qu'il a été dit plus
haut, quoique cependant il ne soit pas impossible
que l'on trouve par la suite le moyen de remédier à
celle-ci sans rappeler celles-là.

Le traitement des fièvres intermittentes ayant été

---

(1) L'*Histoire des Phlegmasies chroniques* de M. Broussais
contient des faits précieux relatifs à ce point de doctrine, entièrement méconnu avant que cet auteur l'eût signalé.

jusqu'ici purement empirique, on doit peu s'étonner que, souvent employé avec trop d'énergie, sans préparation, et même en temps inopportun, il ait souvent nui, lors même qu'il a fait cesser la fièvre.

Les anciens, qui ne connaissaient point le quinquina, traitaient les fièvres intermittentes absolument comme les fièvres continues : ils saignaient, puis ils évacuaient; ensuite ils revenaient à la saignée pour évacuer encore, et ainsi de suite. Une abstinence sévère était ordonnée dans les premiers jours; on frictionnait avec force le corps des malades, on leur faisait prendre des bains, puis on prescrivait le vin à doses progressivement plus considérables ; à l'instant où l'accès était sur le point de se manifester, on réchauffait la surface du corps par tous les moyens possibles. Je suis parvenu à entraver un accès de fièvre en faisant couvrir de linges très-chauds, sans cesse renouvelés, le corps d'une jeune dame au moment où elle commençait à éprouver le frisson. Les bains-chauds, les frictions et ce moyen trop négligé, dispenseraient peut-être de beaucoup d'autres, si on les employait avec soin à l'approche des accès de plusieurs fièvres intermittentes. Stoll range les sudorifiques, les opiacés, le bain, le séjour au lit, les exercices du corps, les sinapismes et les vésicatoires, au nombre des moyens qui peuvent prévenir le retour des accès, lorsqu'on les emploie peu de temps avant que ceux-ci ne s'établissent.

Dès que l'usage des composés chimiques fut introduit dans la pratique de la médecine, on choisit les plus monstrueux pour remplacer le vin employé par les anciens ; mais ils ont été remplacés à leur tour par le quinquina.

Lorsque le quinquina fut apporté en Europe, il trouva de chauds partisans et des antagonistes non moins ardens : le plus remarquable parmi les premiers fut Torti, et parmi les derniers Ramazzini. Tous deux, exerçant la médecine dans le même pays, s'étudièrent l'un à exalter les vertus, l'autre les inconvéniens de ce médicament. Ramazzini préconisa d'abord l'emploi de ce remède, et ce ne fut qu'après une longue expérience qu'il en reconnut les mauvais effets ; il n'en proscrivait pas l'usage, il se bornait à le restreindre : Torti le recommandait dans tous les cas sans exception (1). Torti a triomphé jusqu'à ces derniers temps ; et depuis lui l'usage du quinquina s'est étendu non-seulement des fièvres pernicieuses aux fièvres bénignes, mais encore aux fièvres continues. S'il est incontestable que ce médicament rend des services inappréciables dans les fièvres intermittentes, et ces services sont aussi évidens que les victimes qu'a fait périr cette substance dans le traitement des fièvres continues ont été nombreuses, il n'est pas moins vrai que l'empirisme le plus aveugle peut seul le prescrire dans toutes les fièvres intermittentes.

La cherté du quinquina, sa rareté dans quelques circonstances, le dégoût insurmontable qu'il inspire aux malades, ont fait rechercher des moyens qui pussent le remplacer. On en a trouvé ; mais aucun d'eux n'a été employé aussi souvent que ce végétal dans les

____

(1) B. RAMAZZINI, *D. de Abusu Chinæ chinæ ; F.* TORTI *Responsiones ad hanc dissertationem ;* à la suite de son traité intitulé *Therapeutice specialis ad febres periodicas perniciosas.* Leyde, 1821 ; tom. II.

fièvres intermittentes : de telle sorte qu'on le considère encore comme celui de tous sur lequel on doit compter davantage; on le préfère exclusivement dans la plupart des cas, bien que dans des cas absolument semblables d'autres moyens aient également réussi, moins, souvent à la vérité, parce qu'on les a employés plus rarement.

Ces préliminaires étaient indispensables pour éviter des répétitions : voyons maintenant quelles ont été les principales méthodes suivies jusqu'à ce jour dans le traitement des fièvres intermittentes, et en particulier dans celui des bénignes.

Frank trace de la manière suivante le traitement de la fièvre intermittente bénigne sans complication, c'est-à-dire de celle qui n'est ni gastrique, ni inflammatoire, ni pernicieuse, ni larvée. Après que deux ou trois accès ont fait reconnaître le caractère de la maladie, et lorsque son apparition n'a pas été le signal de la guérison d'une autre maladie, il veut qu'on administre le quinquina en substance et seul. Quelquefois, dit-il, à cause de l'*idiosyncrasie* du malade, de la *sensibilité* et de l'*irritabilité* de *l'estomac* et des *intestins*, cette écorce *irrite* le ventricule et produit un sentiment d'oppression ; elle est rejetée par le vomissement, ou se précipite par les selles. Dans le premier cas il recommande un aromatique agréable, et dans les deux autres l'opium, soit avant, soit avec le fébrifuge. Bien que l'infusion de quinquina à froid ou à chaud, la décoction, l'extrait gommeux ou résineux de cette substance, et même les lavemens, ainsi que les applications extérieures, aient souvent guéri la fièvre intermittente, le quinquina en substance est préférable. Il faut l'administrer dans l'apyrexie peu après l'accès, au moins deux heures avant celui qui doit suivre. Si on ne l'administre que dans les deux heures qui précèdent l'accès, les malades sont affectés d'une *sensibilité* plus grande; ils éprouvent des nausées, une répugnance invincible et vomissent le médicament. Deux gros suffisent quelquefois; souvent il faut en donner trois et même quatre, soit en une seule dose, soit en plusieurs prises plus ou moins fortes, selon que l'apyrexie est plus ou moins longue, et distribuées de telle sorte que les moins considérables soient administrées les dernières.

Le premier accès qui doit succéder à l'administration du quinquina ne présente souvent aucune diminution; souvent même il est plus fort que le précédent, ce qui ne doit pas détourner de continuer l'emploi de ce médicament. Ordinairement on est obligé d'en administrer en tout jusqu'à trois onces; les doses doivent être d'autant plus considérables que les accès deviennent moins marqués, jusqu'à ce qu'ils aient cessé : alors on continue l'usage de ce médicament, mais à plus faibles doses.

Frank avoue que le quinquina seul ne réussit pas toujours, qu'il échoue chez *certains individus*; que la fièvre cède mieux quelquefois à ce médicament uni à l'opium, ou bien à l'opium seul, à l'ipécacuanha, à l'émétique donné à petites doses, à l'usage d'un mets vivement désiré, quelquefois bizarre, au changement d'air; et enfin aux *amulettes*.

La résistance de la fièvre à l'action du quinquina dépend souvent, selon cet auteur, de ce qu'elle n'est pas *légitime*, c'est-à-dire de ce qu'il y a une com-

plication inconnue, telle que les *amas intérieurs de saburres latentes*, menace de *pléthore* ou même une *obstruction*, un *squirrhe*, un *cancer* de quelque viscère, surtout du foie, de la rate, un *vice spécifique*, la *suppression d'un flux*, « qui, dit-il, demandent un traitement particulier, quelquefois n'en admettent aucun, et s'exaspèrent par l'usage inconsidéré de l'écorce du Pérou. »

Ces principes étaient ceux des praticiens les plus habiles, il y a peu d'années; ils sont encore le résultat positif des faits si on en élague une théorie surannée. D'abord, comme il a déjà été dit, les observations de fièvres intermittentes simples sont toutes tronquées, incomplètes ou mal jugées, soit que l'auteur qui les rapporte ait omis les signes de l'irritation de l'estomac, de la poitrine ou de l'encéphale, soit qu'il ne les ait pas reconnus, soit enfin qu'il les ait affaiblis parce qu'il n'en connaissait pas l'importance. Par conséquent il n'est peut-être pas un seul cas de fièvre intermittente qui nécessite l'emploi du quinquina seulement. Ensuite, si Frank et les médecins qui partagent ses opinions avaient connu les signes de l'irritation gastrique, ils auraient su que l'existence de cette irritation explique les cas où le quinquina ne guérit pas les fièvres intermittentes, beaucoup mieux que l'*idiosyncrasie* du sujet, les *saburres*, les *obstructions*, les *vices spécifiques* et la *suppression des flux*. Qu'on ne dise pas que ces médecins ont connu la gastro-entérite parce qu'ils parlent de la *sensibilité* et de l'*irritabilité* de l'estomac et des intestins : cette sensibilité, cette irritabilité n'étaient pour eux qu'une particularité individuelle et non la cause prochaine des phénomènes fébriles. Quant à la pléthore, on doit les louer d'avoir reconnu qu'elle s'oppose à la guérison par le quinquina ; mais ils n'ont pas su pourquoi. Il est évident aujourd'hui que cette condition de l'organisme dispose le cœur à l'irritation, favorise singulièrement la prolongation de la gastro-entérite, ou rend l'estomac plus susceptible de s'enflammer sous l'empire du quinquina, quand l'irritation fébrile réside à la tête ou dans la poitrine.

Au lieu de suivre Frank dans ce qu'il dit du traitement des fièvres intermittentes compliquées, écoutons Stoll sur ce qu'on doit faire pendant les accès de la fièvre intermittente en général, puis nous rapporterons l'opinion de M. Pinel sur le traitement des fièvres intermittentes inflammatoires, gastriques et muqueuses.

« Dans le temps du froid, il faut, dit Stoll, donner une boisson doucement diaphorétique, tiède, souvent et peu à la fois ; par ce moyen, aidé de la chaleur du lit, et en s'abstenant de nourriture quelques heures avant l'invasion, on prévient un vomissement incommode dans l'accès.

» La chaleur ayant succédé, le repos, les couvertures du lit plus légères, la limonade conviennent ; et si elle est exorbitante, que le sujet soit pléthorique, disposé à l'apoplexie, la saignée elle-même pratiquée avec précaution.

» La sueur commencée doit être entretenue doucement, en restant au lit, par des boissons tièdes, l'infusion de fleurs de sureau, le petit-lait fait au vin ; il ne faut pas la provoquer par force : après la sueur, le repos, le sommeil et la nourriture conviennent. »

Si l'on ajoute que l'application des sangsues à l'épigastre ou aux tempes est souvent préférable à la saignée, que le petit-lait est de trop, et qu'il ne faut pas se hâter de donner des alimens, ces préceptes généraux sont les seuls auxquels on doive se conformer pendant les accès de la fièvre intermittente.

M. Pinel n'admettant pas de fièvres intermittentes *inflammatoires*, c'est encore dans Stoll qu'il faut aller chercher d'utiles conseils pour le traitement de ces maladies : « la méthode *anti-phlogistique*, dit-il, convient aux intermittentes du printemps des sujets pléthoriques, des athlétiques, et lorsque l'excès de santé est cause de la fièvre; à celles des individus disposés aux inflammations, à l'apoplexie, qui sont dans un *léger état* de péripneumonie, de pleurésie, qui crachent le sang; dans une fièvre dégénérant très-facilement, par la nature de l'épidémie, en continue inflammatoire; quand les paroxysmes se prolongent et que l'apyrexie n'est pas complète; quand il y a un mal de tête violent et inflammatoire, un délire fou, furieux. »

Cet habile praticien avait donc reconnu la nécessité d'employer les anti-phlogistiques contre les gastro-entérites, les pleurésies, les péripneumonies, les encéphalites intermittentes du printemps, qu'il avait entrevues malgré les épaisses ténèbres des théories de son temps. Mais comme il n'est donné à personne de s'élever tout-à-fait au-dessus des préjugés du siècle où l'on vit, il permettait de joindre à la saignée les sels neutres et les eccoprotiques; ces moyens, même administrés avec réserve, ne pouvaient être sans inconvénient que dans les cas où l'irritation avait son siége dans l'encéphale; ils l'entretenaient certainement quand elle résidait dans l'estomac, et surtout dans les intestins.

Sydenham, Pringle, Huxham, Grant et beaucoup d'autres praticiens avaient recommandé la saignée dans les fièvres intermittentes printanières; il était réservé à notre siècle de voir bannir un moyen si puissant du traitement de cette maladie; mais il faut dire à la louange de plusieurs de nos confrères que, malgré l'anathème lancé contre cette opération, plusieurs d'entr'eux continuèrent à s'en servir utilement.

J'ai vu M. Broussais prescrire la saignée ou l'application des sangsues à l'épigastre, selon qu'il paraissait y avoir sur-activité excessive du cœur, ou seulement, gastrite, puis administrer le quinquina, dès les premiers accès des fièvres intermittentes printanières : le succès le plus complet couronnait cette méthode que depuis, j'ai employée avec le même avantage. La saignée, l'application des sangsues suffisent dans plusieurs cas, pour faire cesser ces fièvres; mais toutes les fois qu'elles persévèrent après les émissions sanguines, on doit d'autant moins hésiter à prescrire le quinquina, et les mauvais effets qui peuvent suivre l'emploi intempestif de ce moyen sont d'autant moins à craindre, que l'apyrexie est devenue plus complète, que l'estomac n'est nullement irrité hors le temps de l'accès, et que la disposition à l'irritation est diminuée par la perte d'une certaine quantité de sang. Cette méthode est surtout efficace quand une irritation céphalique ou thoracique est la source unique ou principale des symptômes fébriles périodiques.

M. Pinel recommande une boisson émétisée, l'usage des délayans pendant les cinq ou six premiers accès des fièvres intermittentes *gastriques* ou *bilieuses*, puis une infusion amère, et il dit avoir obtenu la guérison de la plupart de ces maladies vers le huitième ou le dixième accès. Il s'élève très-judicieusement contre l'idée du quinquina donné comme spécifique des fièvres intermittentes ; mais en revanche il permet de le donner comme tonique, soit seul, soit uni à l'opium, quand le malade, *très - irritable*, dit-il, éprouve des nausées ou de la diarrhée, au nitrate ou au tartrate acidule de potasse dans des constitutions vigoureuses, au muriate d'ammoniaque quand il existe un état atonique ; enfin avec un purgatif après les accès quand on veut évacuer les premières voies. Mais du moins il reconnaît qu'on doit s'en abstenir quand il produit des douleurs de coliques, des anxiétés extrêmes, et lorsqu'il communique au visage une sorte de couleur luride, ou enfin quand il se manifeste un gonflement douloureux de la rate ou du foie.

Ce que j'ai dit de la nature et du traitement des prétendus embarras et des fièvres *gastriques*, dans le troisième chapitre de cet ouvrage, me dispense de revenir sur l'emploi des évacuans à l'occasion des fièvres intermittentes gastriques ; on doit faire à celles-ci l'application de ce que j'ai dit de celles-là. Seulement on remarquera que les fièvres intermittentes récidivent très-souvent sous l'empire des purgatifs, ce qui ne doit pas encourager à les prescrire ; et bien que cette récidive ait lieu moins souvent, dit-on, quand on joint le quinquina aux purgatifs, il n'y a jamais de motif suffisant pour faire courir au malade le danger du retour de sa maladie : la diète et les boissons acidulées suffisent pour rétablir l'appétit. J'ajouterai que si les vomitifs et les purgatifs font pourtant quelquefois cesser les fièvres intermittentes, c'est parce qu'on les donne dans l'apyrexie, et que cela suffit pour expliquer pourquoi ils sont en général moins nuisibles dans ces fièvres que dans les fièvres continues.

Avant d'en venir au quinquina dans les fièvres intermittentes gastriques, il faut constamment débuter par l'application des sangsues à l'épigastre, parce que toujours l'estomac ou le duodénum, ou ces deux viscères, sont irrités ; on palpera avec soin la région du colon transverse et descendant, afin de s'assurer s'il participe à l'état morbide de l'estomac ; on prendra cette précaution surtout quand aucun signe n'indiquera l'irritation gastrique ou duodénale ; et si l'on pense que le colon est enflammé, ce qu'indique la douleur ressentie dans le trajet de cet intestin, on fera poser des sangsues en grand nombre à l'anus. Quelques faits me portent à penser, comme je l'ai dit, que l'inflammation du colon suffit parfois pour déterminer des accès fébriles intermittens : s'il en était ainsi plus fréquemment que je ne le pense moi-même, il serait aisé de se rendre raison des cas où les purgatifs rappellent la fièvre, tandis que les vomitifs la font cesser.

Lorsqu'on a convenablement combattu l'irritation des voies digestives par l'application des sangsues plutôt que par la saignée générale ; lorsque, dans l'apyrexie, la langue est parfaitement nette, point rouge sur ses bords ni à sa pointe, il faut donner de suite le quinquina en substance, à une dose peu élevée, telle qu'un ou deux gros. Si dans l'apyrexie suivante la langue se rétablit comme elle était avant l'administration de ce médicament, on peut sans inconvénient en continuer l'usage et même en augmenter la dose, jusqu'à ce que les accès cessent ou que l'irritation gastrique tende à devenir continue. Dans ce dernier cas, il faut en suspendre l'administration, et quelquefois même recourir de nouveau aux émissions sanguines locales. C'est ainsi que, par une marche calculée, non d'après des idées d'une saburre chimérique, mais d'après l'état du viscère auquel on adresse le médicament qui doit terminer la cure, on peut éviter les obstructions du foie et de la rate et la prolongation de la fièvre, accidens qui, jusqu'à ces derniers temps, étaient demeurés inexplicables, ou que l'on attribuait vaguement à l'action du quinquina, tandis qu'il ne fallait s'en prendre qu'à l'imperfection de l'art.

Le traitement des fièvres intermittentes *muqueuses* diffère peu de celui des fièvres gastriques ou bilieuses intermittentes : seulement dans les premières l'irritation étant généralement moins intense, les sujets plus faibles et moins irritables, on peut employer les amers et le quinquina plus tôt et à plus haute dose que dans ces dernières, avec moins de crainte de faire prendre à la maladie le type continu, ou d'occasioner dans les viscères annexés au canal digestif une irritation sympathique dangereuse. Cependant c'est surtout à la suite de plusieurs accès de fièvres muqueuses intermittentes qu'on voit ces viscères s'affecter, parce que les sujets chez lesquels elles se développent, quoique peu disposés aux inflammations aiguës, sont très-disposés aux dégénérescences qui sont l'effet d'une irritation obscure et prolongée. Mais, si on réfléchit que

l'irritation intermittente des voies digestives est une
cause puissante d'irritation pour le foie, le mésentère
et même la rate, on en concluera la nécessité de recourir de bonne heure au quinquina pour prévenir
celle-ci, en faisant promptement cesser celle-là.

Lorsque le quinquina ne prévient pas de prime-
abord les accès fébriles muqueux, et bien plus encore
lorsqu'il les exaspère, on a plus à craindre que dans les
fièvres gastriques intermittentes, non pas une mort prochaine, mais le développement d'une inflammation
latente et chronique des viscères abdominaux. Toutes
les fois que le quinquina paraît être plus nuisible
qu'utile, il est sage de temporiser jusqu'au printemps,
époque à laquelle les fièvres muqueuses intermittentes,
presque toutes automnales, cessent très souvent. Mais
c'est en vain qu'on espère une guérison solide, par
quelque mode de traitement que ce soit, lorsque le
sujet reste au milieu d'une atmosphère humide et chargée d'émanations marécageuses, cause la plus ordinaire de ces fièvres : le changement de lieu est indispensable, et souvent il suffit pour déterminer la guérison. Il en est de même dans les fièvres gastriques,
lorsqu'elles proviennent de la même cause.

Que dire du traitement des fièvres intermittentes
adynamiques, puisque leur existence est à peine admise par le nosographe qui a établi la classe des fièvres
adynamiques? Il est peu sage de tracer *à priori* des
règles de traitement contre des maladies qui peut-être
n'existent pas : si pourtant quelque praticien la rencontre dans le cours de ses travaux, il devra, ce me
semble, la traiter comme une gastro-entérite très-
intense, puisque la fièvre adynamique proprement dite,

c'est-à-dire la fièvre putride des anciens, est évidemment due à cette inflammation. Il n'est pas inutile de remarquer que dans le traitement du très-petit nombre de fièvres intermittentes adynamiques observées jusqu'à ce jour, le quinquina ne s'est montré guère plus efficace, ou plutôt guère moins nuisible, que dans les adynamiques continues. Au reste, ces fièvres étaient plutôt rémittentes qu'intermittentes.

Le quinquina n'est pas le seul moyen auquel on puisse avoir recours pour accélérer la guérison des fièvres intermittentes. J'ai déjà dit que beaucoup d'autres agens ont été souvent employés avec succès, et je suis loin de vouloir que l'on renonce à l'usage des amers indigènes ; mais, de tous ces moyens, le quinquina est celui dont le mode d'administration est le mieux connu ; c'est le plus puissant parmi ceux qui ne sont point tirés de la classe des poisons. On doit le préférer aux autres amers, parce qu'il possède une réunion de qualités précieuses, en ce qu'il est tout à la fois amer et aromatique à un degré très-élevé ; parce qu'on peut en graduer la dose et l'action avec la plus grande facilité ; et parce qu'il offre moins de danger que l'arsenic, par exemple, remède féroce auquel on ne doit jamais avoir recours dans le traitement des fièvres intermittentes bénignes. Quant aux alcalis retirés du quinquina et aux sels que l'on en a formés, leur action locale n'étant pas encore suffisamment connue, il ne me paraît convenable d'y avoir recours que lorsque le malade se refuse obstinément à prendre le quinquina en substance.

L'action du quinquina dans les fièvres intermittentes a été, depuis sa découverte, l'objet d'une foule de discussions ; aujourd'hui on peut réduire à trois les explications qu'on en donne : les uns prétendent que ce médicament agit comme *spécifique* : j'avoue que je n'entends absolument rien à une pareille proposition, et j'en abandonne à de plus habiles l'éclaircissement, la discussion, et surtout la démonstration. D'autres pensent qu'il guérit les fièvres intermittentes, parce qu'il augmente les forces vitales : je ne crois pas que les forces vitales soient susceptibles d'une augmentation absolue. Veut-on parler d'une augmentation locale du mouvement organique, veut-on dire qu'il fortifie l'estomac, alors cette opinion est presque celle de M. Broussais, qui pense avec raison que le quinquina stimule l'estomac dans les fièvres intermittentes, comme il le stimule dans tous les autres cas où on l'administre.

Une fois qu'on est convenu que le quinquina guérit les fièvres intermittentes en stimulant l'estomac, quelques médecins se croient autorisés à en conclure que la fièvre intermittente n'est pas une gastro-entérite ; car, disent-ils, *comment* un irritant pourrait-il guérir une irritation ?

Me voici arrivé au point le plus litigieux de la nouvelle théorie ; on me permettra donc de m'y arrêter autant que l'exige l'importance du sujet.

Que l'on m'accorde d'abord que deux faits démontrés ne cessent pas d'être incontestables, lors même qu'on ignore *comment* ils se succèdent, et que le défaut d'une bonne explication de la liaison qui peut exister entre eux, et même l'apparente contradiction qui résulterait de ce défaut d'explication, n'autorisent à nier ni l'un ni l'autre. Ceci posé, je pourrais, à la rigueur, me borner à dire : la fièvre intermittente

gastrique est évidemment une irritation des voies digestives ; le quinquina augmente l'action vitale dans
les tissus avec lesquels on le met en contact ; cette
fièvre cesse fort souvent après l'administration de ce
médicament , et ne point chercher à concilier cette
contradiction qui n'est qu'apparente , car dans la nature il n'y a point de contradiction. Les médecins qui
prétendent que la fièvre intermittente guérit par l'action *spécifique* du quinquina éludent la difficulté
qu'ils nous opposent ; par une véritable escobar-
derie, ils nient l'action excitante du quinquina, bien
que ce soit un fait , lorsqu'il s'agit de défendre leur
théorie , tandis qu'ils nous opposent ce fait quand il
s'agit d'attaquer la nôtre : c'est ainsi qu'on défend une
mauvaise cause. Mais , sans créer aucune hypothèse ,
sans rien supposer, et surtout sans aucune subtilité ,
je pense qu'on peut se rendre compte de l'action du
quinquina dans les fièvres intermittentes gastriques ,
aussi-bien que de l'action de tout autre moyen dans
toute autre maladie , en se bornant à rapprocher et à
généraliser les faits.

Dans les cas où il réussit mieux , le quinquina est
appliqué à l'estomac pendant l'apyrexie, c'est-à-dire ,
quand l'estomac n'est point irrité : *premier fait* ;

Le quinquina ne réussit pas ou n'agit qu'incomplètement quand l'estomac est encore irrité : *deuxième fait* ;

Le quinquina aggrave l'état du malade quand on
le donne peu de temps avant l'invasion de l'accès,
plus encore quand on l'administre pendant l'accès :
dans le premier cas l'estomac est déjà très-irrité ;
dans le second il l'est au plus haut degré : *troisième
fait.*

De ces trois faits je conclus que le quinquina guérit les fièvres intermittentes gastriques, parce qu'il excite l'estomac en l'*absence* de l'irritation qui se manifeste par des accès fébriles, s'il est permis de s'exprimer ainsi, et cette proposition n'est que l'expression générale des trois faits qui viennent d'être indiqués. Il reste à examiner comment l'excitation de l'estomac par le quinquina peut prévenir le développement de l'irritation morbide de ce viscère, qui aurait déterminé les symptômes fébriles. Je pourrais répondre que c'est par un effet spécifique de l'irritation produite par le quinquina, et me préparer ainsi des approbations, ou bien encore dire que ce fait n'est pas plus extraordinaire que la mort de tart d'hommes qui ont péri victimes de cette irritation ajoutée à l'irritation permanente de l'estomac dans les fièvrescontinues. Mais :

1°. Des inflammations continues guérissent sous l'empire d'irritans appliqués directement sur la partie enflammée : c'est ainsi que guérissent l'ophthalmie par l'alun, l'urétrite par le sulfate de zinc, l'érysipèle par le vésicatoire. Si une irritation continue guérit sous l'influence d'un irritant, pourquoi n'en serait-il pas de même, et à plus forte raison, d'une irritation intermittente, surtout si, pour appliquer ce stimulant, on choisit l'instant où cette dernière n'a point lieu ?

2°. Une irritation intense, provoquée dans un tissu organique, le rend moins susceptible qu'il ne l'était auparavant de contracter une irritation moins intense : ainsi, lorsque la membrane muqueuse de la bouche a été rendue brûlante et douloureuse par l'action du piment, l'eau-de-vie la plus forte ne paraît plus être qu'une douce liqueur, le vinaigre se fait à peine sentir, le vin semble avoir perdu toute saveur.

5°. S'il est vrai que la fièvre continue soit un préservatif contre la fièvre intermittente, c'est avec raison que Pujol a dit du quinquina qu'il guérit les fièvres intermittentes en excitant une légère fièvre continue.

4°. Lorsque l'estomac n'est point le siége de l'irritation fébrile, le quinquina agit sur ce viscère comme la ventouse sèche, le sinapisme, le vésicatoire, qui, appliqués à la nuque, font cesser une ophthalmie, ou mieux, comme il agit lui-même quand, mis en contact avec l'estomac, il fait cesser une ophthalmie, une céphalalgie ou toute autre irritation intermittente externe.

Ainsi, le quinquina guérit les fièvres intermittentes soit en établissant sur l'estomac une irritation qui l'empêche de ressentir l'influence de leurs causes lorsque l'action de celles-ci se dirige sur ce viscère, soit en déterminant dans l'estomac une excitation dérivative, lorsque cette influence se dirige sur un autre organe.

Que l'on cesse enfin de chercher dans les faits ce qu'on ne peut y découvrir : tel agent produit tel effet sur tel tissu, et la guérison de telle maladie en est la suite ; voilà à quoi se réduit ce que nous savons, non-seulement sur le quinquina, mais encore sur tous les agens thérapeutiques. Ne cherchons point dans l'action locale des médicamens des argumens contre la nature des maladies, quand cette dernière est démontrée.

Dans les fièvres intermittentes, le régime est d'une grande importance, et c'est parce qu'on n'a pas su jusqu'ici le diriger convenablement que l'on a vu si souvent ces maladies s'éterniser. Il faut, dans l'apyrexïe, que le sujet mange peu, et ne fasse usage que d'alimens non susceptibles d'accroître le mouvement circulatoire en stimulant l'estomac. Cette indication ne doit être remplie qu'à l'aide des amers, des ferrugineux et du quinquina, quand on le juge nécessaire, parce que ces moyens sont les seuls qui exercent une action tonique sans accélérer les contractions du cœur. Si pendant l'apyrexie la langue est rouge sur ses bords et l'épigastre douloureux, les alimens que l'on permet, et que l'on est obligé de permettre quand la maladie se prolonge beaucoup, entretiennent l'irritation de l'estomac, neutralisent les bons effets que produirait, dans tout autre cas, l'action subite et intense des amers et du quinquina : or, puisqu'il est impossible d'astreindre le malade à une diète de plusieurs jours, il faut du moins travailler à rendre la gastro-entérite complètement intermittente, par les émissions sanguines locales, ce qui nécessite l'abstinence la plus complète durant tout le temps nécessaire pour les pratiquer.

Il est bon que le sujet mange fort peu, ou même ne mange pas du tout, le matin du jour où l'accès doit venir, et si celui-ci se montre de bonne heure, la diète la plus sévère est indiquée ; mais peu d'instans avant l'invasion, il est utile de donner, comme le conseille Stoll, une boisson très-chaude, légèrement aromatique, et de mettre en usage les moyens préservatifs dont il a déjà été fait mention.

La diète est d'autant plus efficace qu'on y joint les boissons aqueuses très-chaudes, et les émissions sanguines locales; ces moyens réunis suffisent plus souvent qu'on ne le croit généralement pour faire cesser la fièvre intermittente. Il est permis aux gens du monde de s'égayer, avec Lesage, sur le compte du médecin *Sangrado*; ne craignons pas qu'on nous impose ce sobriquet, puisque chaque jour d'honorables succès nous dédommageront de l'ignorante malice du public, de la malveillante ignorance de quelques-uns de nos confrères, et des sarcasmes intéressés de plus d'un pharmacien.

J'ai dit que l'état organique morbide qui constitue la fièvre intermittente cesse pendant l'intermission, mais ceci n'est vrai qu'en général; souvent il ne fait que diminuer, que redescendre à un degré qui ne lui permet plus de mettre en jeu les sympathies; et cela arrive surtout dans la fièvre intermittente gastrique chronique. Dans plusieurs fièvres intermittentes récentes, l'intermission est loin d'être exempte de tout phénomène morbide. Ces fièvres résistent au quinquina, que trop souvent l'on prodigue alors aveuglément. C'est dans ces fièvres que le quinquina produit des obstructions; c'est dans ces fièvres que le régime, les anti-phlogistiques habilement ménagés, l'exercice, le grand air et les bains sont si avantageux.

Un moyen encore peu répandu, et préconisé par les Anglais, a été employé avec succès par M. F. Lallemand pour la guérison des fièvres intermittentes : c'est celui des ligatures fortement serrées, appliquées aux membres. On obtient ainsi une congestion externe qui supplée à la congestion interne, la précède et la prévient; il est à désirer que les praticiens fassent usage de ce singulier moyen, et que des faits nombreux nous mettent à portée de juger définitivement de quelle utilité il peut être.

Je crois avoir démontré que les fièvres intermittentes, et notamment les bénignes, trouvent naturellement leur place dans la nouvelle théorie, surtout si on ne fait pas de toutes ces maladies autant de gastro-entérites, comme le veut M. Broussais, dont les vues exclusives fournissent des armes à ses adversaires. Cette théorie, telle que je viens de l'exposer, me paraît devoir régulariser le traitement des fièvres intermittentes bénignes, et l'on verra bientôt qu'elle peut aussi préparer les succès du traitement des fièvres intermittentes pernicieuses : traitemens qui tous deux n'ont été abandonnés à l'empirisme que parce que l'ancienne théorie était basée sur des hypothèses mises à la place des faits, et par conséquent inapplicable aux résultats de l'expérience.

CHAPITRE IX.

Des Fièvres intermittentes pernicieuses.

M. Pinel s'était borné à indiquer la place que devaient occuper les fièvres pernicieuses dans son cadre nosographique, lorsque M. Alibert publia un Traité devenu classique sur ces maladies, dans lequel, non content de présenter le sommaire des observations recueillies par Mercado, Morton, Torti, Lautter, Lancisi, Comparetti, il a décrit plusieurs variétés nouvelles de ces fièvres (1). Son ouvrage va me servir de guide dans l'exposition de leurs phénomènes, ainsi que du traitement recommandé et mis en usage avec de fréquens succès par les praticiens les plus habiles.

Les fièvres intermittentes ne demeurent pas toujours aussi peu intenses que celles dont il a été fait mention dans le chapitre précédent, sous le nom de *fièvres inflammatoires, gastriques, muqueuses intermittentes.* Dans certaines circonstances, on voit le deuxième ou le troisième, quelquefois le quatrième accès changer de caractère. Le frisson devient plus court et plus vif, ou très-long ; au lieu des phénomènes du stade de chaleur, tantôt on observe des symptômes graves qui ne s'étaient pas encore montrés ; tantôt un ou plusieurs de ceux qui avaient déjà paru s'exaspèrent à un degré remarquable ; les phénomènes sympathiques qui caractérisent spécialement l'accès fébrile deviennent moins ap-

---

(1) *Traité des Fièvres pernicieuses intermittentes*, 5ᵉ édit. Paris, 1820, *in-8°.*

parens ou même ils cessent pour la plupart. Les symptômes locaux de l'irritation, souvent jusque là inaperçus, deviennent tellement saillans qu'on ne peut plus les méconnaître, et l'on observe tous les phénomènes d'une maladie aiguë redoutable. Cependant l'accès se termine par une sueur peu marquée; le malade recouvre en partie ses forces, de l'appétit; quelquefois il ne se plaint d'aucun malaise. Un nouvel accès a lieu, et si la mort n'en est pas l'effet, elle ne manque guère de survenir dans l'accès suivant, quelquefois au quatrième ou au cinquième, non compris ceux qui n'ont été marqués par aucun symptôme grave. Telle est l'idée générale que l'on doit se faire des phénomènes et de la marche des fièvres intermittentes pernicieuses, quand le traitement convenable n'est point employé ou quand il demeure inefficace.

Il résulte des faits observés par de bons observateurs qu'on doit reconnaître un grand nombre de variétés de fièvres pernicieuses, en raison de leurs symptômes les plus marquans et d'après l'organe dans lequel ces symptômes se manifestent; et qu'on peut les répartir sous différens chefs, selon que ceux-ci dénotent une affection des voies digestives, de l'encéphale, des poumons ou de la plèvre, du cœur, de l'utérus, des reins, de la vessie, des membres ou de la peau; d'où résulte la répartition suivante : 1°. la fièvre intermittente pernicieuse *cardialgique*, l'*atrabilaire* ou *hépatique*, la *cholérique*, la *colique*; 2°. la *céphalalgique*, la *soporeuse*, la *délirante*, la *convulsive*, l'*épileptique*, l'*hydrophobique*, l'*aphonique*, la *paralytique*, l'*amaurotique*; 3°. la *péripneumonique*, la *pleurétique*, la *catarrhale* et la *dyspnéique*; 4°. la *syncopale* et la *carditique*; 5°. l'*utérine*; 6°. la *néphrétique* et la *cys-tique*; 7°. la *rhumatismale*; 8°. l'*algide*, la *diapho-rétique*, l'*exanthématique* et l'*ictérique*.

Qu'on se garde bien de croire que cet ordre soit un essai de classification, c'est simplement le rap-prochement des fièvres pernicieuses d'après l'organe où se manifeste le symptôme le plus saillant : on verra bientôt que cette répartition n'est que provisoire.

1°. La fièvre pernicieuse *cardialgique*, la plus fré-quente de toutes et l'une des plus redoutables, peut-être même la plus dangereuse, est caractérisée par une vive douleur à l'épigastre, laquelle paraît correspondre à l'orifice supérieur de l'estomac ; c'est un sentiment de morsure, de déchirement insup-portable, souvent avec des nausées et même des vo-missemens, parfois avec des syncopes ; la douleur peut aller jusqu'à arracher des cris au malade, dont la face est pâle, les traits profondément altérés, le pouls petit, rare, à peine sensible, les forces musculaires dans la prostration, la vue quelquefois obscurcie, et la respiration souvent gênée. Ces symptômes se manifestent après un frisson ordinairement très-court ou dès le commencement de la période de chaleur, Pour peu que l'on compare cet état à la cardialgie aiguë ou chronique non fébrile, et à certaines fièvres gastriques continues, on demeurera convaincu que cette fièvre pernicieuse n'est qu'une gastrite intermit-tente très-intense.

L'*atrabilaire* ou *hépatique* n'a été observée que chez un petit nombre de sujets vigoureux, et elle a paru moins grave que plusieurs autres ; elle est annoncée par des selles abondantes et répétées, soit de matières semblables à de la lavure de chair, soit de sang noirâtre, liquide, coagulé en totalité ou en partie ; la faiblesse est extrême, le pouls faible et petit, la voix aiguë ou éteinte, le corps froid, surtout aux extrémités, et le malade est près de tomber en syncope aussitôt qu'il essaye de se lever. Tous ces symptômes indiquent une violente irritation intermittente des intestins, avec exhalation sanguine plus ou moins abondante. Nous ne sommes plus au temps où l'on faisait provenir du foie les matières rendues dans cette maladie.

La *cholérique* ou *dysentérique* a pour symptômes des vomissemens de matières bilieuses abondantes, d'un vert porracé, une vive douleur et de la chaleur à l'estomac, la sécheresse de la langue, le hoquet, l'altération de la voix, qui devient aiguë, glapissante ou rauque, la gêne de la respiration, la petitesse et la faiblesse du pouls, la lividité et le froid des extrémités. Malgré tout ce que Torti a pu dire, on ne peut voir dans cette affection qu'un choléra intermittent, c'est-à-dire, une violente irritation de l'estomac et des intestins, avec évacuations excessivement abondantes, revenant périodiquement.

La *colique* observée par Morton a pour signe pathognomonique de vives douleurs dans les intestins, lesquelles consistent tantôt dans un sentiment de torsion ou de tension très-incommode, ou dans un frémissement, une sorte de *tremor*, avec pouls petit, anxiété extrême, spasme, vomissement, sueur froide, soif, sécheresse de la langue. Ces deux derniers symptômes n'ont pas toujours lieu, ainsi que je viens d'avoir l'occasion de m'en assurer.

Ces quatre fièvres pernicieuses nous fournissent l'exemple des principales nuances de l'irritation gastro-intestinale intermittente portée au plus haut degré d'intensité ; considérées collectivement, elles forment le plus grand nombre des fièvres pernicieuses, ce qui vient à l'appui de ce que j'ai dit sur la grande fréquence des fièvres intermittentes gastriques bénignes. Les symptômes locaux, peu marqués dans celles-ci, se montrent avec une intensité telle dans les pernicieuses gastro-intestinales, qu'il n'est plus permis de méconnaître le siége de la maladie.

2°. Les auteurs qui ont observé la fièvre pernicieuse *céphalalgique* s'accordent à dire qu'aux symptômes de réaction du système circulatoire se joignent une vive douleur de tête, surtout à la région frontale, quelquefois une hémicrânie, souvent de la douleur dans les orbites, un trouble de la vue, une irritabilité excessive de la rétine, des tintemens d'oreilles, une répugnance marquée pour toute espèce de bruit, des vertiges et de l'insomnie. Tous ces phénomènes indiquent une irritation des plus intenses de la méningine ou de l'encéphale lui-même ; on ne peut élever aucun doute à cet égard. Il est à regretter qu'on n'ait pas décrit avec soin l'état de la langue et de l'estomac dans cette variété de la fièvre pernicieuse. Très-sujet moi-même à des irritations intenses, quoique passagères de l'encéphale, j'avoue que mon estomac en ressent presque constamment l'influence ; mais un fait isolé ne prouve pas suffisamment. Il me suffit d'ailleurs de cesser un seul jour mes travaux pour que mon estomac fasse ses fonc-

tions aussi bien qu'auparavant, quoique ma tête reste
encore douloureuse , et que je conserve des étourdissemens, ce qui prouve que l'irritation cérébrale
est primitive. Un cas de fièvre pernicieuse céphalalgique, traitée par Comparetti, avec opiniâtreté, à
l'aide du quinquina, était si évidemment une irritation de l'encéphale, que dans le cours de la maladie,
qui fut fort longue, il s'écoula une matière purulente par le conduit auditif; une tache noire indiquait
la carie des parois osseuses de ce canal. Rien ne ressemble davantage à ce qu'on appelle une fièvre pernicieuse que les accès périodiques de céphalalgie atroce,
causés par une lésion profonde de l'encéphale , dont
M. Itard a rapporté plusieurs exemples (1).

La fièvre pernicieuse *apoplectique, carotique, léthar-
gique* ou *soporeuse* , est une des plus fréquentes après
la cardialgique : c'est peut-être la plus dangereuse et en
même temps une de celles dans lesquelles le traitement
est le plus efficace. Au déclin du frisson d'un accès de
fièvre bénigne ou dans le stade de chaleur , le malade
tombe dans un état de somnolence, ou même dans
un assoupissement plus ou moins profond ; le pouls
est plein et rare ou petit et lent ; les yeux sont larmoyans et fixes, les paupières entr'ouvertes, immobiles;
la face prend un aspect cadavéreux ; si l'on parvient à
éveiller le malade, il balbutie quelques mots, répond à
peine aux questions qu'on lui fait ; inattentif à ce qui se
passe autour de lui , il demande une chose et l'oublie
aussitôt ; il cherche à rassembler ses idées, il re-

____

(1) *Traité des Maladies de l'Oreille et de l'Audition.* Paris,
1822, t. 1, p. 212, *in-8°.*

connaît même l'incohérence de ses idées et veut asseoir un jugement, mais bientôt il retombe dans la stupeur. Quand l'accès est très-intense, la respiration est stertoreuse, tout sentiment paraît éteint, on ne peut plus obtenir ni parole ni mouvement. Après une ou plusieurs heures passées dans cet état, la connaissance revient au malade jusqu'à ce qu'un nouvel accès se manifeste. Nous retrouvons dans chacun de ces accès tantôt les phénomènes de l'apoplexie continue, tantôt ceux de l'assoupissement qui caractérise le typhus ; et, dans l'un et l'autre cas, les preuves d'une forte concentration de l'action vitale vers l'encéphale , d'un afflux manifeste ou latent du sang vers ce viscère, afflux qui n'est, ainsi que l'a démontré M. Desèze, que l'effet d'une irritation de la substance cérébrale (1). Cet afflux n'étant pas d'abord assez violent pour déterminer un épanchement sanguin dans le cerveau, le calme se rétablit jusqu'à ce qu'un nouvel accès achève d'épuiser la dose d'activité vitale départie à ce viscère.

On n'a point indiqué l'état de la langue et de l'épigastre dans cette fièvre, qui sans doute n'est pas exempt de l'irritation des voies digestives , au moins dans plusieurs cas.

La *délirante* n'est pas seulement caractérisée par le désordre de la pensée ; la soif est ardente , la peau très-chaude, le pouls très-faible, le sphincter de la vessie quelquefois relâché ; *le* malade s'agite pour sortir de son lit. Dans un cas rapporté par Lautter, on observait en outre tous les signes d'une inflam-

---

(1) *Recherches sur la Sensibilité.*

mation du poumon. Dans un des deux cas observés par Lanoix, la figure était rouge, animée, la langue d'un rouge brun à son centre et bordée de jaune ; chaque fois que le malade buvait, il vomissait avec d'affreux efforts de la bile d'un vert porracé, et désignait par le geste la douleur qu'il éprouvait à l'épigastre ; la respiration était gênée, le pouls petit ; un assoupissement profond termina l'accès, qui avait duré dix-huit heures. Pendant l'apyrexie, les nausées se faisaient encore sentir ; la mémoire était légèrement altérée. Les accès se renouvelèrent avec plus d'intensité ; le sixième ne cessa qu'avec la vie du malade. Dans un autre cas, des douleurs de tête, une *dyspepsie*, annonçaient l'accès, qui débuta par un frisson violent pendant quarante-huit heures ; le délire survint ensuite avec faiblesse des muscles, rougeur de la face, gêne de la respiration, soif vive, nausées, anxiété, pouls concentré. Il n'y eut que six accès, après le dernier desquels la santé se rétablit. On doit conclure de ces faits que la fièvre délirante pernicieuse est rarement l'effet d'une irritation cérébrale simple ; et si on la compare aux cas analogues de fièvres continues ataxiques, on verra que ce n'est le plus souvent qu'une gastro-entérite avec irritation sympathique de l'encéphale. Je suis loin néanmoins de nier la possibilité d'une fièvre de ce caractère, occasionée par la seule irritation du cerveau ou plutôt de ses membranes. Remarquons en outre que l'assoupissement s'est joint ou bien a succédé plusieurs fois au délire : cette fièvre était donc à la fois délirante et soporeuse. Il est impossible d'établir une ligne de démarcation bien marquée entre des affections qui ne diffèrent qu'en raison de la prédisposition individuelle, du nombre des organes lésés, et de l'intensité de leur lésion.

La *convulsive* est plus commune chez les enfans que chez les adultes; on la reconnaît aux contractions irrégulières des muscles de la face, à la rotation forcée et au renversement du globe de l'œil, à la dilatation d'une ou des deux pupilles, quelquefois au serrement des mâchoires; l'assoupissement alterne avec ces symptômes ou leur succède; la respiration est très-gênée, le pouls extrêmement petit. Cette fièvre peut à peine être distinguée des deux précédentes, et elle fournit un nouvel argument en faveur de ceux qui prétendent qu'il est inutile de multiplier ainsi de prétendues espèces tellement voisines qu'elles se confondent. Comme dans la précédente, il est probable que l'estomac est souvent irrité; mais c'est ce qu'on n'a pu constater, parce que les signes de l'irritation de ce viscère n'étaient pas bien connus. Puisque les symptômes cérébraux sont si fortement dessinés, au moins ne nous refusons pas à voir dans cette nuance de la fièvre pernicieuse une irritation cérébrale avec ou sans gastro-entérite, mais avec mouvemens convulsifs.

L'*épileptique* a été décrite par Lautter, qui l'a observée une seule fois chez une petite fille. Dès le premier accès, après un frisson et un sentiment de froid peu prolongés, survint une chaleur excessive, des mouvemens convulsifs généraux, de l'écume à la bouche, puis la malade tomba dans l'assoupissement. Le retour des accès à la même heure indiquait le type de cette maladie, qui guérit après trois accès par le traitement approprié. Lautter avait remarqué si peu de différence entre les symptômes de cette maladie et ceux de l'épilepsie, qu'il crut avoir affaire à cette dernière jusqu'au moment où on lui parla de la régularité avec laquelle les accès se renouvelaient. C'est là évidemment une irritation cérébrale qui se manifeste par des symptômes d'épilepsie périodique régulière.

L'*hydrophobique* a été observée par Dumas. Dans le cas dont cet auteur a tracé l'histoire, il s'agit d'un homme robuste, d'une complexion sèche, qui, après avoir couché sur un terrain humide, eut des éblouissemens, des vertiges, une céphalalgie atroce, une anxiété générale, puis un frisson, une légère chaleur, du découragement et une prostration totale. Le lendemain, la douleur de tête continue à un degré intolérable; vomissement de matières verdâtres. Le jour d'après, nouveau frisson le soir, chaleur intense, soif très-vive, irritation à l'arrière-bouche, d'où gêne de la déglutition; délire peu marqué. Le jour suivant, *point de fièvre*, abattement, somnolence, gêne dans les muscles du cou; le soir, pouls irrégulier, chaleur à la peau sans frissons auparavant, sans sueurs après. Enfin, le lendemain, chaleur violente, délire furieux, mouvement convulsif des lèvres et des muscles du cou, dysphagie considérable, resserrement du pharynx, augmentant à l'approche des liquides; langue sèche, noire dans son milieu, *d'un rouge vif sur ses bords*. Le jour suivant, calme, mais aversion pour les liquides et dysphagie. Le lendemain, convulsions générales, soubresauts des tendons, contraction violente des muscles abdominaux, dysphagie insurmontable, délire furieux, efforts pour mordre, écume à la bouche, grincement des dents, rejet volontaire de flots de salive, horreur invincible pour tous les liquides, frémissement universel par le contact de l'eau fraîche. Traité par le quinquina, le malade guérit après huit accès. La répugnance pour les liquides avait lieu même dans l'apyrexie.

Il n'est pas permis de méconnaître aujourd'hui les symptômes réunis de la gastrite et de l'arachnoïdite dans cette fièvre pernicieuse. Dumas a observé ce cas intéressant avec un soin digne d'éloges; il a noté la rougeur des bords de la langue, dont un observateur moins attentif n'eût pas fait mention; c'est ainsi qu'une foule de faits remarquables ne sont parvenus jusqu'à nous que tronqués, par la préoccupation et l'inadvertence des médecins qui nous en ont transmis la relation incomplète.

L'*aphonique*, dont M. Double nous a donné l'histoire, ne fut pas observée avec moins d'attention par ce médecin. Une grande chaleur, la privation totale de la voix, l'agitation convulsive des muscles de la face, une langue comme *brûlée*, une soif extrême, un sentiment général d'inquiétude, de douleur, de pesanteur, caractérisèrent les accès, qui furent peu nombreux, et la maladie se termina heureusement à l'aide du quinquina. D'après ces symptômes on ne peut douter que l'estomac et le cerveau ne fussent fortement irrités. Mais la fièvre ne fut pas seulement aphonique, elle fut aussi convulsive, et l'inflammation intermittente de l'estomac ne fut pas un seul instant équivoque.

La *paralytique*, observée par Molitor et Jonquet, l'*amaurotique*, qui l'a été par M. Vacca Berlinghieri, n'étaient que des variétés de la fièvre pernicieuse dans laquelle le cerveau est irrité soit primitivement, soit sympathiquement; elles sont rares et guérissent aussi bien que toutes les autres sous l'empire du quinquina. Quelquefois l'amaurose succède au contraire à l'emploi du quinquina et à la cessation des accès. M. Coutanceau a vu un cas de ce genre : la diminution de la vue fut passagère.

L'irritation cérébrale prédomine dans ces neuf variétés de fièvres pernicieuses; quels que soient les symptômes qui l'annoncent, elle n'est pas équivoque; elle est toujours menaçante, et appelle l'attention du médecin. Cette irritation n'est pas toujours jointe à un état analogue des voies digestives. Supposer que l'irritation de l'encéphale est toujours un symptôme sympathique de la gastro-entérite dans ces fièvres, ce serait aller au-delà du vrai, et c'est surtout dans des cas de ce genre qu'il faut chercher des faits pour démontrer que la fièvre intermittente pernicieuse n'est pas toujours une gastro-entérite, non plus que la fièvre intermittente bénigne. Cependant on ne saurait trop inviter les praticiens à ne négliger aucune occasion de constater l'état des organes digestifs dans ces maladies si redoutables.

3°. Les symptômes de la fièvre pernicieuse *péripneumonique* ou *pleurétique*, décrite par Morton et Lautter, sont un violent frisson, un froid général, une douleur intense de poitrine, augmentant dans l'inspiration, de la dyspnée, une faiblesse extrême; le pouls est d'abord petit et formicant, puis dur et fréquent; il y a ordinairement de la toux ; souvent la soif est excessive et la langue sèche. Cette fièvre peu commune n'est évidemment qu'une inflammation intermittente de la plèvre ou du poumon; et cela est si vrai qu'au premier accès on la prend toujours pour une pleurésie ou une péripneumonie continue; ce n'est que lorsqu'on voit les symptômes cesser, l'apyrexie s'établir, puis les symptômes reparaître, qu'on change le nom de la maladie.

Peut-on rapprocher de cette fièvre pernicieuse la *dyspnéïque* ou *asthmatique*, qui en diffère parce que la douleur est peu intense ou même nulle, la difficulté de respirer excessive, la suffocation imminente, les crachats nuls quoique la toux soit très - forte ? Dans les cas dont on a rapporté l'histoire, l'état du cœur n'ayant point été exploré avec soin, et dans plusieurs l'oppression ayant persisté après la cessation des accès, il est probable que sous ce nom on a décrit des fièvres intermittentes gastriques bénignes, développées chez des sujets dont le poumon ou le cœur était affecté de quelque maladie chronique.

La *catarrhale*, décrite par Comparetti, ne diffère point de la péripneumonique, quoique chez le malade qu'il a observé la face, la gorge et les yeux fussent rouges, la toux sèche et plus intense le soir, la tête douloureuse, non moins que la poitrine, et le goût dépravé, car il y avait de la toux; il survint ensuite des convulsions, de l'assoupissement. A quoi bon donner un nom particulier, tout-à-fait insignifiant, à une irritation intermittente de la membrane muqueuse bronchique, avec irritation sympathique d'abord de celle des voies digestives, puis des membranes du cerveau? Ces dernières s'affectent dans toutes les fièvres pernicieuses portées à un haut degré d'intensité.

L'irritation de celle de l'estomac et des intestins se retrouve presque toujours avec l'irritation de la membrane muqueuse bronchique.

On doit, dans les fièvres pernicieuses qui ont pour siége les organes de la respiration, comme dans celles où l'irritation qui les constitue occupe l'encéphale, s'attacher à faire cesser la gastro-entérite, parce que la persistance de celle-ci dans l'apyrexie peut troubler l'action dérivative du quinquina.

4°. La *syncopale* se distingue des autres variétés dans lesquelles il y a des défaillances, en ce que lorsqu'elle a lieu, le malade perd connaissance pour peu qu'on le remue ou qu'il veuille faire le plus léger mouvement ; il ne se plaint d'aucune douleur, mais d'une grande faiblesse ; sa face et son cou sont couverts de sueur, ses yeux caves et ternes, son pouls petit, déprimé et fréquent ; la syncope se renouvelle à chaque instant dans les cas les plus graves, quelque précaution qu'on prenne.

Cette variété de la fièvre pernicieuse doit-elle être mise au nombre de celles dans lesquelles le cœur est principalement affecté ? Je ne le crois pas, quoique je me conforme ici à l'opinion générale, qui place le siége de la cause prochaine de la syncope dans ce viscère. La syncope a lieu parce que le cœur suspend ses battemens ; mais cette suspension de l'action d'un viscère si peu exposé à l'impression directe des causes morbifiques n'est-elle pas elle-même l'effet d'un état morbide du cerveau ? Les lois qui président à l'action du cœur dans l'état de santé militent en faveur de cette opinion.

La fièvre pernicieuse *carditique*, dont M. Coulanceau (1) a rapporté plusieurs cas d'après Jonquet, me paraît devoir être attribuée plutôt que la précédente à une vive irritation du cœur. L'un des malades se plaignait pendant l'accès non-seulement de violentes palpitations de cœur, mais encore d'une douleur cruelle, analogue à celle que ferait éprouver une morsure dans ce viscère. Cette douleur, parvenue à un certain degré, déterminait cette sensation indéfinissable qui précède et annonce la syncope; le malade perdait l'usage de tous ses sens, excepté celui de l'ouïe; il entendait et il avait envie de parler sans pouvoir le faire. Pendant cet état le pouls artériel et la respiration n'avaient plus lieu; les battemens du cœur étaient plus faibles et plus lents qu'à l'ordinaire. Les syncopes duraient ordinairement un quart d'heure, et d'autant plus qu'elles étaient séparées par de plus grands intervalles, qui duraient d'une heure à deux. Le premier accès pernicieux, précédé de deux autres accès à peine sensibles, avait été calmé par l'application des sangsues; le quinquina et l'opium diminuèrent l'intensité du troisième, et le quatrième n'eut pas lieu. Les deux autres cas rapportés par le même auteur ne peuvent être rapportés à la fièvre pernicieuse carditique, car il y avait syncope, mais les malades n'éprouvaient pas ce sentiment de morsure, de torsion que celui dont je viens de parler ressentait à un aussi haut degré.

Aurait-on pris une vive douleur à la partie supérieure de l'estomac pour une douleur ayant son

______

(1) *Notice sur les Fièvres pernicieuses qui ont régné épidémiquement à Bordeaux en* 1809; *in-8°,* pag. 60.

siége dans le cœur ou dans ses annexes? S'il en était ainsi, ces deux dernières variétés ne seraient que des nuances de la fièvre pernicieuse cardialgique.

5°. La fièvre pernicieuse *utérine*, sinon simple au moins avec irritation simultanée de l'estomac et de l'utérus, me paraît avoir été observée par M. Gaillard. Les accès étaient caractérisés par des vomissemens et une ménorrhagie qui se prolongeait jusque dans l'apyrexie; la langue était blanchâtre, la face pâle, le pouls petit, concentré, fréquent, l'abdomen tendu et douloureux; la moindre potion rappelait le vomissement et l'hémorrhagie. Un mélange de stimulans fixes et diffusibles, de narcotiques et de toniques parut déterminer la guérison de cette fièvre, dans laquelle l'utérus était peut-être plus affecté que l'estomac, malgré le vomissement; car on sait combien il est fréquent de voir ce phénomène déterminé par un état d'irritation de l'utérus.

6°. La *néphrétique*, décrite par Morton, était si évidemment le résultat de l'irritation exercée sur la substance des reins, par la présence de calculs, que l'on ne peut trop s'étonner de voir cet auteur chercher une cause prochaine inconnue, tandis que la véritable était sous ses yeux. Les deux malades avaient rendu des pierres rénales. On trouve dans l'immortel ouvrage de Morgagni plusieurs cas de mort assez prompte, arrivée à la suite de symptômes dont la réunion offrait ce qu'on observe dans les maladies auxquelles on ne refuse pas le nom de fièvres pernicieuses : or, à l'ouverture des cadavres, on trouva des calculs dans les reins et les uretères. On conçoit aisément qu'une vive irritation de ces parties puisse entraîner une lésion irrémédiable du cerveau, puisque la simple incision de la peau d'un membre suffit, dans une grande opération, pour faire délirer le malade; puisque souvent aussi la mort est la suite de ce délire.

La *cystique*, décrite par M. Coutanceau d'après Jonquet, avait d'abord été cardialgique; la douleur de l'estomac fut remplacée par une douleur dans la région de la vessie, douleur que le quinquina seul fit cesser. La présence des sondes dans l'urètre a paru dans plusieurs cas donner lieu à des accès pernicieux.

7°. La *rhumatismale* ou *arthritique*, décrite par Morton, était caractérisée par des douleurs, d'abord tensives, gravatives, contusives, puis lancinantes, qui empêchaient le mouvement des membres. Elles étaient accompagnées de chaleur, tantôt fugace, tantôt ardente, d'anxiété précordiale, d'une soif inextinguible, d'un abattement profond, et de la dépression du pouls. Ici la gastro − entérite n'était pas équivoque; mais il serait difficile de décider si la douleur des membres était sympathique ou primitive.

8°. On pourrait rapprocher des fièvres gastro-intestinales pernicieuses *l'algide*, dans laquelle le frisson et le froid sont excessifs, la chaleur, qui ne leur succède que très − lentement, peu considérable, la soif inextinguible, la langue sèche et brune; il y a de plus des syncopes, et la déglutition est gênée ou impossible; tout semble annoncer une mort prochaine, et par conséquent une affection profonde de l'encéphale. Le refroidissement excessif de la surface du corps n'annonçant qu'une violente congestion, ce symptôme peut se retrouver dans toutes les variétés de fièvres intermittentes pernicieuses, bien qu'il soit le plus souvent l'effet d'une gastro-entérite.

Si, dans la fièvre algide, l'accès semble n'être qu'un long frisson, la période de chaleur commence si promptement dans celui de la *diaphorétique*, que l'on a à peine le temps de reconnaître le premier stade ; presqu'aussitôt que la chaleur est établie, une sueur abondante coule de toutes parts ; cette sueur est épaisse, visqueuse, souvent froide ; quelquefois elle ne s'établit qu'au déclin de l'accès ; le pouls est fréquent, mais faible et petit, la respiration anhéleuse, la force musculaire dans la prostration la plus complète, les facultés intellectuelles sont intactes. Tous ces symptômes ne s'observent qu'après ceux de l'irritation gastrique la plus intense ; mais, dans plusieurs cas, il y a en outre dans les membres des douleurs atroces qui semblent annoncer que le cerveau prend une part très-active à l'état morbide, malgré l'intégrité des facultés intellectuelles. Au reste, la fièvre pernicieuse diaphorétique a succédé quelquefois à la pernicieuse comateuse ; ce qui fait bien voir, dit avec raison M. Alibert, que les formes nombreuses que prennent les fièvres pernicieuses ne tiennent point à un caractère spécifique et constant, mais à de simples variétés (1). J'ajouterai que la peau n'est point un organe assez important, et que la sueur n'est jamais assez abondante, pour que l'on puisse attribuer le danger à l'état de ce tissu dans la fièvre diaphorétique. La sueur,

____

(1) *Op. cit.*, pag. 27.

comme le froid, n'est qu'un symptôme sympathique de l'irritation intense qui constitue véritablement la maladie (1).

La fièvre pernicieuse *exanthématique*, *pétéchiale*, décrite par Comparetti, n'était qu'une variété de la gastro-intestinale, puisqu'elle était caractérisée par une douleur, un resserrement à l'estomac, et quelquefois un vomissement avec soif. L'éruption de taches rouges, à la suite de laquelle ces symptômes diminuaient d'intensité et le pouls redevenait ample, mou et peu fréquent, n'était qu'un symptôme secondaire qui n'annonçait pas dans la peau un état morbide susceptible d'occasioner la mort. Un cas de ce genre, rapporté par M. Alibert, me paraît appartenir à la fièvre pernicieuse cérébrale. Il est fâcheux que le cadavre, réclamé par les parens, n'ait pu être ouvert.

La fièvre pernicieuse *ictérique* de Gilbert ne nous présente qu'un symptôme de plus que ceux de l'irritation gastro-intestinale qui constituait la maladie.

Toutes ces fièvres pernicieuses n'ont guère été observées qu'avec le type tierce ou double-tierce : dans ce dernier cas, les accès *pernicieux* n'arrivent que tous les deux jours; ils sont séparés par des accès de fièvre bénigne, au moins dans les premiers temps; car ils ne tardent pas à devenir non-seulement double-tiercès bien marqués, mais encore subintrans. On trouve néanmoins dans les auteurs quelques exemples de fièvre pernicieuse quarte.

---

(1) L'Histoire de la suette miliaire observée en 1821 par M. Rayer, dans le département de l'Oise, jette un grand jour sur la nature et le siége de la fièvre pernicieuse diaphorétique.

Après avoir rapidement esquissé le tableau des nombreuses variétés des fièvres intermittentes pernicieuses, et dit quelques mots en passant de leur siége et de leur nature, il me reste à les considérer en général sous ces deux points de vue.

Parmi les phénomènes caractéristiques de ces fièvres, les plus constans sont ceux qui annoncent l'irritation de l'estomac et des intestins, puis ceux qui dénotent l'irritation du cerveau ; viennent ensuite les symptômes qui annoncent que le cœur, le poumon, la plèvre l'utérus, les reins, la vessie, sont sinon l'unique point, au moins l'un des points de départ de l'action morbifique ; enfin la peau est sujette à offrir divers phénomènes sympathiques, qui ne méritent d'attention que lorsqu'on les rapproche de tous les autres. Si la gastro-entérite a lieu dans le plus grand nombre des fièvres intermittentes pernicieuses, l'irritation est toujours partagée par le cerveau à un très-haut degré. Il en est de même dans toute fièvre pernicieuse, péripneumonique, pleurétique, néphrétique et autres. Enfin, il faut convenir que peut-être la gastro-entérite a lieu plus souvent qu'on n'est porté à le croire d'après les récits des auteurs, parce qu'ils n'ont pas toujours indiqué exactement l'état de la langue ni exploré l'épigastre. Mais on ne peut se refuser à reconnaître dans la plupart des fièvres pernicieuses carotiques des irritations primitives de l'encéphale. D'où je conclus que les fièvres intermittentes pernicieuses ne sont pas toutes des gastro-entérites, et qu'il est nécessaire de s'assurer avec soin de l'état des organes digestifs en pareil cas, puisque, quand ils ne sont pas irrités et que l'on n'est pas appelé à l'instant de l'intermission, on peut tenter hardiment l'emploi du quinquina dans l'accès, lorsque l'on craint qu'il ne se termine par la mort. Le risque que l'on court d'ajouter à l'irritation cérébrale ne peut être plus grand que celui de la laisser marcher.

Tous les argumens dont je me suis servi pour démontrer que les fièvres intermittentes bénignes ne sont pas d'une autre nature que les fièvres continues, s'appliquent également aux fièvres intermittentes pernicieuses. Ce sont les mêmes symptômes, dont quelques-uns seulement sont plus marqués. Ce sont les mêmes causes. Si les émanations marécageuses occasionent plus souvent la fièvre *pernicieuse intermittente* que la fièvre *maligne continue*, cela ne suffit pas pour établir que l'une diffère essentiellement de l'autre (1).

Si l'anatomie pathologique n'a point, jusqu'ici, démontré que les fièvres intermittentes bénignes sont de même nature que les fièvres continues, elle n'a fait guère plus pour prouver l'identité de celles-ci, avec les intermittentes pernicieuses. Ces dernières ne sont communes que dans quelques cantons et dans certaines saisons; quand elles ne font point périr les sujets qui en sont affectés, elles diminuent d'intensité et passent à l'état chronique, comme les bénignes. On n'a jusqu'ici ouvert qu'un très-petit

---

(1) M. Alibert a exposé avec soin tout ce qu'on sait de positif sur le rôle que les émanations marécageuses jouent dans la production des fièvres intermittentes pernicieuses. *Voyez* son Traité sur la fièvre.

nombre de cadavres à la suite des fièvres intermittentes pernicieuses, parce qu'on n'attachait pas assez d'importance à ce genre de recherches. Pourquoi aurait-on ouvert les cadavres des personnes qui succombaient aux effets de la fièvre pernicieuse, à une époque où l'on ouvrait à peine ceux des victimes de la fièvre maligne? Cependant il résulte de quelques faits consignés dans les ouvrages de Spigel, d'Harvey, de Bonet, de Lancisi, d'Hoffmann, de Morgagni, d'Aurivill, de Sénac, de Lieutaud, de MM. Alibert, Fizeau et Broussais (1), qu'à la suite des fièvres intermittentes devenues mortelles après un petit nombre d'accès, on trouve le plus ordinairement des traces non équivoques d'inflammation aiguë ou chronique de l'estomac, des intestins et du foie. La rate a presque toujours subi un ramollissement qui probablement est un effet de l'inflammation du tissu de ce viscère. Quelquefois les traces d'inflammation ont été observées dans les méninges, dans le cerveau ou dans les poumons. Si ces faits sont trop peu nombreux pour qu'on puisse en tirer des conclusions décisives en faveur de notre opinion sur la nature et le siége des fièvres intermittentes en général et des fièvres pernicieuses en particulier, ils laissent entrevoir que des recherches ultérieures d'anatomie pathologique, telles qu'on les fait aujourd'hui, démontreront définitivement l'identité de nature et de

---

(1) Plusieurs de ces faits sont consignés dans l'*Essai sur les Irritations intermittentes*, de M. P.-J. Mongellaz, ouvrage qui aurait eu un succès complet s'il eût été fait avec plus de méthode, sous l'inspiration d'un goût plus sévère, et qui, malgré quelques erreurs, mérite pourtant d'être lu.

siége des fièvres continues et des fièvres intermittentes. On ne saurait trop fortement engager les médecins qui habitent les contrées où règnent les fièvres
pernicieuses à faire ces recherches; puissent-ils ne
pas négliger les occasions d'enrichir la science de faits
précieux qui achèveraient la démonstration de la nouvelle doctrine pyrétologique. La mort arrivant quelquefois dans la période de froid, le plus souvent dans
celle de chaleur, très-rarement dans celle de sueur,
souvent après le passage de la maladie au type
continu, ils devront noter avec soin ces diverses
circonstances, qui peuvent faire varier les résultats
de leurs recherches.

Si l'on demande en quoi les fièvres intermittentes
pernicieuses diffèrent des intermittentes bénignes,
la réponse est facile. Dans les premières, les symptômes
sont infiniment plus marqués, au moins les principaux;
ceux qui indiquent le foyer de la maladie sont manifestes; on les distingue aisément des symptômes
sympathiques très-caractérisés qui peuvent les accompagner. Considérées dans leur nature, d'après leurs
symptômes, ces fièvres sont donc seulement plus intenses que les bénignes; considérées dans leur siége,
il y a ceci de plus que dans ces dernières, que l'encéphale est toujours gravement affecté.

Traitement des Fièvres intermittentes pernicieuses.

S'il y a de l'inconvénient à laisser marcher les fièvres intermittentes bénignes, il y en a bien davantage à
ne pas combattre énergiquement les fièvres pernicieuses dès l'instant qu'on les reconnaît, puisqu'elles
causent presque constamment la mort au deuxième, au

troisième, au quatrième, ou le plus tard au cinquième accès. Je dis *presque constamment*, parce que quelques faits me portent à croire que ces fièvres abandonnées à la nature ne sont pas toujours mortelles (1); mais, attendu l'extrême rareté des exceptions, la prudence exige qu'on se conforme à la règle dans la presque totalité des cas.

Lorsque dans le cours d'un accès de fièvre intermittente jusque là bénigne, on voit certains symptômes parvenir au plus haut degré d'intensité, ou lorsqu'on voit survenir des symptômes de mauvais augure qui jusque là n'avaient pas paru; lorsque le stade de froid se prolonge excessivement, en même temps que le pouls se maintient petit et serré, et que les traits du malade subissent une altération profonde, on doit craindre que l'accès prochain ne soit pernicieux, surtout si les fièvres de ce caractère règnent dans le pays qu'on habite, dans la saison où l'on se trouve. Si l'apyrexie est complète, il faut recourir de suite au quinquina à une dose moyenne, sans attendre que la maladie soit plus intense, car le premier devoir du médecin est de guérir. Si, malgré le quinquina, l'accès se renouvelle avec les phénomènes d'une des fièvres pernicieuses déjà décrites, il n'y a plus un instant à perdre : quelque courte que soit l'apyrexie qui lui succède, il faut saisir cet instant favorable pour administrer le quinquina, non avec réserve, mais à haute dose.

Lorsqu'on est appelé à l'instant d'un accès pernicieux, s'il y a déjà eu deux et surtout trois accès du même caractère, si on a lieu de redouter que la mort

____

(1) *Voyez* mes *Additions aux OEuvres de Médecine pratique* de Pujol (Chez Ballière).

seule y mette fin, il faut donner sur-le-champ le quinquina, au risque de le voir rejeté, au risque même
de le voir aggraver l'état du malade; car celui-ci
court un si grand danger qu'il n'y a plus rien à ménager pour lui sauver la vie : telle est du moins l'o-
pinion de Torti; mais d'autres praticiens, et entr'autres
Sénac et M. Alibert, pensent qu'on ne doit recourir à
cette méthode désespérée que quand l'estomac et les
intestins sont exempts de toute irritation.

Lorsqu'on est appelé durant une apyrexie très-
courte qui a été précédée d'un ou de plusieurs accès
pernicieux, il faut à l'instant même donner le quinquina, afin de ne point avoir à se reprocher d'avoir
perdu un moment précieux qui souvent ne se retrouve
plus. Quand les accès sont subintrans, il faut saisir
habilement le déclin de l'un et le commencement de
l'autre pour placer le quinquina.

Après qu'on a donné le quinquina, si l'accès revient avec des symptômes non moins ou même plus
alarmans, il faut prescrire ce médicament à plus forte
dose. Si l'accès revient, mais dépouillé des symptômes qui faisaient redouter une terminaison funeste,
il n'est pas nécessaire d'augmenter la dose de cette
substance, mais il faut continuer à l'administrer. Enfin
si l'accès ne se renouvelle pas, il faut continuer l'usage
du quinquina à la même dose pendant plusieurs
jours, puis à doses graduellement décroissantes, pendant une ou même plusieurs semaines.

Dès que le caractère pernicieux de la fièvre intermittente est reconnu, le quinquina doit toujours être
donné en substance, délayé dans l'eau pure ou dans
une eau distillée, et à la distance la plus éloignée

possible de l'accès que l'on veut prévenir; la dose
doit être au moins de six gros, souvent d'une once,
d'une once et demie, quelquefois de deux onces, et même
davantage : Sims en a donné jusqu'à cinq onces. On
donne la moitié ou au moins le tiers pour la première
prise, divisant le reste en prises graduellement décroissantes, de manière que la totalité soit ingérée avant
l'instant présumé du retour de l'accès, s'il doit encore
avoir lieu. Plus le malade prend de quinquina dans un
court espace de temps, et plus l'effet en est assuré.

Si la fièvre est double-tierce, une forte dose de quinquina doit être dirigée contre l'accès pernicieux , une
moins forte contre celui qui n'offre pas ce caractère.

On a proposé de ne donner quelquefois le quinquina qu'à la dose d'un ou de deux gros seulement pour
diminuer l'intensité des accès sans les faire cesser entièrement : les avantages de cette méthode sont très-
problématiques, excepté certains cas où l'estomac est
encore irrité dans l'apyrexie ; car alors une dose moins
considérable de quinquina peut agir avec presqu'autant d'énergie qu'une dose plus forte donnée en d'autres circonstances, sans cependant provoquer le vomissement.

Lorsque l'irritation de l'estomac est manifeste,
même dans l'apyrexie, et lorsqu'on est obligé de
donner le quinquina au déclin ou même dans le
cours de l'accès, et par conséquent lorsque l'estomac
est pour l'ordinaire encore irrité; enfin dans les fièvres pernicieuses évidemment gastro-intestinales, on
prévient le rejet du quinquina, et les douleurs épi-
gastriques qu'il occasione en pareil cas, et l'on assure
ses effets, en l'associant à l'opium. Loin d'être avan-

tageuse dans les fièvres pernicieuses carotiques ou cé-
phalalgiques, cette association serait susceptible d'augmenter la stupeur ou la douleur de tête : peut-on y
recourir quelquefois avec succès dans les fièvres pernicieuses convulsives, cataleptiques et délirantes ?

Lorsque la déglutition est impossible, le danger imminent, et la gastro-entérite tellement violente, même
dans l'apyrexie, que l'estomac rejette opiniâtrément le
quinquina, on peut donner quelquefois avec succès
une demi-once ou une. once de ce médicament dans
quatre onces d'eau pure en lavement, ou plonger le
malade dans un bain de décoction de quinquina.

Est-il des fièvres intermittentes pernicieuses dans
lesquelles on doive s'attacher à remplir d'autres indications préliminaires, telles que, par exemple, celle de
combattre la pléthore ou ce qu'on appelle la saburre des
premières voies? Torti s'est formellement prononcé contre cette méthode. Plusieurs praticiens ont pensé que
l'on devait quelquefois assurer l'action du quinquina
par l'usage préalable de la saignée, des vomitifs ou
des purgatifs, selon le caractère inflammatoire, bilieux
ou muqueux des accès. Il est certain que ces trois
moyens ont dans quelques cas paru favoriser l'action du quinquina; la saignée, surtout chez les sujets
disposés aux congestions cérébrales, aux inflammations des viscères, a paru avantageuse. Ce problème est certainement un des plus difficiles à
résoudre parmi tous ceux de la thérapeutique. Pour
arriver à une solution aussi satisfaisante que possible, remarquons d'abord qu'on n'a guère le temps de
recourir à l'un ou à l'autre de ces trois moyens dans
le traitement de la plupart des fièvres pernicieuses.

Toutes les fois que l'apyrexie est de peu de durée, il faut en profiter pour prescrire le quinquina. Quand l'apyrexie dure assez pour qu'on ne soit pas obligé de donner ce médicament immédiatement après la fin de l'accès, non-seulement on peut saigner s'il y a des signes marqués de surexcitation du cœur, mais encore il est probable qu'on pourrait appliquer avantageusement un grand nombre de sangsues à l'épigastre, quand il y a des symptômes d'*embarras gastrique*, et mieux encore d'irritation manifeste de l'estomac ou des intestins. Je dis un grand nombre de sangsues, de vingt à quarante, par exemple, parce que le temps étant précieux on ne peut laisser couler le sang pendant long-temps. Il faudrait se garder en pareil cas de laisser couler ce liquide jusqu'à la syncope; dès que les sangsues seraient pleines, il faudrait les faire tomber, arrêter l'écoulement du sang, administrer méthodiquement le quinquina, et couvrir de linges chauds la surface du corps. Je n'ai pas encore eu l'occasion, je l'avoue, de mettre ce procédé en usage; mais tout porte à croire qu'il doit être préféré aux vomitifs et aux purgatifs, dans les cas où les accès fébriles pernicieux sont dus en totalité ou en partie à une gastro-entérite.

Afin de se ménager une plus longue apyrexie, et par conséquent le temps nécessaire pour administrer le quinquina, Giannini plongeait ses malades dans des bains froids pour abréger la durée des accès et hâter le développement de la chaleur et de la sueur. Cette pratique téméraire ne peut qu'être rejetée par tout médecin prudent convaincu de cette vérité : que ne pouvant guérir souvent, il doit au moins ne jamais risquer de nuire.

Pendant que l'on administre le quinquina, il est bon que le malade soit soustrait à toute autre cause d'irritation, à toute contention d'esprit, et qu'il évite tout ce qui pourrait agiter douloureusement le cerveau ou l'estomac. Le régime dans l'apyrexie et les soins généraux pendant l'accès, doivent être les mêmes que dans les fièvres intermittentes bénignes.

Quand le quinquina exaspère les accès, les rend plus prolongés et fait qu'ils se rapprochent davantage, il faut chercher dans les dérivatifs de la peau combinés aux émissions sanguines, aux capitiluves froids, aux pédiluves chauds, dans l'opium, dans les acides, des moyens trop souvent inefficaces, pour arrêter les progrès de la maladie.

Si elle devient continue, il faut écarter toute espérance de la faire cesser à l'aide du quinquina, et la traiter d'après les principes qui ont été posés dans le chapitre de cet ouvrage consacré aux fièvres ataxiques continues. Au praticien expérimenté appartient seul le talent de savoir distinguer la fièvre intermittente subintrante, qu'on peut attaquer, quelquefois impunément et même heureusement, avec le quinquina, de la fièvre intermittente passée au type continu, et dans laquelle par conséquent ce moyen ne peut qu'être nuisible.

Lorsqu'on est appelé dans le cours d'un accès pernicieux, s'il y aurait plus d'inconvénient que d'avantage à donner le quinquina, il faut se borner, selon l'indication, à stimuler la peau par l'application de linges chauds, par des fomentations spiritueuses chaudes et des sinapismes; donner une boisson aqueuse légèrement aromatique et éthérée, quand le pouls est petit, la peau froide, l'aspect cadavéreux et le coma profond ; ou bien recourir à la glace sur la tête, aux bains de pieds, à la saignée, aux sangsues à la tête ou à l'épigastre, s'il y a une violente irritation cérébrale ou gastrique, caractérisée par une violente céphalalgie et même des convulsions. Les avantages de l'opium sont douteux en pareils cas, quoi qu'en ait dit J. P. Frank.

Comment n'a-t-on pas remarqué que si le quinquina nuit quand on le donne pendant l'accès d'une. fièvre intermittente, il ne peut être utile dans le cours d'une fièvre continue ? J'ai fait voir que le quinquina étant donné pendant l'apyrexie, sa qualité de tonique ne prouve pas nécessairement que les fièvres intermittentes bénignes, même gastriques ou muqueuses, ne soient point dues à une irritation. Ce que j'ai dit sous ce rapport s'applique également aux fièvres pernicieuses en général ; mais, pour les cholériques, les cardialgiques, les dysentériques, cette application devient plus difficile et en apparence moins satisfaisante. On objecte en outre que le quinquina guérit les fièvres, lors même que la douleur persiste dans l'apyrexie, lors même qu'elles sont subintrantes. Cette proposition est trop générale ; les auteurs qui l'ont avancée n'ont fait mention que des maladies dont ils ont obtenu la guérison ; et à cette occasion je ne puis m'empêcher de faire remarquer que de tous ceux qui ont tracé des histoires de fièvres pernicieuses épidémiques, il en est peu qui ait avoué que la mort de quelques malades avait été hâtée et même déterminée par le merveilleux fébrifuge. Lorsque la mort a eu lieu, c'est toujours parce qu'on a donné le quinquina trop tard, à trop faible dose, ou parce qu'il était d'une qualité inférieure. On n'a pas même imaginé que la violence du mal ait pu quelquefois l'emporter sur la puissance du remède. Cependant M. Alibert n'a pas omis de signaler des cas où les malades ont succombé pour avoir pris le quinquina immédiatement avant l'accès.

Pendant son séjour en Hollande, M. Broussais s'aperçut que toutes les fièvres intermittentes accompagnées de cardialgie, de vomissement et de colique n'étaient pas avantageusement attaquées par le quinquina. En Italie, il vit périr un sujet nullement pléthorique, affecté d'une fièvre tierce, qui dès la première dose de quinquina devint quotidienne, puis continue. A l'ouverture du cadavre il trouva des traces manifestes d'inflammation du poumon et de l'estomac : ce dernier viscère avait été très-sensible. Un autre sujet, placé d'abord dans les mêmes circonstances, guérit sous l'empire de la limonade et des autres relâchans et sédatifs qui n'avaient pu sauver l'autre. Dèslors M. Broussais divisa ses malades affectés de fièvres intermittentes en deux classes : 1°. ceux qui pouvaient supporter les amers et le quinquina ; 2°. ceux dont l'estomac réclamait des moyens plus doux. Bientôt il lui fut démontré que ces maladies ne devenaient mortelles pour la plupart que par les suites de l'inflammation des viscères. L'émétique donnait un nouveau degré d'activité à l'irritation des organes digestifs ; le quinquina, le vin et les amers la changeaient en phlogose prononcée et fixe, la fièvre devenait continue, il fallait recourir aux boissons mucilagineuses et acidulées. L'émétique était le moins nuisible de ces moyens, l'ipécacuanha moins encore : cependant tout vomitif, même ceux qui ne se composaient que d'eau tiède pure ou chargée d'huile, de miel, de beurre n'était pas sans inconvéniens; le vomissement provoqué persistait quelquefois pendant plusieurs jours; d'autres fois un seul émétique faisait passer la fièvre au type continu; enfin, dit M. Broussais, j'ai vu mourir dans l'action du remède, et j'ai eu lieu de me féliciter, ajoute-t-il, que ce malheur me fût connu par l'expérience des autres avant d'avoir eu l'occasion de m'y exposer (1).

Si les vomitifs et les amers ont produit de pareils résultats dans des fièvres intermittentes qui ne paraissaient point pernicieuses, n'a-t-on pas lieu de croire que le quinquina ne peut être toujours efficace, et qu'il doit même hâter la mort, dans celles qui offrent évidemment ce caractère, lorsque les voies digestives sont le siége principal de l'irritation? Ceci n'est point pour dissuader de recourir au quinquina dans les fièvres pernicieuses, ni pour atténuer les résultats de l'expérience de médecins justement célèbres, mais seulement pour mettre les jeunes médecins en garde contre les auteurs qui recommandent d'insister hardiment sur l'usage du quinquina lors même qu'il accroît l'intensité de ces fièvres.

Je crois devoir placer ici quelques réflexions générales sur l'action du quinquina dans les fièvres intermittentes, soit bénignes, soit pernicieuses, comparée aux effets de ce médicament dans les fièvres continues, au risque de tomber dans des répétitions qui, d'ailleurs, ne seront peut-être pas sans utilité.

---

(1) *Histoire des Phlegmasies chroniques,* 2ᵉ édit., p. 127, 136.

Si le cerveau n'est point ou est à peine lésé dans la plupart des fièvres intermittentes bénignes, il l'est davantage au début de plusieurs fièvres intermittentes pernicieuses; il s'affecte, il s'irrite profondément dans toutes ces dernières, quand elles sont parvenues au plus haut degré d'intensité, de même que dans les fièvres continues. Il faut, par conséquent, s'attacher principalement à prévenir l'affection sympathique de ce viscère, ou diminuer, par une puissante révulsion, l'irritation qu'il éprouve. Tel est aussi le but qu'il y aurait à remplir dans les fièvres continues; mais dans ces maladies l'irritation viscérale qui provoque celle du cerveau est continue; celle du cerveau l'est également, soit quand elle est primitive, soit quand elle est secondaire. Comment espérer d'opérer une dérivation salutaire quand l'irritation demeure dans toute sa force, jusqu'à ce qu'elle ait épuisé l'action vitale? Voilà pourquoi le quinquina, loin de guérir les fièvres continues ataxiques, les aggrave. Dans les fièvres intermittentes ataxiques, au contraire, pouvant saisir l'instant où l'irritation des viscères abdominaux a cessé, pour mettre en usage le moyen qui doit en prévenir le retour, on prévient à coup sûr l'irritation cérébrale qui pourrait s'en suivre; il en est de même quand il s'agit de prévenir le retour d'une irritation intermittente des poumons, du cœur ou de tout autre organe. Si l'encéphale seul est irrité, c'est encore dans l'intervalle des accès qu'on tente d'opérer une révulsion anticipée, s'il est permis de s'exprimer ainsi, afin de prévenir le retour de l'irritation du viscère qui importe le plus au maintien de la vie.

Que l'on cesse donc de s'autoriser des succès obtenus à l'aide du quinquina dans les fièvres pernicieuses pour prodiguer ce médicament dans les fièvres continues, et que l'on n'oppose plus ces succès à une théorie qu'ils confirment au lieu de la détruire.

Les cas où l'on donne avec avantage le quinquina, lors même que l'estomac est irrité dans l'apyrexie, et ceux où on réussit en le donnant pendant l'intermission à peine sensible qui sépare les accès des fièvres intermittentes subintrantes, ou même dans le cours de l'accès, lorsqu'on craint qu'il ne soit mortel, doivent être considérés comme de rares exceptions auxquelles on ne saurait sacrifier des principes établis sur des faits bien plus nombreux ; il suffit d'ailleurs de relater les faits pour démontrer qu'ils ne sont point en opposition avec ces principes.

Lorsque l'estomac est encore irrité dans l'apyrexie, il l'est toujours beaucoup moins que pendant l'accès ; le quinquina est alors plus souvent rejeté et plus souvent inefficace que lorsque ce viscère est parfaitement sain dans l'apyrexie ; l'irritation gastrique persiste dans l'intervalle des accès de la fièvre pernicieuse cardialgique plus que dans ceux de tout autre : aussi est-ce celle contre laquelle on doit craindre le plus de voir échouer ce moyen. Lorsqu'il n'échoue pas, le malade conserve souvent des digestions pénibles pendant de longues années ou même toujours; il demeure sujet à des dérangemens dans les fonctions de l'estomac pour les causes les plus légères, parce qu'il a échangé la gastrite intermittente qui menaçait ses jours pour une gastrite chronique, effet du quinquina qui lui a sauvé la vie.

Dans les fièvres subintrantes, le quinquina échoue

très-souvent, ou bien il fait passer la maladie au type continu ; et s'il guérit quelquefois la fièvre intermittente, il donne plus souvent une fièvre continue mortelle. Quelle plus forte preuve veut-on de la nature inflammatoire de la fièvre intermittente pernicieuse et de l'action excitante et non pas spécifique du quinquina, dans cette dernière comme dans la fièvre continue ? Lorsque la fièvre subintrante est apoplectique, syncopale, le quinquina réussit plus souvent que dans la cardialgique ou la cholérique subintrante, parce que dans celles-ci les voies digestives sont plus irritées que dans celles-là : autres preuves en faveur de l'opinion que je me fais un devoir de défendre. On cite un bien petit nombre de cas dans lesquels la guérison a été obtenue, quoique l'on eût donné le quinquina pendant l'accès dans la crainte que la mort ne survînt au lieu de l'apyrexie. Ainsi donné, le quinquina échoue presque constamment, comme dans les fièvres continues; mais, comme dans celles-ci, il réussit quelquefois, lorsque l'encéphale est seul lésé, plus rarement quand ce viscère l'est plus que les voies digestives, jamais quand l'irritation de ces deux viscères se conserve très-intense jusqu'à l'instant de la mort. Il n'est pas un médecin qui ait observé attentivement des malades, et exploré avec soin des cadavres, qui ne sache que vers les derniers instans de la vie dans les gastro-céphalites aiguës, l'irritation gastrique ne donne lieu à aucun phénomène qui puisse la faire reconnaître, et que parfois elle cesse en effet complètement. Ceci permettrait d'espérer de bons effets du quinquina donné au dernier moment; mais dans les fièvres continues, l'irritation gastrique ne s'éteint guère que lorsque la membrane muqueuse des voies digestives est profondément altérée, dans le lieu qu'elle occupait; tandis que dans les fièvres intermittentes cette membrane n'a pas eu le temps de s'altérer à ce point. On peut encore tenter d'y opérer la révulsion, et quelquefois on le fait avec succès.

Ainsi donc, plus les fièvres intermittentes se rapprochent des continues, moins le quinquina est efficace, plus il perd de ce qu'on appelle ses qualités anti-fébriles, pour ne manifester que ses qualités irritantes. N'est-il pas évident, cependant, que l'action de ce médicament, sur la membrane muqueuse gastrique, doit être la même dans l'un et dans l'autre cas? quelque différente que soit la nature de ces maladies, elle ne saurait changer celle du médicament; par conséquent il faut que la différence dans les résultats de l'action du remède provienne de la différence de l'état organique : or, comme je crois avoir prouvé que les organes ne sont pas affectés dans les fièvres intermittentes autrement que dans les fièvres continues, et que la seule différence entre celles-ci et celles-là est que dans les unes l'état morbide organique est continu, tandis qu'il est intermittent ou sujet à des redoublemens dans les autres, j'en conclus que si le quinquina guérit les premières et non les dernières, c'est que dans les fièvres intermittentes il agit sur des organes sains ou très-faiblement irrités, tandis que dans les fièvres continues il agit sur des organes très-irrités.

CHAPITRE XII.

Des Fièvres intermittentes erratiques, anomales, partielles, larvées, etc.

Les accès qui caractérisent les fièvres intermittentes ne reviennent pas toujours à des époques fixes : on les observe tantôt très-rapprochés, tantôt séparés par de longs intervalles, et dans ce dernier cas presque jamais pernicieux : cette irrégularité du type annonce le plus ordinairement que la maladie, qui prend alors le nom de *fièvre intermittente erratique*, sera longue et difficile à guérir. Le quinquina est ici moins puissant que dans le traitement des fièvres intermittentes à type régulier ; c'est surtout dans un changement total des habitudes, du genre de vie et du régime, que l'on doit chercher le moyen de rétablir la santé. On ne saurait à cet égard établir d'autres règles que celles qui ont été exposées dans le cours de cet ouvrage, à l'occasion de chacune des indications que les fièvres intermittentes peuvent présenter. C'est surtout lorsque ces fièvres sont irrégulières ou erratiques qu'elles passent à l'état chronique.

On dit avoir vu des malades chez lesquels un frisson se faisait sentir dans une moitié horizontale ou verticale du corps, en même temps qu'une chaleur intense se développait sur l'autre moitié ; on a vu, dit-on, d'autres sujets qui frissonnaient, avaient chaud et suaient tout à la fois ; on assure que le frisson succède quelquefois à la période de chaleur (*fièvres anomales*). Enfin le frisson, la chaleur et la sueur ne se manifestent parfois que dans un seul membre, aux pieds, aux mains, ou même sur un seul côté de la tête (*fièvre locale, partielle, topique*).

Sans attacher trop d'importance à ces cas rares, ne pourrait-on pas dire que la nature nous les offre, en quelque sorte, pour nous prouver que le type ne mérite qu'une attention tout - à - fait secondaire; qu'il faut bien plus s'attacher au caractère des symptômes, afin de découvrir la nature de la lésion qu'ils annoncent et le siége de cette lésion, qu'à l'ordre dans lequel ils se manifestent; et que si l'intermission doit être prise en considération, c'est uniquement parce que l'expérience a démontré qu'on doit saisir cet instant favorable pour l'emploi de moyens curatifs puissans ?

Dans un ouvrage qui sera toujours lu avec fruit (1), Frédéric Casimir Médicus a rassemblé tous les cas d'apoplexie , d'épilepsie , de tremblement, d'assoupissement, d'insomnie , de chorée, de folie, d'hypochondrie, d'hystérie, de syncope, de froid, de chaleur, de sueur, d'éruption cutanée, d'ictère, de cyanodermie, de lassitude, d'*hydropisie*, de paralysie , de céphalalgie, de vertige, d'ophthalmie, de cécité , d'ophthalmodynie, d'éternuement, d'épistaxis, de rougeur du nez, de coryza, d'odontalgie, d'hémorrhagie alvéolaire, d'ulcère des gencives, de mutisme, de rire, d'hémorrhagie buccale, de ptyalisme, d'otalgie, de surdité, d'amnésie, de bâillement , de distorsion des traits , de *luxation*,

____

(1) *Traité des Maladies périodiques sans fièvre*, traduit de l'allemand. *Paris*, 1790, *in-*12.

d'asthme, de toux, d'hémoptysie, de pleurodynie, de cardialgie, de hoquet, d'hématémèse, de boulimie, d'inappétence, de soif, d'adypsie, de vomissement, de diarrhée, de colique, d'hémorrhoïdes, de néphralgie, de rétention d'urine, de diabète, d'hématurie, de gonorrhée, de prurit à la vulve, d'*avortement*, d'hémorrhagie ombilicale, de tuméfaction avec battemens à la région hépatique, d'ulcère à la verge, au doigt, d'hémorrhagie par les orteils, les doigts ou le genou, de douleur dans les bras, d'érysipèle, de crampe, en un mot de toutes les inflammations, les hémorrhagies, les névroses, et autres lésions *périodiques sans fièvre* éparses dans les écrits de ses prédécesseurs et de ses contemporains. Qu'on ne s'étonne pas de ce que je crois devoir rapporter cette longue et fastidieuse liste de maux, ou si, l'on veut, de symptômes intermittens ; je l'ai fait pour démontrer qu'il n'est guère de phénomène morbide, de maladie qui ne puisse revenir périodiquement, d'organes qui ne deviennent quelquefois le siège d'un dérangement périodique. En lisant l'ouvrage de Médicus et les recueils scientifiques publiés postérieurement, on demeure convaincu que les maladies intermittentes sont beaucoup moins rares qu'on ne le pense généralement.

Lorsqu'on réfléchit sans prévention, et en particulier aux maladies périodiques sans fièvre, on se demande comment on a pu être conduit à les considérer comme autant de *fièvres larvées*, au lieu de les rapprocher d'abord des maladies continues de même nature, puis des fièvres pernicieuses qui ne diffèrent des premières qu'en ce qu'elles débutent ordinairement par des accès qui n'offrent aucun danger prochain , et sont accompagnées de phénomènes sympathiques appelés *fébriles*. Alors on aurait vu que les fièvres intermittentes bénignes et les fièvres intermittentes pernicieuses ne diffèrent des maladies intermittentes sans fièvre que parce que l'irritation locale qui constitue celles-ci ne donne point lieu à des phénomènes sympathiques , comme le fait l'irritation locale plus ou moins intense , plus ou moins étendue à plusieurs organes , plus ou moins partagée par l'estomac , le cœur et le cerveau , qui constitue les fièvres intermittentes.

Je viens de dire que les fièvres pernicieuses débutent *ordinairement* par des accès bénins , et sont accompagnées *pour l'ordinaire* de phénomènes sympathiques , parce qu'en effet ces maladies peuvent se manifester de prime-abord avec l'appareil redoutable de symptômes qui les caractérisent, et n'être quelquefois signalées par aucun symptôme fébrile : dans ce cas on peut donner au plus habile à deviner s'il y a fièvre intermittente pernicieuse seulement , ou maladie intermittente pernicieuse sans fièvre ; car il est généralement admis que les fièvres larvées peuvent être pernicieuses. Ces prétendues fièvres elles-mêmes sont parfois accompagnées de quelques symptômes fébriles, selon Médicus ; ce qui augmente la difficulté de reconnaître les issues du labyrinthe inextricable d'une pareille théorie.

La dénomination de *fièvre larvée* est tellement peu appropriée aux maladies qu'elle désigne , que même dans l'ancienne théorie pyrétologique, elle a dû paraître ridicule aux esprits justes qui ne se payaient pas de mots. Cette dénomination doit donc être rayée du vocabulaire médical, ou n'y rester que comme monument d'une étrange erreur.

Pour démontrer que les maladies périodiques ont *certaine affinité* avec les fièvres d'accès, Médicus fixe l'attention sur l'analogie frappante des symptômes des premières avec les symptômes des fièvres pernicieuses, le remplacement mutuel de ces deux genres de maladies, leur intermittence, le sédiment briqueté de l'urine que l'on observe dans les unes comme dans les autres, la nécessité de soumettre celles-ci à la même méthode curative que celles-là. En effet, les maladies périodiques sans fièvre ne guérissent fort souvent que par le moyen du quinquina. On doit donc admettre avec Morton, Sydenham, Van-Swiéten, Sénac, Huxham, Dehaen, Stark, Lautter et Médicus, que ces maladies sont de même nature; mais, bien loin d'en conclure que les maladies locales périodiques sans symptômes fébriles sont des *fièvres larvées,* c'est-à-dire (pour parler le langage de la plupart des médecins), des maladies générales déguisées en maladies locales, il faut se servir de ce lumineux rapprochement, comme d'un très-fort argument en faveur de la nouvelle doctrine qui place les fièvres, de quelque type que ce soit, au nombre des groupes de symptômes occupant en apparence la totalité du corps, et réellement produits par une irritation locale.

La *plupart* des maladies périodiques ont, dit Médicus, leur cause dans le bas-ventre, *surtout* dans l'estomac et dans le canal intestinal; la trop grande irritabilité de ces viscères en est, suivant lui, la première cause ; c'est de la correspondance de l'estomac et des intestins avec les autres parties du corps que dérivent ces maladies ; la pratique et l'ouverture des cadavres m'ont prouvé, dit-il, que c'est *le plus souvent* dans ce viscère, et non dans la partie affectée de la douleur ou du désordre, que réside la cause visible de la maladie.

Si Médicus n'avait pas mêlé à ces vues si profondes des divagations sur l'influence de la bile et de la pituite ; si ses travaux en anatomie pathologique avaient été plus satisfaisans, combien n'auraient-elles pas accéléré les progrès de la physiologie pathologique ! Mais quelque restriction qu'il ait apportée à son opinion sur le siége de ces maladies, il n'est pas exact de dire que la plupart d'entre elles ont leur siége dans les voies digestives. Combien de fois ne les voit-on pas cesser sous l'influence des moyens locaux directs ! Médicus lui-même dit que Rabner se guérit d'une hémicrânie dont il souffrait depuis quinze ans, en appliquant des sangsues à la partie souffrante. Si la gastro-entérite est très-fréquente dans les fièvres intermittentes bénignes, et même dans les pernicieuses, elle l'est beaucoup moins dans les maladies périodiques sans fièvre : c'est en cela précisément que celles-ci diffèrent des précédentes ; et c'est à cause de cela que le quinquina est employé presque toujours impunément dans les *fièvres larvées* qui n'ont pas évidemment l'estomac pour siége.

CHAPITRE XIII.

Des Fièvres rémittentes.

On a donné les noms de fièvres *paroxysmales, exa-*
cerbantes, sub-continues, proportionnées, rémittentes,
aux fièvres continues dans le cours desquelles on observe des accès semblables à ceux des fièvres intermittentes. Pendant fort long-temps ces fièvres ont été re-
gardées comme formées d'une fièvre continue et d'une
fièvre intermittente. Telle était l'opinion de Boerhaave et celle de Stoll, et telle est encore l'opinion de
quelques médecins. Ces fièvres ont été appelées *rémit-*
tentes tierces, quartes, quotidiennes, en raison du
type de leurs accès; *pernicieuses* ou *bénignes,* d'après
leur terminaison plus ou moins redoutable.

M. Pinel a observé des fièvres gastriques, muqueuses, adynamiques et ataxiques *rémittentes;* mais il
pense qu'on n'a point encore d'observations assez
exactes pour décider si les fièvres inflammatoires peuvent se manifester sous ce type. Suivant lui, les fièvres
rémittentes durent presque toujours plus long-temps
que les continues; elles ne se terminent guère avant
le quatorzième jour; souvent on ne les voit pas
cesser avant le quarantième ou le quarante-deuxième;
souvent aussi elles redeviennent purement continues
vers leur déclin. Le retour périodique régulier ou irrégulier de leurs accès, c'est-à-dire des frissons, du
redoublement de la chaleur, et ensuite de la sueur, ne
permet pas de les méconnaître. L'opinion, assez singulière en effet, de Stoll sur la nature de ces fièvres,

paraît inexacte à M. Pinel; elle peut, dit-il, avoir une influence dangereuse en suggérant l'idée d'attaquer les accès par le quinquina, afin de réduire la maladie au type continue

M. Pinel ne propose pas d'autre traitement contre les fièvres rémittentes que celui des fièvres continues; mais, attendu leur plus longue durée, il recommande de soutenir les forces du malade par de l'eau vineuse, des crêmes d'orge et de riz, des fruits cuits, de la bière coupée avec moitié d'eau. Il conseille au déclin les toniques, le vin d'absinthe, l'extrait de genièvre, une nourriture plus substantielle.

Dans la fièvre muqueuse rémittente, les accès sont irréguliers sous le rapport de l'instant de leur apparition et de leur intensité. A cette espèce, M. Pinel rallie l'*hémitritée* ou *demi-tierce* des anciens, caractérisée par des accès quotidiens combinés de telle sorte qu'un soir il n'y a qu'un accès et le lendemain deux. Cette fièvre a été bien décrite par Spigel, qui a prouvé qu'elle dépend d'une inflammation de la membrane muqueuse de l'estomac ou des intestins, avec ou sans inflammation d'un autre viscère de l'abdomen ou du thorax.

La fièvre adynamique rémittente est fort rare; ses accès sont très-irréguliers dans leur marche et leurs symptômes. Cette fièvre dure long-temps, et sa terminaison, dit M. Pinel, est souvent funeste.

Ce professeur confond à tort les fièvres ataxiques rémittentes avec les ataxiques intermittentes subintrantes, puisque dans celles-ci il y a une apyrexie, fort courte à la vérité, et quelquefois presqu'inaperçue; cet instant favorable à l'administration du quinquina n'existe pas dans l'ataxique rémittente. M. Pinel pense, d'après Torti, que cette dernière, presque toujours tierce ou double-tierce, doit être attaquée par le quinquina de même que l'ataxique intermittente; et l'on prétend que des succès incontestables ont été le résultat de cette pratique.

Stoll me paraît avoir émis sur le traitement des fièvres rémittentes en général un précepte important qu'aujourd'hui on peut rendre ainsi : en tous cas, il faut avoir plus d'égard aux symptômes continus qu'à ceux des accès, excepté lorsque ceux-ci offrent le caractère pernicieux. Il en conclut que les fièvres rémittentes ne doivent pas être traitées d'après une seule et même méthode; que la saignée peut être utile, tandis que le quinquina fait d'une fièvre rémittente une continue, une *grave*, une *ardente*, quand les accès n'annoncent point un danger prochain; que dans le cas contraire, le quinquina doit être donné sur-le-champ. Ce précepte est trop général.

Je pense que, dans les fièvres rémittentes bénignes, le traitement ne doit différer en rien de celui qui est indiqué dans les fièvres continues bénignes; que dans les rémittentes pernicieuses, on doit, plus encore que dans les intermittentes de ce caractère, mettre en usage les anti-phlogistiques dans l'intervalle des accès, afin de préparer les effets du quinquina. Et quelqu'importante que soit l'autorité de Torti, je ne puis me persuader qu'il n'y ait aucun inconvénient à prescrire brusquement le quinquina dans les rémittentes pernicieuses : 1°. parce que ce médicament aggrave souvent les intermittentes bénignes qui, pourtant, offrent une apyrexie suffisamment prolongée, et bien plus encore les intermittentes bénignes subintrantes; 2°. parce que Ramazzini et M. Broussais ont observé des épidémies de fièvres intermittentes dans lesquelles le quinquina était plus dangereux qu'utile, sans doute parce que les organes digestifs demeuraient enflammés dans l'apyrexie; à plus forte raison, ce médicament doit-il nuire dans les fièvres rémittentes. Au reste, je dois avouer que les fièvres rémittentes m'ont paru résister souvent, ou ne céder que momentanément aux anti-phlogistiques, qui réussissent si bien dans les continues.

Les praticiens qui voudront s'occuper de cet intéressant sujet de recherches auront à examiner si dans ces fièvres le retour des accès ne serait pas plus sûrement prévenu par l'usage des anti-phlogistiques locaux, auxquels on ferait succéder immédiatement le bain modérément chaud, ou bien les pédiluves chauds et les capitiluves froids, les frictions sèches, les sinapismes, l'urtication même, que par l'emploi empirique du quinquina, dont on doit redouter plus que jamais les effets dans toute fièvre continue, lors même qu'elle est rémittente. Ils auront aussi à déterminer si, dans quelques-unes des fièvres rémittentes ataxiques, l'estomac ne serait pas très-peu irrité, au moins entre les accès; ce qui enhardirait alors à donner le quinquina, en cas de danger imminent, surtout après les précautions qui viennent d'être indiquées. En était-il ainsi dans les fièvres adynamiques ou ataxiques intermittentes qui ont guéri sous l'empire du quinquina?

J'aurais désiré que ce chapitre fût plus long; mais il n'est jamais inutile de signaler une lacune : espérons que des observations exactes, faites dans l'esprit de la pathologie physiologique, ne tarderont pas à faire disparaître celle-ci.

Pour que la fièvre continue avec redoublemens mérite le nom de *rémittente*, il faut, selon M. Baumes, 1°. que ses paroxysmes ne soient pas l'effet d'une cause externe, telle qu'un aliment, un mouvement, un médicament, une émotion quelconque ; 2°. qu'ils se succèdent à-peu-près périodiquement ; 3°. que dans les intervalles qui les séparent, le malade, beaucoup mieux, éprouve une diminution sensible de certains symptômes et la disparition de quelques autres, bien qu'il reste dans un état fébrile. Cet auteur pense que l'absence du frisson, au début du paroxysme, ne doit point empêcher de ranger la maladie au nombre des fièvres rémittentes, quand ces trois conditions existent. Des symptômes variables, dit-il, ne doivent jamais être pris pour un indice pathognomonique des maladies ; et la pathologie réclame plus de sévérité dans l'adoption des phénomènes auxquels on veut attacher un caractère indélébile (1). M. Baumes distingue trois séries de fièvres rémittentes : la première comprend celles dont chaque paroxysme débute par un frisson ; la seconde, celles dont les paroxysmes commencent par un refroidissement général ou local ; et la troisième, celles dont les paroxysmes n'ont à leur début ni frisson, ni froid général ou partiel. Il avoue que ces dernières ne sont pas des rémittentes légitimes, et par conséquent il se rapproche de l'opinion de M. Pinel.

______

(1) *Traité des Fièvres rémitt.* Montpell., 1821, t. 1, p. 16.

M. Baumes ajoute que les symptômes de pleurésie, d'hépatite, qui se joignent aux fièvres rémittentes, quand celles-ci deviennent malignes ou ataxiques, sont un produit de la fièvre. Il a raison,
si, par *fièvre*, il entend l'affection locale qui donne
lieu au développement des symptômes fébriles.
M. Broussais, admettant que cette affection locale
est toujours une gastro - entérite, prétend que ces
symptômes de pleurésie, d'hépatite, sont, dans
toutes les fièvres où on les observe, des suites de
l'inflammation gastro - intestinale. Mais lors même
qu'il en est ainsi, et bien qu'il faille alors employer tous les moyens propres à faire disparaître la
gastro-entérite, l'organe qui s'affecte sympathiquement
dans les paroxysmes, sous l'influence de cette inflammation, réclame l'emploi des anti-phlogistiques, qui
ne s'oppose point à l'administration du quinquina
quand il paraît indiqué, et qui, au contraire, en prépare le succès.

L'analogie des fièvres rémittentes avec les fièvres
intermittentes est très-bien établie par M. Baumes,
par la comparaison des accès des unes avec ceux des
autres, par la fréquence des cas où celles-là comme
celles-ci sont le plus ordinairement produites par les
émanations marécageuses. Je pense que le lecteur
est maintenant persuadé de la nécessité de ne point
négliger les indications qui résultent de l'examen
attentif du malade, pour s'occuper exclusivement d'une
cause occulte, contre laquelle on fait tout ce qu'il
est impossible de faire, en engageant le malade à
quitter le pays lorsque son état et sa position sociale
le lui permettent. Il est à remarquer que M. Baumes

admet formellement des fièvres rémittentes inflammatoires contre lesquelles il recommande la saignée,
soit dans le paroxysme, soit dans la rémission.

M. Baumes déclare, avec une louable franchise, que
depuis quarante-cinq ans il a toujours vu, dans les cadavres des individus morts de fièvres putrides, mésentériques, bilieuses ardentes, bilieuses putrides, malignes,
nerveuses, lymphatiques, pituiteuses ou muqueuses;
il a toujours vu, dis-je, des congestions de sang
dans les viscères naturellement sanguins, des amas
de bile ou de mucosités dans l'appareil des organes
biliaires et abdominaux, ordinairement avec épanchemens sanguins, séreux, sanguinolens ou sanieux.
Les organes membraneux, dit-il, étaient souvent
épaissis; les organes parenchymateux ou rénitens ou
mollasses, remplis de granulations qu'on trouvait
aussi quelquefois sur les membranes affectées; enfin,
ajoute-il, les surfaces internes, se déchirant parfois
avec assez de facilité; offraient ou le lacis des vaisseaux qui entrent dans leur contexture fortement
distendu et comme injecté, ou de larges taches rouges,
quelquefois une dissémination de points noirâtres ou
de véritables escarres.

Si ces désordres organiques, dont la cause est
aujourd'hui bien connue, ont été observés par
M. Baumes, à la suite des fièvres rémittentes, ce qu'il
est permis de croire, puisqu'il en parle à l'occasion
de ces fièvres, il est permis d'en conclure qu'elles
affectent les organes absolument de la même manière
que les continues, et l'on doit des remercîmens à
cet excellent observateur pour les preuves dont il
fortifie la nouvelle doctrine pyrétologique.

M. Baumes veut qu'on donne le quinquina quand on a écarté les contre-indications; mais il avoue que si ce moyen réussit le plus souvent dans les fièvres rémittentes avec frisson, celles dont les paroxysmes ne sont guère précédés que par un refroidissement résistent plus ou moins de temps à l'action de ce médicament, et que celles qui n'offrent ni frisson ni refroidissement, au début de leurs paroxysmes, ne peuvent admettre ce fébrifuge que *quand les ressources de l'art ont ramené ces fièvres au caractère légitime des fièvres rémittentes.* J'ignore par quel genre de *ressources* l'art de guérir peut faire d'une fièvre rémittente illégitime une fièvre rémittente légitime, c'est-à-dire, lui rendre ou lui donner les frissons qu'elle n'a pas; mais il est évident que M. Baumes a fort bien remarqué que le quinquina est d'autant moins avantageux dans les fièvres rémittentes, que celles-ci se rapprochent davantage du caractère des fièvres continues proprement dites. Ailleurs il dit que le quinquina est très-déplacé dans toute fièvre hémitritée accompagnée dès son invasion d'une inflammation, même d'un état inflammatoire borné à l'estomac ou aux intestins; et que cette inflammation qui, pour être lente et incomplète, ne contre-indique pas moins l'usage du fébrifuge, se reconnaît, entr'autres indices, à la tension, à la sensibilité de l'abdomen par la pression, à des anxiétés plus ou moins fortes, à une diarrhée séreuse, commencée avec la maladie. On sait mieux aujourd'hui quels sont les signes de la gastro-entérite, mais il fallait prendre acte de ces aveux d'un praticien célèbre.

CHAPITRE XIV.

Des Fièvres chroniques.

Les fièvres, quel que soit leur type, se prolongent souvent pendant des mois ou même des années, mais non pas toujours avec le degré d'intensité qu'elles présentent lorsqu'elles sont aiguës. Avant de passer à l'état chronique, les continues semblent cesser tout-à-fait, ou bien quelques-uns de leurs symptômes persistent après que le danger prochain a cessé. Les intermittentes, en passant à cet état, ne deviennent pas toujours pour cela moins intenses, mais fort souvent leurs accès ne paraissent point à des époques aussi fixes que dans les commencemens de la maladie. A une fièvre continue aiguë succède quelquefois une fièvre intermittente chronique, qui, vers la fin de la vie du sujet, devient le plus ordinairement continue. On a donné le nom de *splanchniques* aux fièvres intermittentes chroniques qui sont accompagnées, compliquées, ou pour mieux dire occasionées par une lésion manifeste d'un des viscères abdominaux. Lorsque les fièvres chroniques durent depuis long-temps, et quelquefois même dès les premières semaines de leur existence, et quel que soit leur type, on les voit s'accompagner de la diminution notable des forces, et d'une émaciation qui fait ordinairement d'assez rapides progrès : on leur donne alors le nom d'*hectiques*.

L'affaiblissement et le marasme s'établissant plus rapidement dans les fièvres chroniques continues, elles prennent plus promptement le nom de *fièvres hectiques* : c'est le contraire pour les fièvres intermittentes chroniques, dont les accès, séparés par des intervalles plus ou moins considérables, permettent, au moins pendant quelques mois, de reprendre de la force et des matériaux nutritifs.

On a peu étudié la période des fièvres chroniques continues dans laquelle les forces ne sont pas encore diminuées ni le corps émacié. C'est en fixant son attention sur cet important sujet d'observation que M. Broussais a reconnu les caractères distinctifs de plusieurs phlegmasies chroniques, dont il a consigné l'histoire dans son important ouvrage sur ces inflammations. Je ne puis mieux faire que d'y renvoyer, et je me plais à dire que cette immortelle production est un de ces livres qui ne vieilliront jamais en totalité. On doit au même auteur une histoire de la fièvre hectique (1), infiniment supérieure à l'ouvrage de Trnka sur cette maladie.

M. Broussais définit la fièvre hectique : « Une fièvre continue, lente, d'une durée longue et indéterminée, avec consomption des forces et émaciation; » et pour achever le tableau des symptômes de cet état morbide, il ajoute les traits suivans : « Mouvement fébrile, lent et continu, avec des redoublemens le soir, le plus souvent après le repas, quelquefois d'une manière irrégulière, pendant lesquels les malades éprouvent de la chaleur à la paume des mains et à la plante

______

(1) *Recherches sur la Fièvre hectique considérée comme dépendante d'une lésion d'action des différens systèmes sans vice organique.* Paris, 1803, *in-8°.*

des pieds, et à la suite desquels ils ont des sueurs abondantes qui les débilitent beaucoup; émaciation plus ou moins rapide, en proportion de l'activité de la fièvre, de l'abondance des sueurs et de la diarrhée. » Il admet trois degrés ou périodes dans cette fièvre : dans le premier, elle est obscure, irrégulière, et les fonctions sont peu altérées; dans le second, le pouls, constamment petit, vif et fréquent, s'accélère dans les redoublemens, pendant lesquels la chaleur des mains et des pieds est manifeste, et les sueurs copieuses et débilitantes : alors l'émaciation est rapide. Enfin, dans le troisième tous les symptômes sont très-intenses, et la maigreur portée au degré du marasme : les malades, dit-il, sont semblables à des squelettes recouverts d'une peau sèche et terreuse.

Cet auteur distingue les fièvres hectiques provenant de la lésion d'action d'un seul système, de celles qui dépendent de la lésion de l'action de plusieurs systèmes. Cette division n'étant fondée que sur une analyse incomplète des phénomènes et des causes de la maladie, analyse dont M. Broussais a reconnu lui-même l'insuffisance, je ne m'y arrêterai point. Mais parmi les différentes espèces de fièvres hectiques qu'il admettait, lorsqu'il écrivit sa dissertation sur ces maladies, il en est plusieurs qui méritent toute notre attention : ce sont les hectiques *gastrique, pectorale, génitale, hémorrhagique, cutanée, morale.*

A la première il assigne pour caractères distinctifs : l'anorexie, la soif, la sécheresse de la bouche, l'afflux abondant de la salive, des digestions laborieuses, marquées par des pesanteurs, des rots, des vomissemens, des cardialgies, des anxiétés précordiales ; quelquefois, dit-il, l'appétit persiste ou est augmenté, mais les digestions sont toujours laborieuses. Chez les enfans qui viennent d'être sevrés, il y a en outre la lienterie, et quelquefois la boulimie. A ces symptômes se joignent souvent l'amertume et l'état pâteux de la bouche, l'enduit jaunâtre, blanc ou muqueux de la langue, la sensibilité de l'épigastre, et la céphalalgie sus-orbitaire. Quand la maladie a été exaspérée par l'abus des alimens, des assaisonnemens et des cordiaux, les cardialgies et les anxiétés sont, dit-il, plus cruelles, et il y a un sentiment de chaleur à l'épigastre. Parfois les alimens les plus doux causent de vives douleurs, et sont souvent rendus par le vomissement. Enfin la pâleur, la dilatation de la pupille, la démangeaison des narines, l'acidité de l'haleine, l'afflux de salive, les picotemens dans l'abdomen, les diarrhées muqueuses, le ténesme, et plus encore l'expulsion des vers, indiquent la présence de ces animaux dans l'appareil digestif.

Ces symptômes ne permettent pas de méconnaître aujourd'hui une gastrite chronique avec accélération habituelle du pouls, et redoublement plus ou moins régulier de cette accélération. On doit, je pense, attribuer à la même cause organique les fièvres hectiques par allaitement trop prolongé, puisque le résultat de ce genre d'excès est l'accroissement de l'activité digestive, et enfin l'inflammation de l'estomac.

La fièvre hectique *pectorale* a pour symptômes caractéristiques, selon M. Broussais, 1°. tantôt une douleur vive au larynx, une toux convulsive avec rougeur du visage, menace de suffocation subite, cessant parfois tout-à-coup : la trachée est alors le siége de l'irritation chronique, cause prochaine de cette fièvre ; 2°. tantôt une toux forte et fréquente, une expectoration souvent puriforme, abondante, de la dyspnée, une douleur générale de la poitrine, un sentiment de gêne, de pesanteur sous le sternum : la membrane muqueuse bronchique est alors le siége de l'irritation qui provoque la fièvre ; 3°. tantôt on observe les signes de la phlegmasie chronique du parenchyme pulmonaire ou de la plèvre, sur lesquels je ne dois point insister dans cet ouvrage. Ainsi la fièvre hectique pectorale est due à une laryngite, à une bronchite, à une péripneumonie, ou enfin à une pleurésie chronique. Les signes de la gastrite se joignent assez souvent, mais non pas toujours, à ceux de ces inflammations.

L'hectique *génitale* a pour caractères l'écoulement d'une matière muqueuse blanchâtre, jaunâtre ou verdâtre, plus ou moins âcre et fétide, des cuissons et du prurit dans le vagin ou dans l'urètre : l'anorexie, la dyspepsie, des douleurs à l'épigastre, aux lombes et aux cuisses accompagnent le plus ordinairement cet écoulement, et indiquent que l'inflammation chronique de l'estomac accompagne le plus ordinairement celle de la membrane muqueuse génitale. On doit rapprocher de cette fièvre hectique celle qui est due à l'inflammation chronique de la vessie, connue sous le nom de catarrhe de ce viscère.

L'hectique par *hémorrhagie* excessive ne doit pas être attribuée à la faiblesse, effet de la perte du sang : telle n'est point sans doute aujourd'hui l'opinion de M. Broussais. Toute hémorrhagie étant le résultat d'une irritation de la membrane muqueuse bronchique, gastrique, ou de toute autre partie, c'est l'irritation de la partie qui est le siége de l'hémorrhagie, qui provoque la fièvre. Les hémorrhagies par plaie, les pertes considérables de sang, quelle qu'en soit la cause, n'occasionent jamais la fièvre qu'indirectement, et seulement lorsque l'action des voies gastriques peut suppléer par un travail digestif plus rapide à la perte de matériaux qu'a faite l'économie. Quant aux fièvres hectiques qui succèdent à la disparition ou à la suppression des hémorrhagies périodiques ou habituelles, elles sont le résultat de l'irritation supplémentaire qui s'établit soit dans les voies digestives, soit dans le poumon, soit dans l'appareil génital, et peut-être dans d'autres parties, telles que le foie. On doit en dire autant de l'hectique par suppression de la sueur : celle dans laquelle il y a une sueur excessivement abondante ne diffère point à cause de cela des autres; car ce n'est ni un symptôme de plus, ni l'intensité d'un seul symptôme, qui peut établir une différence fondamentale entre deux maladies.

La fièvre hectique due à une inflammation chronique quelconque de la peau est tantôt avec et tantôt, quoique plus rarement, sans symptômes de gastrite chronique : cette différence n'est pas indifférente pour le traitement.

L'hectique par cause *morale* a pour signes, selon M. Broussais, un air triste, morose, l'éloignement pour la société, une idée dominante, l'oubli des devoirs, et même la négligence à satisfaire les besoins de la nature; on observe en outre assez souvent des palpitations, des soupirs douloureux, des larmes, une altération profonde des traits et du pouls, quand on parle au malade de sa patrie ou des personnes qui lui sont chères, dans le cas de nostalgie. Il est évident que cette fièvre dépend d'une irritation cérébrale avec ou sans gastrite ; mais pour en compléter le tableau, il faudrait y joindre tous les signes caractéristiques de la catalepsie, de l'épilepsie, de la mélancolie, qui souvent s'accompagnent des signes communs à toutes les fièvres hectiques.

Je ne pousserai pas plus loin l'exposition des phénomènes si variés que présentent les sujets affectés de fièvre hectique. Il serait aisé de démontrer par un grand nombre de faits qu'il n'est pas un seul organe tant soit peu important qui ne puisse, lorsqu'il est le siége d'une inflammation chronique, donner lieu aux symptômes de cette fièvre. Je ne pense pas que M. Broussais prétende aujourd'hui qu'elle se *rapporte* toujours à la gastro-entérite, puisque dans sa thèse il a si judicieusement établi la distinction des diverses variétés de cette fièvre, d'après les organes dont l'irritation la provoque, autant du moins qu'il le pouvait à une époque où il ne faisait qu'entrevoir les grands principes dont il a depuis enrichi la science.

Je ne rechercherai point les causes de la fièvre hectique : ce sont celles de toutes les inflammations chroniques ; comme celles des fièvres aiguës, jamais elles n'agissent à la fois sur tout l'organisme, et ne portent pas toujours leur atteinte sur la membrane muqueuse gastrique, quoique cette membrane en ressente le plus souvent l'influence.

La terminaison naturelle de la fièvre hectique est nécessairement la mort, lorsque des circonstances heureuses, accidentelles ou préparées par le médecin, n'en arrêtent point le cours. Toujours beaucoup plus difficiles à guérir que les fièvres aiguës, sauf celles d'entre ces dernières qui ont reçu le nom d'*adynami-ques* et d'*ataxiques*, elles seront d'autant plus souvent guéries qu'on étudiera dorénavant avec plus de soin la nature et le siége des lésions organiques toujours locales qui les produisent.

Le but de M. Broussais, dans sa thèse, avait été de faire connaître la fièvre hectique, indépendante d'une lésion irrémédiable dans la structure des organes ; jamais on ne pourra établir de règles bien positives à cet égard. Tout ce qu'on peut dire, c'est que jamais on ne doit désespérer du salut du malade aussi long-temps qu'il n'est point réduit au dernier degré du marasme, ou qu'il ne tombe pas dans l'hydropisie ou dans une diarrhée qui l'épuise en peu de temps.

La distinction que M. Broussais a cru devoir établir plus récemment entre l'hectique *de douleur* et l'hectique *de résorption* me paraît de peu d'utilité et aussi difficile à établir qu'à justifier. Quand l'organe qui a subi une altération profonde dans son tissu vient à suppurer, la fièvre hectique s'aggrave ; quand le pus ne trouve pas une issue au dehors, il forme une cause nouvelle d'irritation, et la fièvre devient plus intense ; enfin lorsque l'introduction de l'air dans le foyer ajoute de nouveau à l'irritation, la fièvre devient encore plus intense : voilà à quoi se réduit cette distinction. Quant à la diarrhée qui caractérise si souvent la dernière période de la fièvre hectique, elle dépend constamment, comme l'a démontré M. Broussais, de l'inflammation des intestins ; c'est le symptôme d'une inflammation sympathique qui accroît l'intensité de l'inflammation primitive, et qui, de concert avec celle-ci, précipite la fin de la vie du sujet.

A l'ouverture des cadavres, on trouve presque constamment des traces profondes et non équivoques de l'inflammation d'un ou de plusieurs viscères. Comme ces traces sont profondes, que les tissus organiques sont entièrement dénaturés, détruits même ou tombés en suppuration, on ne fait aucune difficulté de leur attribuer et les symptômes observés pendant la vie et la mort du sujet. On ne se refuse point à considérer la fièvre hectique comme ayant été secondaire ou symptomatique. Pourquoi donc raisonne-t-on autrement quand on trouve des traces analogues, quoique peu profondes, à la suite des fièvres aiguës? S'il ne répugne pas d'attribuer la mort à un état morbide qui laisse des traces profondes, après avoir donné lieu à des phénomènes très-peu prononcés et qui se sont lentement développés, en quoi peut-il répugner d'attribuer la mort à une lésion de même nature qui, il est vrai, laisse des traces moins profondes de son existence, mais qui a donné lieu à des phénomènes très-prononcés, quoique rapides, pendant la vie?

Dans des cas fort rares et dont je n'ai observé qu'un seul exemple, on ne trouve absolument aucune lésion à l'ouverture des cadavres après la fièvre hectique. Faut-il alors en conclure que cette fièvre n'était due à l'affection d'aucun organe? Tirer cette conséquence, ce serait réellement abuser des recherches d'anatomie pathologique, et renoncer aux lumières que nous fournissent les symptômes. Ces cas sont fort rares, je le répète; dans la plupart de ceux qu'on a rapportés, il est probable que l'inflammation chronique de la membrane muqueuse desvoies digestives a été méconnue. Dans celui même dont je viens de parler, je n'affirmerais point que l'arachnoïde ne fût pas lésée, car à l'époque où je l'observai, je connaissais peu certains états pathologiques de cette membrane. On sait aujourd'hui que la nostalgie ne détermine la mort de ceux qu'elle affecte que par la gastrite chronique ou par l'inflammation chronique de la méningine; j'ajouterais même par l'inflammation du cerveau si les signes de l'encéphalite chronique étaient mieux connus. Néanmoins les fièvres hectiques gastriques sont les plus communes; viennent ensuite les péripneumoniques et les pleurétiques, presque toujours compliquées avec les premières, surtout dans leurs dernières périodes.

Le traitement des fièvres hectiques causées par les inflammations chroniques du poumon n'était qu'incomplètement connu, lorsque M. Broussais fit paraître son Histoire des Phlegmasies chroniques. On ne savait pas assez jusqu'à quel point il importe de ménager la sensibilité de la membrane muqueuse gastrique, afin de ne pas hâter le moment où l'inflammation de cette membrane se joignant à celle des organes respiratoires, accélère le moment fatal. On ignorait complètement le traitement des fièvres hectiques gastriques, parce qu'on ne connaissait pas au juste l'état de la membranc interne de l'estomac et des intestins dans ces fièvres. Quant aux autres, on s'attachait à diriger contre leurs symptômes des moyens indiqués par des idées vagues de faiblesse. Après avoir payé tribut aux erreurs de ses maîtres, M. Broussais démontra d'une manière supérieure la nécessité de se borner, dans le traitement de ces fièvres, à l'emploi des boissons adoucissantes, mucilagineuses, édulcorées, quelquefois acidulées; aux suppuratifs de la peau, du tissu cellulaire, lorsque ces moyens n'ajoutent pas à l'irritation contre laquelle on les dirige; à l'éloignement de toute espèce de causes d'irritation, non-seulement pour l'organe irrité, mais encore pour ceux qui sont en rapport sympathique avec lui.

Aujourd'hui, M. Broussais joint à ces moyens si simples, dont il faut lire l'exposé dans son Histoire des Phlegmasies chroniques, l'usage modéré des sangsues appliquées, en petit nombre, plus ou moins souvent, et le plus près possible de l'organe enflammé.

Telle paraît être la méthode générale à suivre dans le traitement des fièvres hectiques, en y joignant tous les soins hygiéniques, et le régime sévère indiqué dans la plupart des cas, surtout quand les voies digestives sont le siége de l'inflammation. Il s'en faut de beaucoup que cette méthode réussisse souvent; mais les amers, les excitans de toute espèce, que naguère on prodiguait dans ces maladies, étaient-ils plus efficaces? N'avaient-ils pas l'inconvénient de détruire le bon effet des adoucissans, dont on avait cependant reconnu les avantages? Affirmer, d'ailleurs, que les émissions sanguines locales peu abondantes et les mucilagineux doivent former la base du traitement de ces fièvres, ce n'est point en exclure complètement l'emploi de quelques toniques lorsque l'indication se présente.

Je pense qu'il n'est point nécessaire de s'attacher à

démontrer aujourd'hui l'erreur de quelques praticiens qui s'attachaient à prescrire le quinquina, dans l'espoir de faire cesser la fièvre hectique continue, lorsqu'ils ne pouvaient rien sur la cause prochaine de cette fièvre. Ils ne parvenaient à ce résultat qu'en augmentant l'inflammation de l'estomac lorsque ce viscère était le siége de la maladie, ou bien en déterminant une gastrite quand l'inflammation résidait dans un autre viscère ; ainsi, pour faire cesser des symptômes purement secondaires, ils augmentaient l'intensité de la maladie primitive, ou bien ils créaient, pour ainsi dire, une autre maladie : exemple remarquable des fâcheux résultats des méthodes thérapeutiques uniquement fondées sur l'étude des symptômes.

Un symptôme que l'on s'attache trop souvent à combattre est la sueur dite *colliquative* des fièvres hectiques, qui, dit-on, épuise le malade, et doit être modérée parce qu'elle n'est point critique. J'ai vu rarement réussir les moyens employés pour diminuer ou faire disparaître cette évacuation, et lorsqu'on est parvenu à la tarir, j'ai vu constamment s'exaspérer la fièvre ou les symptômes locaux de la maladie. Que cette déperdition abondante et presque continuelle de matériaux nutritifs contribue au dépérissement du sujet, c'est ce qu'on peut admettre ; mais que, pour s'y opposer, il soit avantageux de stimuler la membrane muqueuse gastrique, c'est ce qui est en opposition avec les lois de la saine physiologie : l'expérience démontre les mauvais effets des moyens toniques et astringens en pareil cas. Tout ce qu'on peut faire, c'est de couvrir le corps avec des linges très-chauds et souvent renouvelés, dès que la sueur s'établit, et de donner à l'intérieur une boisson acidule froide, si l'état de l'estomac le permet.

Puisqu'il est prouvé que la fièvre hectique n'est que l'ensemble des symptômes qui caractérisent une irritation chronique dont l'influence sympathique s'étend jusqu'au cœur, c'est seulement en attaquant cette irritation qu'on doit combattre tous les phénomènes sympathiques qui la caractérisent. Mais il n'est pas inutile de distinguer dans la pratique les fièvres hectiques en deux variétés, dont l'une est avec, et l'autre sans irritation gastrique, parce que, dans la seconde, on peut quelquefois placer quelques stimulans à titre de dérivatifs, mais avec une grande réserve, de peur de produire les mauvais effets dont j'ai parlé plus haut; tandis que, dans la première, c'est-à-dire, dans celle où les voies gastriques sont primitivement ou sympathiquement irritées, toute tentative de dérivation ne peut qu'être nuisible, en accélérant les progrès d'un mal qui tend à détruire l'organisme.

Lorsque, malgré tous les moyens mis en usage pour les guérir, et quelquefois par suite de ces mêmes moyens, les fièvres intermittentes se prolongent indéfiniment, les fonctions digestives finissent par se déranger, et si l'estomac n'a point été irrité jusque là, il s'irrite, non pas seulement par accès, mais d'une manière continue; la gastrite s'accroît momentanément à chaque redoublement, et devient chaque jour plus intense; des signes d'inflammation chronique du foie, de la rate se manifestent; ces viscères acquièrent un volume extraordinaire et deviennent douloureux à la pression : c'est ce qu'on appelle si improprement des *obstructions*. La fièvre intermittente prend alors le nom de *splanchnique* : ainsi que je l'ai déjà dit, le malade maigrit et s'affaiblit de jour en jour ; les accès fébriles deviennent ordinairement erratiques, d'autres fois ils conservent ou du moins ils prennent le type quarte ; peu à peu ils passent au type continu rémittent, surtout quand les altérations de tissu des organes lésés tendent à la suppuration, à l'ulcération. On voit néanmoins assez fréquemment la fièvre demeurer intermittente. Enfin elle se termine par le marasme, qui acquiert le plus haut degré d'intensité, et le malade périt épuisé par la diarrhée, ou dans l'hydropisie.

Les fièvres intermittentes chroniques offrent une si grande variété qu'il est impossible d'en présenter le tableau général ; il y a même sur cette importante partie de la pathologie, comme sur tant d'autres, d'importantes recherches à faire.

A l'ouverture des cadavres, on trouve le plus souvent des altérations profondes dans le tissu des viscères abdominaux, dans le foie, la rate, le mésentère, les épiploons, le pancréas, les reins, les ovaires. Quelquefois on en trouve également dans les organes thoraciques. Fort souvent on reconnaît que le péritoine, la plèvre, le péricarde ont été enflammés pendant la vie. En un mot, ce sont les mêmes lésions organiques qu'à la suite des fièvres continues chroniques ou hectiques proprement dites.

Par quelle étrange contradiction les mêmes auteurs qui ont attribué les symptômes de la fièvre continue chronique à l'affection des viscères qu'ils trouvaient altérés dans leur structure après la mort, ont-ils cru devoir attribuer ces mêmes lésions organiques à la fièvre intermittente chronique lorsqu'ils en trouvaient les traces dans les cadavres à la suite de cette dernière? Ce n'est point, il faut l'avouer, le squirrhe du foie, ni la friabilité de la rate, ni l'épaississement du péritoine, ni l'hydropéricarde, ni l'ascite que l'on trouve après la mort chez les sujets qui ont été en proie à la fièvre intermittente; ce ne sont pas ces désordres qui ont donné lieu aux accès fébriles; mais ces altérations démontrent que les viscères dans lesquels on les observe ont été le siége d'une irritation dont les accès fébriles n'étaient que les symptômes, et qui a elle-même déterminé ces altérations de texture.

L'auteur d'un traité sur les fièvres intermittentes (1), attribué à Sénac, et tous ceux qui ont parlé des lésions organiques que présentent les cadavres à la suite des fièvres intermittentes chroniques, ont à peine fait mention de l'état de la membrane muqueuse gastro-intestinale, parce qu'ils ne connaissaient point les traces souvent légères que l'inflammation, même la plus intense, laisse dans cette membrane. L'auteur dont je viens de parler se borne à dire que, chez les hommes qui sont morts subitement après le repas, lorsqu'ils paraissaient délivrés de la fièvre, on a trouvé l'estomac très-dilaté et renfermant de l'eau ou des alimens; qu'à la suite des fièvres intermittentes prolongées, les intestins sont souvent très-dilatés dans certaines parties de leur étendue, et resserrés dans d'autres; que le colon présente surtout des rétrécissemens dans sa portion descendante, un peu avant de se confondre avec le rectum. Y aurait-il des cas où le colon serait plus irrité que

______

(1) *De Recondita Febrium intermittentium tum remittentium Naturâ et earum curatione.* Genève, 1769, *in-8°*, pages 196-198.

l'estomac, et même que tout autre viscère, dans les fièvres intermittentes? C'est peut être ce que les progrès ultérieurs de l'observation démontreront.

L'affection des viscères abdominaux, rendue manifeste par l'analyse des symptômes et par les ouvertures de cadavres, bien qu'elle n'ait pas encore été suffisamment étudiée, démontre pourtant que lorsque les fièvres intermittentes passent à l'état chronique, elles deviennent nécessairement gastriques. Et s'il fallait en chercher des preuves jusque dans les effets du traitement, on en trouverait aisément : qui ne sait qu'on attaque le plus souvent en vain ces fièvres par le quinquina ?

Un des problêmes les plus intéressans de la pathologie est sans doute celui-ci : Quels principes doivent diriger le praticien dans le traitement des fièvres intermittentes , lorsqu'il s'agit de prévenir ou de faire cesser les *obstructions ?*

Le meilleur moyen, nous l'avons déjà dit, pour prévenir l'altération de texture des viscères dans la fièvre intermittente, est de faire cesser celle-ci le plus promptement possible, au moyen du quinquina, après avoir employé méthodiquement le régime et les émissions sanguines, et soigneusement écarté les causes qui peuvent faire renaître la maladie.

Lorsque les *obstructions* existent, si elles sont anciennes, si elles datent d'une ou de plusieurs années, il n'y a plus d'espoir d'en obtenir la résolution : quelques heureuses exceptions confirment cette règle au lieu de la détruire. En pareil cas, tout ce qu'on peut faire est de veiller à ce que rien n'aggrave l'état du malade. Si les voies gastriques sont peu irritées, si les obstructions remontent à quelques mois seulement, on peut tenter d'en arrêter les progrès en administrant le quinquina, pour faire cesser les congestions périodiques qui ajoutent peu à peu à l'état morbide des viscères. Quelquefois on a la satisfaction de voir disparaître des tuméfactions du foie, de la rate, des ganglions, du mésentère, dont en apparence on ne devait point espérer la résolution. L'eau froide ou chaude, chargée d'une très-petite quantité de sels, très-abondante en gaz acide carbonique, ou, comme l'on dit, les eaux gazeuses légèrement salines, et les eaux sulfureuses administrées sous forme de bains et à l'intérieur, sont souvent d'une véritable utilité, et bien préférables à tous les autres *fondans*. Dans le cours de ce traitement, quelques émissions sanguines à l'épigastre, à l'hypochondre droit, à l'anus, peuvent devenir nécessaires. Le régime doit être approprié à l'état de l'estomac, et toujours sévère.

Lorsque les obstructions sont récentes, l'irritation gastrique est alors presque toujours non équivoque ; les viscères sont douloureux à la pression ; il faut se garder d'administrer le quinquina avant d'avoir eu recours aux émissions sanguines locales, au régime, aux bains et aux boissons aqueuses ; mais néanmoins il ne faut pas trop tarder à mettre ce médicament en usage, dès que l'estomac paraît être en état de le supporter. C'est ainsi qu'on prévient assez souvent le développement de l'hydropisie, état secondaire redoutable dont le traitement ne peut trouver place dans cet ouvrage, et qui annonce presque constamment une terminaison funeste.

Tels sont les préceptes qui me paraissent devoir être

substitués à ceux des médecins qui ont recommandé le quinquina comme le meilleur moyen de faire cesser les obstructions dans tous les cas indistinctement, et à ceux des médecins qui veulent que l'on s'abstienne constamment de l'emploi de ce médicament aussitôt qu'il existe quelques signes d'*obstructions*.

Lorsque les fièvres intermittentes chroniques passent au type continu et s'accompagnent définitivement des phénomènes de la fièvre continue, le quinquina ne peut plus être que nuisible, et l'on doit se borner aux moyens palliatifs jusqu'à ce que le malade achève sa pénible carrière.

CHAPITRE XV.

Des Fièvres simples et des Fièvres compliquées; des Fièvres essentielles ou primitives, et des Fièvres symptomatiques ou secondaires.

Si j'avais essayé, au commencement de cet ouvrage, de donner une idée exacte de ces fièvres, ou plutôt de la valeur de ces dénominations, je n'aurais pu éviter les interminables discussions auxquelles elles ont donné lieu : actuellement ma tâche est devenue facile.

Une fièvre *simple* est celle dont tous les symptômes proviennent de l'irritation d'un seul organe, irritation dont l'influence s'étend toujours plus ou moins au cœur, et souvent au cerveau.

Une fièvre *compliquée* est celle dans laquelle plusieurs organes irrités exercent la même influence.

Une fièvre *essentielle* est celle dans laquelle il semble qu'il n'existe pas d'irritation locale à laquelle on puisse attribuer la production des phénomènes fébriles, lorsqu'on n'y regarde pas d'assez près, lorsqu'on néglige de rattacher les symptômes aux organes dans lesquels ils se manifestent, et de rechercher l'ordre de leur apparition ainsi que leur dépendance; lorsqu'enfin on néglige de rapprocher ces symptômes des altérations organiques trouvées après la mort dans des cas analogues.

Une fièvre *symptomatique* est celle dans laquelle

l'irritation d'un ou de plusieurs organes est tellement manifeste que personne n'est tenté d'en nier l'existence.

Une fièvre *primitive* est celle dans laquelle l'irritation locale qui met en jeu les sympathies est primitive.

Une fièvre *secondaire* est celle dans laquelle l'irritation locale qui met en jeu les sympathies est elle-même l'effet sympathique d'une autre irritation.

On dit qu'une fièvre essentielle est compliquée d'une inflammation, d'une névrose ou d'une hémorrhagie lorsque, dans le cours d'une fièvre que l'on croit ne pouvoir attribuer à une irritation locale, on voit se manifester des signes non équivoques d'irritation inflammatoire, nerveuse ou hémorrhagique, dans un organe qui, jusque là, n'avait pas paru plus affecté que tous les autres. Cette apparition de nouveaux symptômes a lieu, tantôt dans l'organe dont l'irritation, jusque là méconnue, produit les symptômes fébriles, et dans ce cas la fièvre dite *essentielle compliquée* n'est qu'une irritation avec symptômes fébriles qui augmente d'intensité ; tantôt dans un autre organe que celui dont l'irritation méconnue produit les symptômes fébriles, et dans ce cas il y a vraiment complication ; non pas qu'une maladie vienne se joindre à celle qui existait déjà, mais parce que le mal s'étend à un organe qui jusque là n'avait pas été affecté au degré morbide.

Lorsqu'une fièvre se manifeste dans le cours d'une affection morbide quelconque, les symptômes fébriles sont le résultat de l'irritation qui augmente ou qui se développe dans l'organe siége de cette affection, ou de l'irritation qui s'établit dans un autre organe. La fièvre est, dans ce dernier cas, véritablement secondaire, ou, si l'on veut, symptomatique.

Par conséquent, toute fièvre est essentielle en tant qu'elle existe ; aucune fièvre n'est essentielle si on entend par là qu'elle existe par elle-même, ce qui ne signifie rien en parlant d'une maladie.

Il est utile de distinguer les fièvres primitives des fièvres secondaires, en raison des modifications que le siége apporte dans le traitement.

Ces principes étant posés , examinons ce que sont 1°. les fièvres qui précèdent les inflammations de la peau , qui les accompagnent ou qui leur succèdent , ou les fièvres *exanthématiques* ; 2°. les fièvres qui se manifestent dans le cours d'une phlegmasie, d'une hémorrhagie , d'une névrose ; 3°. enfin, les fièvres qui se développent à la suite des plaies et autres lésions analogues par causes mécaniques, ou les fièvres *traumatiques*.

1°. La fièvre qui précéde de quelques jours l'érysipèle , la rougeole, la variole , et autres phlegmasies cutanées , est toujours due à la gastro-entérite ; pour s'en convaincre, il suffit d'examiner l'état de la langue , le dérangement de la digestion , et d'explorer l'épigastre. Cette fièvre diminue quand l'inflammation diminue ou cesse dans la membrane gastro-intestinale , et se manifeste à la peau ; lorsque celle-ci est fortement irritée, la membrane des organes digestifs s'irrite de nouveau, ou bien l'irritation très-faible dont elle n'a pas cessé d'être le siége dans beaucoup de cas , s'accroît , et les symptômes fébriles acquièrent une nouvelle intensité. Quand l'inflammation de la peau a cessé, la fièvre n'a plus lieu, à moins que la gastro-entérite ne persiste ou n'augmente. A quelque époque que ce soit des phlegmasies cutanées, la gastro-entérite et même quelquefois la simple irritation de la peau chez un sujet mal disposé, peut déterminer une irritation sympathique redoutable, ou même mortelle, dans l'encéphale; et l'on voit alors se manifester du désordre dans le système nerveux, la prostration s'établit; et si la gastro-entérite arrive au plus haut degré d'intensité, les phénomènes que les anciens attribuaient à la putridité se montrent. Lorsque les symptômes de la fièvre gastrique, bilieuse ou muqueuse se développent, on ne peut douter de l'irritation sympathique de la membrane muqueuse gastro-intestinale. C'est dire assez ce qu'on doit penser des fièvres gastriques, bilieuses, muqueuses, ataxiques et adynamiques, qui, pour parler le langage reçu, viennent se joindre aux phlegmasies de la peau, et ce qu'on doit faire pour en arrêter les progrès et la terminaison souvent funeste.

2°. Une péripneumonie, une métrite, une péritonite, jettent souvent le malade dans une prostration profonde ou provoque des symptômes appelés *nerveux*. Il n'est pas nécessaire pour cela que la membrane muqueuse gastro-intestinale soit enflammée; mais lorsque le vomissement, la diarrhée de matières fétides, et la chaleur âcre de la peau se joignent à la prostration, il n'est plus permis d'attribuer celle-ci à l'inflammation du poumon, de l'utérus ou du péritoine : il y a évidemment gastro-entérite. Il en est donc de ces fièvres gastriques, adynamiques et ataxiques, comme de celles qui viennent compliquer les phlegmasies de la peau.

Lorsqu'une de ces fièvres se manifeste dans le cours d'une irritation dite *nerveuse*, l'irritation cérébrale s'établit très-facilement dans le cerveau, lors même qu'il n'y a point de gastrite.

Ce que j'ai dit des fièvres qui compliquent les inflammations s'applique également à celles qui compliquent les hémorrhagies du poumon, de l'utérus, etc.

En parlant des fièvres chroniques dans le chapitre précédent, j'ai indiqué les points de doctrine relatifs à la liaison des maladies chroniques avec les symptômes fébriles, autant que je puis le faire dans cet ouvrage.

Les fièvres *traumatiques* comprennent la synoque, la bilieuse, l'adynamique et l'ataxique, qui se manifestent à la suite des plaies. La première est l'effet direct de l'irritation, de la douleur, de l'inflammation inséparable d'une solution de continuité tant soit peu profonde dans des parties très-irritables ; assez souvent une gastro-entérite sympathique s'établit rapidement et contribue au développement des symptômes fébriles. La constitution du sujet, les circonstances au milieu desquelles il se trouve, contribuent beaucoup à la production de ces symptômes. La seconde est toujours l'effet d'une gastro-entérite intense, plus ou moins partagée par le foie ; il est certaines plaies, telles que celles de la tête, qui la déterminent plus facilement que d'autres. Il s'en faut de beaucoup qu'elle soit presque toujours, comme on l'a prétendu, l'effet d'un mauvais régime : puisque le mauvais régime ne l'avait pas occasionée jusque là, il peut tout au plus disposer à la contracter, à moins que le blessé ne se livre à des excès ou ne fasse usage d'alimens trop abondans, succulens ou grossiers. La gastro-entérite fébrile traumatique se manifeste plus fréquemment durant les chaleurs de l'été. Portée à un haut degré d'intensité, il en résulte la fièvre adynamique. Si l'irritation de l'estomac est transmise à l'encéphale, on observe les phénomènes nerveux qui caractérisent ce qui a été appelé l'*ataxie*. Mais ces phénomènes sont fort souvent l'effet direct de l'irritation traumatique sur l'encéphale, ainsi qu'on l'observe à la suite des amputations.

Il résulte de ce qui précède, que dans toute fièvre essentielle ou primitive, symptomatique ou secondaire, que dans toute fièvre compliquée, il importe de chercher non-seulement les organes lésés, mais encore ceux qui le sont davantage, et ceux qui ont été les premiers affectés, et sans l'irritation desquels les autres n'auraient point été lésés.

Je crois pouvoir conclure de ces considérations, trop rapides peut-être, mais rigoureusement déduites des faits, que toutes les fièvres essentielles ou primitives, que toutes les fièvres symptomatiques ou secondaires, ne se rapportent pas à la gastro-entérite, et que, par conséquent, dans les unes comme dans les autres il importe de distinguer les cas où l'estomac et les intestins sont irrités, de ceux dans lesquels ces viscères ne le sont point ou le sont si peu, que l'on ne doit pas diriger vers eux, ou du moins uniquement vers eux, les moyens curatifs.

Si ces principes sont conformes à la vérité, et s'ils sont adoptés, on verra moins souvent des médecins prescrire des médicamens dans le cours des fièvres sans avoir la moindre idée de l'état des viscères avec lesquels ils ne craignent pas de les mettre en contact, et ce sera là l'heureux résultat des recherches théoriques et pratiques de M. Broussais sur la nature et le siége des fièvres; on verra moins souvent des médecins s'occuper uniquement à stimuler le cerveau, en donnant des toniques à l'intérieur, quand le siége principal du mal est dans la membrane muqueuse gastro-intestinale ; mais aussi on verra moins souvent des médecins s'obstiner à combattre, dans certaines fièvres ataxiques, une irritation gastrique qui n'existe pas, ou qui n'existe plus, ou qui n'est que l'effet sympathique d'une irritation cérébrale. Puissent les progrès ultérieurs de l'observation confirmer ces espérances !

CHAPITRE XVI.

De la Fièvre.

APRÈS avoir cherché dans l'étude physiologique des causes et des symptômes des fièvres décrites par les plus célèbres pyrétologistes, et dans les résultats de l'ouverture des cadavres, des données positives sur la nature et le siége de ces maladies, il convient d'étudier la fièvre en général, de déterminer en quoi elle peut différer de l'inflammation, et d'établir les règles les plus générales du traitement qu'elle exige.

Galien et ses nombreux commentateurs ont défini la fièvre, une chaleur contre nature, développée dans le cœur, et qui, partant de ce viscère, se répand au moyen des esprits et du sang, par les artères et les veines, dans tout le corps. Cette chaleur était, tantôt seulement *excessive* et produite par la simple augmentation de la chaleur native, inhérente à l'animal ; tantôt née d'une matière *putrescente, maligne* ou *pestilentielle,* développée ou introduite dans le corps vivant.

Pour constituer la fièvre, cette chaleur devait être *durable,* et s'étendre à tout le corps. On lui assignait, pour signes caractéristiques, un pouls vite et fréquent, quelquefois inégal, la langueur des forces, l'abattement, un sentiment de chaleur âcre à l'extérieur, ou seulement incommode à l'intérieur. Avicenne et Fernel firent la remarque importante que cette chaleur pouvait naître ailleurs que dans le cœur, quoique ce viscère finît toujours par en devenir le siége.

Cette théorie nous offre, d'une part, tout ce que l'observation des symptômes pouvait apprendre dans l'enfance de la médecine, et de l'autre, les hypothèses de la *chaleur innée*, des *matières hétérogènes* développées spontanément, ou introduites dans l'organisme, celles des *esprits*, de la *putridité* et de la *malignité*. Le sentiment de chaleur éprouvé par le malade, le rétablissement de la santé à la suite des évacuations, la vacuité des artères après la mort, quelques phénomènes communs à l'état des humeurs évacuées dans l'inflammation, et à celui des matières animales en putréfaction, la mort de quelques malades au milieu des symptômes les moins alarmans, tels furent les faits sur lesquels on établit ces hypothèses, source intarissable de disputes stériles durant tant de siècles. Mais si les Galénistes se trompèrent en croyant voir dans la fièvre une maladie générale, ils soupçonnèrent sa véritable nature, puisqu'ils l'attribuaient à une *chaleur*; ils reconnurent le rôle que joue le cœur dans cette maladie; et quelques-uns d'entre eux s'aperçurent que ce viscère n'était pas toujours le premier lésé. Galien lui-même avait essayé d'assigner le siége particulier de plusieurs espèces de fièvres (1). Pouvait-on faire davantage à une époque où la physiologie et l'anatomie étaient au berceau, où l'anatomie pathologique n'existait pas ?

Les idées fondamentales de Galien, des Arabes et de Fernel ont été surchargées d'innombrables subtilités, plutôt que modifiées, jusque dans ces derniers temps. Ainsi, lorsque, dans le quinzième siècle, Para-

---

(1) *Voyez* mes *Recherches historiques sur les Fièvres*. Paris, 1822; *in-8°*.

celse attribua la fièvre à la combustion du soufre et du nitre, il ne fit que rapporter à une cause imaginaire la chaleur qui, selon les Galénistes, constituait la fièvre.

Galien avait trouvé les rudimens de sa théorie dans quelques livres des descendans d'Hippocrate ; Paracelse, en l'attaquant, ne fit que commencer l'application monstrueuse de la chimie à la pathologie, qui s'est prolongée jusqu'à nos jours.

Nourri de la lecture des écrits d'Hippocrate, de Galien et de Paracelse, Van-Helmont fit un singulier mélange des doctrines de ces hommes célèbres. Sans avoir égard à la structure des organes, il attribuait la fièvre à la frayeur, à l'ébranlement, aux mouvemens désordonnés de l'archée, et plaçait le siége de cette maladie dans le duodénum On connut mieux dès-lors la part que l'estomac et l'intestin grêle prennent à la production des fièvres ; mais l'imagination des médecins, dominée par de futiles hypothèses, ne pouvait donner beaucoup d'attention à cette lucur de vérité. Cependant, au milieu des erreurs humoro-chimiques, le caractère inflammatoire de la fièvre ne fut pas entièrement méconnu, ainsi qu'on peut le voir dans un ouvrage, assez peu important d'ailleurs, du chémiatre Henri Screta Schitnov de Zavorziz (1), et même dans ceux de Sydenham, qui, aussi grand dans l'observation que petit dans la théorie, attribuait la fièvre à un effort de la nature pour expulser, par la fermentation, la cause morbifique.

______

(1) *De Febre castrensi malignâ, seu mollium corporis humani partium inflammatione dictâ.* Bâle, 1716, pag. 26.

Borelli attribuait cette maladie à l'irritation du cœur par l'âcreté du fluide nerveux ; Bellini à la stagnation, à l'épaississement du sang dans les réseaux capillaires, effet de l'irrégularité des mouvemens de ce liquide.

Chirac, admirateur des théories chimiques et mécaniques, voyait tout à la fois, dans la fièvre, l'effet de la fermentation, de la stagnation et du mouvement irrégulier du sang ; mais il eut le premier la gloire de dire positivement, à l'occasion des fièvres, que l'on ne parviendrait à bien connaître les maladies qu'en ouvrant les cadavres (1).

Stahl eut le mérite de démontrer que, dans la fièvre, le sang n'est point en stagnation : il attribuait cette maladie à l'excitation du mouvement tonique des solides ; il croyait que ce surcroît d'action était excité dans un but d'utilité par l'âme, et il n'admettait guère de différence entre la fièvre et l'inflammation.

Glisson avait depuis long-temps émis la belle et féconde idée de l'irritabilité des tissus organiques, lorsque F. Hoffmann attribua la fièvre à un spasme de la périphérie, qui chasse le sang vers les parties internes ; du reste, il n'établissait aucune autre distinction entre l'inflammation et la fièvre que l'extension plus grande de cette dernière. Il déclara formellement que tous les sujets qu'il avait vu périr des suites de la fièvre étaient morts par l'effet d'une inflammation de l'estomac, des intestins et des méninges.

Bordeu, bien qu'il ait contribué à faire rejeter plu-

____

(1) *Op. cit.*, tom. 1er, chap. ii, art. x et xi.

sieurs idées lumineuses de Chirac, admettait pourtant l'analogie de la fièvre et de l'inflammation. Il entrevit le premier l'utilité qu'il y aurait à dénommer chaque fièvre d'après l'organe le plus affecté.

Disciple de Glisson, d'Hoffmann et de Cullen, Brown attribua les fièvres intermittentes et les continues dites *nerveuses* à l'asthénie, et la synoque à la surexcitation ; mais il ne crut pas que cette dernière fût de même nature que l'inflammation.

On peut rallier à ces idées mères toutes celles qui ont servi de texte aux innombrables ouvrages publiés sur la fièvre depuis Galien jusqu'au commencement de ce siècle. Parmi ces idées, les plus conformes à l'observation furent précisément celles qui comptèrent le moins de partisans ; et tout homme versé dans l'histoire de la pathologie ne peut s'étonner du dégoût que M. Pinel manifesta pour les théories de l'École lors de la publication de sa Nosographie.

Cependant ce professeur ne crut pas qu'il fût contraire à la méthode d'étudier en histoire naturelle d'attribuer certaines fièvres à l'irritation, certaines autres à la faiblesse, d'autres enfin à l'irrégularité des fonctions ; il est probable qu'il ne se serait point élevé contre ceux de ses prédécesseurs qui avaient écrit sur la fièvre en général, s'il eût pu lui-même s'élever à une idée générale qui conciliât ces trois causes prochaines, à l'aide desquelles il expliquait la production de toutes les fièvres, seulement à titre de récréation de l'esprit.

Il est démontré aujourd'hui que toute fièvre est due à une irritation locale plus ou moins étendue ; que si la faiblesse précède quelquefois cette irritation, l'accompagne, dans un autre organe, ou la suit, l'irritation est là seule source des symptômes de réaction, et la source primitive des symptômes qui semblent annoncer la faiblesse; enfin qu'on ne doit jamais mettre en première ligne ceux qui dénotent réellement l'asthénie d'un organe, parce que, ou cette faiblesse ne constitue pas la maladie, ou bien elle est l'effet de l'irritation qui constitue celle-ci.

Je ne m'attacherai pas à démontrer que l'accélération, la force du pouls et la chaleur de la peau ne sont pas des signes d'asthénie : le temps où régnaient de pareilles erreurs est loin de nous. Mais parmi les médecins qui admettent que les symptômes de la fièvre sont, sinon toujours, au moins le plus souvent, l'effet d'une irritation locale; et surtout parmi ceux qui, tout en reconnaissant la fréquence extrême de cette irritation, prétendent encore qu'elle est générale, il en est qui nient l'analogie de cette irritation avec l'inflammation. Cette erreur serait de peu d'importance si elle ne tendait à donner une fâcheuse direction au traitement de la fièvre, ou, si l'on veut, des fièvres. Il est donc nécessaire d'entrer dans quelques détails à cet égard.

En quoi l'irritation fébrile peut-elle différer de l'irritation inflammatoire? Est-ce dans ses causes? Mais les causes de l'une et de l'autre sont absolument les mêmes, et fussent-elles différentes, ce serait dans les modifications subies par les organes qu'il faudrait chercher la preuve que l'une diffère de l'autre. Or, si nous comparons les symptômes de la fièvre à ceux de l'inflammation dans le premier, le deuxième et le troisième degré de ces deux maladies, nous voyons que ces symptômes sont les mêmes : une seule différence se fait apercevoir : c'est que les symptômes locaux ou directs sont moins intenses, moins manifestes, tandis que les symptômes sympathiques ou éloignés sont relativement plus saillans dans la première que dans la seconde. Rigoureusement parlant, la seule différence que l'on puisse établir entre l'inflammation et la fièvre, d'après les symptômes, est donc que la fièvre est généralement moins intense que l'inflammation. De ce que les symptômes sympathiques sont toujours très-développés dans la fièvre, n'en concluons pas que l'irritation qui la constitue est d'une autre nature que l'inflammation ; car on voit à chaque instant une inflammation non équivoque, mais peu forte, déterminer des symptômes sympathiques plus marqués que ceux d'une inflammation plus intense.

Si l'irritation fébrile est en effet moins intense que l'irritation inflammatoire, qu'on ne s'étonne donc pas si elle laisse dans les organes des traces moins profondes, et qui même disparaissent quelquefois à l'instant où l'action vitale s'éteint. N'oublions pas, d'ailleurs, que si la fièvre a paru, durant une longue suite de siècles, laisser dans les organes moins de traces que l'inflammation, c'est qu'on voulait trouver dans les membranes muqueuses, dans les membranes séreuses, dans la méningine, par exemple, des désordres aussi prononcés, aussi évidemment inflammatoires que ceux que l'on trouve dans le tissu cellulaire à la suite du phlegmon.

En vain chercherait-on, dans la guérison de quelques fièvres sous l'influence des toniques appliqués même sur l'organe irrité, des preuves contre ce qui vient d'être dit concernant l'analogie de la fièvre et de l'inflammation : ces guérisons seraient aussi nombreuses qu'elles sont rares, qu'elles ne prouveraient rien contre notre opinion. L'inflammation aussi guérit sous l'empire des stimulans appliqués à l'organe dans lequel elle réside. Mais on sait que par un traitement si peu rationnel, on risque d'accroître cet état morbide, et de provoquer la destruction du tissu enflammé. Que ce fait incontestable ne soit pas perdu pour le médecin appelé à traiter la fièvre ; aux succès éphémères, à l'audace de l'empirisme, qu'il préfère la certitude consolante de n'avoir mis en usage que les moyens indiqués par la nature de la maladie. Puissent les innombrables décès qui ont lieu dans le cours des épidémies, malgré nos richesses pharmaceutiques, et qui démontrent au moins l'inefficacité des toniques ; puissent les progrès récens de l'anatomie pathologique, faire cesser l'erreur des médecins qui, tout en célébrant la puissance conservatrice de la nature, agissent comme s'ils n'y croyaient nullement, et font trop souvent plus de mal que s'ils restaient tranquilles spectateurs du combat auquel ils se croient obligés de prendre part, tout en protestant de leur amour pour l'expectation !

L'intermittence de la fièvre ne prouve rien contre son analogie avec l'inflammation, puisque l'inflammation elle-même est assez souvent intermittente. Que l'irritation fébrile soit moins permanente, moins durable, plus mobile que l'inflammation, c'est ce qu'on peut accorder sans méconnaître l'identité de nature de ces deux états morbides. Quant aux auteurs qui ne voient dans la fièvre qu'une irritation nerveuse, il suffit de leur répondre qu'elle est nerveuse quand elle réside dans les nerfs, dans le cerveau. Quant à ceux qui prétendent que la fièvre n'est qu'une irritation sécrétoire, il suffit de les renvoyer aux théories galéniques, qu'ils croient pouvoir remettre en vogue, en les couvrant de quelques lambeaux de la physiologie moderne.

Aussi long-temps que l'analogie de la fièvre et de l'inflammation a été, sinon démontrée, au moins pressentie, c'est-à-dire, depuis Galien jusque vers la fin du siècle dernier, malgré leurs théories humorales, chimiques et mécaniques, les médecins ont reconnu pour la plupart l'utilité des émissions sanguines dans le traitement de la fièvre; tous auraient vu qu'elles étaient indiquées dans cette maladie lors même que celle-ci leur paraissait devoir être attribuée à la putridité et à la malignité, si leur esprit n'avait été préoccupé de ces théories erronées. Quelques-uns d'entre eux ne craignirent même pas d'avouer que la saignée était un des moyens les plus propres à prévenir la putridité et la malignité, et à borner les progrès de ces états morbides chimériques des humeurs.

Brown et, il faut l'avouer, M. Pinel restreignirent tellement l'usage de la saignée dans la fièvre, que l'on a eu lieu de regretter le temps où, persuadés de la nécessité de tirer du sang pour diminuer la plasticité de ce liquide et pour faciliter la circulation, leurs prédécesseurs ne craignaient pas de recourir à ce moyen si puissant dans plusieurs cas.

Aujourd'hui que la nature et le siége des fièvres ne

sont plus un mystère, et que les avantages de cette opération et ses inconvéniens sont définitivement connus, on sait dans quels cas elle est indiquée, dans quels autres l'application des sangsues est préférable. Dorénavant les efforts des praticiens devront se diriger, non pas vers la recherche de la meilleure méthode à suivre dans l'emploi des vomitifs et des toniques pour la guérison de la fièvre, mais bien vers la détermination du lieu où la saignée doit être pratiquée, où les sangsues doivent être appliquées, de la quantité de sang qui doit être tiré, du nombre de saignées que l'on peut pratiquer, du nombre de sangsues que l'on peut appliquer, en raison de l'intensité, du siége et de l'étendue de l'irritation, de l'époque de la maladie, de la susceptibilité individuelle, de l'âge du malade, et des circonstances qui ont déterminé le développement de la maladie. Ils chercheront à déterminer, mieux qu'on n'a pu le faire jusqu'ici, les cas où la fièvre intermittente peut être attaquée avec le quinquina; et pour cela ils n'oublieront pas qu'entre la fièvre de ce type et l'inflammation intermittente non équivoque, il n'y a que le siége et l'intensité du mal qui diffèrent. Enfin les praticiens auront à étudier l'influence puissante d'une diète absolue ou du moins très-rigoureuse, et celle des stimulans dérivatifs appliqués à la peau ou sur la membrane muqueuse des gros intestins, dans le traitement de la fièvre. Nul doute qu'ils n'arrivent à d'importans résultats si, au lieu de se contenter d'observer des symptômes, ils joignent à l'observation clinique, dont je suis loin d'atténuer l'utilité, l'exploration attentive des cadavres; nul doute que leurs travaux ne tournent à l'avantage de la science, s'ils soumettent les faits qu'ils seront dans le cas de recueillir à l'analyse physiologique, qui seule peut établir la médecine sur des bases inébranlables.

FIN.

TABLE DES MATIÈRES.

FIN DE LA TABLE DES MATIÈRES.

ERRATA.

Page 133, dernière ligne, *au lieu de* 1806, *lisez* 1816.

Page 192, dernière ligne, *au lieu de :* au point même, *lisez :* mais non au point.

Page 521, dernière ligne, *au lieu de* : la fièvre, *lisez :* ces fièvres.